化工腐蚀与防护

钟红梅　魏义兰　主编
王罗强　主审

HUAGONG
FUSHI
YU FANGHU

化学工业出版社

·北京·

内容简介

本书主要介绍腐蚀的定义，防护的重要性、内容和任务，腐蚀过程的本质，腐蚀的类型，全面腐蚀控制理念，金属腐蚀基本原理，常见腐蚀类型，常见自然环境中的腐蚀，金属材料的耐蚀性能，非金属材料的耐蚀性能，常用化工防腐方法，腐蚀监测方法，腐蚀与防护实验实训项目等。

全书共分九章：第一章，总体认知腐蚀与防护；第二章～第四章，主要分析引起腐蚀的原因，找到腐蚀的规律，引出防腐方法和途径的选择；第五章、第六章，为合理选材奠定基础；第七章、第八章，指导正确防腐及进行科学的腐蚀监测；第九章，主要培养各种防腐技术的应用能力及职业素养。

本书适合高职化工、石油、材料、冶金、过程装备与控制等相关专业教学使用，也可供企业科研人员和技术人员参考。

图书在版编目（CIP）数据

化工腐蚀与防护／钟红梅，魏义兰主编．—北京：化学工业出版社，2021.8（2024.2重印）
ISBN 978-7-122-39618-1

Ⅰ．①化… Ⅱ．①钟… ②魏… Ⅲ．①腐蚀-高等职业教育-教材②防腐-高等职业教育-教材 Ⅳ．①TG17 ②TB4

中国版本图书馆CIP数据核字（2021）第149405号

责任编辑：提　岩　旷英姿　　　　　　　　　　文字编辑：崔婷婷　陈小滔
责任校对：张雨彤　　　　　　　　　　　　　　装帧设计：李子姮

出版发行：化学工业出版社（北京市东城区青年湖南街13号　邮政编码100011）
印　　装：三河市延风印装有限公司
787mm×1092mm　1/16　印张17　字数433千字　2024年2月北京第1版第3次印刷

购书咨询：010-64518888　　　　　　　　　　售后服务：010-64518899
网　　址：http://www.cip.com.cn
凡购买本书，如有缺损质量问题，本社销售中心负责调换。

定　　价：49.80元　　　　　　　　　　　　　　　　　　　　　版权所有　违者必究

前言

腐蚀涉及国民经济的各个方面，从日常生活到工农业生产，从国防工业到尖端科学，它无所不及、无孔不入。由于腐蚀导致的各类危害及事故在工程上时有发生，腐蚀直接或间接导致了重大的经济损失，乃至人员的伤亡。在化学工业领域，由于设备所处环境介质的特殊性，腐蚀的发生更加普遍，由此导致的事故与损失也更加严重，因此，防腐蚀技术的应用研究成为该领域的重要课题。

化工腐蚀与防护课程主要是研究材料（主要是金属材料）在各种条件下的腐蚀原因、机理和影响因素及其防护方法，是一门综合性和实用性均很强的专业技术课程。

笔者根据高职院校学生防腐技术和相关职业的能力要求，在多年来讲授腐蚀与防护理论课的基础上，结合多年从事金属防腐的实践经验和研究成果，经过不断总结、修改和创新，编写了本书。

本书内容具有以下特点：

(1) 可作为高职高专化工、石油、材料、冶金、过程装备与控制等方面相关专业的教材使用，同时也可供化工企业相关管理人员、工程技术人员参考。

(2) 充分结合化工生产的特点，将化工企业生产实际中的新理念、新知识、新技术、新方法、新工艺、新装备等融入书中。

(3) 引入化工生产现场案例并进行剖析，加深学生对所学知识的理解与掌握。

(4) 结合相关专业岗位需求及职业教育学生的特点，理论知识以够用、适用为原则，拓展材料为知识能力提升内容，为学生将来职业迁移与可持续发展奠定基础。

(5) 注重强化学生对化工防腐方法的应用能力，培养学生分析问题、解决问题的能力。

(6) 设计的实验实训项目较多，便于各专业根据专业特点有针对性地选择相应的项目进行职业技能训练及职业素养培养。

本书由湖南化工职业技术学院钟红梅、魏义兰主编，王罗强主审。钟红梅编写了第一章和第七章，银川能源学院朱对虎编写了第二章，重庆化工职业学院杨铀编写了第三章，湖南化工职业技术学院廖红光编写了第四章，魏义兰和九芝堂股份有限公司黄章才编写了第五章和第六章，浙江巴陵恒逸己内酰胺有限责任公司徐佳冰编写了第八章，湖南化工职业技术学院谭靖辉和胡彩玲编写了第九章，全书由钟红梅负责策划与统稿。本书编写过程中得到了化学工业出版社及编者所在院校领导和同事的帮助与支持，在此对他们的无私帮助表示衷心的感谢！

由于编者水平所限，书中不足之处在所难免，恳请广大读者批评指正，不胜感激！

编 者

2021 年 3 月

目录

第一章　绪论

第一节　腐蚀的定义 2
第二节　腐蚀的危害与防护的重要性 4
　一、腐蚀的危害 5
　二、腐蚀防护的重要性 6
第三节　腐蚀与防护学科的研究内容和任务 ... 7
　一、腐蚀与防护学科的研究内容 7
　二、腐蚀与防护学科的任务 7
第四节　金属腐蚀过程的本质 8
第五节　金属腐蚀的分类 8
　一、按照腐蚀反应的机理分类 8
　二、按照腐蚀破坏的形态分类 9
　三、按照腐蚀的环境分类 10
　四、按照腐蚀的温度分类 10
第六节　全面腐蚀控制 11
　一、五个过程 11
　二、四个环节 11
复习思考题 12

第二章　金属电化学腐蚀的基本原理

第一节　金属电化学腐蚀的电化学反应过程 ... 13
　一、金属腐蚀的电化学反应式 13
　二、腐蚀电化学反应的实质 14
第二节　金属电化学腐蚀倾向的判断 16
　一、电极电位 16
　二、腐蚀倾向的判断 21
第三节　腐蚀电池 22
　一、产生腐蚀电池的必要条件 22
　二、腐蚀电池的工作过程 24
　三、腐蚀电池的类型 24
第四节　金属电化学腐蚀的电极动力学 27
　一、腐蚀速率 27
　二、极化作用与去极化作用 29
　三、极化原因及类型 29
　四、极化曲线 30
　五、混合电位理论 31
第五节　金属的钝化 31
　一、钝化现象 31
　二、钝化的定义 32
　三、钝化理论 32
　四、钝化的特性 33
　五、影响钝化的因素 34
　六、金属钝化的方法 35
第六节　析氢腐蚀与吸氧腐蚀 36
　一、析氢腐蚀 36
　二、吸氧腐蚀 39
复习思考题 41

第三章　金属常见的腐蚀类型

第一节　全面腐蚀与局部腐蚀……42
　　一、全面腐蚀……42
　　二、局部腐蚀……43
　　三、全面腐蚀与局部腐蚀的比较……43
第二节　电偶腐蚀……44
　　一、电偶腐蚀的概念……44
　　二、电偶序与电偶腐蚀倾向……45
　　三、电偶腐蚀的影响因素……47
　　四、电偶腐蚀的防护措施……48
第三节　点蚀……48
　　一、点蚀的概念……48
　　二、点蚀的特征……49
　　三、点蚀的机理……50
　　四、点蚀的影响因素……51
　　五、点蚀的防护措施……52
第四节　缝隙腐蚀……52
　　一、缝隙腐蚀的概念……52
　　二、缝隙腐蚀的特征……53
　　三、缝隙腐蚀的机理……53
　　四、缝隙腐蚀的影响因素……54
　　五、缝隙腐蚀的防护措施……55
第五节　晶间腐蚀……56
　　一、晶间腐蚀的概念……56
　　二、晶间腐蚀的特征……56
　　三、晶间腐蚀的机理……56
　　四、晶间腐蚀的影响因素……57
　　五、晶间腐蚀的防护措施……57
第六节　应力腐蚀破裂……58
　　一、应力腐蚀破裂的概念……58
　　二、应力腐蚀破裂的特征……59
　　三、应力腐蚀破裂的影响因素……60
　　四、应力腐蚀破裂的防护措施……61
第七节　腐蚀疲劳……62
　　一、腐蚀疲劳的概念……62
　　二、腐蚀疲劳的特征……62
　　三、腐蚀疲劳的影响因素……63
　　四、腐蚀疲劳的防护措施……64
第八节　磨损腐蚀……65
　　一、磨损腐蚀的概念……65
　　二、磨损腐蚀的特征……65
　　三、磨损腐蚀的影响因素……65
　　四、磨损腐蚀的形式……66
　　五、磨损腐蚀的防护措施……68
第九节　选择性腐蚀……69
　　一、黄铜脱锌……69
　　二、铸铁的石墨化……70
案例分析……70
复习思考题……72

第四章　金属在不同环境中的腐蚀

第一节　水的腐蚀……73
　　一、淡水腐蚀……74
　　二、海水腐蚀……76
第二节　大气腐蚀……78
　　一、大气腐蚀的类型……78
　　二、大气腐蚀的特点……79
　　三、影响大气腐蚀的因素……79
　　四、大气腐蚀的防护措施……80
第三节　土壤腐蚀……81
　　一、土壤腐蚀的特点……81
　　二、土壤腐蚀的影响因素……82
　　三、土壤腐蚀的防护措施……83

第四节　金属在干燥气体中的腐蚀..........83
　　一、高温气体腐蚀...........................83
　　二、钢铁的高温氧化.......................84
　　三、碳钢的脱碳...............................85
　　四、铸铁的"肿胀"...........................85
　　五、钢在高温高压下的氢腐蚀.......85
第五节　金属在其他环境中的腐蚀..........86
　　一、金属在酸中的腐蚀...................86
　　二、金属在碱中的腐蚀...................88
　　三、金属在盐中的腐蚀...................89
　　四、金属在卤素中的腐蚀...............90
案例分析..90
复习思考题..91

第五章　金属材料的耐蚀性能

第一节　铁碳合金......................................92
　　一、铁碳合金概述...........................92
　　二、基本组成相对铁碳合金耐蚀性
　　　　能的影响...................................94
　　三、铁碳合金在各种介质中的耐蚀
　　　　性能...96
第二节　耐蚀铸铁......................................99
　　一、铸铁概述...................................99
　　二、高硅铸铁.................................101
　　三、高铬铸铁.................................103
　　四、高镍铸铁.................................105
第三节　耐蚀低合金钢............................106
　　一、合金钢概述.............................106
　　二、耐大气腐蚀低合金钢.............107
　　三、耐海水腐蚀低合金钢.............109
　　四、耐硫酸露点腐蚀低合金钢.....111
　　五、耐硫化物应力腐蚀低合金钢.....112
　　六、耐盐卤腐蚀低合金钢.............114
　　七、抗氢、氮、氨腐蚀低合金钢.....114
第四节　不锈钢..116
　　一、不锈钢概述.............................116
　　二、不锈钢的耐蚀性.....................118
　　三、铁素体不锈钢.........................120
　　四、奥氏体不锈钢.........................123
　　五、马氏体不锈钢.........................125
　　六、双相不锈钢.............................127
　　七、沉淀硬化不锈钢.....................128
第五节　耐热钢及其合金........................130
　　一、耐热钢及其合金的基本要求....130
　　二、耐热钢及其合金的分类.........130
　　三、抗氧化钢及其合金的应用.....131
　　四、热强钢及其合金的应用.........131
第六节　有色金属及其合金....................132
　　一、铝及铝合金.............................133
　　二、铜及铜合金.............................135
　　三、镍及镍合金.............................137
　　四、铅及铅合金.............................140
　　五、钛及钛合金.............................142
案例分析..143
复习思考题..144

第六章　非金属材料的耐蚀性能

第一节　非金属材料概述........................145
　　一、非金属材料的一般特点.........145
　　二、非金属材料的分类.................146
　　三、非金属材料的腐蚀.................146
　　四、环境对非金属材料腐蚀的影响...147
第二节　防腐蚀涂料................................148

一、涂料概述 148
　　二、常用的防腐蚀涂料 150
　　三、常用的重防腐蚀涂料 155
　　四、防锈涂料 156
第三节　塑料 **158**
　　一、塑料概述 158
　　二、聚氯乙烯塑料 159
　　三、聚乙烯塑料 160
　　四、聚丙烯塑料 161
　　五、氟塑料 161
　　六、氯化聚醚塑料 163
　　七、聚苯硫醚塑料 163
　　八、改性热塑性塑料 164
第四节　玻璃钢 **164**
　　一、玻璃钢的主要原料 165
　　二、玻璃钢的施工工艺 167
　　三、玻璃钢的耐蚀性能 167

　　四、玻璃钢的应用 168
第五节　橡胶 **168**
　　一、橡胶概述 169
　　二、橡胶的耐蚀性能及应用 171
第六节　硅酸盐材料 **172**
　　一、化工陶瓷 172
　　二、玻璃 172
　　三、搪玻璃 173
　　四、铸石 173
　　五、天然耐酸材料 174
　　六、水玻璃耐酸胶凝材料 174
第七节　不透性石墨 **174**
　　一、石墨的性能 175
　　二、不透性石墨的种类 175
　　三、不透性石墨的性能 176
　　四、不透性石墨的应用 176
复习思考题 **177**

第七章　常用的化工防腐方法

第一节　正确选材与合理设计 **178**
　　一、正确选用耐蚀材料 178
　　二、合理设计防腐结构 179
第二节　表面清理 **182**
　　一、机械清理 182
　　二、化学清理 183
　　三、电化学清理 185
　　四、混凝土结构表面处理 185
第三节　覆盖层保护 **185**
　　一、金属覆盖层 186
　　二、非金属覆盖层 191
第四节　电化学保护 **202**

　　一、阴极保护 202
　　二、阳极保护 206
　　三、阴极保护和阳极保护的比较 209
第五节　缓蚀剂保护 **210**
　　一、缓蚀剂的定义 210
　　二、缓蚀剂防腐的技术特点 210
　　三、缓蚀剂的分类 211
　　四、缓蚀作用的影响因素 214
　　五、缓蚀剂的选择条件 216
　　六、缓蚀剂的应用 216
案例分析 **223**
复习思考题 **226**

第八章　金属材料的腐蚀监测

第一节　腐蚀监测 **227**

　　一、腐蚀监测的概念 227

二、腐蚀监测的要求 228
　　三、腐蚀监测的分类 228
　　四、腐蚀监测的发展趋势 229
　　五、腐蚀监测的机遇与挑战 229
第二节　腐蚀监测的经典方法 230
　　一、表观检测 230
　　二、挂片法 231
　　三、电阻法 233
　　四、腐蚀电位监测 234

　　五、渗透法 235
　　六、超声检查 236
第三节　新型腐蚀监测技术 237
　　一、场图像技术 237
　　二、恒电量及半电位测量技术 238
　　三、光电化学方法技术 238
　　四、超声相控阵技术 239
　　五、高温氢腐蚀的超声波检测 240
复习思考题 241

第九章　腐蚀与防护实验

实验一　甘汞电极的熟悉与使用 242
实验二　腐蚀电池的制备与观察 244
实验三　金属腐蚀速率的测量及金属耐蚀性评定 246
实验四　恒电位法测阴极极化曲线 248
实验五　法拉第钝化实验 250

实验六　活性离子对钝化膜的破坏实验 253
实验七　金属临界孔蚀电位的测定 256
实验八　金属材料的析氢腐蚀 258
实验九　手糊法制备玻璃钢 260
实验十　缓蚀剂的制备 261

参考文献

第一章　绪论

> 📚 **学习目标**
>
> 1. 了解腐蚀的危害与防护的重要性。
> 2. 熟悉腐蚀与防护学科的内容与任务,理解金属腐蚀过程的本质。
> 3. 掌握腐蚀的定义与分类,树立全面腐蚀控制理念。

人们所接触的现代社会是那样的美好,市区内高楼林立、车辆如梭,开发区厂房整洁、宽敞明亮,高速公路四通八达、遍及全国。如北京鸟巢(见图1-1),世界上最长的跨海大桥——港珠澳大桥(见图1-2),城市立体交通(见图1-3)。其实这仅仅是你所能看到的这个世界美好的一面——即人类改造自然的成果。而另一面,无形的杀手正不分昼夜地破坏着这美好的一切,这一无形杀手就是腐蚀。

视频扫一扫　腐蚀无处不在

图1-1　北京鸟巢

图1-2　港珠澳大桥

图 1-3　城市立体交通

腐蚀给人类制造了太多的麻烦和灾难，举几个例子可见一斑。

1967 年 12 月，位于美国西弗吉尼亚州和俄亥俄州之间的希尔福桥突然塌入河中，死亡 46 人。如图 1-4 所示。

图 1-4　希尔福桥断裂现象

1970 年，日本大阪地下铁道的瓦斯管道因腐蚀破坏而折断，造成瓦斯爆炸，乘客当场死亡 75 人。

1971 年 5 月和 1972 年 1 月，四川省某天然气输送管线因硫化氢应力腐蚀而发生两次爆炸，引起特大火灾，仅其中一次就死亡 24 人。

1985 年 8 月 12 日，日本一架波音 747 客机由于发生应力腐蚀破裂而坠毁，死亡 500 多人……

第一节　腐蚀的定义

我们经常看到的自然现象中，例如铁生锈变为褐色的氧化铁皮（化学成分主要是 Fe_2O_3），铜生锈生成铜绿 [化学成分主要是 $CuCO_3 \cdot Cu(OH)_2$] 等就是所谓的金属腐蚀。图 1-5 为腐蚀现场示例。

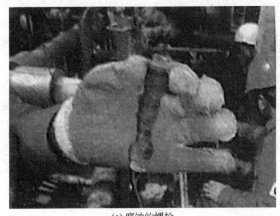 

(a) 腐蚀的螺栓　　　　　　　　　　　　(b) 腐蚀的甲铵液角阀

图 1-5　腐蚀现场

但是腐蚀并不是单纯地指金属的锈蚀，导致金属设备或零件损坏报废的主要原因通常有三个方面，即机械破裂、磨损和腐蚀。机械破裂，从表面看来似乎仅是纯粹的物理变化，但是在相当多的情况下常包括由于环境介质与应力联合作用而引起的所谓应力腐蚀破裂。磨损中也有相当一部分是摩擦与腐蚀共同作用而造成的，例如一些在流动的河水中使用的金属结构常受到泥沙冲击而发生磨损，同时也可能发生腐蚀。这就是说，在材料的大多数破坏形式中都有腐蚀产生的作用。

另一方面，随着工业的发展，各种非金属材料在工程领域中得到越来越广泛的应用，它们在与某些介质接触时同样会被破坏或发生变质，如砖石的风化，木材的腐烂，塑料和橡胶的老化、溶解、溶胀等都是腐蚀问题。

因此，从广义的角度可将腐蚀定义为：材料（包括金属和非金属）或材料的性质由于它们所处的环境作用而引起的破坏或变质。这里所指的环境作用不仅包括化学作用、电化学作用，也包括化学-机械、电化学-机械以及生物、射线、电流等作用，但不包括单纯机械作用所引起的材料破坏。

不过目前习惯上所说的腐蚀大多还是指金属腐蚀，因为金属材料至今仍然占主导地位，同时金属也是极易遭受腐蚀的材料，因此金属腐蚀与防护是研究的重点。考虑到金属腐蚀的本质，通常把金属腐蚀定义为：金属表面与其周围环境（介质）发生化学或电化学作用而产生的破坏或变质。

金属和合金的腐蚀主要是由化学或电化学作用所引起的。其破坏有时还伴随着机械、物理或生物的作用。

对于非金属而言，破坏往往是由于直接的化学作用或物理作用（如氧化、溶解、溶胀等）引起的。

总之，材料腐蚀的概念应该明确指出是包括材料和环境两者在内的一个反应体系，而且在一般情况下一定的材料只能适用于一定的环境，尤其是在化工生产过程中，由于腐蚀介质特别复杂，这种情况非常明显。例如碳钢在稀硫酸中腐蚀很快，但在浓硫酸中则相当稳定；而铅则正好相反，它在稀硫酸中很耐蚀，在浓硫酸中则不稳定。所以，必须根据具体条件正确选用材料和采取适当的防护。

腐蚀的定义包含了三个方面的研究内容，即材料、环境及反应的类型。

1. 材料

材料包括金属材料和非金属材料。材料是腐蚀发生的内因。如在稀硫酸中，铅很耐蚀，而碳钢腐蚀剧烈，说明不同材料间的腐蚀行为差异是很大的。金属材料通常指纯金属及其合金，工程结构材料中纯金属是很少用的，绝大多数为合金。非金属材料又可分为有机非金属材料与无机非金属材料，种类繁多，性能各异，但它们大多具有良好的耐蚀性能，甚至有独特的耐蚀性，非金属材料在防腐蚀中起着相当重要的作用，当然要加以研究和利用。

材料的性质也是要研究的，有许多种腐蚀的结果不是整体材料被腐蚀了，而是使材料的性质发生了变化，使原来塑性很好的材料变脆了（如金属发生应力腐蚀后），或使原来弹性、塑性很好的材料变脆变硬（如橡胶的老化等），腐蚀的结果是材料的质量变化不大，而性质却发生了恶化。

2. 环境

环境是腐蚀的外部条件，任何材料在使用过程中总是处于特定的环境中。对腐蚀起作用的环境因素主要有如下几个方面。

（1）介质　介质的成分、浓度对腐蚀有很大影响，有时介质中有很多种物质，要找出对腐蚀起作用的成分（常见的如 H^+、OH^-、溶解氧、Cl^-、Fe^{3+}、Cu^{2+}、SO_4^{2-}、NO_3^- 等）以及这些成分的浓度。这些物质随着浓度的变化，其腐蚀行为有可能发生相当大的改变，或加剧腐蚀或使腐蚀速率下降。

（2）温度　对腐蚀而言，温度是一个非常重要的因素，随着温度的升高，反应的活化能增加，多数情况下温度的升高会加速腐蚀。工程材料都有一个极限使用温度，许多材料的极限使用温度大大低于它的蠕变温度，就是根据腐蚀制定的。

（3）流速　合适的流速对防腐是有好处的，对某些软的材料（如铅），流速过高易引起冲刷腐蚀；对易钝化材料，较高流速可加速氧的输送，使管道或设备处于钝化状态。

（4）压力　压力产生应力。许多金属材料在特定介质中，在应力高于某个值时就会产生应力腐蚀破裂。若设备在制造安装过程中就存有应力，则会使发生应力腐蚀所允许的操作压力下降。化工装备过程中的操作压力就是应力的主要来源，控制压力在允许的范围内可以有效地控制应力腐蚀的发生。

3. 反应的类型

腐蚀是材料与环境发生反应的结果。金属材料与环境通常发生化学或电化学反应，非金属材料与环境则会发生溶胀、溶解、老化等反应。

由腐蚀的定义可知，腐蚀过程有三个基本要素，即：①腐蚀的对象——材料；②腐蚀的性质——化学或电化学作用；③腐蚀的后果——材料是否被破坏或变质。这三个要素既是腐蚀的内容，也是腐蚀防护的切入点。

第二节　腐蚀的危害与防护的重要性

材料的腐蚀遍及国民经济各个部门，腐蚀问题几乎遍及所有行业。腐蚀不但造成巨大的经济损失，而且严重阻碍科学技术的发展，同时对人的生命、国家财产及环境构成极大的威胁，对能源造成巨大浪费等。因而，这门学科越来越受到人们的重视。

一、腐蚀的危害

腐蚀的危害，英文称为 Cost of corrosion，在中国通称为腐蚀损失。世界上不管是发达国家还是发展中国家都会遭受腐蚀之苦，只是程度不同而已。腐蚀造成的危害主要包括以下四个方面。

腐蚀的危害

1. 造成巨大的经济损失

腐蚀造成的经济损失包括直接损失和间接损失。直接损失包括防护技术的费用及发生腐蚀破坏以后的更换设备和构件费、修理费和防蚀费等。间接损失包括设备发生腐蚀破坏造成停工、停产，跑、冒、滴、漏造成物料流失，腐蚀使产品污染，质量下降，设备效率降低，能耗增加，造成材料浪费等所造成的损失。间接损失远超直接损失，且难以估量。

据中国科学院调查，我国 2000 年国内生产总值（GDP）为 100280.10 亿元人民币，腐蚀造成的损失为 5000 多亿元人民币（相当于 600 多亿美元），约占我国国内生产总值（GDP）的 6%。美国 1998 年的腐蚀损失为 2757 亿美元，占美国当年 GDP 的 2.76%。世界上各国因腐蚀造成的损失占 GDP 的比值是不一样的，发达国家占的比值在 3%左右，发展中国家占的比值在 6%左右，平均比值约为 4%。

2012 年，我国 GDP 为 53.9 万亿元人民币（相当于 8.6 万亿美元），腐蚀造成的损失保守估计（按平均值 4%计算）约为 2.16 万亿元人民币，这个数据是非常惊人的。

腐蚀与自然灾害相比，腐蚀损失比当年遭受的自然灾害（火灾、地震、台风、洪涝、海啸等）损失的总和要大得多。2012 年，我国自然灾害损失为 4200 亿元人民币，约为腐蚀损失的 20%。2012 年，美国 GDP 为 16.2 万亿美元，其腐蚀损失为 2760 亿美元，约占 GDP 的 1.7%。根据慕尼黑再保险公司研究报告显示，2012 年美国自然灾害（包括地震、台风、火灾、水灾等）损失总计为 1072 亿美元，约为腐蚀损失的 2%。由此可见，腐蚀造成的损失比起自然灾害要大很多。

图 1-6、图 1-7 为部分储油罐腐蚀示意图。

图 1-6 储油罐底板腐蚀　　　　　图 1-7 储油罐外部 T 形焊缝锈蚀

2. 造成金属资源和能源的浪费

金属的腐蚀使得金属资源不可再生，并造成了金属生产、加工、运输过程的能源浪费。例如，世界上每年被腐蚀的钢占当年钢产量的 1/3，其中 2/3 可以通过回炉再生，而另 1/3 则被完全腐蚀，即每年被完全腐蚀的钢约占当年钢产量的 10%。全世界每 90s 就有 1t 钢被腐蚀成铁锈，而炼制 1t 钢所需的能源可供一个家庭使用 3 个月。就中国而言，1986 年年产粗钢 5000 万 t 计，取下限10%，则每年也要有500万t钢被腐蚀，这比上海宝山钢厂一期工程的年产量还要多75%。

2012年，全国钢产量7亿多t，当年被完全腐蚀的钢达7000多万t，大概相当于1.6个宝钢的年产量（4374万t）。2020年全国钢产量10.53亿t，当年被完全腐蚀的钢达1亿t以上，大概相当于2.28个宝钢的年产量（4374万t）。

3. 严重阻碍新工艺、新技术的发展

随着现代工业的发展，新工艺、新技术总是受到欢迎，因为它可以提升产品质量、降低能耗、减少污染和提高劳动生产率。但是它同时也需要各种与之相适应的材料，而腐蚀的存在导致材料无法适应新技术、新工艺的要求，从而影响新工艺、新技术的应用。

许多新工艺研制出来后，因为腐蚀问题得不到解决而迟迟不能大规模工业化生产，如由氨与二氧化碳合成尿素工艺早在1915年就试验成功，一直未能工业化生产，直到1953年，在发明了设备的耐蚀材料（316L不锈钢）后，才得以大规模生产。

美国的阿波罗号登月飞船储存N_2O_4的高压容器曾发生应力腐蚀破裂，若不是及时研究出加入0.6%NO解决这一腐蚀问题，登月计划将会推迟若干年。

在宇宙飞船研制过程中，一个关键问题是如何防止回收舱在进入大气层时与大气摩擦生成热而引起机体外表面高温（可达2000℃）氧化。经过多年的研究采用陶瓷复合材料作表面防护层后，此问题方得以解决。

现代电子技术需要极高纯度的单品硅半导体材料，而生产设备受到副产品四氯氢硅腐蚀，不仅损坏了设备，也污染了目标产品，降低了产品的各种物理性能，影响了新材料的利用进程。在量子合金的固体物理基础研究中，需要高纯度的金属铝与其他元素进行无氧复合，但是由于金属铝的表面非常容易被氧化，至今仍然是该研究进展的瓶颈。

因此，金属的腐蚀与防护对现代科学技术发展有着极为重要的意义。

4. 对生命、设备及环境的危害

化学、石油等工业中，腐蚀的发生是悄悄进行的，一刻也不会停止，即使灾害即将发生往往也毫无征兆。如多数石油化工设备是在高温高压下运行，里面的介质易燃、易爆、有毒，在这些腐蚀介质中，特别是在伴随力学因素的作用下，一旦腐蚀产生穿孔、开裂，造成生产中的"跑、冒、滴、漏"，常常会引发火灾、爆炸、人员伤亡及严重的自然环境污染，破坏生态平衡，危害人类健康，妨碍国民经济的可持续发展。这些损失比起设备的价值通常要大得多，有时无法统计清楚。又比如，一个热力发电厂由于锅炉管子腐蚀爆裂，更换一根管子价格不会太高，但因停电引起大片工厂停产的损失是十分严重的。图1-8为腐蚀引起管道泄漏爆炸现场图。

图1-8 腐蚀引起管道泄漏爆炸

二、腐蚀防护的重要性

随着科学技术的发展，金属腐蚀与防护越来越引起人们的关注。近几十年来，国内外腐蚀研究与防腐蚀技术研究取得了显著成果。据国内外有关部门和专家估计，如果将现在已取得的

腐蚀与防腐蚀的科学知识加以普及推广，至少可使设备的腐蚀损失率减少30%。

随着现代腐蚀防护技术的快速发展及腐蚀科学知识的不断普及，各种成熟的防腐蚀科学技术工艺在各个领域推广应用，对我国"两型"社会现代化建设发展意义深远，已成为节约能源、保护资源、减少污染、减少灾害隐患及提高社会效益、经济效益和环境效益的有效途径之一。

第三节　腐蚀与防护学科的研究内容和任务

一、腐蚀与防护学科的研究内容

腐蚀与防护学科是一门边缘科学，它既古老又年轻。

说它古老，可从大量考古发掘中得到验证。1965年，湖北省在一次考古发掘中，从一座楚墓中出土了两柄越王剑，埋在地下两千多年依然光彩夺目，后经检验发现此剑经过防腐蚀的硫化无机涂层处理，这种技术在今天来说仍非常先进。1974年，在陕西临潼发掘出来的秦始皇时代的青铜宝剑和大量箭镞，经鉴定表面有一层致密的氧化铬涂层。这说明了早在两千多年前中国就创造了与现代铬酸盐相似的钝化处理防护技术，这是中国文明史上的一大奇迹。闻名于世的中国大漆在商代已大量使用。在古代的希腊、印度等国也有不少高超的防腐技术，印度德里铁塔，建造至今已有一千五百多年，没有生锈，也是其中的一例。

说它年轻，是因为腐蚀发展成为一门独立的学科是从20世纪30年代才开始的。特别是20世纪70年代以来，随着工业生产高速发展的需要，腐蚀控制新技术大量涌现，促进了现代工业的迅猛发展。然而直到今天，仍有大量的腐蚀机理还未搞清楚，许多腐蚀问题未得到很好解决，这都是需要当代腐蚀科技工作者为之奋斗的。

腐蚀与防护学科是以金属学与物理化学两门学科为基础，同时还与冶金学、工程力学、机械工程学和生物学等有关学科有密切关系。近年来，腐蚀与防护学科领域不断扩大，与许多学科交叉渗透，形成一个"大学科"领域。只有多学科协同攻关，才能收到显著的效果。由此可见，腐蚀与防护实质上是一门综合性很强的边缘科学。

二、腐蚀与防护学科的任务

学习和研究金属腐蚀学的主要目的和任务包括以下几个方面。

① 通过研究腐蚀性环境中金属材料在其界面或表面上发生的化学和电化学反应，探索腐蚀破坏的作用机理及普遍规律。不仅考查腐蚀过程热力学，而且要从腐蚀过程动力学方面研究腐蚀进行的速度及机理。

② 发展腐蚀控制技术及其使用技术。腐蚀与防护科学是一门工程应用科学，腐蚀基本研究的最终目的是为了控制腐蚀。因此，腐蚀学科的任务包括研究腐蚀过程和寻找腐蚀控制方法。

③ 研究、开发腐蚀监测技术，制定腐蚀鉴定标准和实验方法。

④ 根据学到的知识能够分析、判断腐蚀发生的原因，并能提出符合实际的防护措施。熟悉重要的防腐技术，并根据施工和验收规范对施工质量进行验收。

⑤ 大力宣传全面腐蚀控制（Total Corrosion Control，简称TCC）理念，在不增加太多投入的情况下，充分利用现有的成熟技术和新材料，加强管理，使防腐蚀工作达到先进水平。

第四节　金属腐蚀过程的本质

在自然界中大多数金属常以矿石形式，即金属化合物的形式存在，而腐蚀则是一种金属回复到自然状态的过程。例如，铁在自然界中大多为赤铁矿（主要成分为 Fe_2O_3），而铁的腐蚀产物——铁锈主要成分也是 Fe_2O_3。可见，铁的腐蚀过程正是回复到它的自然状态——矿石的过程。

由此可知，腐蚀的本质就是金属在一定的环境中经过反应回复到化合物状态的过程。

金属化合物通过冶炼还原出金属的过程大多是吸热过程，因此需要提供大量热量才能完成这种转变过程。而在腐蚀环境中，金属变为化合物时却能释放能量，正好与冶炼过程相反。可用下式概括腐蚀过程：

$$金属材料 + 腐蚀介质 \longrightarrow 腐蚀产物 + 热量$$

这样，我们用热力学的术语来表达腐蚀过程：在一般大气条件下，单质状态的铁比它的化合态具有更高的能量，金属铁就存在着释放能量而变为能量更低的稳定状态化合物的倾向，这时能量将降低，过程自发地进行。这一个从不稳定的高能态变为稳定的低能态的腐蚀过程，就像水从高处向低处流动一样，是自发进行的。

从能量观点来看，金属腐蚀的倾向也可以从矿石中冶炼金属时所消耗能量的大小来判断。冶炼时，消耗能量大的金属较易腐蚀，例如铁、铅、锌等；消耗能量小的金属，腐蚀倾向就小，像金这样的金属在自然界中以单质状态（砂金）存在。但是，也有不少金属不是如此，例如铝冶炼时需要消耗大量能量，但它在大气中却比铁稳定得多。这是由于金属腐蚀回复到它的化合物状态，一般情况下仅是一种表面反应，但有很多途径使它受到阻碍。铝在大气中会形成一层致密的氧化铝覆盖在其表面。而氧和水汽可以渗透铁的锈层而继续腐蚀铁。

第五节　金属腐蚀的分类

受各种不同因素的影响，金属腐蚀过程的形式千差万别，这些因素分为外部因素和内部因素。外部因素包括介质的组成、温度、压力、pH 值、材料的受力情况等；内部因素包括金属材料的化学组成、金属的晶型、结构状态，金属表面的结构状态等。不同的影响因素会引发不同的腐蚀，因此腐蚀有许多不同的分类方法，常用的分类方法如下。

金属腐蚀的分类

一、按照腐蚀反应的机理分类

1. 化学腐蚀

化学腐蚀是指金属表面与介质（非电解质）直接发生化学作用而引起的破坏或变质。其反应过程的特点是金属表面的原子与介质中的氧化剂直接发生氧化还原反应，形成腐蚀产物。腐蚀过程中电子的转移是在金属与氧化剂之间直接进行的，因而没有电流的产生。纯化学腐蚀的情况并不多见，一般所说的化学腐蚀主要是指金属在干燥或高温气体中的腐蚀或在无水的有机溶液中的腐蚀。

（1）气体腐蚀　金属在干燥或高温气体中（表面上没有湿冷凝）发生的腐蚀，称为气体腐蚀，如铁在干燥的大气中腐蚀。

（2）在非电解质溶液中的腐蚀　金属材料在不导电的非电解质溶液（如无水的有机物介质）

中的腐蚀，例如铝在四氯化碳、三氯甲烷或无水乙醇中的腐蚀。

2. 电化学腐蚀

电化学腐蚀是指由于金属材料与电解质发生电化学作用而引起的破坏或变质，其特点是在作用过程中有电流产生。电化学腐蚀是最普遍，也是最为常见的腐蚀。金属在大气、海水、潮湿土壤和其他各种电解质溶液中的腐蚀都属于此类，将在后面的章节中重点讨论。

电化学腐蚀

3. 物理腐蚀

物理腐蚀是指金属由于单纯的物理作用而引起的破坏。熔融金属中的腐蚀就属于此类腐蚀，它是固态金属与熔融金属（如铅、锌、钢、汞等）相接触引起的金属溶解或开裂。这种腐蚀不是由于化学反应，而是由于物理溶解作用形成合金或液态金属渗入晶间造成的。如盛放熔融锌的铁锅，由于液态锌的溶解作用，可使铁锅腐蚀。

二、按照腐蚀破坏的形态分类

按照腐蚀破坏的形态把腐蚀分为两大类，即全面腐蚀和局部腐蚀。

1. 全面腐蚀

全面腐蚀是腐蚀分布在整个金属表面上，它可以是均匀的，也可以是不均匀的，但总的来说，腐蚀分布相对较均匀。如碳钢在强酸中发生的腐蚀就属于均匀腐蚀。这是一种金属重量损失较大而危险性较小的腐蚀，可按腐蚀前后重量变化或腐蚀深度变化来计算年腐蚀速率，并可在设计时将此因素考虑在内（即腐蚀裕量）。

2. 局部腐蚀

局部腐蚀是腐蚀主要集中在金属表面某一区域，由于这种腐蚀的分布、深度和发展很不均匀，常在整个设备较好的情况下，发生局部穿孔或破裂而引起严重事故，所以危险性很大。常见局部腐蚀破坏的几种形式如图 1-9 所示。

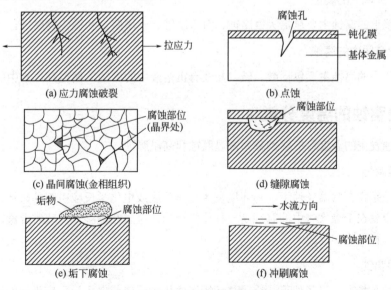

图 1-9　常见局部腐蚀破坏的几种形式

（1）应力腐蚀破裂　拉应力与环境联合作用下产生的一种腐蚀破坏形式，如图1-9（a）所示。工程上常用的金属材料，如不锈钢、碳钢、高强度钢和铜合金等，在各自特定的腐蚀介质环境中都有可能产生应力腐蚀破裂。

（2）点蚀（小孔腐蚀）　破坏主要集中在某些活性点上并向金属内部深处发展，通常腐蚀深度大于孔径，严重的可使设备穿孔。不锈钢和钼合金在含Cl^-的水溶液中常呈此种破坏形式，如图1-9（b）所示。

（3）电偶腐蚀　不同金属在一定介质中互相接触所发生的腐蚀。例如，热交换器的不锈钢管和碳钢管板连接处，碳钢将加速腐蚀。

（4）晶间腐蚀　晶间腐蚀发生在晶界上，并沿晶界向纵深处发展，如图1-9（c）所示。虽然从金属外观看不出明显变化，但力学性能明显下降。晶间腐蚀通常出现于奥氏体不锈钢、铁素体不锈钢和铝合金的构件中。

（5）缝隙腐蚀　缝隙腐蚀发生在缝隙内，如铆接、螺纹连接、焊接接头、密封垫片等处，是多数金属材料普遍会发生的一种局部腐蚀，如图1-9（d）所示。

（6）磨损腐蚀　由于介质运动速度大或介质与金属构件相对运动速度大，致使金属构件局部表面遭受严重的腐蚀损坏，称为磨损腐蚀。如海轮的螺旋推进器，磷肥生产中的刮刀，冷凝器的入口管及弯头、弯管等，在生产过程中都遭受不同程度的磨蚀。磨蚀是高速流体对金属表面已经生成的腐蚀产物的机械冲刷作用和对新的裸露金属表面的侵蚀作用的综合结果。

（7）其他局部腐蚀类型　除上述局部腐蚀类型外，选择性腐蚀、氢脆、垢下腐蚀［如图1-9（e）所示］、冲刷腐蚀［如图1-9（f）所示］、微动腐蚀、丝状腐蚀、细菌腐蚀等也属于局部腐蚀。在后面的章节中将详细介绍各种常见的局部腐蚀。

三、按照腐蚀的环境分类

按照腐蚀环境可分为自然环境下的腐蚀和工业介质中的腐蚀，这种分类方法可帮助我们按照金属材料所处的周围环境去认识腐蚀规律。

1. 自然环境下的腐蚀

自然环境下的腐蚀主要包括大气腐蚀、海水腐蚀、土壤腐蚀和微生物腐蚀。

2. 工业介质中的腐蚀

工业介质中的腐蚀主要包括酸、碱、盐及有机溶液中的腐蚀，高温高压水中的腐蚀。

四、按照腐蚀的温度分类

根据腐蚀发生的温度可把腐蚀分为常温腐蚀和高温腐蚀。

1. 常温腐蚀

常温腐蚀是指在常温条件下，与环境发生化学反应或电化学反应引起的破坏。常温腐蚀到处可见，如金属在干燥大气中的腐蚀是一种化学反应；金属在潮湿大气或常温酸、碱、盐中的腐蚀，则是一种电化学反应。

2. 高温腐蚀

高温腐蚀是指在高温条件下，金属与环境发生化学反应或电化学反应引起的破坏。通常把环境温度超过100℃的腐蚀规定为高温腐蚀的范畴。

目前，对于腐蚀分类方法还没有统一的意见，根据具体情况，为了掌握腐蚀与防护各方面的基本概念，我们将不局限于某一种分类方法，而是从各个方面进行讨论。

第六节 全面腐蚀控制

全面腐蚀控制是防腐蚀的重要理念，它提倡全面的腐蚀控制，具体来说，归纳为五个过程和四个环节，只有这样才能从根本上控制住腐蚀，使腐蚀的程度降到最小，保证设备长周期连续运行。

一、五个过程

1. 设计过程中的腐蚀控制

在设计过程中，包括选材、工艺设计、强度设计、结构设计及防腐蚀方法选择等，每一项设计都与腐蚀有直接关系，其中有一个问题解决不好，就可能给以后的防护增加许多困难，严重的甚至会造成工程报废。

2. 加工制造过程中的腐蚀控制

在加工制造过程中，要对投料、冷加工、焊接、热处理、酸洗、钝化及防腐每道工序都加以控制，符合制作工艺要求，确保制造质量，否则就会留下腐蚀隐患或造成腐蚀。

3. 储运安装过程中的腐蚀控制

制造好的设备在储存运输及安装过程中要做好防腐蚀工作，如设备在库存期间应防止大气腐蚀，运输、安装过程中防止碰撞、划伤，严禁在设备上乱写乱画，对不锈钢设备防止Cl^-污染，对钛设备防止Fe^{3+}污染，安装时防止残余应力过大和应力集中。

4. 生产过程中的腐蚀控制

严格控制操作过程中的工艺参数，有许多参数是为防腐蚀或与防腐蚀有关而制定的，如操作温度、湿度、压力、加氧量、流速（流量）及Cl^-浓度等。如氯碱生产中规定的干燥氯气含水量不超过0.04%，就是为防腐设定的参数，如超标会使设备及管道的腐蚀速率大大增加。试车时的物料组成、浓度、流速和温度变化较大并带有空气，设备内未清洗干净，这些都会造成严重的腐蚀。

5. 设备维修过程中的腐蚀控制

设备在维修过程中，未清洗干净、清洗液未放净、电焊渣飞溅、重新安装时残余应力过大等都会造成腐蚀，严格执行维修规程对防止腐蚀十分重要。

二、四个环节

做好腐蚀控制中的科研、教育、管理及经济评价四个环节，对于提高腐蚀控制水平，加强新材料、新技术的应用，增强全员的全面腐蚀控制意识，严格五个过程的管理等具有重要的意义，从而可使腐蚀真正得以控制。

全面腐蚀控制是个系统工程，涉及国民经济的各个部门。只有抓住四个环节，并在五个过程中切实管理到位，才能从根本上改变化工过程中"头痛医头、脚痛医脚"的被动局面，做到预防为主、防治结合、长效管理、控制有序，为我国的现代化建设做出贡献。

复习思考题

1. 什么是腐蚀？其定义包含了哪三个方面的内容？
2. 腐蚀有哪些方面的危害？为什么说腐蚀造成的间接损失往往远大于直接损失？
3. 金属腐蚀过程的本质是什么？
4. 腐蚀的分类方法有哪些？
5. 如何理解全面腐蚀控制的理念？

第二章　金属电化学腐蚀的基本原理

学习目标

1. 了解腐蚀电化学反应的实质和腐蚀电池等概念。
2. 理解电极电位、极化作用、去极化作用、金属的钝化、析氢腐蚀与吸氧腐蚀等基本概念及理论。
3. 掌握金属腐蚀的电化学反应式，能够进行金属腐蚀倾向的判断。
4. 熟知腐蚀电池构成的必要条件及工作过程。
5. 掌握金属钝化的方法。

金属腐蚀从反应机理上可分为化学腐蚀和电化学腐蚀。在化工过程中，设备通常在酸、碱、盐及湿的大气条件下使用，湿环境多为电解质溶液，所以金属发生的腐蚀为电化学腐蚀。有时设备在无水的有机溶剂及干燥的气体中使用，会发生化学腐蚀。化学腐蚀的腐蚀速率通常要比电化学腐蚀小得多。现代工程结构材料主要还是以金属为主，而电化学腐蚀又是金属中最常见和最普通的腐蚀形式。因此，本章主要讨论金属电化学腐蚀的基本原理。

第一节　金属电化学腐蚀的电化学反应过程

金属在电解质溶液中发生的腐蚀称为电化学腐蚀。这里所说的电解质溶液，简单说就是能导电的溶液，它是金属产生电化学腐蚀的基本条件，几乎所有的水溶液，包括雨水、淡水、海水和酸、碱、盐的水溶液，甚至从空气中冷凝的水蒸气，都可以成为构成腐蚀环境的电解质溶液。电化学腐蚀是金属最常见、最普通的腐蚀形式。

一、金属腐蚀的电化学反应式

腐蚀虽然是一个复杂的过程，但金属在电解质溶液中发生的电化学腐蚀通常可以简单地看作是一个氧化还原反应过程，所以也可用化学反应式和离子反应式来表示。

1. 用化学反应式表示电化学腐蚀反应

金属在电解质溶液中发生的电化学腐蚀通常可以简单地看成是一个氧化还原反应过程，可用化学反应式表示。

（1）金属在酸中的腐蚀　锌、铝等活泼金属在稀盐酸或稀硫酸中会被腐蚀并放出氢气，其化学反应式为

$$Zn+2HCl \longrightarrow ZnCl_2+H_2\uparrow \qquad (2-1)$$

$$Zn+H_2SO_4 \longrightarrow ZnSO_4+H_2\uparrow \qquad (2-2)$$

$$2Al+6HCl \longrightarrow 2AlCl_3+3H_2\uparrow \qquad (2-3)$$

$$2Al+3H_2SO_4 \longrightarrow 2Al_2(SO_4)_3+3H_2\uparrow \qquad (2\text{-}4)$$

（2）金属在中性或碱性溶液中的腐蚀 如铁在水中或潮湿的大气中的生锈，其反应式为

$$4Fe + 6H_2O + 3O_2 \longrightarrow 4Fe(OH)_3\downarrow$$
$$\downarrow \text{脱水}$$
$$\longrightarrow 2Fe_2O_3（铁锈）+6H_2O \qquad (2\text{-}5)$$

（3）金属在盐溶液中的腐蚀 如锌、铁等在三氯化铁及硫酸铜溶液中均会被腐蚀，其反应式为

$$Zn+2FeCl_3 \longrightarrow 2FeCl_2 +ZnCl_2 \qquad (2\text{-}6)$$
$$Fe+CuSO_4 \longrightarrow FeSO_4 +Cu\downarrow \qquad (2\text{-}7)$$

2. 用离子反应式表示电化学腐蚀反应

上述化学反应式虽然表示了金属的腐蚀反应，但未能反映其电化学反应的特征。因此，需要用离子反应式来描述金属电化学腐蚀的实质。如锌在盐酸中的腐蚀，由于盐酸、氯化锌均是强电解质，所以式（2-1）可写成离子形式，即

$$Zn+2H^++2Cl^- \longrightarrow Zn^{2+} +2Cl^-+H_2\uparrow \qquad (2\text{-}8)$$

在这里，Cl^-反应前后化合价没有发生变化，实际上没有参加反应，因此式（2-8）可简化为

$$Zn+2H^+ \longrightarrow Zn^{2+}+H_2\uparrow \qquad (2\text{-}9)$$

式（2-9）表明，锌在盐酸中发生的腐蚀，实际上是锌与氢离子发生的反应，锌失去电子被氧化成锌离子，同时在腐蚀过程中，氢离子得到电子被还原成氢气。所以式（2-9）可分为独立的氧化反应和独立的还原反应。

氧化反应（阳极反应） $Zn-2e \longrightarrow Zn^{2+}$ \qquad (2\text{-}10)

还原反应（阴极反应） $2H^+ +2e \longrightarrow H_2\uparrow$ \qquad (2\text{-}11)

式（2-9）清晰地描述了锌在盐酸中发生电化学腐蚀的电化学反应。显然该式比式（2-1）更能揭示锌在盐酸中腐蚀的实质。

通常把氧化反应（即放出电子的反应）称为阳极反应［如式（2-10）］，把还原反应（即接受电子的反应）称为阴极反应［如式（2-11）］。由此可见，金属电化学腐蚀反应是至少由一个阳极反应和一个阴极反应构成的电化学反应。

二、腐蚀电化学反应的实质

图 2-1 为锌在无空气的盐酸中腐蚀时发生的电化学反应过程示意图。图中表明，浸在盐酸中的锌表面的某一区域被氧化成锌离子进入溶液并放出电子，电子通过金属传递到锌表面的另一区域被氢离子接受，并还原成氢气。锌溶解的这一区域称为阳极，遭受腐蚀。而产生氢气的这一区域称为阴极。因此，腐蚀电化学反应实质上是一个发生在金属和溶液界面上的多相界面反应。从阳极传递电子到阴极，再由阴极进入电解质溶液，这样一个通过电子传递的电极过程就是电化学腐蚀过程。

电化学腐蚀过程中的阳极反应和阴极反应是同时发生的，但不在同一区域进行，这是电化学腐蚀与化学腐蚀的主要区别之一。电化学腐蚀过程中的任意一个反应停止了，另一个反应（或整个反应）也跟着停止。

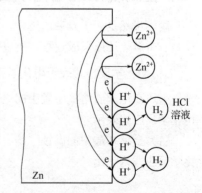

图 2-1 锌在无空气的盐酸中腐蚀时发生的电化学反应过程示意图

电化学腐蚀过程中的阳极反应，总是金属被氧化成金属离子并放出电子。可用下列通式表示，即

$$M - ne \longrightarrow M^{n+} \qquad (2\text{-}12)$$

式中　M——被腐蚀的金属；

　　　M^{n+}——被腐蚀金属的离子；

　　　n——金属放出的自由电子数；

　　　e——电子。

电化学腐蚀过程中的阴极反应，总是由溶液中能接受电子的物质（称为去极剂或氧化剂）在阴极区获得自阳极流来的电子。可用下列通式表示，即

$$D + ne \longrightarrow [D \cdot ne] \qquad (2\text{-}13)$$

式中　D——去极剂（或氧化剂）；

　　　$[D \cdot ne]$——去极剂（或氧化剂）接受电子后生成的物质；

　　　n——去极剂（或氧化剂）获得的电子数，等于阳极放出的电子数；

　　　e——电子。

常见的去极剂有三类。

第一类去极剂是氢离子，还原生成氢气，所以这种反应又称为析氢反应。

$$2H^+ + 2e \longrightarrow H_2 \uparrow \qquad (2\text{-}14)$$

第二类去极剂是溶解在溶液中的氧，在中性或碱性条件下还原生成 OH^-，在酸性条件下生成水。这种反应常称为吸氧反应或耗氧反应。

中性或碱性溶液

$$O_2 + 2H_2O + 4e \longrightarrow 4OH^- \qquad (2\text{-}15)$$

酸性溶液

$$O_2 + 4H^+ + 4e \longrightarrow 2H_2O \qquad (2\text{-}16)$$

第三类去极剂是金属高价离子，这类反应往往产生于局部区域，虽然较少见，但能引起严重的局部腐蚀。这类反应一般有两种情况，一种是金属离子直接还原成金属，称为沉积反应。可表示为

$$M^{n+} + ne \longrightarrow M \downarrow \qquad (2\text{-}17)$$

如锌在硫酸铜中的反应

$$Cu^{2+} + 2e \longrightarrow Cu \downarrow \qquad (2\text{-}18)$$

另一种是还原成较低价态的金属离子。可表示为

$$M^{n+} + e \longrightarrow M^{(n-1)+} \qquad (2\text{-}19)$$

如锌在三氯化铁溶液中的反应

$$Fe^{3+} + e \longrightarrow Fe^{2+} \qquad (2\text{-}20)$$

上述三类去极剂的五种还原反应为最常见的阴极反应，在这些反应中有一些共同的特点，就是它们都消耗电子。

几乎所有的腐蚀反应都是一个或几个阳极反应与一个或几个阴极反应的综合反应。如上述铁在水中或潮湿大气中的生锈，就是式（2-12）与式（2-15）的综合。

氧化（阳极）反应　　　　$2Fe - 4e \longrightarrow 2Fe^{2+}$

还原（阴极）反应　　　　$(+)\ O_2 + 2H_2O + 4e \longrightarrow 4OH^-$

综合反应　　　　　　　　$2Fe + O_2 + 2H_2O \longrightarrow 2Fe^{2+} + 4OH^-$

$$\downarrow$$

$$2Fe(OH)_2 \downarrow$$

在实际腐蚀过程中，往往会同时发生一种以上的阳极反应。如铁-铬合金腐蚀时，铁和铬二者都被氧化，它们以各自的离子形式进入溶液；同样地，在金属表面也可以发生一种以上的阴极反应，如含有溶解氧的酸性溶液，既有析氢的阴极反应，又有吸氧的阴极反应。

$$2H^+ + 2e \longrightarrow H_2\uparrow$$

$$O_2 + 4H^+ + 4e \longrightarrow 2H_2O$$

因此，含有溶解氧的酸溶液一般来说比不含溶解氧的酸溶液腐蚀性要强。其他的去极剂如 Fe^{3+} 也有这样的效应，工业盐酸中常含有杂质 $FeCl_3$，在这样的酸溶液中，因为存在两个阴极反应，即

析氢反应　　　　　　　　　　$2H^+ + 2e \longrightarrow H_2\uparrow$

Fe^{3+} 的还原反应　　　　　　　$Fe^{3+} + e \longrightarrow Fe^{2+}$

所以，金属（如锌片）在这样的酸溶液中腐蚀会比在纯酸中的腐蚀严重得多。

第二节　金属电化学腐蚀倾向的判断

自然界中绝大多数金属元素（Au、Pt 等贵金属除外）均以化合态的形式存在。大部分金属单质是通过外界对化合态体系提供能量（热能或电能）还原而成的。因此，在热力学上金属单质是一个不稳定体系。在一定的外界环境条件下，金属的单质状态可自发地转变为化合物状态，生成相应的氧化物、硫化物及相应的盐等腐蚀产物，使体系趋于稳定状态，即有自动发生腐蚀的倾向。

金属发生腐蚀的可能性和程度不仅与金属的性质有关，还与腐蚀介质的特性和外界条件有关。研究腐蚀现象需要从两个方面着手：一方面是看腐蚀的自发倾向大小；另一方面是看腐蚀进程的快慢。前者需要用热力学原理进行分析，后者则要借助动力学理论进行分析。

金属的电化学腐蚀，从本质上来说是由金属本身固有的性质与环境介质条件决定的，而金属的电极电位是金属本身最重要的性质，因此根据金属电极电位的正、负及其正、负的程度，可以进行金属电化学腐蚀倾向的热力学判断。

一、电极电位

（一）双电层结构与电极电位

金属浸入电解质溶液中，在金属和溶液界面可能发生带电粒子的转移，电荷从一相通过界面进入另一相，结果在两相中都会出现剩余电荷，并或多或少地集中在界面两侧，形成一边带正电一边带负电的"双电层"。例如，金属 M 浸在含有自身离子 M^{n+} 的电解质溶液中，金属表面的金属离子 M^{n+} 由于水的极性分子作用，将发生水化，有向溶液迁移的倾向；溶液中金属离子 M^{n+} 也有从金属表面获得电子而沉积在金属表面的倾向。

若水化时所产生的水化能足以克服金属晶格中金属离子与电子之间的引力，则金属表面的金属离子能够脱离下来进入溶液并形成水化离子。本来金属是电中性的，现由于金属离子进入溶液而把电子留在金属上，所以这时金属带负电；然而，在金属离子进入溶液时也破坏了溶液的电中性，所以溶液带正电。由于静电引力，溶液中过剩的金属离子紧靠金属表面，因此形成了金属表面带负电、金属表面附近的溶液带正电的离子双电层［图 2-2（a）］。锌、铁等较活泼的金属在其自身的盐溶液中可建立这种类型的双电层。

相反，若金属离子的水化能不足以克服金属晶格中金属离子与电子之间的引力，即晶格上的键能超过离子水化能，则金属表面可能从溶液中吸附一部分正离子，溶液中的金属离子将沉积在金属表面上，使金属表面带正电而溶液带负电，建立另一种离子双电层［图 2-2（b）］。铜、铂等不活泼的金属在其自身的盐溶液中可建立这种类型的双电层。

以上两种离子双电层的形成都是由于作为带电粒子的金属离子在两相界面迁移引起的。而由于某种离子，极性分子或原子在金属表面上的吸附还可形成另一种类型的双电层，称为吸附双电层。如金属在含有 Cl^- 的介质中，由于 Cl^- 吸附在表面后因静电作用又吸引了溶液中等量的正电荷，因此建立了如图 2-2（c）所示的吸附双电层；极性分子吸附在界面上定向排列也能形成吸附双电层，如图 2-2（d）所示。

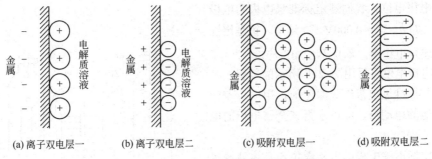

(a) 离子双电层一　　(b) 离子双电层二　　(c) 吸附双电层一　　(d) 吸附双电层二

图 2-2　金属-电解质溶液界面的双电层

无论哪一类型双电层的建立，都将使金属与溶液之间产生电位差。我们称这样的一个金属-电解质溶液体系为电极，而将该体系中金属与溶液之间的电位差称为该电极的电极电位。当金属一侧带负电时，电极电位为负值；当金属一侧带正电时，电极电位为正值。电极电位的大小是由双电层上金属表面的电荷密度决定的。它与很多因素有关，首先取决于金属的化学性质，此外金属晶格的结构、金属表面状态、温度以及溶液中金属离子的浓度等都会影响电极电位。

（二）平衡电极电位与能斯特（Nernst）方程式

1. 平衡电极电位

由上述可知，当金属电极浸入含有自身离子的盐溶液中时，参与物质迁移的是同一种金属离子；由于金属离子在两相间的迁移，将导致金属-电解质溶液界面上双电层的建立，对应的电极过程为

$$M^{n+} \cdot ne + mH_2O \rightleftharpoons M^{n+} \cdot mH_2O + ne \tag{2-21}$$

式中　$M^{n+} \cdot ne$——金属晶格中的金属离子；

$M^{n+} \cdot mH_2O$——溶液中的金属离子。

当这一电极过程达到平衡时，电荷从金属向溶液迁移的速度和从溶液向金属迁移的速度相等。同时，物质从金属向溶液迁移的速度和从溶液向金属迁移的速度也相等。即不但电荷是平衡的，而且物质也是平衡的。此时，在金属和溶液界面建立一个稳定的双电层，亦即不随时间变化的电极电位，称为金属的平衡电极电位（E_e），也称为可逆电位。

2. 标准电极电位

如果上述平衡是建立在标准状态下的，即纯金属、纯气体、气体分压为 1.01325×10^5 Pa(1atm)、温度为 298K(25℃)、溶液中含该种金属的离子活度为单位活度 1，则得到的金属的平衡电极电

位为标准电极电位（E^0）。

电极电位的绝对值至今也无法直接测出，其实也没有必要测出，因为在实际应用中只要用比较测定法测出电极电位的相对值就够了。比较测定法就像我们测定地势高度用海平面的高度作为比较标准一样，可以用一个电位很稳定的电极作基准（称为参比电极）来测量任一电极的电极电位相对值。目前测定电极电位采用标准氢电极作为比较标准。

标准氢电极是把镀有一层铂黑的铂片放在氢离子为单位活度的盐酸溶液中，在25℃时不断通入压力$1.01325×10^5$ Pa的氢气，氢气被铂片吸附，并与盐酸中的氢离子建立平衡：

$$H_2 \rightleftharpoons 2H^+ + 2e \quad (2-22)$$

这时，吸附氢气达到饱和的铂和氢离子为单位活度的盐酸溶液间所产生的电位差称为标准氢电极的电极电位。我们规定标准氢电极的电极电位为零，即$E^0_{H^+/H_2}=0.000V$。在这里，铂是惰性电极，只起导电作用，本身不参加反应。

测定电极电位可采用图 2-3 所示的装置。将被测电极与标准氢电极组成原电池，用电位差计测出该电池的电动势，即可求得该金属电极的电极电位。

如测定标准锌电极的电极电位，是将纯锌浸入锌离子为单位活度的溶液中，与标准氢电位组成原电池，测得该电池的电动势为 0.763V；因为相对于氢电极而言，锌为负极，而标准氢电极的电位为零，所以标准锌电极的电极电位为-0.763V。

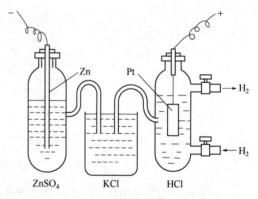

图 2-3 测定电极电位的装置

表 2-1 列出了一些电极的标准电极电位值，因为此表是按照纯金属的标准电极电位值由小到大顺序排列的，所以叫标准电极电位序表，简称电动序。

表 2-1 金属在 25℃时的标准电极电位值　　　　　单位：V

反应式	标准电极电位值	反应式	标准电极电位值
$K \rightleftharpoons K^+ + e$	-2.92	$Pb \rightleftharpoons Pb^{2+} + 2e$	-0.126
$Na \rightleftharpoons Na^+ + e$	-2.7	$H^+ + e \rightleftharpoons H$	+0.000（参比用）
$Mg \rightleftharpoons Mg^{2+} + 2e$	-2.36	$Sn^{4+} + 2e \rightleftharpoons Sn^{2+}$	+0.154
$Al \rightleftharpoons Al^{3+} + 3e$	-1.66	$Cu \rightleftharpoons Cu^{2+} + 2e$	+0.337
$Ti \rightleftharpoons Ti^{2+} + 2e$	-1.63	$O_2 + 2H_2O + 4e \rightleftharpoons 4OH^-$ （pH=14）	+0.401
$V \rightleftharpoons V^{3+} + 3e$	-0.88	$Fe^{3+} + e \rightleftharpoons Fe^{2+}$	+0.771
$Zn \rightleftharpoons Zn^{2+} + 2e$	-0.763	$2Hg \rightleftharpoons Hg^{2+}_2 + 2e$	+0.789
$Cr \rightleftharpoons Cr^{3+} + 3e$	-0.740	$Ag \rightleftharpoons Ag^+ + 2e$	+0.799
$Fe \rightleftharpoons Fe^{2+} + 2e$	-0.440	$O_2 + 2H_2O + 4e \rightleftharpoons 4OH^-$ （pH=7）	+0.813
$Cd \rightleftharpoons Cd^{2+} + 2e$	-0.402	$Pd \rightleftharpoons Pd^{2+} + 2e$	+0.987
$Co \rightleftharpoons Co^{2+} + 2e$	-0.27	$Pt \rightleftharpoons Pt^{2+} + 2e$	+1.19
$Ni \rightleftharpoons Ni^{2+} + 2e$	-0.250	$O_2 + 4H^+ + 4e \rightleftharpoons 2H_2O$ （pH=0）	+1.23
$Sn \rightleftharpoons Sn^{2+} + 2e$	-0.136	$Au \rightleftharpoons Au^{3+} + 3e$	+1.50

3. 能斯特（Nernst）方程式

当一个电极体系的平衡不是建立在标准状态下时，要确定该电极的平衡电位，可以利用能斯特（Nernst）方程式来进行计算，即

$$E_e = E^0 + \frac{RT}{nF} \ln \frac{a_{氧化态}}{a_{还原态}} \tag{2-23}$$

式中　E_e——平衡电极电位，V；
　　　E^0——标准电极电位，V；
　　　F——法拉第常数，96500C/mol；
　　　R——气体常数，8.314J/(mol·K)；
　　　T——绝对温度，K；
　　　n——参加电极反应的电子数；
　　　$a_{氧化态}$——氧化态物质的平均活度；
　　　$a_{还原态}$——还原态物质的平均活度。

对于金属固体来说，$a_{还原态} = 1$，因此，能斯特方程式可简化为

$$E_e = E^0 + \frac{RT}{nF} \ln a_M^{n+} \tag{2-24}$$

式中　a_M^{n+}——氧化态物质即金属离子的平均活度。

当体系处在常温下（T=298K）时，对于金属与离子组成的电极，金属离子的平均活度（a_M^{n+}）可以近似地用其物质的量浓度（c_M^{n+}）来表示，则又可简化为

$$E_e = E^0 + \frac{0.059}{n} \lg c_M^{n+} \tag{2-25}$$

4. 非平衡电极电位

这里需要指出的是，在实际腐蚀问题中，经常遇到的是非平衡电极电位。非平衡电极电位是针对不可逆电极而言的，即电极上同时存在两个或两个以上不同物质参加的电化学反应。电极上一般不可能出现物质与电荷都达到平衡的情况。非平衡电极电位可能是稳定的，也可能是不稳定的。电荷的平衡是形成稳定电位的必要条件。

假如金属在溶液中除了有它自身的离子外，还有别的离子或原子也参加电极过程，则在电极上失电子是一个电极过程完成的，而获得电子靠的是另一个电极过程。

如锌在盐酸中的腐蚀至少包含下列两个不同的电极反应。

阳极反应　　　　$Zn - 2e \longrightarrow Zn^{2+}$
阴极反应　　　　$2H^+ + 2e \longrightarrow H_2 \uparrow$

这两个反应同时在电极上进行。当阴、阳极反应以相同的速度进行时，电荷达到平衡，这时所获得的电位称为稳定电位。

非平衡电极电位不服从能斯特方程式，只能用实测的方法获得。

表 2-2 列出了一些金属在三种介质中的非平衡电极电位。

5. 参比电极

在实际的电位测定中，标准氢电极往往由于条件的限制，制作和使用都不方便，因此实践中广泛使用别的电极作为参比电极，如甘汞电极、银-氯化银电极、铜-硫酸铜电极等。用这些

参比电极测得的电位值要进行换算，即用待测电极相对这一参比电极的电位，加上这一参比电极相对于标准氢电极的电位，即可得待测电极相对于标准氢电极的电位值。

表 2-2　一些金属在三种介质中的非平衡电极电位　　　　　　　　　　　　　　　　单位：V

金属	3%（质量分数）NaCl 溶液	0.05mol/L Na$_2$SO$_4$	0.05mol/L Na$_2$SO$_4$+H$_2$S	金属	3%（质量分数）NaCl 溶液	0.05mol/L Na$_2$SO$_4$	0.05mol/L Na$_2$SO$_4$+H$_2$S
镁	-1.6	-1.36	-1.65	镍	-0.02	+0.035	-0.21
铝	-0.6	-0.47	-0.23	铅	-0.26	-0.26	-0.29
锰	-0.91	—	—	锡	-0.25	-0.17	-0.14
锌	-0.83	-0.81	-0.84	锑	-0.09		
铬	0.23	—	—	铋	-0.18		
铁	-0.5	-0.5	-0.5	铜	+0.05	+0.24	-0.51
镉	-0.52	—	—	银	+0.2	+0.31	-0.27
钴	-0.45						

表 2-3 列出了几种常用参比电极相对于标准氢电极的电位值。

例如，某电极相对于饱和甘汞电极的电位为+0.5V，换算成相对于标准氢电极的电位则应为+0.5+（+0.2415）= +0.7415V。

表 2-3　几种参比电极的电极电位

参比电极	电极电位/V
饱和甘汞电极	+0.2415
1mol/L 甘汞电极	+0.2820
0.01mol/L 甘汞电极	+0.3337
Ag-AgCl 电极	+0.2222
Cu-CuSO$_4$ 电极	+0.3160

常见参比电极简介如下。

（1）铜-硫酸铜电极　铜-硫酸铜电极是将铜置于饱和硫酸铜溶液中制成的，其电极反应为

$$Cu - 2e \rightleftharpoons Cu^{2+}$$

铜-硫酸铜电极结构如图 2-4 所示。它制作容易、电位稳定、使用方便，一般制成便携式的，可用于海水、淡水和土壤中阴极保护现场的电位测量。

铜-硫酸铜电极对 Cl$^-$ 敏感，Cl$^-$ 污染了 CuSO$_4$ 溶液会对其电极电位有影响，因此应随时更换溶液。

（2）银-氯化银电极　银-氯化银电极是由银、氯化银和含有 Cl$^-$ 的溶液构成的，通常采用 KCl 溶液为电解液。按照浓度的不同分为各种规格的实验室用银-氯化银电极，即 Ag/AgCl/KCl（饱和）、Ag/AgCl/KCl(1mol/L)、Ag/AgCl/KCl(0.1mol/L)等。

银-氯化银参比电极主要用于船舶、钢桩码头等海洋结构的阴极保护中，使用寿命可达 3 年以上，其电极结构如图 2-5 所示。

（3）甘汞电极　甘汞电极是由汞、氯化亚汞和氯化钾溶液构成的。甘汞电极的电位十分稳定，主要用于实验室中电位的测量和校对现场测量用的其他参比电极。

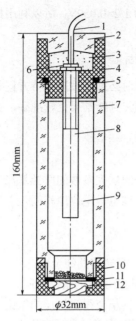

图 2-4　便携式铜-硫酸铜电极结构
1—导线；2—密封塞；3—填料；4—电极座；5—垫片；6—螺母；7—护套；8—电极体；9—饱和硫酸铜溶液；10—压紧盖；11—密封垫；12—半透体

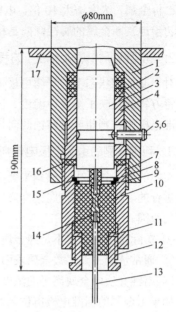

图 2-5　固定式（水下可更换型）
银-氯化银电极结构
1—填料管；2—密封体；3—电极体；4—密封套筒；5—紧固螺钉；6—螺钉；7—密封螺母；8—弹性挡圈；9，11，16—垫圈；10—插头密封件；12—封紧螺母；13—单芯导线；14—插头；15—橡胶圈；17—船体

二、腐蚀倾向的判断

1. 利用标准电极电位判断金属的腐蚀倾向

在一个电极体系中，若同时进行着两个电极反应，通常电位较负的电极反应往氧化方向进行，电位较正的电极反应往还原方向进行。对照表 2-1 应用这一规则可以初步预测金属的腐蚀倾向。

凡金属的电极电位比氢的更负时，它在酸溶液中就会腐蚀，如锌和铁在酸中均会被腐蚀。

$$Zn + H_2SO_4（稀）\longrightarrow ZnSO_4 + H_2\uparrow \quad (E^0_{H^+/H_2} 比 E^0_{Zn^{2+}/Zn} 更正) \tag{2-26}$$

铜和银的电位比氢更正，所以在酸溶液中不腐蚀，但当酸中有溶解氧存在时，就可能发生氧化还原反应，铜和银将会被腐蚀。

$$Cu + H_2SO_4（稀）\longrightarrow 不反应 \quad (E^0_{Cu^{2+}/Cu} 比 E^0_{H^+/H_2} 更正) \tag{2-27}$$

$$2Cu + 2H_2SO_4（稀）+ O_2 \longrightarrow 2CuSO_4 + 2H_2O \quad (E^0_{O_2/H_2O} 比 E^0_{Cu^{2+}/Cu} 更正) \tag{2-28}$$

表 2-1 中最下端的金属，如金和铂是非常不活泼的，除非有极强的氧化剂存在，否则它们一般不会被腐蚀。

$$Au + 2H_2SO_4（稀）+ O_2 \longrightarrow 不反应 \quad (E^0_{Au^{3+}/Au} 比 E^0_{O_2/H_2O} 更正) \tag{2-29}$$

电动序是标准电极电位表，运用电动序只能预测标准状态下腐蚀体系的反应方向(或倾向)。如果反应体系偏离平衡状态较大（如浓度、温度、压力变化很大），用电动序来判断可能会得出相反结论。但电动次序一般来说基本上不会有多大的变动，因为浓度变化对电极电位的影响并不很大。例如对于一价的金属来说，当浓度增大 10 倍时，电极电位值变化仅为 0.059V(25℃)；

对于二价金属,浓度增大10倍,电极电位的变化更小,为1/2×0.059V。所以利用标准电极电位表来初步地判断金属的腐蚀倾向是相当方便的。

2. 利用能斯特(Nernst)方程式判断金属的腐蚀倾向

对于非标准状态下的平衡电极体系,在预测腐蚀倾向前必须先按能斯特方程式进行计算。能斯特方程式反映了浓度、温度、压力对电极电位的影响,判断结果比较准确,其判断方法与用标准电极电位判断金属腐蚀倾向相同。

3. 利用实测的稳定电极电位判断金属的腐蚀倾向

实际的腐蚀体系中,遇到平衡电极体系的例子是极少的,大多数的腐蚀是在非平衡电极体系中进行的。实际金属在腐蚀介质中的电位序不一定与标准电极电位序相同,主要有以下三个方面的原因。

① 实际使用的金属不是纯金属,多为合金;
② 通常情况下大多数金属表面上有一层氧化膜,并不是裸露的纯金属;
③ 腐蚀介质中金属离子的浓度不是1mol/L,与标准电极电位的条件不同。

如果用金属的标准电极电位判断金属的腐蚀倾向有时甚至会得到相反的结论,例如,在热力学上Al比Zn活泼,但实际上Al在大气条件下因易于生成具有保护性的氧化膜而比Zn更稳定。所以,严格来说,在这种情况下,不宜用金属的标准电极电位来判断金属的腐蚀倾向,而要用金属或合金在实际腐蚀体系条件下测得的稳定电位的相对大小来判断金属的电化学腐蚀倾向。

虽然电动序在预测金属腐蚀倾向方面存在以上的限制,是非常粗略的,但用这张表来粗略地判断金属的腐蚀倾向仍是相当方便和有用的。

第三节 腐蚀电池

自然界中,大多数腐蚀现象是在电解质溶液中发生的,即都属于电化学腐蚀。研究发现,金属的电化学腐蚀实质上是腐蚀电池作用的结果。所以,电化学腐蚀的历程和理论在很大程度上是以腐蚀电池一般规律的研究为基础的。

金属发生电化学腐蚀时,金属本身起着将原电池的正极和负极短路的作用。因此,一个电化学腐蚀体系可以看作是短路的原电池。这一短路原电池的阳极发生金属材料溶解,而不能输出电能,腐蚀体系中进行氧化还原反应的化学能全部以热能的形式散失。所以,在腐蚀电化学中,将这种只能导致金属材料的溶解而不能对外做有用功的短路原电池定义为腐蚀电池。

一、产生腐蚀电池的必要条件

如果将两个不同的电极组合起来,就可构成原电池。例如,把锌和硫酸锌水溶液、铜和硫酸铜水溶液这两个电极组合起来,就可成为铜锌原电池(丹尼尔电池),如图2-6所示。

在此电池中,若 $ZnSO_4$ 水溶液中 Zn^{2+} 活度

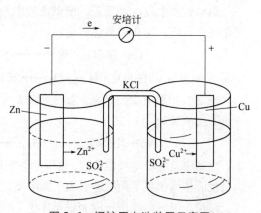

图2-6 铜锌原电池装置示意图

$a_{Zn^{2+}}=1$,$CuSO_4$水溶液中Cu^{2+}活度$a_{Cu^{2+}}=1$时,则根据表2-1的数据可计算该原电池的电动势为

$$E=E^0_{Cu^{2+}/Cu}-E^0_{Zn^{2+}/Zn}=+0.337-(-0.763)=1.100V$$

在这一原电池的反应过程中,锌溶解到硫酸锌溶液中而被腐蚀,电子通过外部导线流向铜而产生电流,同时铜离子在铜上析出。在水溶液外部,电流的方向是从铜极到锌极,而电子流动的方向正与此相反;因此铜片是阴极,而锌片是阳极。

原电池的电化学反应过程可表示如下。

阳极反应 $Zn-2e \longrightarrow Zn^{2+}$ (氧化反应)

阴极反应 $Cu^{2+}+2e \longrightarrow Cu\downarrow$ (还原反应)

原电池的总反应 $Zn+Cu^{2+} \longrightarrow Zn^{2+}+Cu\downarrow$ (2-30)

原电池可用下面的形式表达。

$$(-)Zn|Zn^{2+}||Cu^{2+}|Cu(+)$$

原电池的构成并不限于电极金属浸入含有该金属离子的水溶液中。如果将锌与铜浸入稀硫酸中(图2-7),铜和锌之间也存在电动势,两极间也产生电位差,这就是伏特电池。

它与前面所说的丹尼尔电池的不同之处就在于金属与不同种离子之间所产生的电位差;这种原电池中阳极仍然为锌,阴极为铜,但是在铜上进行的是H^+的还原反应。

原电池的电化学反应过程可表示如下。

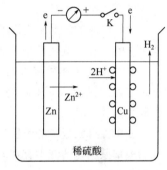

图2-7 腐蚀电池示意图

阳极反应 $Zn-2e \longrightarrow Zn^{2+}$ (氧化反应)

阴极反应 $2H^++2e \longrightarrow H_2\uparrow$ (还原反应)

原电池的总反应 $Zn+2H^+ \longrightarrow Zn^{2+}+H_2\uparrow$

原电池可用下面的形式表达。

$$(阳极)Zn|H_2SO_4|Cu(阴极)$$

同样地,在这一电化学反应过程中锌溶解于硫酸中而受到腐蚀,而铜则不会受到腐蚀(在不产生二次反应的情况下)。由此可见,金属的电化学腐蚀正是由于不同电极电位的金属在电解质溶液中构成了原电池而产生的,通常称为腐蚀原电池或腐蚀电池。必须注意的是,在腐蚀电池中规定使用阴极和阳极的概念,而不用正极和负极。在上述腐蚀电池中,Zn为阳极,Cu为阴极;阳极发生氧化反应而被腐蚀,在阴极上发生还原反应但本身不腐蚀。

由以上剖析,可得出形成腐蚀电池必须具备以下条件。

① 存在电位差,即要有阴极、阳极存在,其中阴极电位总比阳极电位为正。阴极、阳极之间产生电位差,电位差是腐蚀原电池的推动力,电位差的大小反映出金属电化学腐蚀倾向的大小。

产生电位差的原因有很多,不同金属在同一环境中互相接触会产生电位差,例如上述Cu与Zn在H_2SO_4溶液中可构成电偶腐蚀电池;同一金属在不同浓度的电解质溶液中也可产生电位差而构成浓差腐蚀电池;同一金属表面接触的环境不同,例如物理不均匀性等均可产生电位差,这将在腐蚀电池类型中介绍。

② 要有电解质溶液存在,使金属和电解质之间能传递自由电子。这里所说的电解质只要稍微有一点离子化就够了,即使是纯水也有少许离解引起电传导;如果是强电解溶液,则腐蚀将大大加速。

③ 在腐蚀电池的阴极、阳极之间,要有连续传递电子的回路。

由此可知,一个腐蚀电池必须包括阴极、阳极、电解质溶液和电路四个不可分割的部分。

二、腐蚀电池的工作过程

腐蚀电池的工作过程主要由下列三个基本过程组成。图2-8是腐蚀电池工作过程示意图。

(1) 阳极过程 金属溶解，以离子的形式进入溶液，并把当量的电子留在金属上，即

$$M - ne \longrightarrow M^{n+}$$

(2) 阴极过程 从阳极流过来的电子被电解质溶液中能够吸收电子的氧化剂即去极剂（D）所接受，即

$$D + ne \longrightarrow [D \cdot ne]$$

在与阴极接受电子的还原过程平行进行的情况下，阳极过程可不断地继续下去，使金属受到腐蚀。

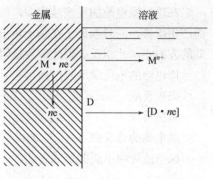

图 2-8 腐蚀电池工作过程示意图

(3) 电流的流动 电流的流动在金属中是依靠电子从阳极流向阴极产生的，而在溶液中依靠电子的迁移，就使整个电池系统中的电路构成了通路。

腐蚀电池工作所包含的上述三个基本过程相互独立又彼此依存，且缺一不可；只要其中一个过程受到阻碍而不能进行，整个腐蚀电池的工作就势必停止，金属电化学腐蚀过程当然也停止。

如果没有阴极上的还原过程，就不能构成金属的电化学腐蚀。所以说，金属发生电化学腐蚀的根本原因是溶液中存在着可以使金属氧化的物质，它和金属构成热力学不稳定体系；腐蚀电池的存在仅仅是加速金属的腐蚀速率而已，不是金属发生电化学腐蚀的根本原因。

三、腐蚀电池的类型

根据组成腐蚀电池的电极的大小，并考虑到促使形成腐蚀电池的主要影响因素及金属破坏的表现形式，可以把腐蚀电池分为两大类，即宏观腐蚀电池和微观腐蚀电池。

(一) 宏观腐蚀电池

这种腐蚀电池通常是指由肉眼可见的电极所构成的"大电池"，常见的主要有以下两种类型。

1. 电偶腐蚀电池

当两种具有不同电极电位的金属或合金相互接触（或通过导线连接），并处于电解质溶液中时，其中电位较低的金属遭受腐蚀，而电位较高的金属则得到保护，因而称这种腐蚀电池为电偶腐蚀电池，也叫作异金属接触腐蚀。

例如，铜锌相连浸入稀硫酸中，通有冷却水的碳钢-黄铜冷凝器，以及船舶中的铜壳与其铜合金推进器等均构成这类腐蚀电池。此外，化工设备上不同金属的组合中（如螺钉、螺栓、螺帽、焊接材料等和主体设备连接处）也常出现接触腐蚀。

异金属的电极电位差是形成接触腐蚀电池的最主要因素，且电极电位差越大，电偶腐蚀越严重。电池中阴极、阳极的面积比和电介质的电导率等因素也对腐蚀有一定的影响。

2. 浓差腐蚀电池

由于同一金属的不同部位接触介质的浓度不同而形成的腐蚀电池称为浓差腐蚀电池。常见

的浓差腐蚀电池包括金属离子浓差腐蚀电池和氧浓差腐蚀电池两种。

(1) 金属离子浓差腐蚀电池　同一种金属在不同金属离子浓度的溶液中构成的腐蚀电池是金属离子浓差腐蚀电池。

根据能斯特方程式，金属的电位与金属离子的浓度有关。当金属与不同浓度的含该金属离子的溶液接触时，浓度较低处，金属的电位较低，浓度较高处，金属的电位较高，从而形成金属离子浓差腐蚀电池。浓度较低处的金属为阳极，遭到腐蚀。直到各处浓度相等，金属各处电位相同时，腐蚀才会停止。

例如一长铜棒的一端与稀的硫酸铜溶液接触，另一端和浓的硫酸铜溶液接触，那么与较稀溶液接触的一端因其电极电位较低，作为电池的阳极将遭到腐蚀。但在较浓溶液中的另一端，由于其电极电位较高，作为电池的阴极，溶液中的 Cu^{2+} 将在这一端的铜表面析出。

在化工生产过程中，例如铜或铜合金设备在流动介质中，流速较大的一端 Cu^{2+} 较易被带走，出现较低浓度区域，这个部位电位较低为阳极；而在滞留区则 Cu^{2+} 聚积，将成为阴极。

在一些设备的缝隙处和疏松沉积物下部，因与外部溶液的离子浓度有差别，往往会形成浓差腐蚀的阳极区域而遭腐蚀。

(2) 氧浓差腐蚀电池　氧浓差腐蚀电池是由于金属与含氧量不同的溶液相接触而引起电位差所构成的腐蚀电池，又称为充气不均电池。这种腐蚀电池是造成金属局部腐蚀的重要因素之一。它是一种较普遍存在的、危害较大的腐蚀破坏形式。金属浸于含有氧的中性溶液里会形成氧电极，并发生如下的阴极反应过程：

$$O_2 + 2H_2O + 4e \longrightarrow 4OH^-$$

氧电极的电极电位与氧的分压大小有关，由能斯特方程式计算可知，氧的分压越大，氧电极的电极电位就越高。因此，如果介质中氧的含量不同，就会因氧浓度的差别产生电位差。金属在氧浓度较低区域相对于氧浓度较高的区域来说，因其电极电位较低而成为阳极，故在这一区域中的金属将受到腐蚀。最常见的有水线腐蚀和缝隙腐蚀。

桥桩、船体、贮罐等在静止的中性水溶液中，受到严重腐蚀的部位常在靠近水线下面，受腐蚀部位会形成明显的沟或槽，这种腐蚀称为水线腐蚀（图 2-9）。这是由于氧的扩散速度缓慢而引起水的表层含有较高浓度的氧，而水的下层氧浓度则较低，表层的氧如果被消耗，可及时从大气中得到补充，但水下层的氧被消耗后由于氧不易到达而补充困难，因而产生了氧的浓度差，表层（弯月面处）为富氧区，为阴极区，水下（弯月面下部）为贫氧区，为阳极区而遭受腐蚀。

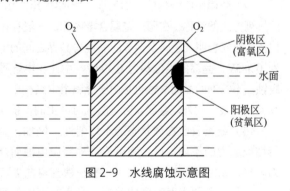

图 2-9　水线腐蚀示意图

氧的浓差腐蚀电池也可在缝隙处和疏松的沉积物下面形成而引起缝隙腐蚀及垢下腐蚀。例如，工程部件多用铆、焊、螺钉等方法连接，在连接区有可能出现缝隙。由于在缝隙深处补充氧特别困难，因此，便容易形成氧浓差电池，导致缝隙处出现严重腐蚀。埋在不同密度或深度土壤中的金属管道及设备也会因为土壤中氧的充气不均匀而造成氧浓差电池的腐蚀。

通常，浓差腐蚀可通过消除介质的浓度差别来抑制腐蚀过程。

(3) 温差腐蚀电池　浸入电解质溶液的金属因处于不同温度的情况下形成的电池称为温差腐蚀电池。它常常发生在换热器、浸式加热器及其他类似的设备中。例如检修碳钢换热器可发现其高温端比低温端腐蚀严重。这是由于在介质中,高温部位的铁是腐蚀电池的阳极,而低温部位则是电池的阴极。

(二)微观腐蚀电池

在金属表面由于存在许多肉眼不可分辨的极微小的电极而形成的电池叫作"微电池"。微电池腐蚀是由于金属表面的电化学不均匀性所引起的自发而又均匀的腐蚀。不均匀性的原因主要有以下几个方面(图2-10)。

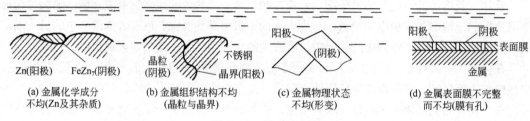

图2-10 微电池腐蚀

(1)金属化学成分的不均匀性 外表看起来没区别的金属实际上化学成分是不均匀的。以碳钢为例,有铁素体(0.006%C)、渗碳体 Fe_3C(6.67%C)等。在电解质溶液中,渗碳体部位的电位高于金属基体,在金属表面上形成许多微阴极(渗碳体)和微阳极(铁素体)。不仅如此,工业上使用的金属常常含有各种杂质。因此,当这种金属与电解质溶液接触时,这些杂质则以微电极的形式与基体金属构成了许许多多短路了的微电池系统。倘若杂质作为微阴极存在,它将加速基体金属的腐蚀;反之,若杂质是微阳极,则基体金属会受到保护而减缓其腐蚀。例如,金属 Zn 中常含有杂质 Cu、Fe、Sb 等,也可以构成无数个微阴极,而 Zn 本身为阳极,因此加速了 Zn 在 H_2SO_4 中的腐蚀。

(2)金属组织结构的不均匀性 所谓组织结构,在这里是指组成合金的粒子种类、含量和它们的排列方式的统称。在同一金属合金内部,一般存在着不同的组织结构区域,因而有不同的电极电位值。研究表明,金属及合金的晶粒与晶界之间的电位是有差异的,如工业纯铝,其晶粒内的电位为 0.585V,晶界的电位却为 0.494V,由此在电解质溶液中因形成晶界为阳极的微电池而产生局部腐蚀。不锈钢的晶间腐蚀也是由于金属组织结构不均匀构成微电池的例子,此时,晶粒是阴极,而晶界是阳极。此外,金属及合金凝固时产生的偏析引起组织上的不均匀也能形成微电池腐蚀。

(3)金属表面物理状态的不均匀性 例如,金属在机械加工过程中,金属各部形变的不均匀性或应力的不均匀性,都可形成局部微电池而产生腐蚀。变形较大的部分或受力较大的部分为阳极,易遭受腐蚀,例如,一般在铁管弯曲处容易发生腐蚀。

此外,金属表面温度的差异、光照的不均匀等也会导致各部分电位发生差异而遭受腐蚀。

(4)金属表面膜的不完整性 若金属表面存在覆膜不完整、表面镀层有孔隙等缺陷,则孔隙下或破损处相对于表面膜来说,在接触电解质时具有较负的电极电位,成为微电池的阳极,由此也易于构成微电池。

在生产实践中,要想使整个金属表面的物理性质和化学性质、金属各部位所接触介质的物理性质和化学性质完全相同,金属表面各点的电极电位完全相等是不可能的。由于种种因素使得金属表面的物理性质和化学性质存在差异,使金属表面各部位的电位不相等,统称为电化学不均匀性,它是形成微电池腐蚀的基本原因。

第四节　金属电化学腐蚀的电极动力学

在实际中，人们不仅关心金属设备和材料的腐蚀倾向，更关心腐蚀过程进行的速度。

一、腐蚀速率

金属遭受腐蚀后，其质量、厚度、力学性能以及组织结构等都会发生变化，这些物理和力学性能的变化率均可用来表示金属的腐蚀程度。在全面腐蚀的情况下，金属的腐蚀速率可以用以下 3 种方法来描述。

1. 重量法

对全面腐蚀的金属，腐蚀程度的大小可用腐蚀前后试样质量的变化来评定。由于人们习惯把质量称为重量，因此根据质量变化评定腐蚀速率的方法习惯上仍称为"失重法"或"增重法"。失重是指腐蚀后试样的质量减少；增重是指腐蚀后试样的质量增加。

（1）失重法　失重法就是根据腐蚀后试样质量的减小来计算腐蚀速率。这种方法适用于腐蚀产物完全脱落或很容易从试样表面清除掉而不损伤主体金属的情况。其表达式为

$$v^- = \frac{m_0 - m_1}{St} \tag{2-31}$$

式中　v^-——金属失重腐蚀速率，g/(m²·h)；
　　　m_0——腐蚀前金属的质量，g；
　　　m_1——腐蚀后金属的质量，g；
　　　S——暴露在腐蚀介质中的表面积，m²；
　　　t——试样的腐蚀时间，h。

（2）增重法　当腐蚀后试样质量增加且腐蚀产物牢固地附着在试样表面不易去除时，可用增重法。其表达式为

$$v^+ = \frac{m_2 - m_0}{St} \tag{2-32}$$

式中　v^+——金属增重腐蚀速率，g/(m²·h)；
　　　m_2——腐蚀后带有腐蚀产物的试样质量，g。

2. 深度法

深度法是以腐蚀后金属厚度的减少来表示腐蚀速率。对于密度不同的金属，尽管质量（重量）指标相同，但腐蚀深度不同。对于重量法表示的腐蚀速率相同时，密度大的金属被腐蚀的深度比密度小的金属浅，因而用腐蚀深度来评价腐蚀速率更为合适。从材料腐蚀破坏对工程性能（强度、断裂等）的影响来看，确切地掌握腐蚀破坏的深度更有其重要的意义。

当全面腐蚀时，腐蚀深度可通过腐蚀的质量变化，经过换算得到。其表达式为

$$v_L = \frac{24 \times 365}{1000} \times \frac{v^-}{\rho} = 8.76 \frac{v^-}{\rho} \tag{2-33}$$

式中　v_L——腐蚀速率，mm/a；
　　　ρ——金属的密度，g/cm³。

全面腐蚀的金属，常以年腐蚀深度来评定耐蚀性的等级，现将金属耐蚀性四级标准和十级

标准分别列于表2-4和表2-5。

表 2-4 金属耐蚀性四级标准

级别	腐蚀速率/(mm/a)	耐蚀性评定
1	<0.05	优良
2	0.05～0.5	良好
3	0.5～1.5	腐蚀较重,但可用
4	>1.5	腐蚀严重,不可用

表 2-5 金属耐蚀性十级标准

耐蚀性等级		级别	腐蚀速率/(mm/a)
Ⅰ	完全耐蚀	1	<0.001
Ⅱ	很耐蚀	2	0.001～0.005
		3	0.005～0.01
Ⅲ	耐蚀	4	0.01～0.05
		5	0.05～0.1
Ⅳ	尚耐蚀	6	0.1～0.5
		7	0.5～1.0
Ⅴ	欠耐蚀	8	1.0～5.0
		9	5.0～10.0
Ⅵ	不耐蚀	10	>10.0

3. 电流密度法

由于金属电化学腐蚀的阳极溶解反应为

$$M - ne \longrightarrow M^{n+}$$

该式明确表达了金属的溶解与电流的密切关系,金属腐蚀的过程伴有电流产生。腐蚀时的电流越大,金属的腐蚀速率越快。因而电化学腐蚀速率也可用电化学方法测定电流密度来表示。电流密度就是通过单位面积上的电流强度。

电化学腐蚀过程,是金属与电解质溶液进行电化学反应的结果。可根据法拉第定律,计算腐蚀速率与电流密度之间的关系,其表达式为

$$\bar{v} = \frac{A}{nF} i_a \times 10^4 \tag{2-34}$$

式中　$\bar{v}$——金属的腐蚀速率,$g/(m^2 \cdot h)$;

　　　i_a——阳极溶解电流密度,A/cm^2;

　　　A——金属的摩尔质量,g/mol;

　　　n——金属的价数;

　　　F——法拉第常数,$F=96500C \cdot mol^{-1}$。

需要强调指出的是,无论用哪种方法,它们都只能表示全面腐蚀速率。

二、极化作用与去极化作用

在电化学腐蚀过程中,影响腐蚀速率的因素有很多,最主要的因素是极化与去极化。

首先看一个实验:将面积均为 $4cm^2$ 的铜片和锌片浸入 3% NaCl 溶液中,组成了一个腐蚀电池。用导线将负载 R 和开关 K 与电流表 A 串联起来,数字电压表 V 用来测量负载 R 两端的电压,如图 2-11 所示。

在电池接通前,铜和锌两极的电位差(电池的电动势)为 0.93V,电流为 0。当电池接通时,电流表指示的起始电流为 0.0034A,电压表指示的电位差为 0.91V。经过一段时间后,电位差变为 0.64V。实验测量表明,随着通电时间的增加,两极电位差不断减小。两极电位随时间的变化情况如图 2-12 所示,阴极(铜)的电位越来越低,阳极(锌)电位越来越高,两极的电位差越来越小,这样就使得腐蚀电池的电流强度减少。

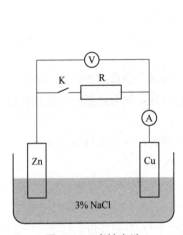

图 2-11 腐蚀电池

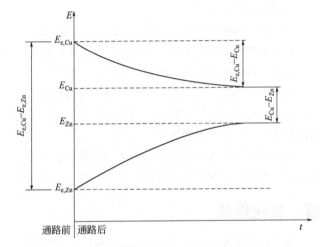

图 2-12 电极极化的电位-时间曲线

以上实验表明,腐蚀电池通过电流造成了两极间的电位差减小,即有电流通过时,阴极和阳极的电极电位均偏离了其平衡电位。由此可以给出电极极化的定义,即腐蚀电池由于通过电流而引起两极间电位差减小,并引起电流强度降低的现象,称为电池的极化作用。

通过电流时阳极电位向正方向移动的现象,称为阳极极化。

通过电流时阴极电位向负方向移动的现象,称为阴极极化。

消除或减弱阳极和阴极的极化作用的电极过程称为去极化。相应的有阳极的去极化和阴极的去极化。能消除或减弱极化作用的物质称为去极化剂(简称去极剂)。

由于腐蚀电池的极化作用,使腐蚀电池电流减小而降低了腐蚀速率。假若没有极化作用,金属电化学腐蚀的速率将要大得多,这对金属设备和材料的破坏将更为严重。对于防腐蚀而言,极化是有利的。因此,探讨极化作用的原因及其影响因素,对于金属腐蚀问题的研究具有重大意义。

三、极化原因及类型

1. 极化原因

一个电极反应进行时,在最简单的情况下也至少包含下列三个主要的互相连续的步骤:

① 溶液中的去极剂向电极表面运动——液相传质步骤；

② 去极剂在电极表面进行得电子或失电子的反应而生成产物——电子转移步骤或电化学步骤；

③ 产物离开电极表面向溶液内部迁移的过程——液相传质步骤；或产物形成气相，或在电极表面形成固体覆盖层——新相生成步骤。

任何一个电极反应的进行都要经过这一系列互相连续的步骤。在稳态条件下，连续进行的各串联步骤的速率都相同，等于整个电极反应过程的速度。因此，如果这些串联步骤中有一个步骤所受到的阻力最大，其速度就要比其他步骤慢得多，则其他各个步骤的速度及整个电极反应的速度都应当与这个最慢步骤的速度相等，而且整个电极反应所表现的动力学特征与这个最慢步骤的动力学特征相同。这个阻力最大的、决定整个电极反应过程速度的最慢步骤称为电极反应过程的速度控制步骤，简称控制步骤。

2. 极化类型

根据控制步骤的不同，一般可将极化分为两类，即电化学极化和浓差极化。

如果电极反应中电子转移步骤即电化学步骤速度最慢，成为整个电极反应过程的控制步骤，由此导致的极化称为电化学极化，又称活化极化。

如果电子转移步骤很快，而反应物从溶液相中向电极表面运动或产物自电极表面向溶液内部运动的液相传质步骤最慢，以致成为整个电极反应过程的控制步骤，则与此相应的极化就称为浓差极化，又称浓度极化。

此外，如果产物在电极表面形成固体覆盖层使整个体系电阻增大，导致阳极电位陡升，产生了阳极极化，这种极化称为电阻极化，其中较为常见的是金属钝化。

四、极化曲线

为了使电极电位随通过电流的变化情况更清晰准确，经常利用电位-电流直角坐标图或电位-电流密度直角坐标图来表达。例如，图 2-11 中的腐蚀电池在接通电路后，铜电极和锌电极的电极电位随电流的变化可以绘制成图 2-13 的形式。如果铜电极和锌电极浸在溶液中的面积相等，则图中的横坐标可采用电流密度 i。为使讨论方便，习惯上阴极电流密度在坐标中取其绝对值。从图中可以看出，随着电流密度的增加，阳极电位向正的方向移动，而阴极电位向负的方向移动。

表示电极电位与极化电流或极化电流密度之间关系的曲线称为极化曲线。显然相应的有阳极极化曲线（图中 $E_{e,Zn}$, A 段）和阴极极化曲线（图中 $E_{e,Cu}$, C 段）。

从极化曲线的形状可以看出电极极化的程度，从而判断电极反应过程的难易。例如，若极化曲线较陡，则表明电极的极化程度较大，电极反应过程的阻力也较大；而极化曲线较平坦，则表明电极的极化程度较小，电极反应过程的阻力较小，因而反应就容易进行。

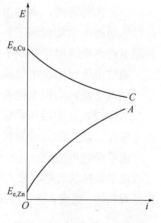

图 2-13 极化曲线示意图

极化曲线对于解释金属腐蚀的基本规律有重要意义。用试验方法测绘极化曲线并加以分析研究，是提示金属腐蚀机理和探讨控制腐蚀措施的基本方法之一。

五、混合电位理论

在实际环境中的腐蚀体系一般都是复杂的，它们在电化学反应过程中的极化作用可用混合电位理论来解释。这一理论包括两项基本的假说。

一是任何电化学反应都能分成两个或更多的局部氧化反应和局部还原反应。

二是在一个电化学反应过程中，不可能有净电荷积累，即当一个电绝缘的金属试件腐蚀时，总氧化速率与总还原速率相等。

混合电位理论扩充和部分取代了经典微电池腐蚀理论。它不但适用于局部腐蚀，也适用于亚微观尺寸的均匀腐蚀。

根据混合电位理论，腐蚀电位是由同时发生的两个电极过程，即金属的氧化和去极剂的还原过程共同决定的，是腐蚀体系的混合电位。它处于该金属的平衡电位与腐蚀体系中还原反应的平衡电位之间。

腐蚀电位是不可逆的，这是因为腐蚀体系是不可逆的体系。通常腐蚀介质中开始并不含有腐蚀金属的离子，因此腐蚀电位是不可逆的，与该金属的标准平衡电位偏差很大。随着腐蚀的进行，电极表面附近该金属的离子会逐渐增多，因而腐蚀电位随时间发生变化。一定时间后，腐蚀电位趋于稳定，这时的电位可称为稳定电位，但仍不是可逆平衡电位。因为金属仍在不断溶解，而阴极去极化剂（腐蚀剂）仍在不断地消耗，不存在物质的可逆平衡。

因此，腐蚀电位的大小不能用能斯特方程式计算，但可用实验测定。

根据腐蚀极化图可以很容易地确定腐蚀电位并解释各种因素对腐蚀电位的影响。

如在图 2-14 中，交点 S 的电位用 E_{corr} 表示，这个体系只有这一点的总氧化速率等于总还原速率，此交点又称为腐蚀体系的稳态，是这一体系的稳态电位，或称为稳定电位、自腐蚀电位、腐蚀电位等。

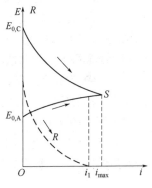

图 2-14　腐蚀极化图

第五节　金属的钝化

金属的钝化现象早在 20 世纪初就被人们发现。例如，铁在稀硝酸中腐蚀很快，而在浓硝酸中则腐蚀很慢。1836 年，斯柯比称金属在浓硝酸中获得的耐蚀状态为钝态。到目前为止人们对金属的钝化已进行了广泛的研究，其并在控制金属腐蚀和提高金属材料的耐蚀性方面发挥了十分重要的作用。

一、钝化现象

电动序中一些较活泼的金属，在某些特定环境中会变为惰性状态。

例如，铝的电极电位很负（$E^0_{Al^{3+}/Al}$ =-1.66V），但事实上铝在潮湿的大气或中性的水中却十分耐蚀，其原因正是由于铝的表面极易同水中的氧形成一层表面膜，而阻止了进一步腐蚀，这就是钝化现象。

又如，把一块普通的铁片放在硝酸中并观察铁片的溶解速率与浓度的关系，可以发现在最初阶段铁片的溶解速率是随着硝酸浓度的增大而增加的，但当硝酸浓度增大到一定值时，铁片的溶解速率会迅速降低；若继续增大硝酸浓度，其溶解速率会降低到很小（图 2-15）。此时，我们说金属变成了钝态。

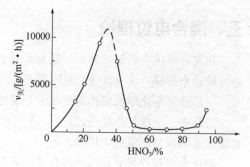

图 2-15　Fe 的溶解速率与 HNO_3 浓度的关系

金属的钝化现象可以从下列实验中观察到，见图 2-16。

室温下，把一小块铁浸入 70%的浓硝酸中，没有反应发生 [图 2-16（a）]，然后往杯中加入等体积的水，使硝酸浓度稀释至 35%，也没有变化 [图 2-16（b）]；取一根有锐角的玻璃棒划伤硝酸中的一小块铁，立即发生剧烈反应，放出棕红色的 NO_2 气体，铁迅速溶解，另取一块铁片直接浸入 35%的室温硝酸中，也发生剧烈的反应 [图 2-16（c）]。

以上就是有名的法拉第证明铁的钝化实验，实验表明：

① 金属钝化需要一定的条件。70%的硝酸可使铁表面形成保护膜，使它在后来不溶于 35%的硝酸中；如果铁不经 70%的硝酸处理，则会受到 35%硝酸的强烈腐蚀。

② 金属钝化后，腐蚀速率大大降低。当金属发生钝化现象之后，它的腐蚀速率几乎可降低为原来的 $1/10^6 \sim 1/10^3$。

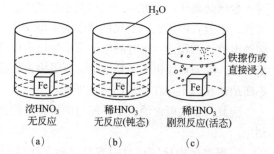

图 2-16　法拉第铁钝化实验示意图

③ 钝化状态一般不稳定。表面膜一旦被擦伤，立即失去保护作用，金属失去钝性。因此，钝态虽然提供了一种极好的减轻腐蚀的途径，但因为钝态较易转变为活态，所以必须慎重使用。

二、钝化的定义

对钝化的定义有较多的说法，一般认为：某些活泼金属或其合金表面在某些介质环境下会发生一种阳极过程受阻滞的现象，其电化学性能接近于贵金属。金属的这种失去了原来的化学活性的现象被称为钝化。金属钝化后所获得的耐蚀性质称为钝性。例如，铝经钝化后电极电位迅速升高，接近铂、金等贵金属。钝化大大降低了金属的腐蚀速率，增加了金属的耐蚀性。

钝化处理

不仅是铁，其他一些金属或合金，例如铬、镍、钼、钛、锆、不锈钢、铝、镁等，在适当条件下也都可以钝化。因为钝化膜的形成，使这个体系由原来没有钝化膜时较负的腐蚀电位（即活化电位）向正方向移动而形成钝化，所以这类金属往往有两个腐蚀电位（例如，在电偶序中的不锈钢就有一个较负的活性电位及一个较正的钝态电位）。因此，这类金属称为活性-钝性金属。

三、钝化理论

金属由活性状态转变为钝态是一个比较复杂的过程，直到现在还没有一个完整的理论来说明所有的金属钝化现象。下面简要介绍一种主要的钝化理论——成相膜理论。

成相膜理论认为，钝化状态是由于金属和介质作用时在金属表面生成了一种非常薄的、致密的、覆盖性能良好的保护膜，这层保护膜呈独立相存在，通常是氧和金属的化合物。

金属在钝化过程中所产生的薄膜大概起着如下的作用：当薄膜无孔时，它可以把金属与腐蚀性介质完全隔离开，这就防止了金属与该介质直接作用，从而使金属基本上停止溶解；如果薄膜有孔，则在孔中仍然可能发生金属溶解的过程，但由于进行阴极过程困难（由于膜的生成使氧在膜上的还原过程有较大的超电压等原因所引起的）或是由于金属离子转入溶液的过程直接受到阻碍，都可能使阳极过程发生阻滞，结果使金属变成钝态。

应当指出，即便金属处于稳定钝态，也并不等于它已经完全停止溶解，而只是溶解速率大大降低而已。但是，若金属表面被厚的保护层覆盖，如金属的腐蚀产物、氧化层、磷化层或涂漆层等，则不能认为是金属成膜钝化，只能认为是化学转化膜。

四、钝化的特性

钝化的特性可通过金属的阳极极化曲线来说明。图 2-17 是金属钝化过程典型的阳极极化曲线示意图，又称为 S 形曲线。整个曲线可分为四个特性区。

（1）活化区　曲线 ab 段。电流随电位升高而增大，到 b 点附近达最大值 $i_{临}$。这时金属处于活化状态，受到腐蚀，这个区域称为活化区。这时金属以低价形式溶解成金属离子，即

$$M - ne \longrightarrow M^{n+}$$

（2）过渡区　曲线 bc 段。电位升至 $E_{临}$ 以后，电流超过最大值 $i_{临}$ 后立即急剧下降

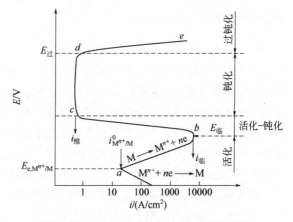

图 2-17　金属钝化过程典型阳极极化曲线

处于不稳定状态，很难测得各点的稳定数值，通常把这个小区称为活化-钝化过渡区。

（3）钝化区　曲线 cd 段。在这个区域，金属进入稳定钝化状态，金属表面形成了钝化膜，阻碍了金属溶解，电流急剧下降至一个基本稳定的最小值 $i_{维}$，在一个比较宽的电位区内，电流密度几乎不变。这一区域称为钝化区。这时金属表面可能生成一层耐蚀性好的钝化膜。此时金属的溶解速率就是 $i_{维}$（维持钝态的电流密度），膜不断溶解又不断生成新的膜。故 $i_{维}$ 就是维持稳定钝态所必需的电流密度。

（4）过钝化区　曲线 de 段。在电位达到很高的情况下（即超过 d 点），电流随电位的升高再度增大，这个区域称为过钝化区。这时，金属的钝化膜被破坏，其原因可能是氧化膜进一步氧化成更高价的可溶性氧化物，使腐蚀重新加剧。

上述钝化曲线上的几个转折点，为钝化特性点，它们所对应的电位和电流密度称为钝化特性参数。

b 点的电位 $E_{临}$，是金属开始钝化时的电极电位，称为临界电位。$E_{临}$ 越小，表示金属越易钝化。b 点对应的电流密度 $i_{临}$ 是使金属在一定介质中产生钝化所需的最小电流密度，称为临界电流密度。必须超过 $i_{临}$，金属才能在介质中进入钝态。$i_{临}$ 越小则金属越易钝化。

c 点的电流密度 $i_{维}$ 是使金属维持钝化状态所需的电流密度，称为维钝电流密度。$i_{维}$ 也就

是表示金属处于钝化状态时仍在进行着速度较小的腐蚀。$i_维$ 越小，表示这种金属钝化后的腐蚀速率越慢。

$E_临$、$i_临$、$i_维$ 是三个重要的特性参数。

在曲线上从 c 点到 d 点的电极电位称为钝化区电位范围。这一区域越宽，表示钝化越容易维持或控制。

五、影响钝化的因素

1. 金属本身性质

不同的金属具有不同的钝化性能。钛、铝、铬是很容易钝化的金属，它们可在空气中及很多介质中钝化，通常称它们为自钝化金属。一些金属的钝化趋势按下列顺序依次减小：钛、铝、铬、钼、镁、镍、铁等。

需要指出的是，这个次序并不表示上述金属的耐蚀性也依次递减，只能代表由于钝态引起的稳定性增加程度的大小而已。

2. 介质的成分和浓度

能使金属钝化的介质主要是氧化性介质。一般来说，介质的氧化性越强，金属越容易钝化；除浓硝酸和浓硫酸外，KNO_3、$AgNO_3$、$HClO_3$、$K_2Cr_2O_7$、$KMnO_4$ 等强氧化剂都很容易使金属钝化。但是有的金属在非氧化性介质中也能钝化，如钼能在 HCl 中钝化，镁能在 HF 中钝化。

金属在氧化性介质中是否能获得稳定的钝态，取决于氧化剂的氧化性能强弱程度及其浓度。如在一定的氧化性介质中，无其他活性阴离子存在的情况下，金属能够处于稳定的钝化状态；存在着一个适宜的浓度范围，浓度过大与不足都会使金属活化造成腐蚀。

介质中含有活性阴离子如 Cl^-、Br^-、I^- 等时，由于它们能破坏钝化膜而引起孔蚀，因此浓度足够高时，还可能使整个钝化膜被破坏，引起活化腐蚀。一般情况下，溶液中各种活化阴离子，按其活化能力的大小排列为：

$$Cl^- > Br^- > I^- > F^- > ClO_4^- > OH^- > SO_4^{2-}$$

条件不同时，以上次序也可能会发生改变。

3. 介质 pH 值

对于一定的金属来说，在它能形成钝性表面的溶液中，通常溶液的 pH 值越高，钝化越容易，如碳钢在碱性介质中易钝化。但要注意，某些金属在强碱性溶液中能生成具有一定溶解度的酸根离子，如 ZnO_2^{2-} 和 Pb_2^{2-}，因此它们在碱液中也较难钝化。

实际上，金属在中性溶液中一般较容易钝化，而在酸性溶液中则要困难得多，这往往与阳极反应产物的溶解度有关。如果溶液中不含有配合剂和其他能和金属离子生成沉淀的阴离子，那么对于大多数金属来说，它们的阳极反应生成物是溶解度很小的氧化物或氢氧化物，而在强酸性溶液中则生成溶解度很大的金属盐。

4. 氧

溶液中的溶解氧对金属的腐蚀性具有双重作用。在扩散控制情况下，一方面氧可作为阴极去极化剂引起金属的腐蚀；另一方面如果氧在供应充分的条件下，又可促使金属进入钝态。因此，氧也是助钝剂。

5. 温度

介质温度对金属的钝化有很大影响。温度越低，金属越容易钝化；反之，升高温度，会使金属难以钝化或使钝化受到破坏。

6. 流速

一般随着介质流速的提高，金属的稳定钝化范围减小，钝化能力下降。

六、金属钝化的方法

1. 活性-钝性金属的耐蚀性

典型的 S 形阳极极化曲线不仅可以用来解释活性-钝性金属的阳极溶解行为，还提供了一个给钝性下定义的简便方法，那就是：呈现典型 S 形阳极极化曲线的金属或合金就是钝性金属或合金（钛是例外，没有过钝化区）。

但是，图 2-17 仅仅表示了一条阳极极化曲线，而实际上一个腐蚀体系是阳极过程与阴极过程同时进行的，所以实际上一个腐蚀体系的腐蚀速率应是这一体系的阴极行为和阳极行为联合作用的结果。

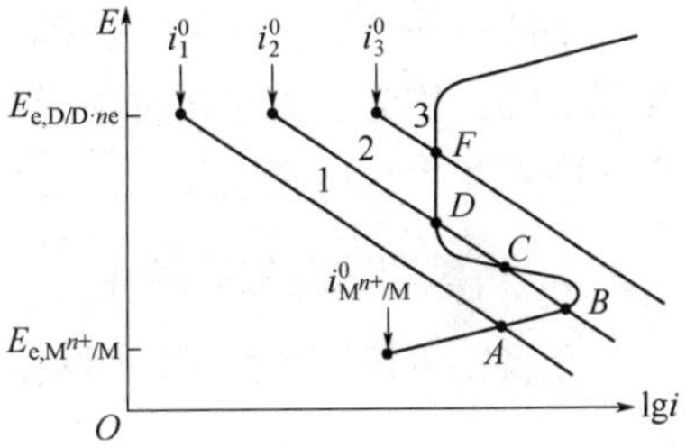

如图 2-18 所示，在不同的介质条件下，阴极过程对金属钝化的影响可能具有以下三种情况。

第一种情况：它有一个稳定的交点 A，位于活化区，具有高的腐蚀速率，这是钛在无空气的稀硫酸或盐酸中迅速溶解、不能钝化的情况。

图 2-18 阴极过程对金属钝化的影响

第二种情况：可能有三个交点 B、C、D，在三个点上总氧化速率与总还原速率相等。虽然都能满足混合电位理论的要求，但 C 点处于电位不稳定状态，体系不能在这点存在，其余两点是稳定的，B 点在活化区出现高的腐蚀速率，D 点在钝化区具有低的腐蚀速率。在浓硝酸中钝化后的铁即属于此种情况，当钝化膜未破坏时可耐稀硝酸的腐蚀，一旦钝化膜被破坏，则由钝态转变为活态，即从 D 点转变到 B 点。

第三种情况：只有一个稳定的交点 F，位于钝化区。对于这种体系，金属或合金自发钝化并保持钝态，这个体系不会活化并表现出很低的腐蚀速率，如不锈钢在含氧化剂（溶解氧）的酸溶液中以及铁在浓硝酸中。

2. 金属钝化的方法

根据以上对活性-钝性金属耐蚀性的讨论可知，使金属的电位保持在钝化区的方法一般有以下三种。

（1）化学钝化法 就是用化学方法使金属由活性状态变为钝态的方法。例如将金属放在一些强氧化剂中（如浓硝酸、浓硫酸、重铬酸盐、铬酸盐等溶液）中处理，可生成保护性氧化膜。能引起金属钝化的物质叫作钝化剂，缓蚀剂中的阳极型缓蚀剂就是利用钝化的原理（详见第七章第五节）。氧气也是某些金属的钝化剂，如铝、铬、不锈钢等在空气中氧或溶液中氧的作用下即可自钝化，具有自钝化作用的金属其钝化膜受到破坏时，常常可以自己修复，因而具有很好的耐蚀性。

（2）阳极钝化法 就是用外加电流使金属阳极极化而获得钝态的方法，也叫电化学钝化法。

例如碳钢在稀硫酸中，可利用恒电位仪通入电流，保持所需的电位及电流密度，阳极保护法就是这种方法（第七章中讨论）。

（3）利用合金化方法使金属钝化 例如在碳钢中加入铬、镍、铝、硅等合金元素可使碳钢的钝化区范围变大，提高碳钢的耐蚀性；不锈钢在防腐中应用如此广泛，正是因为铁中加入易钝化的金属铬后产生了钝化效应，使其具有良好的耐蚀性。

第六节 析氢腐蚀与吸氧腐蚀

金属发生电化学腐蚀的根本原因是溶液中含有能使该金属氧化的物质，即腐蚀过程的去极剂。导致去极剂还原的阴极过程与金属氧化的阳极过程共同组成了整个腐蚀过程。析氢腐蚀和吸氧腐蚀就是阴极过程中各具特色的两种最为常见的腐蚀形态。其中吸氧腐蚀是自然界中普遍存在的，因而是破坏性最大的一类腐蚀。

一、析氢腐蚀

溶液中的氢离子作为去极剂，在阴极上接受电子，促使金属阳极溶解过程持续进行引起的金属腐蚀，称为氢去极化腐蚀或析氢腐蚀。碳钢、铸铁、锌、铝、不锈钢等金属和合金在酸性介质中常发生这种腐蚀。

1. 析氢腐蚀发生的条件

金属发生析氢腐蚀时，阴极上将进行如下反应：

$$2H^+ + 2e \rightleftharpoons H_2$$

由反应式可知，当电极电位比氢的平衡电位（$E_{e,H}$）略负时，上式的平衡就由左向右移动，发生 H^+ 放电，逸出 H_2；若电极电位比氢的平衡电位略正时，平衡将向左移动，H_2 转变为 H^+。假如金属阳极与作为阴极的氢电极组成腐蚀电池，则当金属的电势比电极平衡电势更低，金属与氢电极间存在一定的电位差时，腐蚀电池就开始工作，电子不断地从阳极输送到阴极，平衡被破坏，反应将向右移动，氢气不断地从阴极表面逸出。由此可见，只有当阳极的金属电位较氢电极的平衡电位为低时，即 $E_M < E_{e,H}$ 时，才可能发生析氢腐蚀。

例如，在 pH=7 的中性溶液中，氢电极的平衡电位可根据能斯特方程式进行计算：

$$E_{e,H} = 0 + 0.059\lg[H^+] = 0.059 \times (-7) = -0.413\text{V}$$

在该条件下，如果金属的阳极电位较 −0.413V 更负，那么产生析氢腐蚀是可能的。许多金属之所以在中性溶液中不发生析氢腐蚀，就是因为溶液中 H^+ 浓度太低，氢的平衡电位低，阳极电位高于氢的平衡电位。但是当选取电位更负的金属（如 Mg 及其合金）作阳极时，因为它们电位比氢的平衡电位低，可以发生析氢腐蚀，甚至在碱性溶液中也可以发生析氢腐蚀。

显然，$E_M < E_{e,H}$ 是发生析氢腐蚀的热力学条件；在析氢腐蚀有可能发生的前提下，能否真正发生则取决于析氢的阻力（即阴极析氢过程产生的极化）。

2. 析氢腐蚀的过程

析氢腐蚀属于阴极控制的腐蚀体系，氢离子在电极上还原的总反应如下：

$$2H^+ + 2e \longrightarrow H_2$$

该反应的最终产物是氢分子。由于两个氢离子直接在电极表面同一位置上同时放电的概率极小，因此反应的初始产物应该是氢原子而不是氢分子。考虑到氢原子的高度活泼性，可以认为在电化学步骤中首先生成吸附在电极表面的氢原子，然后吸附氢原子结合为氢分子脱附并形成气泡析出。

（1）氢在酸性溶液中的去极化过程　一般认为在酸性溶液中，氢去极化过程是按下列几个连续步骤进行的。

① 水化 H^+ 向电极扩散并在电极表面脱水：

$$H^+ \cdot H_2O \longrightarrow H^+ + H_2O$$

② H^+ 与电极（M）表面的电子结合形成附着在电极表面上的 H：

$$H^+ + M(e) \longrightarrow MH_{吸附}$$

③ 吸附 H 原子复合脱附：

$$MH_{吸附} + MH_{吸附} \longrightarrow H_2\uparrow + 2M$$

或电化学脱附：

$$MH_{吸附} + H^+ + M(e) \longrightarrow H_2\uparrow + 2M$$

④ 电极表面的氢气通过扩散，聚集成气泡逸出。

如果这四个步骤中有一步进行得较迟缓，则会影响到其他步骤的进行。于是由阳极送来的电子就会积累在阴极，阴极电位将向负的方向移动。

（2）氢在碱性溶液中的去极化过程　在碱性溶液中，在电极上还原的不是 H^+，而是 H_2O，其析氢阴极过程的步骤如下。

① H_2O 到达电极与 OH^- 离开电极。

② H_2O 在电极表面放电生成吸附于电极表面的氢原子。

$$H_2O \longrightarrow H^+ + OH^-$$
$$H^+ + M(e) \longrightarrow MH_{吸附}$$

③ 吸附 H 的复合脱附：

$$MH_{吸附} + MH_{吸附} \longrightarrow H_2\uparrow + 2M$$

或电化学脱附：

$$MH_{吸附} + H^+ + M(e) \longrightarrow H_2\uparrow + 2M$$

④ H_2 形成气泡逸出。

从酸性溶液与碱性溶液中析氢腐蚀的步骤可以看出：不管金属在哪种溶液中，对于大部分金属电极而言，第二个步骤即 H^+ 与电子结合的电化学步骤最缓慢，是控制步骤。除第①②步骤外，后面步骤所发生的反应基本相同。

3. 析氢腐蚀的阴极极化曲线和氢超电位

氢电极在平衡电位下不能析出氢气。通常，在某一电流密度下，氢电极电位变负到一定的数值时，才能见到电极表面有氢气逸出，该电位称为氢的析出电位。在一定电位密度下，氢的析出电位与平衡电位之差，就叫氢的超电位。

图 2-19 是典型的析氢过程的阴极极化曲线，是在没有任何其他氧化剂存在，H^+ 作为唯一的去极化剂的情况下绘制而成的。它表明在氢的平衡电位 E_e 时没有氢析出，电流为零。只有当电位比 E_e 更低时才有氢析出，而且电位越低

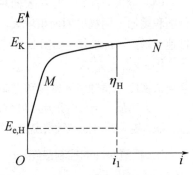

图 2-19　析氢过程的阴极极化曲线

析出的氢越多,电流密度也越大。在一定的电流密度下,氢的平衡电位 E_e 与析氢电位 E_K 间的差值就是该电流密度下氢的超电位。例如,对应电流密度 i_1 时的氢的超电位为

$$\eta_H = E_e - E_K \tag{2-35}$$

式中,E_K 为电流密度等于 i_1 时的析氢电位。

超电位是电流密度的函数,因此只有在指出对应的电流密度的数值时,超电位才具有明确的定量意义。影响超电位的因素很多,最主要的是电流密度、电极材料、电极表面状况和温度等。金属上发生氢超电位的现象对于金属腐蚀具有很重要的实际意义。如纯粹的金属 Zn 在硫酸溶液中溶解得很慢,但是如果其中含有氢超电位很小的杂质,那么就会加速 Zn 的溶解;如果其中所含杂质具有较高的氢超电位,那么 Zn 的溶解就慢得多。

4. 影响析氢腐蚀的因素

(1) 电极材料 不同材料的交换电流密度 i_0 相差很大,析氢腐蚀速率也会相差很大。例如铂和金两种金属在酸性介质中分别与锌组成电偶,铂和金的标准电极电位比较接近,但由于这两种在酸中的 i_0 相差很大,使得铂与锌构成的电偶电池的腐蚀电流 i_{cZnPt} 大于金与锌构成的电偶电池的腐蚀电流 i_{cZnAu}(图 2-20)。图中的 i_c 和 E_c 分别表示腐蚀电流 i_{corr} 和腐蚀电位 E_{corr}。

(2) 温度 温度上升一般会引起 i_0 的增加,使腐蚀速率增加。因为温度升高将使氢超电位减小,而且从化学动力学可知,温度升高使得阳极反应和阴极反应都将加快,所以腐蚀速率随温度升高而增加。

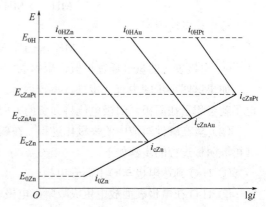

图 2-20 在酸性溶液中锌与铂和金构成电偶电池的腐蚀极化

(3) pH 值 pH 值对析氢腐蚀影响比较复杂。一般在酸性溶液中,降低溶液的 pH 值,析氢腐蚀速率增加是因为 pH 值减小,H^+ 浓度增大,氢电极电位变得更高,在氢超电位不变的情况下,由于驱动力增大了,腐蚀速率将增大。当 pH 值增加时,情况则相反。

pH 值对氢超电位的影响则较复杂。对不同的电极材料、不同的溶液组成,pH 值对氢超电位的影响也不同。一般来说,在酸性溶液中,pH 值每增加 1 个单位,氢超电位增加 59mV;在碱性溶液中,pH 值每增加 1 个单位,氢超电位减少 59mV。

(4) 电极表面积 电极表面越粗糙,表面积越大,析氢腐蚀速率越高,i_0 增大;阴极的几何面积增加,阴极区的面积增大,氢超电位减小,阴极极化率减小,析氢反应加快,从而使腐蚀速率增大,i_0 增大,如图 2-21 所示。

图中 i_{0H1}、i_{0H2}、i_{cZn1}、i_{cZn2}、E_{cZn1}、E_{cZn2} 分别表示电极面积为 $1cm^2$ 和 $10cm^2$ 时氢电极的交换电流密度、腐蚀电流密度和自腐蚀电位。

(5) 杂质 电极含杂质不同时,析氢腐蚀速率会相差很大。如图 2-22 所示是在稀硫酸中锌含汞、铁、铜杂质时的腐蚀情况。由图中可看出,电极含 i_0 大而 i_H 小的杂质时,腐蚀速率会增加。

5. 析氢腐蚀的控制措施

根据析氢腐蚀的特点,可以采取以下措施控制金属腐蚀:

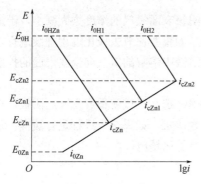

图 2-21 阴极表面积增大对 i_{corr} 的影响

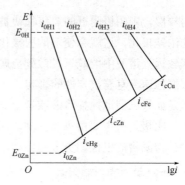

图 2-22 杂质对 i_{corr} 的影响

① 通过消除或减少杂质，提高金属材料的纯度；
② 加入增加超电位的组分，如 Hg、Zn、Pb 等；
③ 加入缓蚀剂，减少阴极有效面积，增加超电位；
④ 降低活性阴离子成分等。

二、吸氧腐蚀

以氧的还原反应为阴极过程的腐蚀称为氧去极化腐蚀，简称吸氧腐蚀或耗氧腐蚀。由于氧的平衡电位比氢的平衡电位要高，所以金属在有氧存在的溶液中发生吸氧腐蚀的可能性更大。

吸氧腐蚀

1. 吸氧腐蚀发生的条件

与析氢腐蚀类似，产生吸氧腐蚀需要满足以下条件：腐蚀电池中阳极金属电位必须低于氧的平衡电位，即 $E_A < E_{e,O_2}$。氧的平衡电位可根据能斯特方程计算。例如，设某中性溶液的 pH=7，温度为 25℃，溶解于溶液中的氧分压 p_{O_2}=0.21atm(1atm=1.013×10⁵Pa)。在此条件下氧的平衡电位为：

$$E^0 = 0.401 + 0.059/4 \lg[0.21/(10^{-7})^4] = 0.805(V)$$

也就是说，在溶液中有氧溶解的情况下，某种金属的电势如果小于 0.805V，就可能发生吸氧腐蚀。而在相同条件下，氢的平衡电位仅为 0.413V，可见吸氧腐蚀比析氢腐蚀更易发生。实际上工业用金属在中性、碱性或较稀的酸性溶液和土壤、大气及水中，析氢腐蚀和吸氧腐蚀往往会同时存在，仅是各自所占比例不同而已。

2. 吸氧腐蚀的过程

相较于析氢腐蚀过程的研究，人们对阴极上进行吸氧腐蚀反应的研究要少得多，因此机理并不是很明确。据研究，氧在阴极上还原的过程较复杂，但总体上吸氧腐蚀可分为两个基本过程。
① 氧的输送过程。
② 氧在阴极上被还原的过程，即氧的离子化过程。

$$O_2 + 2H_2O + 4e \longrightarrow 4OH^- \quad （在中性或碱性溶液中）$$
$$O_2 + 4H^+ + 4e \longrightarrow 2H_2O \quad （在酸性溶液中）$$

在普通情况下，氧去极化作用是由第一个步骤的速度决定的。这一步骤比较复杂，首先它包括氧穿过空气和电解质溶液的界面，然后借机械或热对流的作用通过电解质层，最后穿过紧密附着在金属表面上的液体层（一般称为扩散层）后，才被吸附在金属的表面上。如果这一步进行得较慢,则阴极附近的氧气很快被消耗掉,使得阴极表面氧气的浓度大大减小,于是带来所谓的浓差极化,这就会使氧的去极化过程发生阻滞。如果要使氧去极化过程继续进行,就必须依赖较远处溶液中的氧气扩散到金属表面来,因此溶液中溶解的氧气向金属表面的扩散速率对金属腐蚀速率有着决定性的影响。

但是如果剧烈地搅拌溶液或者金属表面的液层很薄,那么氧气就很容易到达阴极,在这种情形下,阴极过程主要由第二步骤,即氧的离子化过程决定。如果这一过程进行缓慢,那么结果就会使得阴极的电位朝负方向移动,引起所谓的氧离子化超电位。

3. 吸氧腐蚀的影响因素

是否形成了闭塞电池是影响设备发生吸氧腐蚀的关键因素。能够促使形成闭塞电池的因素都可能加速吸氧腐蚀。闭塞电池的形成取决于金属表面保护膜,所以保护膜是否完整也是影响吸氧腐蚀的重要因素。可见影响吸氧腐蚀的因素是多样的,下面主要介绍4个方面的影响因素。

(1) 溶解氧的浓度　溶解氧的浓度增大时,氧的极限扩散电流密度将增大,氧离子化反应的速率也将加快,因而吸氧腐蚀的速率也随之增大。图2-23(a)中表明了当氧的浓度增大时,阴极化曲线的起始电位要适当正移,氧的极限扩散电流密度也要相应增大,腐蚀电位将升高,非钝化金属的腐蚀速率将由 i_1 增大到 i_3。但对于可钝化金属,当氧浓度增大到一定程度,其腐蚀电流增大到腐蚀金属的致钝电流而使金属由活性溶解状态转为钝化状态时,则金属的腐蚀速率将显著降低,见图2-23(b)。由此可见,溶解氧对金属腐蚀往往有恰恰相反的双重影响。

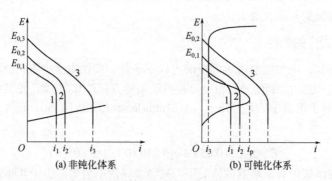

图 2-23　氧浓度对扩散控制的腐蚀过程影响示意图(氧浓度:1<2<3)

(2) 溶液流速　在氧浓度一定的条件下,极限扩散电流密度与扩散层厚度成反比,溶液流速越大,扩散层厚度越小,氧的极限扩散电流密度就越大,见图2-24(a)。搅拌作用的影响与溶液流速的影响相似,见图2-24(b)。对于有钝化倾向的金属或合金,在尚未进入钝态时,增加溶液的流速或加强搅拌作用都会增强氧向金属表面的扩散,这就可能促使极限扩散电流密度达到或超过钝化所需电流密度,金属进入钝态而降低腐蚀速率。

(3) 盐浓度　随着盐浓度的增加,由于溶液电导率的增大,腐蚀速率会有所上升。例如在中性溶液中当 NaCl 的浓度达到3%(相当于海水中的 NaCl 含量)时,Fe 的腐蚀速率达到最大值。随着 NaCl 的浓度进一步增加时,氧的溶解度显著降低,Fe 的腐蚀速率反而下降。

图 2-25 表明了 NaCl 浓度对 Fe 在中性溶液中腐蚀速率的影响。

(4) 温度　温度的影响是双重的:溶液温度的增加将使氧的扩散过程和电极反应速率加快,因而在一定范围内,腐蚀速率将随温度的升高而加快;但温度的升高又可能使氧的溶解度下降,相应使其腐蚀速率减小,如图2-26所示。

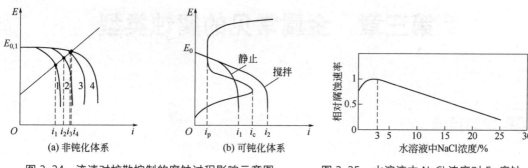

图 2-24 流速对扩散控制的腐蚀过程影响示意图
（流速：1<2<3<4）

图 2-25 水溶液中 NaCl 浓度对 Fe 腐蚀速率的影响（25℃）

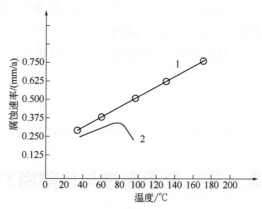

图 2-26 Fe 在水中的腐蚀速率与温度的关系
1—封闭系统；2—敞口系统

因此，在敞口系统中，Fe 的腐蚀速率约在 80℃ 达到最大值，然后随着温度的升高而下降；而在封闭系统中，温度的升高将使气相中氧的分压增大，从而增加了氧在溶液中的溶解度，这与温度升高氧溶解度降低的效应相反，所以此时的腐蚀速率将随温度升高而增大。

复习思考题

1. 写出下列环境介质中的腐蚀电化学反应式。
   （1）Fe 在盐酸溶液中　　（2）Zn 在 $FeCl_3$ 溶液中　　（3）Cu 在含有溶解氧的硫酸溶液中
2. 什么叫电极电位？什么叫平衡电极电位？建立一个平衡电极电位应满足哪些条件？
3. 什么叫标准电极电位？什么叫电动序？
4. 什么叫非平衡电极电位？与平衡电位有何区别？
5. 如何根据标准电极电位判断金属的腐蚀倾向？举例说明。
6. 腐蚀电池的构成有哪些必要条件？其工作过程如何？
7. 浓差腐蚀是如何引起的？试以氧为例说明，解释为什么缺氧区遭到腐蚀。
8. 什么叫极化作用？什么叫去极化作用？极化作用对金属电化学腐蚀速率有什么影响？
9. 什么叫钝化？什么是活性-钝性金属？举例说明。是否金属处于钝化状态下就不腐蚀？如果腐蚀，腐蚀速率多大？金属钝化的方法有哪些？
10. 什么叫析氢腐蚀？什么叫吸氧腐蚀？

第三章 金属常见的腐蚀类型

学习目标

1. 了解全面腐蚀与局部腐蚀的概念及二者的区别、电偶序及其应用（电偶腐蚀倾向的判断）。
2. 理解电偶腐蚀、点蚀、缝隙腐蚀、晶间腐蚀、应力腐蚀破裂、腐蚀疲劳、磨损腐蚀、选择性腐蚀等局部腐蚀的概念、特征、影响因素等。
3. 掌握电偶腐蚀、点蚀、缝隙腐蚀、晶间腐蚀、应力腐蚀破裂、腐蚀疲劳、磨损腐蚀等局部腐蚀的防护措施。

金属腐蚀若按腐蚀形态（破坏形式）可分为全面腐蚀和局部腐蚀两类。

第一节 全面腐蚀与局部腐蚀

一、全面腐蚀

全面腐蚀指腐蚀在整个金属表面进行。腐蚀可以是均匀的，也可以是不均匀的，会使腐蚀表面比较粗糙，呈波纹状，但各点腐蚀深度基本相同。腐蚀虽然同样发生在整个材料表面，但各部分的微观腐蚀速率实际上并不均等。发生全面腐蚀的条件是腐蚀介质均匀地抵达金属表面的各部位，而且金属的成分和组织比较均匀。全面腐蚀是一种常见的腐蚀形式，如碳钢在强酸、强碱中的腐蚀，钢铁构件在大气、海水及稀的还原性介质的腐蚀一般都属于全面腐蚀。这类腐蚀通常速度较稳定，因而危险性相对较小，设备寿命的预期性好，对设备的监测也较容易。多数情况下，金属表面会产生保护性的腐蚀产物膜，使腐蚀变慢。腐蚀不太严重时，只要在设计时增加腐蚀裕度就能够使设备达到应有的使用寿命而不被腐蚀损坏，一般也不会发生突发事故。但金属的全面腐蚀量较大，给防腐带来非常大的工程量。如图3-1所示为金属表面全面腐蚀的后期形貌。

图3-1 金属表面全面腐蚀的后期形貌

从电化学角度来看，全面腐蚀的主要特征就是腐蚀电池的阴极、阳极面积非常小，甚至在显微镜下也难以区分，都是微电池，一般只能测出混合电位，难以测量微阳极或微阴极电位。阴极、阳极面积大致相等，反应速率较为稳定。图3-2为暴露于大气中的某油库储罐表面全面腐蚀。

图 3-2　某油库储罐表面全面腐蚀

二、局部腐蚀

局部腐蚀是相对于全面腐蚀而言的。它是指腐蚀破坏集中在金属表面某一区域，而金属其他大部分区域几乎不发生腐蚀或腐蚀很轻微。

局部腐蚀时，阳极区和阴极区一般是截然分开的，其位置可用肉眼或微观检查方法加以区分和辨别。腐蚀电池中的阳极溶解反应和阴极区腐蚀剂（腐蚀介质）的还原反应在不同区域发生，而次生腐蚀产物又可在第三地点形成。

局部腐蚀可细分为电偶腐蚀、点蚀、缝隙腐蚀、晶间腐蚀、选择性腐蚀、磨损腐蚀、应力腐蚀破裂、腐蚀疲劳等。

局部腐蚀是金属构件与设备腐蚀损伤的一种重要形式。局部腐蚀金属损失的量不大，但由于局部腐蚀常会导致设备的突发性破坏，而这种突发性破坏常常难以预测，往往会造成巨大的经济损失，甚至引发灾难性的破坏。

日本三菱化工机械公司 10 年化工设备破坏原因统计如图 3-3 所示。

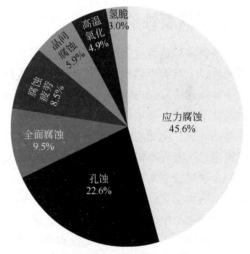

图 3-3　日本三菱化工机械公司 10 年化工设备破坏原因统计

三、全面腐蚀与局部腐蚀的比较

全面腐蚀与局部腐蚀相比较，在腐蚀形貌、电极面积、腐蚀产物、腐蚀危害等各个方面存在不同，见表 3-1。

有些情况下全面腐蚀与局部腐蚀很难区分。如果整个金属表面都发生明显的腐蚀，但是腐蚀速率在金属表面各部分分布不均匀，那么部分表面的腐蚀速率明显大于其余表面的腐蚀速率；如果这种差异比较大，以致金属表面上显现出明显的腐蚀深度的不均匀分布，我们也习惯称之为"局部腐蚀"。例如，低合金钢在海水介质中发生的坑蚀、在酸洗时发生的孔蚀和缝隙腐蚀等都属于这种情况。一般情况下，如果以宏观的观察方法能够测量出局部区域的腐蚀深度明显大于邻近表面区域的腐蚀深度，那么就可以认为是局部腐蚀。

本章主要讨论常见的几种局部腐蚀的概念、特征、机理、影响因素和防护措施等。

表 3-1 全面腐蚀与局部腐蚀的比较

项目	全面腐蚀	局部腐蚀
腐蚀形貌	腐蚀分布在整个金属表面	腐蚀集中在一定区域，其他部分不腐蚀
腐蚀电池	阴、阳极在表面上变化不定；阴、阳极不可辨别	阴、阳极可以分辨
电位	阳极电位=阴极电位=腐蚀电位	阳极电位<阴极电位
电极面积	阳极面积=阴极面积	阳极面积<阴极面积
腐蚀产物	可能对金属有保护作用	无保护作用
失效事故率	低	高
预测性	容易预测	难以预测

第二节　电偶腐蚀

一、电偶腐蚀的概念

电偶腐蚀也称接触腐蚀或双金属腐蚀，是指两种或两种以上具有不同电极电位的金属相接触（或通过电子导体连接），在一定的介质（如电解质溶液）中发生电化学反应，使电位较低的金属（阳极）加速溶解破坏的现象。电偶腐蚀实际上就是由于材料差异引起的宏电池（宏观原电池）腐蚀（图 3-4），其中电位较低的金属腐蚀速率变大，而电位较高的金属腐蚀速率减缓。两种金属的电极电位相差越大，阳极的面积越小，电偶电池中处于阳极的金属腐蚀越严重。

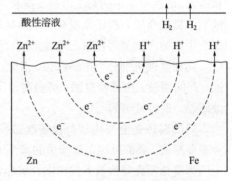

图 3-4　异种金属接触构成电偶腐蚀

有时两种不同的金属虽然没有直接接触，但也有引起电偶腐蚀的可能。例如循环冷却系统中的铜零件被腐蚀，溶解下来的铜离子可在碳钢设备扩散、沉积，在沉积的疏松的铜粒子与碳钢之间便形成了微电偶腐蚀电池（间接的电偶腐蚀电池），结果引起了碳钢设备的局部腐蚀（如腐蚀穿孔）。

电偶腐蚀是最普遍的一种局部腐蚀类型，常见于各类由不同金属材料制造组装而成的工业装置和工程结构中。图 3-5 列举出了几种电偶腐蚀实例。图 3-5（a）为二氧化硫石墨冷却器，管间通冷却介质海水，由于石墨花板、管子与碳钢壳体构成电偶，碳钢壳体因此发生电偶腐蚀，不到半年便被腐蚀穿孔；图 3-5（b）为镀锌钢管与黄铜阀连接在水中形成的电偶，导致镀锌层和碳钢管先后加速腐蚀；图 3-5（c）是维尼纶醛化液（含 H_2SO_4、Na_2SO_4、$HCHO$）槽，基体材料为 316L 不锈钢衬铅锡合金（含 Sn 6.4%和微量 Cu、Fe 等），由于衬里焊缝出现裂纹，引起不锈钢的强烈腐蚀；图 3-5（d）是石墨密封造成泵的铜合金轴的电偶腐蚀；图 3-5（e）为碳钢换热器的腐蚀，由于输送介质的泵采用石墨密封，摩擦或磨削下来的石墨微粒在列管内沉积，也会加速碳钢管的腐蚀。

实际生产中常会见到这样的电偶电池，例如碳钢管路与不锈钢阀门（或不锈钢泵等）连接，在电解质溶液中构成电偶电池，最后可导致连接处附近的钢制件腐蚀，严重时会穿孔。

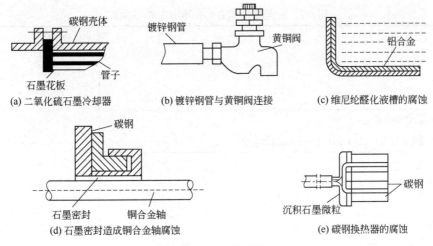

图 3-5 电偶腐蚀实例

二、电偶序与电偶腐蚀倾向

异种金属在同一介质中相接触,哪种金属为阳极,哪种金属作阴极,阳极金属的电偶腐蚀倾向有多大,这些原则上都可用热力学理论进行判断。但能否用它们的标准电极电位的相对高低作为判断的依据呢?现以 Al 和 Zn 在海水中的接触为例。若从标准电极电位来看,Al 的标准电极电位是 $-1.66V$,Zn 的是 $-0.762V$,组成电偶对时,Al 为阳极,Zn 为阴极,所以,Al 应受到腐蚀,Zn 应得到保护,但事实则刚好相反。判断结果与实际情况不符,原因是确定某金属的标准电极电位的条件与海水中的条件相差很大。如 Al 在 3% NaCl 溶液中测得的腐蚀电位是 $-0.60V$,Zn 的腐蚀电位是 $-0.83V$。所以二者在海水中接触,Zn 是阳极受到腐蚀,Al 是阴极得到保护。由此可见,当我们对金属在电偶对中的极性做判断时,不能以它们的标准电极电位作为判据,而应该以它们的腐蚀电位作为判据,因为金属所处的实际环境不可能是标准的。

具体来说,可根据金属(或合金)的电偶序来做出热力学上的判断。所谓电偶序就是根据金属(或合金)在一定条件下测得的稳定电位的相对大小排列而成的表。由于电偶序列表中的上下关系是确定的,因而据此可以定性地比较出金属腐蚀的倾向,这对我们从热力学角度判断偶对金属的极性和阳极的腐蚀倾向具有一定的参考价值。表 3-2 为一些金属和合金在海水中的电偶序。

这里要指出,电动序与电偶序在形式上相似,但含义不同:电动序是纯金属在平衡可逆的标准条件下测得的电极电位排列顺序,用来判断金属腐蚀的倾向;而电偶序是用金属或合金在非平衡可逆体系的稳定电位来排序的,用来判断在一定介质中两种金属或合金相互接触时产生电偶腐蚀的可能性,以及判断哪一种金属是阳极、哪一种是阴极。

在使用电偶序时应注意以下事项。

① 根据偶对金属的相对电位差电偶序来判断其极性和腐蚀倾向时只能预测腐蚀发生的方向和程度,而不能说明发生腐蚀反应的速度——动力学的问题。有时,两种金属的开路电位虽然相差很大,但偶合后阳极的腐蚀速率不一定很大。这是因为腐蚀电流的大小和方向不仅由腐蚀倾向确定,还主要应根据极化因素来决定。例如,偶对金属中的阴极、阳极面积比,表面膜的状态,腐蚀产物的性质以及海水的流速等对极化性能的影响都很大,所以在腐蚀过程中,由于上述因素的影响,随着条件的变化,金属的电偶序有可能发生变化,偶对金属中的极性甚至可能发生倒转。

表 3-2　一些金属和合金在海水中的电偶序

电位负（阳极） ↑

- 镁
- 镁合金
- 锌
- 镀锌钢

- 铝 1100（含 Al 99%以上）
- 铝 2024（含 Cu 4.5%、Mg 1.5%、Mn 0.6%的铝合金）

- 软钢
- 熟铁
- 铸铁

- 13% Cr 不锈钢 410 型（活性的）
- 18-8 不锈钢 304 型（活性的）
- 18-12-3 不锈钢 316 型（活性的）

- 铅锡焊料
- 铅
- 锡

- 熟铜（Muntz Metal）（Cu 61%、Zn 39%）
- 锰青铜
- 海军黄铜（Naval Brass）（Cu 60.5%、Zn 38.7%、Sn 0.75%）

- 镍（活性的）
- 76Ni-16Cr-7Fe（活性的）
- 60Ni-30Cr-6Fe-1Mn

- 海军黄铜（Naval Brass）（Cu 71%、Zn 28.7%、Sn 1.0%）
- 铅黄铜
- 铜
- 硅青铜

- 70-30 Cu-Ni
- G-青铜
- 银焊料
- 镍（钝态的）
- 76Ni-16Cr-7Fe（钝态的）

- 13%Cr 不锈钢 410 型（钝态的）
- 钛

- 18-8 不锈钢 304 型（钝态的）
- 18-12-3 不锈钢 316 型（钝态的）

- 银
- 石墨
- 金
- 铂

↓ 电位正（阴极）

② 位于表 3-2 上方的某金属和位于表下方的相隔较远的另一金属在海水中组成偶对时，阳极腐蚀较严重，因为从热力学角度分析，二者电位差较大，腐蚀倾向就大。反之，由上下位置相隔较近的两种金属偶合时，则阳极腐蚀较轻。以置于同种海水中的锌-石墨和锌-软钢这两个偶对为例，显然锌在前一偶对中的腐蚀倾向比在后一偶对中的腐蚀倾向要大。

③ 位于表 3-2 中的同组金属，它们之间电极电位相差很小（一般小于 310mV）。当在海水中组成偶对时，它们的腐蚀倾向小到可以忽略的程度，可联合使用。如铸铁-软钢等，它们在海水中配对使用时不会引起严重的电偶腐蚀。

三、电偶腐蚀的影响因素

影响电偶腐蚀的因素较复杂，除了与金属材料的性质有关外，还受其他因素，如面积效应、环境因素、溶液电阻等的影响。

1. 金属材料特性

异种金属组成电偶时，它们在电偶序中的上下位置相距越远，即稳定电位（腐蚀电位）起始电位差越大，电偶腐蚀的倾向越大，腐蚀越严重；而当同组金属之间的电位差小于 50mV 时，组成电偶时则腐蚀不严重。因此，在设计设备或构件时，尽量选用同种或同组金属，不用电位相差大的金属，若在特殊情况下一定要选用电位相差大的金属，两种金属的接触面之间应做绝缘处理，如加绝缘垫片或者在金属表面施加非金属保护层。

2. 面积效应

电偶腐蚀与阴、阳极面积比有关，即存在面积效应。所谓面积效应，就是指电偶腐蚀电池中阴极和阳极面积之比对阳极腐蚀速率的影响。它是电偶腐蚀的一个重要影响因素。阴极与阳极面积的比值越大，阳极电流密度越大，金属腐蚀速率就越大。图 3-6 所示为腐蚀速率随阴、阳极面积之比的变化情况。由图可知，电偶腐蚀速率与阴、阳极面积比呈线性关系。

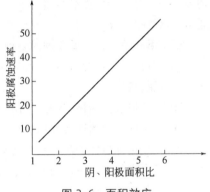

图 3-6 面积效应

通常，增加阳极面积可以降低腐蚀速率。从电化学腐蚀原理可知道，大阳极-小阴极，阳极腐蚀速率较慢；大阴极-小阳极，阳极腐蚀速率加剧。如图 3-7（a）所示，碳钢板用铜螺钉连接，这是属于大阳极-小阴极的结构。由于阳极面积大，阳极溶解速率相对减小，不至于在短期内引起连接结构的破坏，因而相对较安全。如图 3-7（b）所示，铜板用碳钢螺钉连接，这是属于大阴极-小阳极结构。由于这种结构可使阳极腐蚀电流急剧增加，因此连接结构很快就会受到破坏。

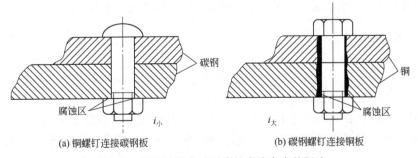

(a) 铜螺钉连接碳钢板　　(b) 碳钢螺钉连接铜板

图 3-7 不同连接方式对腐蚀电流密度的影响

3. 环境因素

金属的电偶腐蚀在很大程度上与所处环境的腐蚀性有关，环境因素影响也很大，如介质的组成、温度、电解质溶液的电阻率（或电导率）、pH 值等。不同的环境有着不同的腐蚀性，对双金属的腐蚀程度影响也各不相同。

通常，在一定的环境中耐蚀性较低的金属是电偶的阳极。有时在不同的环境中同一电偶的电位会出现逆转，从而改变材料的极性。例如，钢和锌偶合后在一些水溶液中锌被腐蚀，钢得到了保护。若水温较高（80℃以上），电偶的极性就会逆转，钢成为阳极而被腐蚀。又如镁和铝偶合后在中性或微酸性氯化钠溶液中，镁呈阳极性，可是随着镁的不断溶解，溶液变成碱性使铝反而成为了阳极。

介质的电导率高，则较活泼金属的腐蚀可能扩展到距接触点较远的部位，即有效阳极面积增大，腐蚀不严重。

在电解质溶液中，如果没有维持阴极过程的溶解氧、氢离子或其他氧化剂，就不能发生电偶腐蚀。如在封闭热水体系中，铜与钢的连接不产生严重的腐蚀。

四、电偶腐蚀的防护措施

两种金属或合金的电位差是电偶效应的动力，是产生电偶腐蚀的必要条件。因此在实际结构设计中应尽可能使接触金属间电位差达到最小值。经验认为，电位差小于 50mV 时电偶效应通常可以忽略不计。

根据不同情况，电偶腐蚀的防护措施主要有以下几个方面。

① 在设计选材方面，尽量避免使用不同金属相互接触；如果不可避免，则尽量选用电位差较小的金属材料。

② 避免形成大阴极-小阳极的不利的面积效应。

③ 在不同金属的连接处加以绝缘，如法兰处用绝缘材料做垫圈。

④ 在使用涂层保护时，必须将涂料涂敷在阴极性金属上（减小阴极面积）。

⑤ 在允许的条件下，向介质中加缓蚀剂，可以减缓介质的腐蚀。

⑥ 采用电化学保护。

⑦ 设计时尽可能选用易于更换修理且廉价的阳极部件材料，降低经济成本。

第三节　点蚀

点蚀是常见的局部腐蚀之一，是化工生产和航海领域常遇到的腐蚀破坏形态。

一、点蚀的概念

点蚀又称点腐蚀、小孔腐蚀（孔蚀），是指金属材料在某些环境介质中经过一段时间后，大部分表面不发生腐蚀或腐蚀很轻微，但表面上个别地方或微小区域内，出现腐蚀孔或麻点。这类孔的直径有大有小，在大多数情况下都比较小。但随着时间的推移，腐蚀孔不断地向纵深方向发展形成腐蚀穿孔。图 3-8、图 3-9 所示分别为不锈钢管内壁点蚀和铝的点蚀形貌。

图 3-8 不锈钢管内壁点蚀形貌

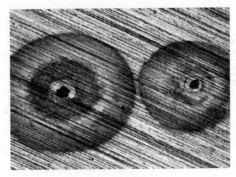

图 3-9 铝的点蚀形貌

二、点蚀的特征

点蚀通常具有以下特征。

① 点蚀多发生在易钝化金属或合金表面。例如不锈钢、铝合金等在含有卤素离子的腐蚀性介质中易发生点蚀,其原因是钝化金属表面的钝化膜并不均匀,如果钝性金属的组织中含有非金属夹杂物(如硫化物等),则金属表面在夹杂物处的钝化膜比较薄弱,或者钝性金属表面的钝化膜被外力划伤,在活性阴离子的作用下,腐蚀小孔就优先在这些有缺陷的局部表面形成。如果在金属基体上镀一些阴极性镀层(如钢上镀 Cr、Ni、Cu 等),在镀层的孔隙处或缺陷处也容易发生点蚀。这是因为镀层缺陷处的金属与镀层完好处的金属形成电偶腐蚀电池,镀层缺陷处为阳极,镀层完好处为阴极,由于阴极面积远大于阳极面积,使点蚀向深处发展,以致形成腐蚀小孔。当阳极性缓蚀剂用量不足时,也会引起点蚀。

② 点蚀易发生于有活性阴离子的介质中。一般来说,在含有卤素阴离子(最常见的是 Cl^-)的溶液中,金属最易发生点蚀。多数情况下,同时存在钝化剂(如溶解氧)和活化剂(如 Cl^-)的腐蚀环境是易钝化金属发生点蚀的重要条件。

③ 从腐蚀形貌上看,多数腐蚀孔小而深。孔径一般小于 2mm,孔深常大于孔径,甚至穿透金属板,也有的腐蚀孔为碟形浅孔。腐蚀孔分散或密集分布在金属表面,孔口多数被腐蚀产物所覆盖,少数呈开放式(即无腐蚀产物覆盖)。所以,点蚀是一种外观隐蔽而破坏性很大的局部腐蚀。各种蚀孔形貌如图 3-10 所示。

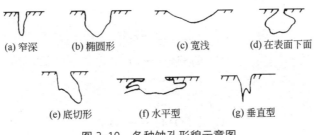

图 3-10 各种蚀孔形貌示意图

④ 腐蚀孔通常沿着重力方向发展。例如,一块平放在介质中的金属,腐蚀孔多在朝上的表面出现,很少在朝下的表面出现。腐蚀孔一旦形成,腐蚀即向深处自动加速进行。

⑤ 点蚀的金属损失量小,但破坏性和隐患性很大,不但容易引起设备穿孔破坏,而且还可能引发和加速晶间腐蚀、应力腐蚀、腐蚀疲劳等局部腐蚀。

⑥ 腐蚀孔的产生有个诱导期。其长短受材料、温度、介质成分等因素的影响，即使在同样的条件下，腐蚀孔的出现时间也不相同。

三、点蚀的机理

点蚀多发生在表面有钝化膜或有保护膜的金属上。处于钝态的金属虽然其腐蚀速率比活态时小得多，但仍有一定的反应能力。钝化膜可以不断溶解和修复。若整个表面膜的修复能力大于溶解能力，金属就不会发生严重腐蚀，也不会出现点蚀。点蚀的产生与腐蚀介质中的活性阴离子（尤其是 Cl^-）的存在密切相关。

现以不锈钢在氯化钠溶液中的点蚀为例介绍点蚀的机理，如图 3-11 所示。

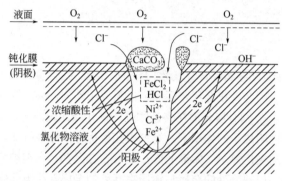

图 3-11　不锈钢在充气的 NaCl 溶液中的点蚀示意图

点蚀的发生、发展可分为两个阶段，即点蚀核的形成和蚀孔的生长过程。

1. 点蚀核的形成

当介质中存在活性阴离子（如 Cl^-）以及氧化性金属离子（如 Cu^{2+}、Fe^{3+} 等）时，溶解就有可能占优势。当钝化膜局部有缺陷（如金属膜被拉伤、露头位错等），内部有硫化物杂质，晶界上有碳化物沉积等时，就有可能导致这些点上的钝化膜穿透，基体金属裸露于介质中。新露出的基体金属与邻近完好膜之间构成局部腐蚀电池，基体金属为阳极，膜完好区为阴极，阳极区溶解，结果在新露出的基体金属上生成小蚀坑，这些小蚀坑称为点蚀核（孔蚀核），也就是蚀孔生成的活性中心。孔内外发生以下反应。

孔内（阳极）：

$$Fe - 2e \longrightarrow Fe^{2+}$$
$$Cr - 3e \longrightarrow Cr^{3+}$$
$$Ni - 2e \longrightarrow Ni^{2+}$$

孔外（阴极）：

$$O_2 + 2H_2O + 4e \longrightarrow 4OH^-$$

2. 蚀孔的生长过程

（1）闭塞电池的形成　在一定条件下，蚀孔将继续长大，随着腐蚀的进行，孔口介质的 pH 值逐渐升高，水中的可溶性盐，如 $Ca(HCO_3)_2$ 将转化为 $CaCO_3$ 沉淀在孔口，结果锈与垢层一起在孔口沉积形成一个闭塞电池。有关反应式如下：

$$HCO_3^- + OH^- \longrightarrow H_2O + CO_3^{2-}$$

$$Ca^{2+}+CO_3^{2-} \longrightarrow CaCO_3\downarrow$$

（2）蚀孔的自催化发展过程 随着孔内金属离子浓度的增加，孔内产生过多的正电荷，此时介质中的 Cl^- 向孔内迁移，以维持溶液的电中性。Cl^- 向孔内迁移后与蚀孔内的 Fe^{2+} 生成 $FeCl_2$，$FeCl_2$ 再水解生成 $Fe(OH)_2$ 与 HCl。酸性的增加会导致金属更多的溶解，而 $Fe(OH)_2$ 在蚀孔处再次氧化成 $Fe(OH)_3$ 而呈疏松的沉积，无多大保护作用。由于介质中的 Cl^- 不断向孔内迁移，形成的 $FeCl_2$ 不断水解，孔内 pH 值越来越低，导致金属更多的溶解。这种由闭塞电池引起孔内酸化从而加速腐蚀的作用，称为"自催化酸化作用"。由于自催化作用，再加上受到向下的重力的影响，使蚀孔不断沿重力方向发展。至此，点蚀的诱导期结束，进入高速溶解阶段。有关反应式如下：

$$Fe^{2+}+2Cl^- \longrightarrow FeCl_2$$
$$FeCl_2+2H_2O \longrightarrow Fe(OH)_2\downarrow+2HCl$$
$$4Fe(OH)_2+O_2+2H_2O \longrightarrow 4Fe(OH)_3$$

四、点蚀的影响因素

点蚀的产生与金属性质、合金成分、组织、表面状态、介质成分、性质、pH 值、温度和流速等因素有关。归纳起来主要因素有两方面，即材料性能和介质环境。

1. 材料性能

（1）金属性质 金属性质对点蚀有重要影响。一般而言，具有自钝化特性的金属对点蚀的敏感性较高，并且钝化能力越强，敏感性越高。

（2）合金元素 不锈钢中 Cr 是最有效提高耐点蚀性能的元素。在一定 Cr 含量下增加 Ni 含量，也能起到减轻点蚀的作用，而加入 2%～5%的 Mo 能显著提高不锈钢耐点蚀性能。多年来，人们通过对合金元素对不锈钢点蚀的影响进行大量研究的结果表明，Cr、Ni、Mo、N 元素都能提高不锈钢抗点蚀能力，而 S、P、C 元素等会降低不锈钢抗点蚀能力。

（3）表面状态 表面状态如抛光、研磨、侵蚀、变形对点蚀有一定影响，例如，随着金属表面光洁度的提高，其耐点蚀能力增强；电解抛光可使钢的耐点蚀能力提高。光滑、清洁的表面不易发生点蚀，粗糙表面往往不容易形成连续而完整的保护膜。在膜缺陷处，容易产生点蚀；积有灰尘或有非金属和金属杂质的表面易发生点蚀；加工过程的锤击坑、表面机械擦伤或加工后的焊渣，都会导致耐点蚀能力的下降。

2. 介质环境

（1）溶液组成及浓度 一般来说，在含有卤素阴离子的溶液中，金属易发生点蚀，因为卤素离子能优先被吸附在钝化膜上，把氧原子排挤掉，然后与钝化膜中的金属阳离子结合形成可溶性卤化物，产生小孔，导致膜的不均匀破坏。其作用顺序是：$Cl^->Br^->I^-$。F^- 只能加速金属表面的均匀溶解而不会引起点蚀。因此，Cl^- 又可称为点蚀的"激发剂"。随着介质中 Cl^- 浓度的增大，先是激发了点蚀的发生，然后又加速了点蚀的进行。在氯化物中，含有氧化性金属离子的氯化物（如 $CuCl_2$、$FeCl_3$、$HgCl_2$ 等）为强烈的点蚀激发剂。

一些含氧的非侵蚀性阴离子，如 OH^-、NO_3^-、CrO_4^{2-}、SO_4^{2-}、ClO_4^- 等具有抑制点蚀的作用。

（2）溶液温度 随着溶液温度的升高，Cl^- 反应能力增强，同时膜的溶解速率也增大，因而使膜中的薄弱点增多。所以，温度升高会加速点蚀，或使在低温下不发生点蚀的材料发生点蚀。

(3) 溶液流速　通常，在静止的溶液中易形成点蚀，因为此时不利于阴极和阳极间的溶液交换。增加流速会使点蚀速率减小，这是因为介质的流速对点蚀的减缓起双重作用。流速增加（但仍处于层流状态），一方面有利于溶解氧向金属表面的输送，加快钝化膜的形成；另一方面可以减少金属表面的沉积物以及 Cl^- 在金属表面的沉积和吸附，消除加速腐蚀的作用（闭塞电池的自催化酸化作用）。例如，不锈钢制造的海水泵在运行过程中不易产生点蚀，而在静止的海水中便会产生点蚀。流速增加到湍流状态时，钝化膜经不起冲刷而被破坏，引起另类腐蚀——磨损腐蚀。

五、点蚀的防护措施

点蚀的防护主要从两个方面考虑，首先从材料角度出发考虑较多，其次是从环境角度出发考虑。此外，还可以考虑电化学保护等。

1. 从材料角度出发

(1) 添加耐点蚀的合金元素　加入适量的耐点蚀的合金元素，降低有害杂质含量，可减弱材料的点蚀敏感性。例如，通过添加抗点蚀的合金元素 Cr、Mo、Si 和 N，采用精炼方法除去或减少钢材中 C、S 和 P 等有害元素和杂质，不锈钢在含 Cl^- 溶液中耐点蚀性能明显提高。

(2) 选用耐点蚀的合金材料　避免在 Cl^- 浓度超过拟选用的合金材料临界 Cl^- 浓度值的环境条件中使用这种合金材料。例如，在海水环境中，不宜使用 18-8 型 Cr-Ni 不锈钢制造的管道、泵和阀门等，防止诱发点蚀，导致材料的早期腐蚀疲劳断裂。近年来开发了多种耐点蚀不锈钢，这类钢材中都含有较多的 Cr、Mo，有的还含有 N，而含碳量都低于 0.03%。双相钢和高纯铁素体不锈钢都具有良好的抗点蚀性能，钛和钛合金的抗点蚀性能优异。

(3) 保护材料表面　在设备制造、运输和安装过程中，不要碰伤或划破材料表面膜；焊接时注意焊渣等飞溅物不要落在设备表面上，更不能在设备表面上引弧。

2. 从环境、介质角度出发

(1) 改善介质条件　通过降低溶液中 Cl^- 含量，减少 Fe^{3+} 及 Cu^{2+} 存在，降低温度，提高 pH 值等措施，可以避免或减少点蚀的发生。

(2) 使用缓蚀剂　特别是在封闭系统中使用缓蚀剂最有效，用于不锈钢的缓蚀剂有硝酸盐、铬酸盐、硫酸盐和碱，最有效的是亚硝酸钠。但要注意，缓蚀剂用量不足反而会加速腐蚀。

(3) 适当控制流速　不锈钢等钝化型材料在滞流或缺氧的条件下易发生点蚀。控制流速可减轻或防止点蚀的发生。

3. 电化学保护

采用电化学保护也可抑制点蚀的发生，通常为外加电流阴极保护。

第四节　缝隙腐蚀

一、缝隙腐蚀的概念

缝隙腐蚀是一种常见的局部腐蚀。金属部件在介质中，由于金属与金属或金属与非金属之间形成特别小的缝隙（0.025~0.1mm），使缝隙内介质处于滞留状态，引起缝隙内金属的加速腐蚀，这种局部腐蚀称为缝隙腐蚀，如图 3-12 所示。

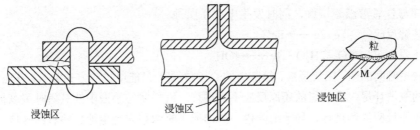

图 3-12 缝隙腐蚀示意图

可能构成缝隙腐蚀的缝隙包括：金属结构的铆接、焊接、螺纹连接等处构成的缝隙；金属与非金属的连接处，如金属与塑料、橡胶、石墨等处构成的缝隙；金属表面的沉积物、附着物，如灰尘、沙粒、腐蚀产物、细菌菌落或海洋生物等与金属表面形成的狭小缝隙等。此外，许多金属构件由于设计上的不合理或加工过程等原因也会形成缝隙。这些缝隙都是发生隙缝腐蚀的理想场所。多数情况下，缝隙在工程结构中是不可避免的，所以缝隙腐蚀也是不可能完全避免的。

二、缝隙腐蚀的特征

缝隙腐蚀具有如下的基本特征。

① 几乎所有的金属和合金都有可能引起缝隙腐蚀。从正电性的 Au 或 Ag 到负电性的 Al 或 Ti，从普通的不锈钢到特种不锈钢，都会产生缝隙腐蚀，但它们对缝隙腐蚀的敏感性有所不同，具有自钝化特性的金属或合金对缝隙腐蚀的敏感性较高，不具有自钝化能力的金属和合金，如碳钢等对缝隙腐蚀的敏感性较低。

② 几乎所有的腐蚀性介质都有可能引起金属的缝隙腐蚀。介质可以是酸性、中性或碱性的溶液，但一般充气的、含活性阴离子的中性介质最易引起缝隙腐蚀。

③ 遭受缝隙腐蚀的金属，在缝隙内呈现深浅不一的蚀坑或深孔。缝隙口常有腐蚀产物覆盖，即形成闭塞电池。因此缝隙腐蚀具有一定的隐蔽性，容易造成金属结构的突然失效，具有相当大的危害性。

④ 与点蚀相比，同一金属或合金在相同介质中更易发生缝隙腐蚀。对点蚀而言，原有的蚀孔可以发展，但不产生新的蚀孔，而在发生缝隙腐蚀电位区间内，缝隙腐蚀既能发展，又能产生新的蚀坑，原有的蚀坑也能发展。因此，缝隙腐蚀是一种比点蚀更为普遍的局部腐蚀。

⑤ 与点蚀一样，造成缝隙腐蚀加速进行的根本原因是闭塞电池的自催化作用。

三、缝隙腐蚀的机理

对于缝隙腐蚀的研究，其广度和深度都比不上点蚀，目前对它的腐蚀机理仍未得到完全统一的认识。大多数人认为，在初期可以用金属离子或氧浓差电池的作用加以解释，进一步发展，与孔蚀相似，属于闭塞电池的自催化过程。

下面以碳钢在中性海水中发生的缝隙腐蚀说明缝隙腐蚀的机理，见图 3-13。

缝隙腐蚀刚开始，金属整个表面和缝隙内

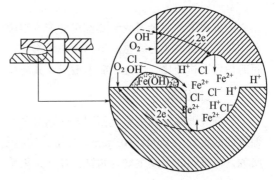

图 3-13 碳钢在中性海水中缝隙腐蚀示意图

金属表面都与含氧溶液相接触，同时发生电化学腐蚀。

阳极溶解反应　　　$Fe - 2e \longrightarrow Fe^{2+}$

阴极还原反应　　　$O_2 + 2H_2O + 4e \longrightarrow 4OH^-$

经过较短时间的阴、阳极反应，缝隙内的 O_2 消耗掉，只能以扩散方式进入，补充十分困难，最终缝内的氧消耗尽，缝内氧的还原反应不再进行。缝外腐蚀溶液中的氧随时可以得到补充，因此氧化还原反应继续进行，导致缝隙内、外形成了氧浓差宏观电池。缺氧的区域（缝隙内）电位较低，成为阳极区；氧易到达的区域（缝隙外）电位较高，成为阴极区。腐蚀电池上具有大阴极、小阳极的特点，腐蚀电流较大，结果缝隙内金属溶解，金属阳离子 Fe^{2+} 不断增多。

同时二次腐蚀产物 $Fe(OH)_2$ 沉淀或 $Fe(OH)_3$ 沉淀在缝隙口形成，致使缝隙外的氧扩散到缝隙内很困难，从而中止了缝隙内氧的阴极还原反应，使缝隙内金属表面和缝隙外自由暴露表面之间组成宏观腐蚀电池——闭塞电池。

闭塞电池的形成标志着缝隙腐蚀进入了发展阶段。此时缝隙内介质处于滞流状态，金属阳离子 Fe^{2+} 难以向外扩散，随着金属离子的积累，造成缝隙内正电荷过剩，促使缝隙外 Cl^- 向缝隙内迁移以保持电荷平衡，并在缝隙内形成金属氯化物。

缝隙内金属氯化物发生如下的水解反应。

$$FeCl_2 + 2H_2O \longrightarrow Fe(OH)_2 \downarrow + 2HCl$$

水解反应使缝隙内的介质酸化，缝隙内介质的 pH 值可降低至 2～3，这样缝隙内 Cl^- 的富集和生成的高浓度 H^+ 的协同作用加速了缝隙内金属的进一步腐蚀。

由于缝隙内金属溶解速率的增加又促使缝隙内金属离子进一步过剩，Cl^- 继续向缝隙内迁移，形成的金属盐类进一步水解、酸化，更加速了金属的溶解，这些构成了缝隙腐蚀发展的自催化效应。如果缝隙腐蚀不能得到有效抑制，往往会导致金属腐蚀穿孔。

如果缝隙宽度大于 0.1mm，缝隙内介质不会形成滞留，也就不会产生缝隙腐蚀。

综上所述，氧浓差电池的形成，对缝隙腐蚀的初期起促进作用。但蚀坑的深化和扩展是从形成闭塞电池开始的，所以闭塞电池的自催化作用是造成缝隙腐蚀加速进行的根本原因。换言之，光有氧浓差作用而没有自催化作用，不至于构成严重的缝隙腐蚀。

不锈钢对缝隙腐蚀的敏感性比碳钢高，它在海水中更容易引起缝隙腐蚀，其腐蚀机理与碳钢相似。

四、缝隙腐蚀的影响因素

金属缝隙腐蚀的发生与许多因素有关，主要有材料因素、几何因素和环境因素。

1. 材料因素

大多数工业用金属或合金都可能产生缝隙腐蚀，而耐蚀性依靠氧化膜或钝化层的金属或合金，对缝隙腐蚀尤为敏感。不锈钢中随着 Cr、Mo、Ni、N、Cu、Si 等元素含量的增高，钝化膜的稳定性和钝化、再钝化能力增大，其耐缝隙腐蚀性能也有所提高。

2. 几何因素

影响缝隙腐蚀的主要几何因素包括缝隙宽度和深度以及缝隙内、外面积比等。一般发生缝隙腐蚀的缝宽为 0.025～0.1mm，最敏感的缝宽为 0.05～0.1mm，超过 1mm 一般不会发生缝隙腐蚀，而是倾向于发生均匀腐蚀。在一定限度内缝隙越窄，腐蚀速率越大。由于缝隙内为阳极区，缝隙外为阴极区，所以缝内、外面积比越大，缝隙内腐蚀速率越大。

3. 环境因素

（1）溶液中氧的浓度　溶解氧的浓度大于 0.5mg/L 时，便会引起缝隙腐蚀，且随着氧浓度的增大，缝隙外阴极还原反应更容易进行，加速缝隙腐蚀。

（2）腐蚀介质流速　介质流速对腐蚀有双重影响。一方面，当流速增加时，缝隙外溶液中含氧量增加，腐蚀加快；另一方面，对于沉积物引起的缝隙腐蚀，流速增大时，有可能把沉积物冲刷掉，使缝隙腐蚀减弱。

（3）介质温度　温度升高使阳极反应加快，在敞开的海水中，80℃达最大腐蚀速率，高于80℃则由于溶液中溶解氧含量下降而相应使腐蚀速率下降。在含氯介质中，各种不锈钢都存在临界缝隙腐蚀温度，达到这一温度发生缝隙腐蚀的概率增大，随着温度进一步升高，缝隙腐蚀更容易产生并更趋严重。一般来说，介质温度越高，缝隙腐蚀的危险性越大。

（4）pH 值　只要缝隙外金属仍处于钝化状态，则随着 pH 值的下降，缝隙内腐蚀会加剧。

（5）溶液中 Cl^- 浓度　通常介质中 Cl^- 的浓度越高，发生缝隙腐蚀的可能性越大，当浓度超过 0.1%时，便有发生缝隙腐蚀的可能性。

五、缝隙腐蚀的防护措施

如前所述，大多数金属和合金在腐蚀性介质中都有可能产生缝隙腐蚀。因此，用改变材料的方法避免缝隙腐蚀是不现实的，必须通过合理的设计和施工加以防护。

1. 合理设计与施工

从缝隙腐蚀防护的角度看，施工时应尽量采用焊接，而不宜采用铆接或螺栓连接；对接焊优于搭接焊；焊接时要焊透，避免产生焊孔和缝隙；搭接焊的缝隙要用连续焊、钎焊等方法封塞。

封片不宜采用石棉、纸质等吸湿性材料，而应使用橡胶垫片、聚四氟乙烯垫片等。长期停车时，应取下湿的垫片和填料。

热交换器的花板与管束之间，用焊接代替胀管，或先胀后焊。

对于几何形状复杂的海洋平台节点处，采用涂料局部保护，避免在长期的使用过程中由于沉积物的附着而形成缝隙。

若在结构设计上不可能采用无缝隙方案，亦要注意金属制品的积水处，须使液体能完全排净。要便于清理和去除污垢，避免锐角和静滞区（死角），以便出现沉积物时能及时清除。

2. 采用阴极保护

当缝隙腐蚀难以避免时，可采用阴极保护，如在海水中采用锌或镁的牺牲阳极法。

3. 选用耐缝隙腐蚀的材料

一般 Cr、Mo 含量高的合金耐缝隙腐蚀性较好，如含 Mo 和 Ti 的不锈钢、超纯铁素体不锈钢、铁素体奥氏体双相不锈钢以及钛合金等。Cu-Ni、Cu-Sn、Cu-Zn 等铜基合金也有较好的耐蚀性能。

4. 使用缓蚀剂

使用缓蚀剂法防止缝隙腐蚀时，必须使用高浓度的缓蚀剂。这是因为缓蚀剂进入缝隙时常受到阻滞，其消耗量大，如果用量不当反而会加速腐蚀。

5. 去除固体颗粒

如有可能，应设法除去介质中的悬浮固体，这不仅可以防止沉积（垢下）腐蚀，还可以降低管道的阻力和设备的动力。

第五节　晶间腐蚀

一、晶间腐蚀的概念

晶间腐蚀是一种常见的局部腐蚀。常用金属材料，特别是结构材料，属多晶结构的材料，因此存在着晶界。晶间腐蚀是一种由微电池作用引起的局部破坏现象，是金属材料在特定的腐蚀介质中沿着材料的晶界产生的腐蚀，见图3-14。

这种腐蚀主要是从表面开始，沿着晶界向内部发展，直至成为溃疡性腐蚀，使整个金属强度几乎完全丧失。发生晶间腐蚀后，在材料表面可观察到晶粒的形态，类似冰糖块状。从横截面看，晶界优先被腐蚀，然后腐蚀沿着晶界向材料的纵深发展。

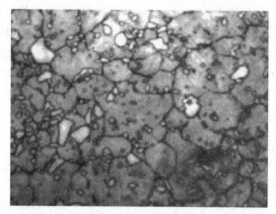

图3-14　晶间腐蚀

二、晶间腐蚀的特征

晶间腐蚀的产生必须具备两个条件：一是晶界物质的物理化学状态与晶粒本身不同；二是特定的环境因素，如潮湿大气、电解质溶液、过热蒸汽、高温水或熔融金属等。

晶间腐蚀具有以下特征。

① 晶间腐蚀常在不锈钢、镍合金和铝-铜合金上发生，主要是在焊接接头或经一定温度、时间加热后的构件上发生。

② 发生晶间腐蚀的金属材料表面在宏观形貌上变化不明显，但在腐蚀严重的情况下，晶粒之间已丧失结合力，当轻敲金属时发不出清脆的响声，而用力敲击时则金属材料会碎成小块，甚至形成粉状，因此，它是一种危害性很大的局部腐蚀。

③ 从微观角度看，腐蚀始发于表面，沿着晶界向内部发展。腐蚀形貌是沿着晶界形成许多不规则的多边形腐蚀裂纹。

④ 晶间腐蚀对腐蚀介质有一定的选择性，一定材料的晶间腐蚀在特定的腐蚀溶液中才能被检测出来。例如，不锈钢的晶间腐蚀多产生于具有氧化性或弱氧化性的介质环境中。

三、晶间腐蚀的机理

晶间腐蚀是一种由于金属内部组织间电化学不均匀性引起的局部腐蚀。其腐蚀机理有多种理论，目前，人们普遍接受的是贫铬理论。

下面就以奥氏体不锈钢的晶间腐蚀现象来说明贫铬理论。

奥氏体不锈钢中含有少量碳，碳在不锈钢中的溶解度随温度的下降而降低。500～700℃时，

1Cr18Ni9Ti 不锈钢中碳在奥氏体里的平衡溶解度不超过 0.02%。因此，当奥氏体不锈钢经高温固溶处理后，其中的碳处于过饱和状态。当在敏化温度（450～850℃）范围内时，奥氏体中过饱和的碳就会迅速向晶界扩散，与铬形成碳化物 $Cr_{23}C_6$ 而析出。由于铬的扩散速率较慢且得不到及时补充，因此晶界周围发生严重贫铬，见图 3-15。

贫铬区（阳极）和处于钝态的钢（阴极）之间建立起一个具有很大电位差的活化-钝化电池。在晶界上析出的 $Cr_{23}C_6$ 并不被侵蚀，而贫铬区的小阳极（晶界）和未受影响区域的大阴极（晶粒）构成了局部腐蚀电池，因而使贫铬区受到了晶间腐蚀。

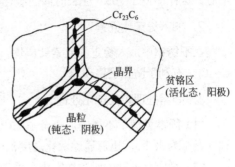

图 3-15 奥氏体不锈钢晶间腐蚀

四、晶间腐蚀的影响因素

通过以上机理分析，在腐蚀介质中，金属及合金的晶粒与晶界显示出明显的电化学不均性。这种变化或是由于金属或合金在不正确的热处理时产生的金相组织变化引起的，或是由晶界区存在的杂质或沉淀相引起的。

晶间腐蚀的发生与加热温度和时间、合金成分、腐蚀介质等因素有关。

1. 加热温度和时间

固溶处理的奥氏体不锈钢若在 450～850℃ 内保温或缓慢冷却，就有了晶间腐蚀的敏感性。实际生产中，产生晶间腐蚀敏感性一般有以下 3 种情况。

① 从退火处理温度慢冷，这在大部分产品中是常见的现象，这是因为通过敏化温度范围冷却速率比较慢所致；

② 在敏化温度范围内，为了消除应力而停留几个小时，如在 593℃；

③ 在焊接过程中，焊缝的两边在敏化温度范围内加热数秒或数分钟而产生敏感性，即所谓焊接热影响区。

2. 合金成分

（1）碳　奥氏体不锈钢中含碳量越高，产生晶间腐蚀倾向的加热温度和时间的范围越大，晶间腐蚀程度也越严重。

（2）铬和钼　铬和钼含量增高，可降低碳的活度，有利于减弱晶间腐蚀倾向。

（3）镍和硅　镍和硅等不形成碳化物的元素可促进碳的扩散及碳化物析出，从而增加不锈钢晶间腐蚀敏感性。

（4）钛和铌　钛和铌与碳的亲和力大于铬与碳的亲和力，高温时能形成稳定的碳化物 TiC、NbC，从而大大降低了钢中的固溶碳量，使铬的碳化物难以析出，降低产生晶间腐蚀倾向的敏感性。

3. 腐蚀介质

酸性介质中晶间腐蚀较严重（如硫酸、硝酸等），含 Cu^{2+}、Hg^{2+}、Cr^{6+} 介质可促进发生晶间腐蚀；化工介质，如尿素、海水、水蒸气（锅炉）等也可能发生晶间腐蚀。

五、晶间腐蚀的防护措施

由于奥氏体不锈钢晶间腐蚀是晶界产生贫铬引起的，因此，控制晶间腐蚀可采用以下几种方法。

1. 降低含碳量

因为碳与铬形成 $Cr_{23}C_6$ 碳化物导致晶间腐蚀的发生，当将碳含量降到 0.02%（超低碳）以下时，这样即使在 700℃ 经长时间的敏化处理也不易产生晶间腐蚀。

2. 加入稳定化元素

在不锈钢中加入稳定化元素钛或铌，可以与钢中的碳优先形成 TiC 或 NbC 而不至于形成 $Cr_{23}C_6$，有利于防止贫铬现象。

3. 固溶处理和稳定化处理

（1）固溶处理　不锈钢加热至 1050～1100℃ 保温一段时间让 $Cr_{23}C_6$ 充分溶解，然后迅速冷却（通常为水冷），迅速通过敏化温度范围以防止碳化物的析出。

（2）稳定化处理　对含稳定化元素 Ti 和 Nb 的 18-8 不锈钢经固溶处理后，再经 850～900℃ 保温 1～4h，然后空冷的处理为稳定化处理，目的是使钢中的碳与 Ti 或 Nb 充分反应，形成稳定的 TiC 或 NbC。经稳定化处理后的含钛或铌的钢若再经敏化温度加热，其晶间腐蚀敏感性降低，因此该钢适于在高温下使用。

4. 采用双相不锈钢

奥氏体不锈钢（10%～20%）双相不锈钢，由于铁素体在钢中大多沿奥氏体晶界分布，且含铬量高，不易形成贫铬区，因此有较强的耐晶间腐蚀性能，是目前耐晶间腐蚀的优良钢种。

第六节　应力腐蚀破裂

一、应力腐蚀破裂的概念

应力腐蚀破裂（Stress Corrosion Cracking，一般简称 SCC）是指拉应力和腐蚀环境的联合作用所引起金属材料的破裂（图 3-16）。它是腐蚀环境与外加的或残余的拉应力联合作用的结果。拉应力的来源可以是载荷，也可以是设备在制造过程中的残余应力，如焊接应力、铸造应力、热处理应力、形变应力、装配应力等。

如果金属在纯拉应力的作用下发生断裂，这种破坏不属于应力腐蚀破裂。如果金属是由于晶间腐蚀或其他腐蚀的作用，最后在外加负

图 3-16　应力腐蚀破裂示意图

荷的作用下引起机械性的破裂，也不同于应力腐蚀破裂。应力腐蚀破裂是在特定的环境中，当某种材料不受应力作用时，腐蚀不显著；当腐蚀环境改变时，该种材料在低于屈服极限的单独的应力作用下也不产生腐蚀破坏；只有当二者同时存在的条件下所引起的破坏，才属于应力腐蚀的范畴。

工程上常用的金属材料，如不锈钢、铜合金、碳钢和高强度钢等，在各自特定介质中都有可能产生应力腐蚀破裂，而且往往是在没有明显预兆的情况下发生的，所以应力腐蚀破裂是一种很危险的腐蚀损坏，特别是对受压设备，往往造成十分严重的后果。

例如,在 1982 年 9 月 17 日,一架日航 DC-8 喷气式客机在上海虹桥机场着陆时,突然失控冲出了跑道,对飞机和旅客造成了极大的伤害。事故之后调查原因发现,飞机刹车系统的高压气瓶晶间应力腐蚀爆炸,导致飞机刹车失灵。1967 年 12 月 5 日,美国跨越俄亥俄河的"银桥"在使用四十多年后断裂,其原因就是在潮湿大气中含有 SO_2 和 H_2S,长期作用下钢发生应力腐蚀,结果 46 人丧生,造成巨大经济损失。1968 年,四川某气田因一个阀门发生应力腐蚀破裂漏气造成大火灾,延续 22 天,损失 6 亿元左右。

可见,应力腐蚀破裂波及范围很广,各种石油、化工等管路设备、建筑物、贮罐、船只、核电站、航空航天设备等,几乎所有重要的经济领域都受到它的威胁。它是一种往往会突然发生的"灾难性腐蚀事故",所以引起了各国科技工作者的重视和研究。

二、应力腐蚀破裂的特征

一般认为发生应力腐蚀的三个基本条件是:敏感材料、特定环境和足够大的拉应力。应力腐蚀破裂具体特征如下。

① 发生应力腐蚀的主要是合金,一般认为纯金属极少发生。例如,纯度达 99.999%的铜在氨介质中不会发生 SCC,但含有 0.004%的磷或 0.01%的锑时则发生 SCC;纯度达 99.99%的纯铁在硝酸盐溶液中很难发生 SCC,但含 0.04%的碳时,则容易发生。

② 只有在特定环境中对特定材料才产生应力腐蚀。随着合金使用环境不断增加,现已发现能引起各种合金发生应力腐蚀的介质非常广泛。表 3-3 列出了常用合金发生应力腐蚀的特定介质。可见,某一特定材料绝不是在所有环境介质中都可能发生应力腐蚀的,而只是局限在一定数量的环境中。

表 3-3 常用合金发生应力腐蚀的特定介质

合金		介质
低碳钢		NaOH 水溶液、NaOH
低合金钢		NO_3^- 水溶液、HCN 水溶液、H_2S 水溶液、Na_3PO_4 水溶液、氨(水<0.2%)、碳酸盐和重铬酸盐溶液、湿的 $CO-CO_2$ 空气、海洋大气、工业大气、浓硝酸、硝酸和硫酸混合酸
高强度钢		蒸馏水、湿大气、H_2S、Cl^-
奥氏体不锈钢		Cl^-、海水、F^-、Br^-、$NaOH-H_2S$ 水溶液、$NaCl-H_2O_2$ 溶液、连多硫酸($H_2S_nO_6$,$n=2\sim5$)、高温高压含氧高纯水、H_2S、含氯化物的冷凝水气
铜合金	Cu-Zn、Cu-Zn-Sn	NH_3 及溶液、含 NH_3 湿大气
	Cu-Zn-Ni、Cu-Sn	浓 $NH_3 \cdot H_2O$、空气
	Cu-Sn-P	胺
	Cu-P、Cu-As、Cu-Sb、Cu-Au	$NH_3 \cdot H_2O$、$FeCl_3$、HNO_3 溶液
铝合金	Al-Cu-Mg、Al-Mg-Zn、Al-Mo-Cu、Al-Cu-Mg-Mn	海水
	Al-Zn-Cu	NaCl、$NaCl-H_2O_2$ 溶液
	Al-Cu	NaCl、$NaCl-H_2O_2$ 溶液、KCl、$MgCl_2$ 溶液
	Al-Mg	NaCl、$NaCl-H_2O_2$ 溶液、$CaCl_2$、NH_4Cl、$CoCl_2$ 溶液、空气、海水

续表

合金		介质
镁合金	Mg-Al	HNO_3、NaOH、HF 溶液、蒸馏水
	Mg-Al-Zn-Mn	$NaCl$-H_2O_2溶液、海洋大气、$NaCl$-K_2CrO_4溶液、水、SO_2-CO_2湿空气
钛及钛合金		红烟硝酸，N_2O_4（含 O_2，不含 NO，24~74℃），HCl，Cl^-水溶液，固化氯化物（>290℃）、海水、CCl_4、甲醇、有机酸、三氯乙烯
镍及镍合金		热浓的 NaOH、氢氟酸蒸气

③ 发生应力腐蚀必须有拉应力的作用，且拉应力应足够大。压应力的存在反而能阻止或延缓应力腐蚀。

④ 应力腐蚀是一种典型的滞后破坏，破坏过程可分三个阶段。(a) 孕育期——裂纹萌生阶段，裂纹源成核所需时间约占整个破坏过程的 90%。(b) 裂纹扩展期——裂纹成核后直至发展到临界尺寸所经历的时间。(c) 快速断裂期——裂纹达到临界尺寸后，由于纯力学作用裂纹失稳瞬间断裂。所以应力腐蚀破裂条件具备后，可能在很短的时间发生破裂，也可能在几年或更长时间才发生。

⑤ 应力腐蚀的裂纹有晶间型、穿晶型和混合型三种类型。类型不同与合金-环境体系有关。应力腐蚀裂纹起源于表面；裂纹的长宽不成比例，可相差几个数量级；裂纹扩展方向一般垂直于主拉应力的方向；裂纹一般呈树枝状。

⑥ 应力腐蚀是一种低应力脆性断裂。断裂前没有明显的宏观塑性变形，大多数是断口，由于腐蚀介质作用，断口表面颜色暗淡，显微断口往往可见腐蚀坑和二次裂纹，穿晶型微观断口往往还具有河流花样、扇形花样、羽毛状花样等形貌特征；晶间型显微断口呈冰糖块状，见图 3-17。

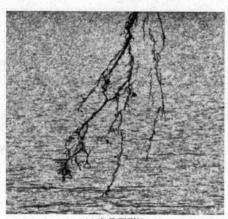 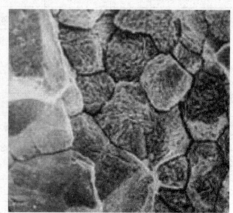

(a) 穿晶型裂纹　　　　　　　　　　(b) 晶间型裂纹

图 3-17　不锈钢应力腐蚀破裂裂纹

三、应力腐蚀破裂的影响因素

影响应力腐蚀破裂的主要因素有三个方面，即力学因素、环境因素和冶金因素。

1. 力学因素

拉应力是导致应力腐蚀破裂的推动力，拉应力主要有以下几个来源。

① 工作应力，即工程构件一般在工作条件下承受外加载荷引起的应力。

② 在生产、制造、加工过程中，如铸造、热处理、冷热加工变形、焊接、切削加工等过程中引起的残留应力。残留应力引起的应力腐蚀事故占有相当大的比例。

③ 由于腐蚀产物在封闭裂纹内的体积效应，可在垂直裂纹面的方向产生拉应力，导致应力腐蚀破裂。

2. 环境因素

应力腐蚀发生的环境因素是比较复杂的，大多数应力腐蚀发生在湿大气、水溶液中，但某些材料也会在有机液体、熔盐、熔金属、无水干气或高温气体中发生。从水溶液介质中来看，其介质种类、浓度、杂质、温度、pH值等参数都会影响应力腐蚀的发生。

材料表面所接触的环境，即外部环境又称为宏观环境，而裂纹内狭小区域环境称为微观环境。宏观环境会影响微观环境，而局部区域如裂缝尖端的环境对裂缝的发生和发展有更为直接的重要作用。宏观环境最早发现应力腐蚀是在特定的材料环境组合中发生的，例如黄铜-氨溶液；奥氏体不锈钢-含Cl^-溶液；碳钢-含OH^-溶液；钛合金-红烟硝酸等。

但在近十几年的实践中，仍不断发现特定材料发生应力腐蚀的新的、特定的环境。例如Fe-Cr-Ni合金，不仅在含Cl^-溶液中，而且在硫酸、盐酸、氢氧化钠、纯水（含微量F^-或Pb）和蒸汽中也可能发生应力腐蚀破裂；蒙乃尔合金在高温氟气中也可能发生应力腐蚀破裂等。

环境的温度、介质的浓度和溶液中pH值对应力腐蚀的发生各有不同的影响。

例如316型及347型不锈钢在Cl^-（875mg/L）溶液中就有一个临界破裂温度（约90℃），当所在温度低于该温度时，试件长期不发生应力腐蚀破裂。

关于浓度的影响，只是发现宏观环境中如Cl^-或OH^-浓度越高，应力腐蚀敏感性越强。

溶液中pH值下降会使应力腐蚀敏感性增大，更容易发生应力腐蚀破裂。

3. 冶金因素

冶金因素主要是指合金成分、组织结构和热处理等的影响。

以奥氏体不锈钢在氯化物介质中的应力腐蚀破裂为例，其影响分析如下。

（1）合金成分的影响　不锈钢中加入一定量的Ni、Cu、Si等可改善耐应力腐蚀性能，而N、P等杂质元素对耐应力腐蚀性能是有害的。

（2）组织结构的影响　具有面心立方结构的奥氏体不锈钢易产生应力腐蚀，而体心立方结构的铁素体不锈钢较难发生应力腐蚀。

（3）热处理影响　如奥氏体不锈钢进行敏化处理，则应力腐蚀敏感性增大。

四、应力腐蚀破裂的防护措施

应力腐蚀破裂的防护应针对具体材料使用的环境，考虑有效、可行和经济合理性等方面因素来选择，一般主要可从环境、应力、材料等方面来考虑。

1. 控制环境

① 每种合金都有其敏感的腐蚀介质，尽量减少和控制这些有害介质（如Cl^-等）的数量；

② 控制环境温度，如降低温度有利于减轻应力腐蚀；

③ 降低介质的氧含量及升高pH值；

④ 添加适当的缓蚀剂，如在油田气中可以加入吡啶；

⑤ 使用有机涂层可将材料表面与环境隔离，或使用对环境不敏感的金属作为敏感材料的镀层等。

2. 控制应力

首先应该改进结构设计。在设计时应按照断裂力学进行结构设计，避免或减小局部应力集中的结构型式。其次进行消除应力处理。在加工、制造、装配中应尽量避免产生较大的残余应力，并可采取热处理、低温应力松弛法、过变形法、喷丸处理等方法消除应力。

3. 改善材质

首先是合理选材。在满足性能、成本等的要求下，结合具体的使用环境，尽量选择在该环境中尚未发生过应力腐蚀开裂的材料，或对现有可供选择的材料进行试验筛选，应避免金属或合金在易发生应力腐蚀的环境介质中使用。其次开发新型耐应力腐蚀合金。还可以采用冶金新工艺减少材料中的杂质、提高纯度或通过热处理改变组织、消除有害物质的偏析、细化晶粒等方法，都能减少材料的应力腐蚀敏感性。

4. 电化学保护

金属或合金发生 SCC 和电位有关，有的金属/腐蚀体系存在临界破裂电位，有的存在敏感电位范围。例如，对于发生在活化-钝化和钝化-过钝化两个敏感电位区间的 SCC，可以进行阴极或阳极保护防止应力腐蚀破裂。

第七节 腐蚀疲劳

一、腐蚀疲劳的概念

材料或构件在交变应力和腐蚀环境共同作用下引起的材料疲劳强度降低并最终导致脆性断裂的现象称为腐蚀疲劳。在涡轮机涡轮叶片、汽车的弹簧和轴、泵轴和泵杆、油田抽油杆、船舶推进器、矿山的钢绳等装置中常出现这种破坏。在化工行业中，泵及压缩机的进、出口管连接处，间歇性输送热流体的管道、传热设备、反应釜等位置，都有可能因承受交变应力（因振动产生的）或周期性温度变化而产生腐蚀疲劳。

二、腐蚀疲劳的特征

腐蚀疲劳所造成的破坏要比单纯的交变应力引起的破坏（机械疲劳，简称疲劳）或单纯的腐蚀作用造成的破坏严重得多，这是因为腐蚀作用的参与使疲劳裂纹萌生所需要的时间及循环周次明显减少，并使裂纹扩展速率增大。实际上只有在真空中的疲劳才是真正的纯疲劳，干燥纯空气中的疲劳通常为疲劳；而腐蚀疲劳是指除干燥纯空气以外的腐蚀环境中的疲劳行为。一般，随着空气腐蚀作用的增强，疲劳极限下降，但还存在某个疲劳极限值。所以腐蚀环境与交变应力共同作用下的腐蚀疲劳有下列特征。

① 机械疲劳存在着疲劳极限，但腐蚀疲劳往往不存在明确的疲劳极限。一般规律是：在相同应力下，腐蚀环境中的循环次数大为降低；而在同样的循环次数下，无腐蚀环境下所能承受

的交变应力要比腐蚀环境下的大得多，如图 3-18 所示，图中曲线 a 表示单纯的机械疲劳，曲线 b 表示在腐蚀环境中的腐蚀疲劳。

② 与应力腐蚀不同，纯金属也会发生腐蚀疲劳，而且不需要材料-腐蚀环境特殊组合就能发生。只要存在腐蚀介质，金属不管是处于活化态还是钝态，在交变应力的作用下就可能会发生腐蚀疲劳。

③ 在发生振动的部件中容易产生腐蚀疲劳。如各种与腐蚀介质接触的泵的轴、杆、油气井管壁、钢索及由于温度变化产生周期热应力的换热管和锅炉管等，如图 3-19 所示。

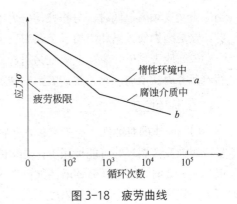

图 3-18　疲劳曲线

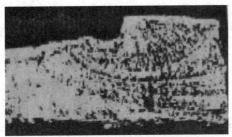

(a) 316型不锈钢腐蚀疲劳外观图

(b) 腐蚀疲劳引起的裂纹穿过铜管壁断面图

图 3-19　腐蚀疲劳外观图

④ 腐蚀疲劳强度与其材料耐蚀性有关。耐蚀材料的腐蚀疲劳强度随拉伸强度提高而提高；耐蚀性差的材料尽管它的疲劳极限与拉伸强度有关，但在海水、淡水中的腐蚀疲劳强度与拉伸强度无关。

⑤ 腐蚀疲劳裂纹多起源于表面腐蚀坑或表面缺陷处，往往成群出现。若材料表面处于活化态，则会出现许多裂纹，断口也通常是多裂纹的；若材料表面处于钝化态，则一般出现单个腐蚀点，最后导致断裂（平面断口）。腐蚀疲劳裂纹主要是穿晶型，但也可出现沿晶或混合型，并随腐蚀发展裂纹变宽，见图 3-20。

⑥ 腐蚀疲劳断裂属脆性断裂，没有明显的宏观塑性变形，断口不仅有疲劳特征（如疲劳裂纹），而且有腐蚀特征（如腐蚀坑、腐蚀产物、二次裂纹等）。

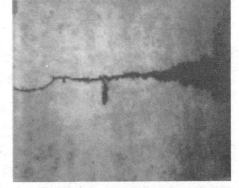

图 3-20　蒸汽管线上的腐蚀疲劳

三、腐蚀疲劳的影响因素

影响腐蚀疲劳的因素可从三个方面来讨论，即力学因素、环境因素和材料因素。

1. 力学因素

影响腐蚀疲劳的力学因素主要有以下两个方面。

（1）应力交变（循环）频率　当应力交变频率很高时，腐蚀作用不明显，以机械疲劳为主；

当应力交变频率很低时,与静拉伸应力的作用相似,只是在某一频率范围内最容易产生腐蚀疲劳,这是因为低频循环增加了金属和腐蚀介质的接触时间。

(2) 应力集中 表面缺陷处易引起应力集中引发断裂,尤其对腐蚀疲劳初始影响较大;但随着疲劳周次增加,对裂纹扩展影响减弱。

2. 环境因素

(1) 介质的腐蚀性 一般来讲,介质的腐蚀性越强,腐蚀疲劳强度越低;而腐蚀性过强时,形成腐蚀疲劳裂纹的可能性减少,裂纹扩展速度下降。当介质 pH<4 时,疲劳寿命较低;当 pH 值为 4~12 时,疲劳寿命逐渐增加;当 pH>12 时,与纯疲劳寿命相同。在介质中添加氧化剂,可提高钝化金属的腐蚀疲劳强度。

(2) 温度 随着温度升高,耐腐蚀疲劳性能下降。

(3) 外加电流 阴极极化可使裂纹扩展速度明显降低,甚至接近空气中的疲劳强度;但阴极极化进入析氢电位后,对高强钢的腐蚀疲劳性能会产生有害作用。对处于活化态的碳钢而言,阳极极化会加速腐蚀疲劳;但对氧化性介质中使用的碳钢,特别是对不锈钢,阳极极化可提高腐蚀疲劳强度。

3. 材料因素

(1) 材料耐蚀性 耐蚀性较好的金属,如钛、青铜、不锈钢等,对腐蚀疲劳敏感性较小;耐蚀性较差的高强铝合金、镁合金等,对腐蚀疲劳敏感性较大。

(2) 材料的组织结构 材料的组织结构也有一定影响,例如提高强度的热处理有降低腐蚀疲劳强度的倾向。另外,如表面残余的压应力对耐腐蚀疲劳性能比拉应力好。

(3) 表面残余应力状态 在材料的表面,有缺陷处(或薄弱环节)易发生腐蚀疲劳断裂;施加某些保护镀层(或涂层),也可改善材料耐腐蚀疲劳性能。

四、腐蚀疲劳的防护措施

1. 合理选材

可以采用改善和提高耐蚀性的合金化元素来提高合金腐蚀疲劳性能,如在不锈钢中增加 Cr、Ni、Mo 等元素含量,不仅能改善海水中的耐点蚀性能,也能改善其耐腐蚀疲劳性能。

2. 尽量消除或减少交变应力

首先是合理设计,注意结构平衡,采用合理的加工、装配方法以及消除应力等措施减少构件的应力,也可以采用喷丸处理,使材料表面产生压应力;其次是提高机器、设备的安装精度和质量,避免振动或共振出现;最后,生产中还要注意控制工艺参数(如温度、压力),减少波动。

3. 采用表面覆盖层保护

提高材料表面光洁度,采用表面涂层和镀层等方法来改善耐腐蚀疲劳性能,如镀锌钢丝可提高耐海水的腐蚀疲劳寿命。

4. 采用阴极保护

采用阴极保护可改善海洋金属结构物的耐腐蚀疲劳性能。

5. 添加缓蚀剂

例如添加重铬酸盐可以提高碳钢在盐水中耐腐蚀疲劳性能。

在防止腐蚀疲劳的各种措施中，以镀锌和阴极保护应用最广且非常有效。

第八节 磨损腐蚀

一、磨损腐蚀的概念

金属表面与腐蚀流体之间由于高速相对运动而引起的金属损坏现象称为磨损腐蚀。一般这种运动的速度很快，同时还包括机械磨耗或磨损作用；金属或以溶解的离子状态脱离表面，或是生成固态腐蚀产物，然后受机械冲刷脱离表面。

从某种程度上讲，这种腐蚀是流动引起的腐蚀，亦称流体腐蚀。只有当腐蚀电化学作用与流体动力学作用同时存在、交互作用时，磨损腐蚀才会发生，两者缺一不可。

暴露在运动流体中的所有类型设备、构件都遭受磨损腐蚀，如管道系统（特别是弯头、三通），泵和阀及其过流部件，鼓风机、离心机、推进器、叶轮、搅拌桨叶，有搅拌的容器、换热器、透平机叶轮等。

二、磨损腐蚀的特征

磨损腐蚀具有以下特征。

① 磨损腐蚀的外表特征是槽、沟、波纹、圆孔和山谷形，还常常显示有方向性，如图3-21所示。在许多情况下，磨损腐蚀在较短的时间内就能造成严重的破坏，而且往往出乎意料。因此，要特别注意，绝不能把静态的选材试验数据不加分析地用于动态条件下，应该在模拟实际工况的动态条件下进行试验。

② 大多数的金属和合金都会遭受磨损腐蚀。依靠产生某种表面膜（钝化）的耐蚀金属，如铝和不锈钢，当这些保护性表层受流动介质破坏或磨损时，金属腐蚀会以很快的速度进行，结果是形成严重的磨损

图3-21 316型不锈钢海水泵叶轮表面的磨损腐蚀

腐蚀；而软的、容易遭受机械破坏或磨损的金属，如铜和铅，也非常容易遭受磨损腐蚀。

③ 许多类型的腐蚀介质都能引起磨损腐蚀，包括气体、水溶液、有机介质和液态金属，特别是悬浮在液体或气体中的固体颗粒。

三、磨损腐蚀的影响因素

在流动体系中，影响磨损腐蚀的因素很多。除影响一般腐蚀的所有因素外，还有如下直接有关的因素。

1. 流速

流速在磨损腐蚀中起重要作用，它常常强烈地影响腐蚀反应的过程和机理。一般来说，随

着流速增大，腐蚀速率也增大。开始时，在一定的流速范围内，腐蚀速率随之缓慢增大；当流速高达某临界值时，腐蚀速率急剧上升。在高流速的条件下，不仅均匀腐蚀随之严重，而且出现的局部腐蚀也随之严重。

2. 流动状态

流体介质的运动状态有两种：层流与湍流。介质流动状态不仅取决于流体的流速，而且与流体的物性、设备的几何形状有关；不同的流动状态具有不同的流体动力学规律，对流体腐蚀的影响也很不一样。湍流使金属表面的液体搅动程度比层流时剧烈得多，腐蚀的破坏也更严重。例如，工业上常见的冷凝器、管壳式换热器入口管端的"进口管腐蚀"就是一种典型。这是由于流体从大口径管突然流入小口径管，介质的流动态改变而引起的严重湍流腐蚀。除高流速外，有凸出物、沉积物、缝隙、突然改变流向的截面以及其他能破坏层流的障碍存在，都能引起这类腐蚀。

3. 表面膜

材料表面不管是原先就已形成的保护性膜，还是在与介质接触后生成的保护性腐蚀产物膜，它的性质、厚度、形态和结构，都是流动加速腐蚀过程中的一个关键因素。而膜的稳定性、附着力、生长和剥离都与流体对材料表面的剪切力和冲击力密切相关。如不锈钢是依靠钝化而耐蚀的，在静滞介质中，这类材料完全能钝化，所以很耐蚀；可在高流速运动的流体中，却不耐磨损腐蚀。对碳钢和铜而言，随着流速增大，从层流到湍流，表面腐蚀产物膜的沉积、生长和剥离对腐蚀均起着重要的作用。

4. 第二相

当流动的单相介质中存在第二相（通常是固体颗粒或气泡）时，特别是在高流速下，腐蚀明显加剧，随着流体的运动，固体颗粒对金属表面的冲击作用不可忽视。它不仅破坏金属表面原有的保护膜，而且也使在介质中生成的保护膜受到破坏，甚至会使材料机体受到损伤，从而造成材料的严重腐蚀破坏。另外，颗粒的种类、浓度、硬度、尺寸对磨损腐蚀也有显著影响。例如，316 型不锈钢在含石英砂的海水中磨损腐蚀要比在不含固体颗粒的海水中严重得多（图 3-22）。

图 3-22 蒸汽冷凝管弯头的磨损腐蚀

四、磨损腐蚀的形式

常见的磨损腐蚀有湍流腐蚀、空泡腐蚀和摩振腐蚀三种腐蚀形式。

1. 湍流腐蚀

在设备或部件的某些特定部位，介质流速急剧增大形成湍流，由湍流导致的金属加速腐蚀称为湍流腐蚀。例如管壳式热交换器，离入口管端高出少许的部位，正好是流体从大管径转到小管径的过渡区间，此处便形成了湍流，磨损腐蚀严重。这是因为湍流不仅加速阴极去极剂的供应量，而且还附加了下个流体对金属表面的剪切应力，这个高剪切应力可使已形成的腐蚀产物膜剥离并被流体带走，如果流体中还含有气泡或固体颗粒，则还会使切应力的力矩增大，使金属表面磨损腐蚀更加严重。当流体进入列管后，很快又恢复为层流，层流对金属的磨损腐蚀并不显著。

遭受湍流腐蚀的金属表面常呈现深谷或马蹄形凹槽，蚀谷光滑没有腐蚀产物积存，根据蚀坑的形态很容易判断流体的流动方向，见图3-23。

若要构成湍流腐蚀，除流体速度较快外，不规则的构件形状也是引起湍流的一个重要条件，如泵叶轮、蒸汽透平机的叶片等构件是容易形成湍流的典型不规则几何构型。

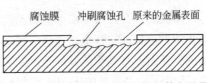

图 3-23　受到湍流腐蚀的换热器管断面图

在输送流体的管道内，管壁的腐蚀是均匀减薄的，但在流体突然改向处，如弯管、U形换热管等的弯曲部位，其管壁的腐蚀要比其他部位的腐蚀严重，甚至会穿洞。这种由高流速流体或含颗粒、气泡的高速流体直接不断冲击金属表面所造成的磨损腐蚀又称为冲击腐蚀，但基本上可属于湍流腐蚀的范畴，这类腐蚀都是力学因素和电化学因素共同作用对金属破坏的结果。

2. 空泡腐蚀

空泡腐蚀是流体与金属构件做高速相对运动，在金属表面局部区域产生涡流，伴随有气泡在金属表面迅速生成和破灭而引起的腐蚀，又称空穴腐蚀或汽蚀。在高流速液体和压力变化的设备中，如水力透平机、水轮机翼、船用螺旋桨、泵叶轮等容易发生空泡腐蚀。

当流体速度足够大时，局部区域压力降低；当低于液体的蒸气压力时，液体蒸发形成气泡；随流体进入压力升高区域时，气泡会凝聚或破灭。这一过程以高速反复进行，气泡迅速生成又溃灭，如"水锤"作用，使金属表面遭受严重的损伤破坏。这种冲击压力足以使金属发生塑性变形，因此遭受空泡腐蚀的金属表面会出现许多孔洞（图3-24～图3-27）。通常，空泡腐蚀的形貌有些类似孔蚀，但前者蚀孔分布紧密，且表面往往变得十分粗糙。空泡腐蚀的深度视腐蚀条件而异，有时在局部区域有裂纹出现；有时气泡破灭时其冲击波的能量可把金属锤成细粒，此时，金属表面便呈海绵状。

图 3-24　金属表面的汽蚀形貌

图 3-25　离心泵进水口因汽蚀引起的损坏

图 3-26　316型不锈钢海水泵叶轮表面的汽蚀

图 3-27　水泵叶轮的汽蚀

3. 摩振腐蚀

摩振腐蚀又称振动腐蚀、微动腐蚀、摩擦氧化，是指两种金属或一种金属与另一种非金属材料在相接触的交界面上有载荷的条件下，发生微小的振动或往复运动而导致金属的破坏，图3-28为摩振腐蚀的示意。载荷和交界面负载的相对运动造成金属表面层上呈现麻点或沟纹，在这些麻点和沟纹周围充满着腐蚀产物。这类腐蚀大多发生在大气条件下，腐蚀结果可使原来紧密配合的组件松散或卡住，腐蚀严重的部位往往容易发生腐蚀疲劳。在机械装置、螺栓组合件以及滚珠或滚柱轴承中容易出现这种腐蚀。

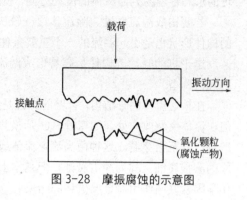

图3-28 摩振腐蚀的示意图

五、磨损腐蚀的防护措施

磨损腐蚀的控制通常要根据工作条件、结构形式、使用要求和经济等因素综合考虑。通常为了避免或减缓磨损腐蚀，最有效的方法是合理地设计结构与正确选择材料。

1. 正确选材

选择能形成良好保护性表面膜的材料，以及提高材料的硬度，可以增强耐磨损腐蚀的能力。例如，含硅14.5%的高硅铸铁，因为有很高的硬度，所以在很多介质中都具有抗磨损腐蚀的良好性能。

此外，还可以采用在金属（如碳钢、不锈钢）表面涂覆盖层的表面工程技术，如整体热喷涂、表面熔覆耐蚀合金、采用高分子耐磨涂层等。相比较而言，采用高分子耐磨涂层较为经济，目前已得到广泛的应用。

2. 合理设计

合理的设计可以减轻磨损腐蚀的破坏。如适当增大管径可减小流速，保证流体处于层流状态；使用流线型化弯头以消除阻力、减小冲击作用；为消除空泡腐蚀，应改变设计，使流程中流体动压差尽量减小等。设计设备时，也应注意腐蚀严重部位、部件检修和拆换的方便性，以降低磨损腐蚀的维修费用。

3. 改变环境

去除对腐蚀有害的成分（如去氧）或加缓蚀剂，特别是采用澄清和过滤方法除去固体颗粒物，是减轻磨损腐蚀的有效方法，但在许多情况下不够经济。对工艺过程影响不大时，应降低环境温度。温度对磨损腐蚀有非常大的影响，事实证明，降低环境温度可显著降低磨损腐蚀。例如，常温下双相不锈钢耐高速流动海水的磨损腐蚀性能很好，腐蚀轻微；但当温度升至55℃，海水流速超过10m/s时，腐蚀急剧加重。

4. 采用涂料与阴极保护联合保护

单用涂料不能很好地解决磨损腐蚀问题，但当涂料与阴极保护联合时，综合了两者的优点，是最经济、有效的一种防护方法。

第九节　选择性腐蚀

工程材料一般都是非均匀材料，含有各种不同的成分和杂质，并具有不同的结构等，因而其抗腐蚀性能存在差别。当多元合金在腐蚀介质中，某一组分优先腐蚀，另一成分不腐蚀或很少腐蚀，结果造成材料强度大大下降，甚至完全丧失的现象，叫作选择性腐蚀。在选择性腐蚀发生时，多元合金中较活泼组分或负电性金属优先溶解。选择性腐蚀发生后，在材料表面留下一个多孔的残余结构，虽然尺寸变化不大，但是其机械强度、硬度和韧性等大大降低，甚至完全丧失，能够引起难以预料的突发性事故。这种腐蚀只发生在二元或多元固溶体中，常见的有黄铜脱锌、铸铁脱铁（石墨化）、铜合金脱铝等。最典型的选择性腐蚀是黄铜脱锌和灰口铸铁的石墨化腐蚀，其中黄铜脱锌是最早被人们认识的选择性腐蚀。下面简单介绍有关黄铜脱锌和铸铁脱铁（石墨化）现象。

一、黄铜脱锌

1. 黄铜脱锌的概念

黄铜脱锌是指含 30%锌和 70%铜的黄铜在腐蚀过程中，表面的锌逐渐被溶解，最后剩下的几乎全是铜，同时黄铜的表面也由黄色变成红紫的纯铜色，极易分辨。

黄铜脱锌的类型一般有两种：一种是均匀型或层状脱锌，黄铜表面的锌像被一条条地抽走似的；另一种是局部型或塞状脱锌，黄铜的局部表面，由于锌的溶解形成蚀孔，蚀孔有时被腐蚀产物覆盖。如图 3-29 所示。

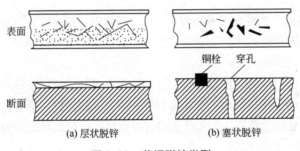

图 3-29　黄铜脱锌类型

2. 黄铜脱锌的影响因素

影响黄铜脱锌的因素主要有以下几方面。

① 介质中溶解氧有促进脱锌的作用，但在缺氧的介质中，也会发生脱锌现象。

② 处于滞流状态的溶液、含氯离子、黄铜表面有疏松的垢层或沉积物（有利于形成缝隙腐蚀）都能促进这种选择性腐蚀，反之则减轻腐蚀；黄铜含锌量越高，其脱锌倾向越大，而腐蚀进程则越快。

③ 在自然腐蚀的条件下，多半是在含锌量高于 15%的黄铜上发现脱锌。

3. 黄铜脱锌的防护措施

为了防止黄铜脱锌，可采取如下措施。

① 选用抗脱锌的合金。如红黄铜就几乎不脱锌。

② 在黄铜中加入少量砷可使脱锌敏感性下降。如含 70%Cu、20%Zn、1%Sn 和 0.04% As 的海军黄铜是抗脱锌腐蚀的优质合金，主要原因是砷起缓蚀剂作用，在合金表面形成保护性膜，阻止铜的回镀。

③ 在黄铜中加 1%的锡或少量砷、锑、磷等都可以提高其抗脱锌能力。

二、铸铁的石墨化

灰口铸铁中的石墨以网络状分布在铁素体的基体内，对于铁素体来说，石墨为阴极，在一定的介质环境条件下发生铁被选择性溶解，而留下一个多孔的石墨骨架，这种选择性腐蚀称为铸铁的石墨化。如图 3-30 所示。

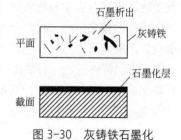

图 3-30　灰铸铁石墨化

灰口铸铁构件在弱腐蚀性介质（如盐水、土壤或极稀的酸性溶液等）中使用，容易发生石墨化。这是因合金中不同相构成腐蚀微电池而引起腐蚀的典型例子。在石墨化的过程中，由于铁的电位低，因而优先被溶解，剩下由石墨骨架与铁锈组成的海绵状物质，致使铸铁机械强度严重下降，所以在腐蚀表面，用小刀就可以把石墨片剥离。石墨化过程缓慢，不及时发现就可使构件发生突然破坏，具有一定的危险性。

因为球墨铸铁和可锻铸铁的内部都不存在像灰铸铁那样的石墨骨架，所以不会发生石墨化。白口铸铁中也基本上没有游离碳存在，所以也不会出现石墨化，因而选用它们作构件材料便可以防止石墨化现象的发生。

案例分析

【案例 1】　某炼油厂的催化裂解装置有 64km 长的铝制管线，在可能的地段将铝管集成一束，固定在槽钢里，槽钢的翼缘朝上安装。当进行试车时，很多铝管已不能承受压力，经检查发现大量蚀坑，有些已穿孔。

分析　用槽钢支撑铝管是一种常见的设计，但这里忽视了这种设计对铝管可能造成的腐蚀影响。翼缘朝上的槽钢很容易积水，也容易积聚各种垃圾和污物，铝管浸在这种含有多种腐蚀性物质的污水中，环境如此恶劣，发生严重的腐蚀和穿孔是在预料之中的。

防护措施：在槽钢上开排水孔。

【案例 2】　某人决定为其居室安装户外纱窗。为保证经久耐用而不生锈，他选择了铝丝网制作的纱窗，但安装固定纱窗时却选择了钢铆钉而不是厂家提供的铝铆钉，因为他觉得用钢铆钉更牢固。经过几个月潮湿的夏季之后，大部分纱窗网已经松散，到处飘落着被风吹下来的铝丝网。

分析　由于铝是活泼金属，电位很负，因此铝和大多数金属组成电偶对时，铝都是阳极。虽然作为阴极的钢铆钉面积很小，但与之接触的铝丝网面积更小；因此，当纱窗处于潮湿大气中时，铝丝网因产生电偶腐蚀而被迅速破坏。

防护措施：在设计选材方面，尽量避免使用不同金属相互接触，如果不可避免，则尽量选用电位差较小的金属材料，避免形成大阴极-小阳极的不利的面积效应。

【案例 3】　某发电厂锅炉高温再热器管用 304 不锈钢制造，结构型式为蛇形管排。再热器管制造好后,工厂曾进行退火处理，目的是消除残余应力；采取的退火温度为 680℃,时间 30min。

在工厂制造好后,由海路运至工地,并在海边工地露天存放一年后组装。在试压过程中,发现多处泄漏。

分析 检查发现,泄漏处区域有蚀孔,且金相检查表明,泄漏处区域有晶间腐蚀裂纹。这是因为工地在海边,空气中含有较多氯化物,且随着不锈钢管表面水汽的冷凝和蒸发,造成氯化物浓缩。因此,一方面会导致不锈钢管表面产生蚀孔;另一方面由于热处理温度为680℃,处于敏化温度范围,会使不锈钢管产生敏化,从而造成管排在存放期间就发生孔蚀和晶间腐蚀。

【案例4】 某化工厂空分车间有一台单级单吸立式离心泵,泵主轴材料为45钢,表面镀铬;工作介质为水。该泵运行两年多后,在机械密封处出现大量漏水,以致不能正常运行而停车检修。从泵的解体检修中发现,泵轴表面在机械密封安装段与动、静环(材质为硬质合金)对应处出现了多处凹坑,显然漏水是由于动环与轴之间的O形密封圈不能与轴形成线形密封而造成的。

分析 由于机械密封的特点之一就是轴不受磨损,因此泵轴表面出现凹坑并不是由于机械磨损造成的。拆下动、静环检查发现,其内表面与轴表面之间均有垢层,由此可判断,泵轴表面缺陷主要是由缝隙腐蚀造成的。

【案例5】 某发电厂的冷凝器用海军黄铜制造时,由于进口端流速超过1.52m/s(临界流速),很快发生磨损腐蚀破坏。后来改用蒙乃尔合金制造冷凝器,其临界流速为2.1～2.4m/s,操作人员仍然按海军黄铜的临界流速控制,结果使蒙乃尔合金发生孔蚀和缝隙腐蚀。

分析 这个腐蚀案例说明,流速并非在任何情况下都是越小越好,对于表面生成保护膜的钝态金属材料来说,流速过低容易造成液体停滞、固体物质沉积,从而导致发生孔蚀和缝隙腐蚀。

防护措施:将流速控制在合适的范围。

【案例6】 某化工厂生产氯化钾的车间,一台SS-800型三足式离心机转鼓突然发生断裂,转鼓材质为1Cr18Ni9Ti。经鉴定为应力腐蚀破裂。

分析 在氯化钾生产中选用1Cr18Ni9Ti这种奥氏体不锈钢转鼓是不当的。氯化钾溶液是通过离心机转鼓过滤的。氯化钾溶液中Cl^-含量远远超过了1Cr18Ni9Ti这种奥氏体不锈钢发生应力腐蚀破裂所需的临界Cl^-的浓度,溶液pH值在中性范围内。加之设备间断运行,溶液与空气中的氧气能充分接触,这就为奥氏体不锈钢发生应力腐蚀破裂提供了特定的氯化物的环境。

防护措施:停用期间使之完全浸于水中,与空气隔离;定期冲洗去掉表面氯化物等,尽量减轻发生应力破裂的环境条件,以延长使用寿命。不过,发生这种转鼓断裂飞出的恶性事故可能有一定的偶然性,但这种普通的奥氏体不锈钢用于这种高浓度氯化物环境,即使不发生恶性事故,其寿命也不长,因为除应力腐蚀外,还有孔蚀、缝隙腐蚀等。

【案例7】 某钢铁厂用于废水处理的间歇反应器为哈氏合金B-2制造,反应器为圆筒形罐体,椭圆形封头,支座为普通结构钢。为避免在哈氏合金本体上异材焊接,在支座与下封头焊接处增设哈氏合金B-2过渡圈(10mm)。介质为蒸汽和1%含氟泥浆水,腐蚀性较强。投产后经常泄漏,经检查,裂缝主要发生在下环缝。

分析 这是一个腐蚀疲劳的案例。该反应器处理腐蚀性较强的物料,同时承受频繁的交变应力作用,特别是下环缝,不仅要承受工作应力和热应力,而且还有搅拌泥浆所引起的离心力,以及频繁开停车产生的交变应力。但哈氏合金B-2是一种耐蚀性能优良的镍基合金,成分为00Ni70Mo28,对所有浓度和温度的纯盐酸,哈氏合金B-2的腐蚀速率都很小。所以,造成反应器严重腐蚀的主要原因是设备结构设计不合理。设计的封头直边太窄,不符合设计规定,这样,过渡圈与封头连接的焊缝距下封头环焊缝太近,只有45mm,使原来应力水平就高的下环缝区域又增加焊接残余应力，故下环缝应力最高。在交变应力和腐蚀介质共同作用下，下环焊缝区发生腐蚀疲劳裂纹。补焊时作业条件差，质量难以保证，下环焊缝区域材质越来越恶化，裂纹不断发展，造成频繁泄漏的破坏事故。

防护措施： 设计时使应力分布尽可能均匀，避免局部应力集中，同时应对焊接结构和焊接工艺做出规定，使焊接残余应力尽可能减小。

【案例 8】 某化工厂一条碳钢管道输送 98%浓硫酸，原来的流速为 0.6m/s，输送时间需 1h。为了缩短输送时间，安装了一台大马力的泵，流速增加到 1.52m/s，输送时间只需 15min。但管道在不到一周时间内就被破坏了。

分析 本案例中的发生的腐蚀属于磨损腐蚀。对于接触流体的设备来说，流速是一个重要的环境因素，但流速对金属材料腐蚀速率的影响比较复杂。当金属的耐腐蚀性是依靠表面膜的保护作用时，如果流速超过了某一个临界值的时候，由于表面膜被破坏就会使腐蚀速率迅速增大。这种局部腐蚀称为磨损腐蚀。它是介质的腐蚀和流体的冲刷联合作用造成的破坏。流体冲刷使表面膜破坏，露出新鲜金属表面，在介质腐蚀作用下发生溶解，形成蚀坑。蚀坑的形成使液流更湍急，湍流又将新生的表面膜破坏，这样使设备更快穿孔。

碳钢在 98%的硫酸中耐腐蚀性较好，是因为能够钝化，表面生成保护膜。但表面膜修复能力有限，并且临界流速只有 1.52m/s。本案例就是由于没有考虑到临界流速，从而使流速过大而加速了腐蚀。

防护措施： 在选择流速时面临两个方面的因素。一方面，对一定的流量而言，流速较低则管道直径就要较大，设备费用增加。另一方面，流速较高，管道腐蚀速率增大，使用寿命缩短，甚至可能造成更大的事故。这样需要考虑金属材料的临界流速，进行适当的选择。同时，在设计管道系统的工作中，应尽量避免流动方向突然变化或流动截面积突然变化，减小对流动的阻碍，以避免形成湍流和涡旋。

复习思考题

1. 全面腐蚀和局部腐蚀有哪些区别？
2. 什么是电偶腐蚀？什么是电偶序？如何防止电偶腐蚀？
3. 什么是点蚀？其有哪些特征？
4. 试述点蚀的机理及其防护措施。
5. 什么是缝隙腐蚀？如何防止？
6. 什么是晶间腐蚀？试述奥氏体不锈钢晶间腐蚀的机理。如何防止晶间腐蚀？
7. 什么是应力腐蚀破裂？其发生有哪些条件？如何防止？
8. 什么叫腐蚀疲劳？如何防止？
9. 什么叫磨损腐蚀？常见的磨损腐蚀形式有哪几种？
10. 什么叫选择性腐蚀？常见的选择性腐蚀有哪些？

第四章　金属在不同环境中的腐蚀

学习目标

1. 熟悉大气腐蚀、淡水腐蚀、海水腐蚀、土壤腐蚀的特点及影响因素。
2. 掌握大气腐蚀、淡水腐蚀、海水腐蚀、土壤腐蚀的防护措施。
3. 了解大气腐蚀的类型。
4. 了解金属在干燥气体中的腐蚀。
5. 了解金属在酸、碱、盐、卤素中的腐蚀。

金属腐蚀的发生发展总是和一定腐蚀介质相联系的。要了解金属腐蚀的基本规律并对腐蚀过程进行有效控制，必须对金属材料所处的介质环境有所了解。

导致金属发生腐蚀的介质环境有两类，一类是自然环境，如自然水、大气、土壤等，金属在自然环境中的腐蚀称为"环境腐蚀"；另一类是工业环境，如酸、碱、盐等溶液，金属在工业环境中的腐蚀称为"工矿腐蚀"。

现已发现，几乎所有材料在自然环境作用下都存在着电化学腐蚀问题。其特点是：自然环境腐蚀是一个渐进的过程，一些腐蚀是在不知不觉中发生的，易为人所忽视；同时自然环境条件各不相同、差别很大，材料在不同自然环境中的腐蚀情况千差万别。例如，码头、船舶、钻井平台等的腐蚀随海水浓度的变化而不同；暴露在大气中的钢，其表面会生成锈皮，在锈皮的保护作用下，腐蚀速率逐渐减少；各种埋地管线在土壤中会产生氧浓差腐蚀、微生物腐蚀。因此，材料在不同自然环境条件下的腐蚀规律各不相同，环境腐蚀情况十分复杂，影响因素很多，难以在实验室内进行模拟，经常要通过现场试验才能获得符合实际的数据和规律。

绝大多数金属材料，如工农业生产机械、海港码头、海洋平台、交通车辆、武器装备、地下管道等，都在自然环境中使用，金属的自然环境腐蚀最普遍，造成的经济损失也最大。为了控制自然环境腐蚀，延长金属设备和构件的使用寿命，减少金属腐蚀造成的不必要的经济损失，很有必要研究掌握金属材料在典型自然环境中的腐蚀特点和规律。

金属在工业环境中的腐蚀也不容小觑。研究和掌握金属材料在典型的化学工业环境中的腐蚀特点与规律也同样是必要的。

本章的主要内容包括典型自然环境腐蚀，如水的腐蚀、大气腐蚀和土壤腐蚀以及典型工业环境腐蚀，如干燥气体中的腐蚀，酸、碱、盐溶液中的腐蚀，卤素中的腐蚀等。

第一节　水的腐蚀

自然水包括淡水和海水。金属在两者中的腐蚀原理、影响因素有许多共同之处，但由于含盐量、成分等不同，两种水环境中的腐蚀特征尚有区别。

一、淡水腐蚀

（一）钢铁在淡水中的全面腐蚀

1. 钢铁在淡水中的腐蚀特点

淡水一般是指河水、湖水、地下水等含盐量低的天然水。淡水中金属的腐蚀是电化学过程，溶液中金属离子浓度低时发生阳极过程，腐蚀程度通常受阴极过程所控制。如钢铁腐蚀，即按下列反应进行。

阳极反应　　　　$Fe \longrightarrow Fe^{2+} + 2e$

阴极反应　　　　$O_2 + 2H_2O + 4e \longrightarrow 4OH^-$

　　　　　　　　$2H^+ + 2e \longrightarrow H_2\uparrow$

溶液中　　　　　$Fe^{2+} + 2OH^- \longrightarrow Fe(OH)_2$

　　　　　　　　$Fe(OH)_2 + O_2 \longrightarrow Fe_2O_3 \cdot H_2O$ 或 $2FeO \cdot (OH)_2$

2. 影响淡水腐蚀的主要因素

淡水中的腐蚀受金属内因的影响是次要的，而受环境因素的影响则较大，因此下面主要讨论影响金属腐蚀的环境因素。

（1）pH 值　钢铁的腐蚀速率与淡水 pH 值的关系如图 4-1 所示。

当 pH=4～10 时，由于溶解氧的扩散速率几乎不变，因而碳钢腐蚀速率也基本保持恒定。

当 pH<4 时，覆盖层溶解，阴极反应既有吸氧又有析氢过程，腐蚀不再受氧浓度扩散控制，而是两个阴极反应的综合，腐蚀速率显著增大。

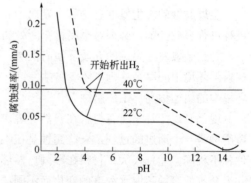

图 4-1　钢铁的腐蚀速率与溶液 pH 值的关系

当 10<pH≤13 时，碳钢表面钝化，因而腐蚀速率下降；但当 pH>13 时，因碱度太大可造成碱腐蚀，所以一般控制在 10<pH<11，防止碱在局部区域浓缩而发生碱脆。

如上所述，碳钢在 pH=4～10 范围内的腐蚀为氧浓差极化控制的腐蚀，所以凡是能加速氧扩散速率、促进氧的去极化作用的因素都能抑制腐蚀。对氧的扩散影响较大的因素有温度、溶解氧的浓度及水流速度等。

（2）水温　水温每升高 10℃，碳钢的腐蚀速率约加快 30%。但是温度影响对于密闭系统与敞口系统是不同的。在敞口系统中，由于水温升高时，溶解氧减少，在 80℃左右腐蚀速率达到最大值，此后，当温度继续升高时，腐蚀速率反而下降。但在密闭系统中，由于氧的浓度不会减小，腐蚀速率与温度保持直线关系，如图 4-2 所示。

（3）溶解氧　在淡水中，当溶解氧的浓度降低时，碳钢的腐蚀速率随水中氧的浓度增加

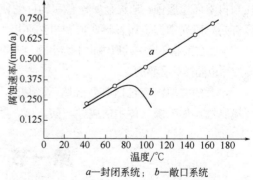

a—封闭系统；b—敞口系统

图 4-2　碳钢在水中的腐蚀速率与温度的关系

而升高；但当水中氧浓度很高且不存在破坏钝态的活性离子时，碳钢会钝化而使腐蚀速率剧减。

溶解氧对钢铁的腐蚀作用有两方面：一是氧作为阴极去极化剂把铁氧化成 Fe^{3+}，起促进腐蚀的作用；二是氧使水中的 $Fe(OH)_2$ 氧化为铁锈 [$Fe(OH)_3$、$Fe_2O_3 \cdot H_2O$ 等的混合物]，在铁表面形成氧化膜，在一定条件下起抑制腐蚀的作用。

（4）水的流速　一般情况下，水的流速增加，腐蚀速率也增加，如图 4-3 所示，但当流速达到一定程度时，由于到达钢铁表面的氧超过使钢铁钝化的氧的临界浓度而导致铁钝化，腐蚀速率下降；但在极高流速下，钝化膜被冲刷破坏，腐蚀速率又增大。

因此，水的流速如能合适，可使系统内氧的浓度均匀，避免出现沉积物的滞留，可防止氧浓差电池的形成，尤其对活性-钝性型金属影响更大。但实际上不可能简单地通过控制流速来防止腐蚀，这是因为在流动水中钢铁的腐蚀还受其表面状态、溶液中杂质含量和温度等因素变化的影响。在含大量 Cl^- 的水中，任何流速也不会产生钝化。

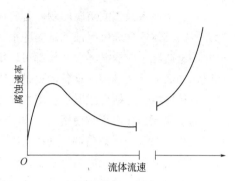

图 4-3　钢铁腐蚀速率与流体流速的关系

（5）水中的溶解盐类　当水中含盐量增加时，溶液电导率增大，形成腐蚀电池的能力也增大，使腐蚀速率增加，但当含盐量超过一定浓度后，由于氧的溶解度降低，腐蚀速率反而减小。

从淡水中所含离子性质来看，当含有阳离子如 Cu^{2+}、Fe^{3+}、Cr^{3+} 等氧化性重金属离子时，能促进阴极过程，因而使腐蚀加速，而一些碱土金属或还原性金属离子如 Ca^{2+}、Zn^{2+}、Fe^{2+} 等则具有缓蚀作用。

淡水中含有的阴离子，有的有害，会促进腐蚀。例如 Cl^- 是使钢铁特别是不锈钢产生点蚀及应力腐蚀破裂的重要因素之一，其他还有 S^{2-}、ClO^- 等。也有的阴离子如 PO_4^{3-}、NO_2^-、SiO_3^{2-} 等则具有缓蚀作用，这些盐类常用作缓蚀剂。

当水中 Ca^{2+}、HCO_3^- 共存时，有抑制腐蚀的效果，这是因为它们在一定条件（例如 pH 值增大或温度上升）下，可在金属与水的界面上生成 $CaCO_3$ 沉淀保护膜，阻止了溶解氧向金属表面扩散，使腐蚀受到抑制。

（6）微生物　微生物会加速钢铁腐蚀，这在循环冷却水中也是不可忽视的因素。

（二）钢铁在淡水中的局部腐蚀

局部腐蚀的危害远比全面腐蚀严重，大型化工装置多采用循环冷却水系统，因冷却器泄漏而被迫停产，甚至造成事故，其原因多数是局部腐蚀。点蚀是较常见的一类。

循环水系统中引起钢铁产生点蚀的原因有以下两个方面。

1. 电位较高金属的离子沉积在钢铁表面

例如循环水系统中难免有铜质材料，使水中含有铜离子，而铜离子则会在镀锌钢或钢上沉积出来，使钢表面形成点蚀。

2. 来自氧的浓差电池腐蚀

这是一类极易发生又难以解决的问题，因为在设备、管道等很多部位不可避免地会存在缝隙，而且垢层、锈层、泥沙、藻类以及各种沉积物之间都会产生缝隙，由于缝隙的存在形成了氧的浓差电池而产生缝隙腐蚀，结果产生点蚀。在极严重的情况下会引起热交换器管壁穿孔。

在循环水系统中，还有一些其他的局部腐蚀，如系统中电连接的不同金属在电解质溶液中相互耦合，形成电偶腐蚀，其中电位较负的金属将成为阳极而遭受腐蚀。例如有些冷却器的管子是不锈钢面管板，折流板是碳钢，这种大阴极小阳极的电偶腐蚀将更严重。另外空化和冲击腐蚀也时有发生，如水泵叶轮的损坏就是空化损伤的结果。

对于循环水系统的防腐问题，首先应正确地选择材料和设备结构，还应选择适当的工艺指标。根据具体情况选用缓蚀剂是循环水处理运行过程的重要措施。

不论循环水或非循环水系统都可以用涂料防止钢铁腐蚀。我国许多氮肥厂多年来采用涂料及喷铝加涂料防止冷却水设备的腐蚀；喷铝在多数条件下可以起牺牲阳极的阴极保护作用，可适应多种环境，包括合成氨水洗塔。

为了保证循环水正常使用，开发了一种水的化学处理技术，即针对循环水结垢、腐蚀和菌藻三大弊病加入一系列药剂，使用絮凝剂除去机械杂质，用阻垢剂防止结垢，用缓蚀剂抑制腐蚀，用杀菌灭藻剂阻止微生物滋生，即所谓水质稳定处理。

由于冷却水的结构性与腐蚀性有密切关系，处理时必须综合考虑防腐、防垢及杀菌，以达到最佳效果，因而在处理过程中常同时使用多种方法互相配合，称为协和作用。

二、海水腐蚀

所谓海水腐蚀就是金属在海洋环境中遭受腐蚀而失效破坏的现象。海洋约占地球表面积的70%，海水是自然界中量最大，而且还具有很强腐蚀性的天然电解质。近年来海洋开发受到普遍重视，各种海上运输工具，各种类型的舰船，海上采油平台，开采和水下输送及储存设备、海岸设施和军用设施等不断增加，它们都可能遭受海水腐蚀。我国沿海工厂常使用海水作为冷却剂，海水泵的铸铁叶轮仅能使用3个月，工业的发展使沿岸的污染增加，腐蚀问题也更为突出。图4-4为飞机残骸在海水下的腐蚀。

海水腐蚀

1. 海水腐蚀的特点

海水中含有许多化学元素组成的化合物，成分复杂，含盐总量约3%，其中氯化物含量占总盐量的88.7%，因而海水电导率较高（$2.5 \times 10^{-2} \sim 3.0 \times 10^{-2}$ $\Omega^{-1} \cdot cm^{-1}$）。世界各地的海水成分差别不大，含量较多的是$Cl^-$，海水中还含有较多的溶解氧，在表层海水中的溶解氧接近饱和。所以，海水对金属腐蚀具有以下特点。

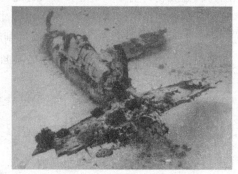
图4-4 飞机残骸在海水下的腐蚀

① 所有结构金属（镁及其合金除外）在海水中腐蚀的阴极过程基本上都是由氧还原所控制的。

② 由于海水中含大量Cl^-，对大多数金属的钝化膜破坏性很大，即使不锈钢也难以保证不受腐蚀（但在不锈钢中加入钼，能提高其在海水中的稳定性）。

③ 因海水中电阻率小，在金属表面所形成的腐蚀电池都有较大活性。例如在海水中的电偶腐蚀较在淡水中严重得多。

④ 海水中易出现局部腐蚀，能形成腐蚀小孔。

2. 影响海水腐蚀的主要因素

影响钢铁在海水中腐蚀的既有化学因素（含盐量、含氧量），又有物理因素（海水流速）及生物因素（海生物），比单纯盐水腐蚀复杂很多，主要有以下几个方面。

（1）含盐量　海水中含盐总量以盐度表示，盐度是指 100g 海水中溶解固体盐类物质总质量。海水盐度波动直接影响钢铁腐蚀速率，同时大量 Cl^- 破坏钝化膜或阻止钝化。

海水腐蚀与防护

（2）含氧量　海水中含氧量增加，可使腐蚀速率增大，但随着海水深度增加，含氧量将下降。

（3）温度　温度越高，腐蚀速率越大，但随温度上升，溶解氧下降，而氧在水中的扩散速率增加，因此，总的效果还是加速腐蚀。

（4）构筑物接触海水的位置　从海洋腐蚀的角度出发，以接触海水的位置从下至上将海洋环境划分为 3 个不同特性的腐蚀区带，即全浸带、潮差带和飞溅带。普通碳钢构件在海水中不同部位的腐蚀情况如图 4-5 所示。

处于干、湿交替区的飞溅带，此处海水与空气充分接触，氧供应充足，再加上海浪的冲击作用，使飞溅带腐蚀最为严重。潮差带是指平均高潮线和平均低潮线之间的区域。高潮位处因涨潮时受高含氧量海水的飞溅，腐蚀也较严重；高潮位与低潮位之间，由于氧浓差作用而受到保护；在紧靠低潮线的全浸带部分，因供氧相对缺少而

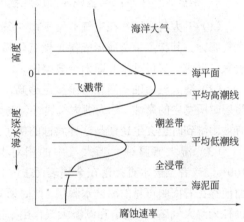

图 4-5　碳钢构件在海水中不同部位的腐蚀情况

成为阳极，使腐蚀加速。平静海水处（全浸带）的腐蚀受氧的扩散控制，腐蚀随温度变化，生物因素影响大，随深度增加腐蚀减弱。污泥区有微生物腐蚀产物（硫化物），泥浆一般有腐蚀性，有可能形成泥浆海水间腐蚀电池，但污泥中溶氧量大大减少，又因腐蚀产物不能迁移，因此腐蚀减小。

（5）海水流速　钢铁结构与海水间相对运动速度增加则氧扩散加速，使腐蚀速率增大，当流速很大时，会造成冲击腐蚀或空化破坏。

（6）海洋生物　生物因素对腐蚀的影响很复杂，在大多数情况下是加大腐蚀的，尤其是局部腐蚀。海洋生物附着在海水中的金属设备表面或舰船水下部分，可引起金属缝隙腐蚀。

3. 防止海水腐蚀的途径

① 合理选材。铸铁与碳钢在海水中耐蚀性差，铜及铜合金则较耐蚀，尤其是含 Cu 70%的黄铜在海水中相当耐蚀。

防海水腐蚀应用实例

② 在设计与施工中要避免电偶腐蚀与缝隙腐蚀。尽可能减少阴极性接触物的面积或对它们进行绝缘处理。也可以采用镀锌方法或使用富锌涂料。

③ 牺牲阳极的阴极保护是应用最广泛的防止海水腐蚀的有效方法，最好采用涂层与阴极联合保护，既经济又有效。

④ 循环用冷却海水可加入缓蚀剂以防止碳钢腐蚀。

第二节 大气腐蚀

金属材料暴露在空气中，由于与空气中的水分和氧气等发生化学和电化学作用而引起的腐蚀，称为大气腐蚀。金属在大气中遭受腐蚀是最常见的一种腐蚀现象。全世界在大气中使用的钢材量超过生产总量的60%，例如各种机械设备、桥梁、钢轨、车辆等都在大气环境下使用，据估计，由于大气腐蚀而损失的金属质量占总的腐蚀损失量的50%以上，因此研究大气腐蚀与防护是非常必要的。

一、大气腐蚀的类型

1. 根据大气中水汽与金属表面反应程度的不同分类

（1）干大气腐蚀 在空气非常干燥的条件下，金属表面不存在水膜时的大气腐蚀，称为干大气腐蚀。其特点是金属形成保护性氧化膜。铜、银等有色金属在含硫化物的空气中产生失泽现象（形成一层可见膜）即为一典型例子。

（2）潮大气腐蚀 当相对湿度足够高，大于某临界值时，金属表面存在肉眼看不见的薄液膜层时所发生的腐蚀，称为潮大气腐蚀。例如铁在没有被雨淋到时也会生锈便是这种腐蚀的例子。

（3）湿大气腐蚀 当大气中的相对湿度接近100%，或者当雨水直接落在金属表面上时，金属表面便存在着肉眼可见的凝结水膜层，此时所发生的腐蚀称为湿大气腐蚀。管道在潮湿大气作用下的腐蚀情况如图4-6所示。

以上三种腐蚀，随着湿度或温度等外界条件的改变，可以相互转化。

图4-6 管道在潮湿大气作用下的腐蚀情况

2. 按大气污染程度的不同分类

（1）工业大气腐蚀 工业大气中的SO_2、NO_2、H_2S、NH_3等都能增加大气的腐蚀作用，加快金属的腐蚀速率。表4-1列出了几种常用金属在不同大气环境中的平均腐蚀速率。

表4-1 常用金属在不同大气环境中的平均腐蚀速率　　　　单位：$mg/(dm^2 \cdot d)$

腐蚀环境	钢	铜	锌
乡村大气	—	0.17	0.14
海洋大气	2.9	0.31	0.32
工业大气	1.5	1.0	0.29
海水	25	10	8.0
土壤	5	3	0.7

石油、煤等燃料的废气中含SO_2最多，因此在城市和工业区，SO_2含量可达$0.1 \sim 100 mg/m^3$。主要特点是硫化物SO_2的污染，使金属表面产生了高腐蚀性的酸膜。

（2）海洋大气腐蚀 在海洋大气中充满着海盐微粒，随风降落在金属表面。盐污染物的量随着与海洋距离的增加而降低,并在很大程度上受气流的影响,海洋大气中常用金属的腐蚀见表 4-1。

(3)乡村大气腐蚀 乡村大气一般不含强化学污染物,主要腐蚀组分是湿气、氧和 CO_2 等,较前两种腐蚀气体而言从表 4-1 中可以看出乡村大气腐蚀速率较低。

二、大气腐蚀的特点

大气腐蚀发生在干燥空气中,即属于干大气腐蚀时,主要由纯的化学作用所引起,它的腐蚀速率小,破坏性也非常小。

大气腐蚀发生在金属表面存在的水膜中时,是由电化学腐蚀过程引起的。其特点如下。

(1)金属表面水膜中进行的电化学腐蚀不同于金属沉浸在电解液中的电化学腐蚀过程 当金属表面形成连续的电解液薄层时,其电化学腐蚀的阴极过程主要是依靠氧的去极化作用,形成吸氧腐蚀,即使是在城市污染的大气中形成的酸性水膜下的腐蚀过程也是如此。然而在强酸性溶液中铁、铝等金属全浸入时则主要是氢的去极化作用,形成析氢腐蚀。

(2)金属表面水膜的形成 一般地说,只有当空气的相对湿度达 100%时,金属表面才能形成水膜。但是如果金属表面粗糙、表面有灰尘或腐蚀产物,在相对湿度低于 100%时,水蒸气也会凝聚在低凹处或金属表面与固体颗粒之间的缝隙处,形成肉眼看不见的水膜,这种水膜并非纯净的水,空气中的氧、CO_2,工业中的气体污染物及固体盐类等都会溶解于金属表面的水膜中,使之形成电解质溶液,促进水膜下金属的腐蚀。

(3)水膜下的腐蚀过程 金属表面水膜下的腐蚀是由于金属表面电化学不均匀性形成的微电池,当水膜较薄时这种腐蚀很易发生,例如常温下室内金属构件的腐蚀。在水膜较厚的情况下,往往因水膜不均匀而形成氧浓差腐蚀电池,例如工件经水洗、水淋或室外有露水时易发生这类腐蚀。

根据金属表面水膜层的厚度(即表面潮湿程度)不同,大气腐蚀被阴极过程控制的程度也有所不同,如图 4-7 所示。当金属表面水膜层变薄时,由于氧容易通过薄膜,使大气腐蚀的阴极过程更易进行。对于金属离子化的阳极过程,情况则正好相反,由于金属形成氧化物后的钝化过程以及金属离子水化过程困难,使阳极过程受到强烈阻滞而促进了阳极极化。

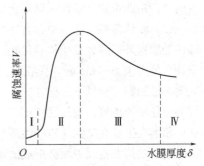

图 4-7 大气腐蚀速率随金属表面水膜厚度的变化

由此可知,对于潮大气腐蚀,因其水膜层较薄,氧易于透过薄膜,阴极过程容易进行,腐蚀过程主要受阳极过程控制。而对于湿大气腐蚀,因水膜层较厚,氧不易透过水膜,使阴极过程速度减慢,则腐蚀过程主要受阴极过程控制。

三、影响大气腐蚀的因素

影响大气腐蚀的因素很多,这里主要讨论影响大气腐蚀的几个主要因素,即相对湿度、温度、大气成分等。

1. 相对湿度

温度和相对湿度是引起金属大气腐蚀的重要原因。相对湿度是大气中的水蒸气压与同一温度大气中饱和蒸气压的比值。每种金属都存在一个腐蚀速率开始急剧增加的湿度范围，人们把大气腐蚀速率开始急剧增大时的大气相对湿度值称为临界湿度。对于钢、铁、铜、锌，临界湿度在70%～80%，其原因是在低于临界湿度时，金属表面不存在水膜，腐蚀速率很小，而当高于临界湿度时，金属表面形成水膜，因此从本质上看，临界湿度也就是开始形成水膜时的相对湿度。

由此可知，如果能把空气的相对湿度降至临界湿度以下，就可以基本防止金属发生大气腐蚀。

2. 温度

当相对湿度达到临界湿度以上时，温度的影响十分明显。按一般化学反应，温度升高 10℃，反应速率约提高为原来的 2 倍。

在气温为 30℃、相对湿度为 80%的情况下，$1m^3$空气中水汽含量约为 20g，而氧则占总体积的 21%，这就很容易引起大气腐蚀。

温度的影响更主要表现在有温度差的情况下，即周期性地在金属表面结露（当金属表面处在比它本身温度高的空气中时，则空气中的水汽可在金属表面凝结成露水，称为结露现象），腐蚀最为严重，如气温剧变、白天温度高、夜间下降，金属表面温度常低于周围大气温度，因而常在室外的金属表面上凝结水膜加速大气腐蚀。

3. 大气成分

大气中常含有 SO_2、CO_2、H_2S、NO_2、NaCl 以及尘埃等，这些污染物会不同程度地加速大气腐蚀。

（1）SO_2　这是危害性最大的一种污染物，它是由煤和石油燃烧产生的，大气中相对湿度大于70%时，只需含 0.01% SO_2，钢铁腐蚀速率便急剧增加。

（2）NaCl　在海洋大气中，含有较多微小的 NaCl 颗粒，若这些 NaCl 颗粒落在金属表面，或因海水蒸发而凝析在表面上，则由于它具有吸湿作用，增大了表面液膜的电导率，促进了大气腐蚀。由此可知，海洋大气对金属的腐蚀作用比乡村大气严重。

（3）固体尘粒　大气中含有灰尘的固体微粒杂质，也能加速腐蚀。它们的组成十分复杂，除海盐颗粒外，还包括碳和碳化物、硅酸盐、氮化物、铵盐等固体颗粒，在城市大气中它们的平均含量为 $0.2～2mg/m^3$，而在强烈污染的工业大气中甚至可达 $1000mg/m^3$ 以上。固体尘粒对大气腐蚀的影响有以下三种方式。一是尘粒本身具有腐蚀性，如铵盐颗粒能溶入金属表面水膜，提高电导率或酸度，促进腐蚀；二是尘粒本身无腐蚀作用，但能吸附腐蚀性物质，如炭粒吸附 SO_2 和水汽生成有腐蚀性的酸性溶液；三是尘粒本身虽无腐蚀性，又不吸附腐蚀性物质，如砂粒等，但它落在金属表面会形成缝隙而凝聚水分，形成氧浓差的局部腐蚀。

四、大气腐蚀的防护措施

防止大气腐蚀的方法有很多，可以根据金属构件所处的环境介质的特点及防腐蚀的具体做法要求，选择合适的防护措施。

1. 采用金属或非金属覆盖层

利用金属镀层或有机和无机非金属涂层来保护长期暴露于大气中的金属构件，这是最常用的方法。其中最普遍的是涂料保护层。工业大气尤其是化学工业大气腐蚀性特别严重，普通碳钢包括低合金钢在其中使用时，一般都采用金属或非金属覆盖层保护，如利用喷涂、电镀、渗镀等方法镀锌、铬、镍、锡等金属；或利用涂料、玻璃钢等非金属覆盖层保护钢铁不受大气腐蚀。

2. 采用耐大气腐蚀的金属或合金材料

可以在钢中加入某些合金元素,以提高金属材料的耐大气腐蚀性能。如在普通碳钢中加入少量 Cu、P、Cr、Ni 等合金元素的低合金钢在大气中比普通碳钢的耐蚀性好得多。

3. 采用气相缓蚀剂和暂时性保护涂层

这是一类暂时性的保护方法,主要用于贮藏或运输过程中的金属制品的保护。气相缓蚀剂一般有较高的蒸气压,能在金属表面形成吸附膜而发挥缓蚀作用;保护钢铁的气相缓蚀剂有亚硝酸二环己胺和碳酸己胺等;暂时性保护涂层和防锈剂有亚硝酸盐、石油磺酸盐、凡士林等。

4. 控制环境介质条件

一般相对湿度低于 35% 的金属不容易生锈,相对湿度在 35%~70% 时金属锈蚀比较缓慢。因此,可以采用降低大气湿度的方法来减轻大气腐蚀,主要用于对仓储金属制品的保护。还应注意生产时的清洁卫生,及时除去金属构件表面的灰尘,避免缝隙中水的存在等。

此外,防止大气腐蚀的措施还有很多,如合理设计金属构件的结构;开展环境保护,严格执行《中华人民共和国环境保护法》,减少大气污染,这不仅有利于人民健康,而且对延长金属材料在大气中的使用寿命也是非常重要的。

第三节 土壤腐蚀

土壤腐蚀是指土壤中的不同组分对材料的腐蚀。金属在土壤中的腐蚀属于最重要的实际腐蚀问题。埋设在地下的各种金属构件,如井下设备、地下通信设备、金属支架、各种设备的底座、水管道、气管道、油管道等都不断地遭受土壤腐蚀,而且这些地下设施的检修和维护很困难,给生产造成很大的损失和危害。因此,研究土壤腐蚀的规律,寻找有效的防护措施具有重要的意义。

一、土壤腐蚀的特点

1. 土壤电解质的特点

(1) 土壤的多相性 土壤是无机物、有机物、水和空气的集合体,具有复杂多相结构。不同土壤的土粒大小也是不同的,其性质和结构具有极大的不均匀性,因此,与腐蚀有关的电化学性质,也会随之发生极大的变化。

(2) 土壤的多孔性 在土壤的颗粒间形成空隙或毛细管微孔,孔中充满空气和水。水分在土壤中可直接渗浸空隙或在孔壁上形成水膜,也可以形成水化物或以胶体状态存在。正是由于土壤中存在着一定量的水分,土壤成为离子导体,因而可看作为腐蚀性电解质。由于水具有形成胶体的作用,所以土壤并不是分散孤立的颗粒,而是各种有机物、无机物的胶凝物质颗粒的聚集体。土壤的孔隙度和含水量的大小,又影响着土壤的透气性和电导率的大小。

(3) 土壤的不均匀性 从小范围看,土壤有各种微结构组成的土粒、气孔、水分的存在以及结构紧密程度的差异。从大范围看,有不同性质的土壤交替更换等。因此,土壤的这种物理和化学性质,尤其是与腐蚀有关的电化学性质,也随之发生明显的变化。

(4) 土壤的相对固定性 对于埋在土壤中金属表面的土壤固体部分可以认为是固定不动的,仅土壤中的气相和液相可以做有限的运动，例如土壤孔穴的对流和定向流动，以及地下水的移动等。

2. 土壤腐蚀的电极过程

（1）阳极过程　铁在潮湿土壤中的阳极过程和在溶液中的腐蚀相类似，阳极过程没有明显阻碍。在干燥且透气性良好的土壤中，阳极过程接近于铁在大气中腐蚀的阳极行为，阳极过程因钝化现象及离子水化的困难而有很大的极化。在长期的腐蚀过程中，由于腐蚀的次生反应所生成的不溶性腐蚀物的屏蔽作用，阳极极化逐渐增大。

根据金属在潮湿、透气性不良，且含有氯离子的土壤中的阳极极化行为，可以分为如下四类。

① 阳极溶解时没有显著阳极极化的金属，如镁、锌、铝、锰、锡等。

② 阳极溶解的极化率较低，并取决于金属离子化反应的过电位，如铁、碳钢、铜、铅。

③ 因阳极钝化而具有高的起始极化率的金属。在更高的阳极电位下，阳极钝化又因土壤中存在氯离子而受到破坏，如铬、锆、含铬或铬镍的不锈钢。

④ 在土壤条件下不发生阳极溶解的金属，如钛是完全钝化稳定的。

金属在土壤中不同的阳极极化行为，将有助于电化学保护时阳极材料的选择。

（2）阴极过程　以常用的金属钢铁为例，在土壤腐蚀时的阴极过程主要是氧去极化。在强酸性土壤中，氢去极化过程也能参与进行。在某些情况下，还有微生物参与阴极还原过程。

土壤条件下氧的去极化过程同样可以分成两个基本步骤，即氧输向阴极和氧离子化的阴极反应，后者和在普通的电解液中相同，但氧输向阴极的过程则比在电解液中更为复杂。

二、土壤腐蚀的影响因素

与腐蚀有关的土壤性质主要是孔隙度（透气性）、含水量、含盐量、导电性等。这些性质的影响又是相互联系的。

1. 孔隙度（透气性）

较大的孔隙度有利于氧渗透和水分保存，而它们都是腐蚀初始发生的促进因素。透气性良好加速腐蚀过程，但是还必须考虑到在透气性良好的土壤中也更易生成具有保护能力的腐蚀产物层，阻碍金属的阳极溶解，使腐蚀速率慢下来。

2. 含水量

土壤中含水量对腐蚀的影响很大。当土壤中可溶性盐溶解在其中时，便形成了电解液，因而含水量的多少对土壤腐蚀有很重要的影响，随着含水量增加，土壤中盐分溶解量也增加，金属腐蚀性增大，直到可溶性盐全部溶解时，腐蚀速率可达最大值。但当水分过多时，会使土壤胶粒膨胀，堵塞了土壤的空隙，阻碍了氧的渗入，腐蚀速率反而下降。

3. 含盐量

土壤中一般含有硫酸盐、硝酸盐和氧化物等无机盐类，这些盐类大多是可溶性的。除了 Fe^{2+} 之外，一般阳离子对腐蚀影响不大；对腐蚀有影响的主要是阴离子，特别是 SO_4^{2-} 及 Cl^- 影响最大，例如海边潮汐区或接近盐场的土壤，腐蚀性很强。

4. 土壤的导电性

土壤的导电性受土质、含水量及含盐量等影响，孔隙度大的土壤，如沙土，水分易渗透流失；而孔隙度小的土壤，如黏土，水分不易流失，含水量大，可溶性盐类溶解得多，导电性好，腐蚀性强，尤其是对长距离的宏电池腐蚀来说，影响更显著。一般低洼地和盐碱地因导电性好，所以腐蚀性很强。

三、土壤腐蚀的防护措施

1. 采用非金属覆盖层保护

采用石油沥青或煤焦油沥青涂刷地下管道，或包覆玻璃纤维布、塑料薄膜等。近年来，还出现了一些性能更好的涂层，如环氧煤沥青涂层、环氧粉末涂层、泡沫塑料防腐保温层等。

2. 采用金属涂层或包覆金属

镀锌层对防止管道的点蚀有一定的效果，有时对钢筋也进行镀锌处理。但是，当镀锌层与大面积裸露的钢铁、铜等金属形成电偶时，镀层反而会很快遭到腐蚀破坏。

3. 采用阴极保护

采用牺牲阳极法或外加电流法对地下管线进行保护，一般采用阴极保护和涂层联合使用的方法，这样既可弥补涂层保护的不足，又可减少电能消耗，是延长地下管线寿命最经济的方法。

第四节　金属在干燥气体中的腐蚀

与生产实际相联系的金属在干燥气体中的腐蚀，是高温（500~1000℃）条件下的腐蚀。如石油化工生产中各种管式加热炉管，其外壁受高温氧化而破坏；金属在热加工如锻造、热处理等过程中，也发生高温氧化；在合成氨工业中，高温高压的 H_2、N_2、NH_3 等气体对设备也会产生腐蚀。其中，高温氧化是最普遍、最重要的一类腐蚀。因此，弄清这种腐蚀的机理、了解其规律，对于防止金属在干燥气体中的腐蚀是十分必要的。

一、高温气体腐蚀

金属在干燥气体和高温气体中最常见的腐蚀是氧化。高温氧化通常是工业中必须考虑的一个重要问题。在高温气体中的腐蚀产物以膜的形式覆盖在金属表面，此时金属的抗氧化性直接取决于膜的性能优劣。若腐蚀产物的体积小于金属的体积，膜不能覆盖金属的整个表面，此时其抗氧化的能力就低。若腐蚀产物体积过大，膜内会产生应力，应力易使膜开裂、脱落。当腐蚀产物和金属的体积比接近 1 时，其抗氧化性能最理想。除此之外，其他某些性能也是不可忽略的，如保护性好的膜应具有高熔点、低蒸气压，膨胀系数应接近金属的膨胀系数，此外还应有良好的抗高温破裂塑性、低电导率、对金属和氧的低扩散系数等。

1. 金属高温氧化的可能性

金属氧化的化学反应为：

$$x\text{M} + \frac{1}{2}y\text{O}_2 \rightarrow \text{M}_x\text{O}_y$$

如果在一定的温度下，氧的分压与氧化物的分压相等，则反应达到平衡；如果氧的分压大于氧化物的分压，金属朝生成氧化物的方向进行；反之，当氧的分压小于氧化物的分压时，反应就朝着相反的方向进行。

2. 金属氧化的电化学原理

金属氧化过程的开始，虽然是由化学反应而引起的，但金属在高温（或干燥）气体中的腐蚀膜的成长过程则是一个电化学过程，如图 4-8 所示。阳极反应使金属离子化，它在膜-金属界面上发生，这可看作阳极，其反应为：

$$M \longrightarrow M^{n+} + ne$$

阴极反应（氧的离子化）在膜-气体的界面上发生，此时可将其看作阴极，其反应为：

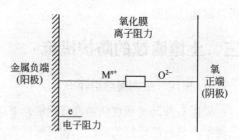

图 4-8 金属表面高温氧化膜成长的电化学过程

$$\frac{1}{2}O_2 + 2e \longrightarrow O^{2-}$$

电子和离子（金属离子和氧离子）在膜的两极间流动。

由图 4-8 可见，氧化膜本身是既能电子导电又能离子导电的半导体，作用如同电池中的外电路和电解质溶液，金属通过膜把电子传递给膜表面的氧，使其还原变为氧离子，氧离子和金属离子在膜中又可以进行离子导电，即氧离子往阳极（金属与氧化物界面处）迁移，而金属离子往阴极（氧化膜同气相界面处）迁移，或者在膜中某处，再进行二次的化合过程。氧化速率取决于经过氧化膜的物质迁移速率。要使氧化膜生长，其本身也必须具有很好的离子电子导电性。事实上，多数金属的氧化物是半导体，既有电子导电性，又有离子导电性。

高温气体腐蚀和水溶液中的腐蚀有一定的区别：在水溶液中，金属与水相结合形成水合离子，一般水合程度都很大，氧变成 OH^- 的反应也需要水或水合离子参加。然而，在高温气体腐蚀中，氧直接离子化。

3. 金属上的表面膜

金属在干燥气体中的腐蚀，其腐蚀产物覆盖在金属表面之后，能在一定程度上降低金属的腐蚀速率。这层表面膜若要起到良好的保护作用，必须具备下列条件。

① 膜必须是紧密的、完整的，能覆盖金属的全部表面。
② 膜在介质中是稳定的。
③ 膜和主体金属结合力要强，且应具有一定的塑性和强度。
④ 膜具有与主体金属相近的热膨胀系数。

例如，在高温空气中，铝和铁都能生成完整的氧化膜，由于铝的氧化膜具备了上述条件，因而有良好的保护作用；而铁的氧化膜，由于与金属结合不牢固，所以不能起到良好的保护作用。由于金属氧化后生成氧化膜，所以一般可以用膜的厚度来代表金属腐蚀的量。如果随着时间的延长膜的厚度不变，说明膜的保护能力很强，金属不再继续腐蚀。如果随着时间的延长膜的厚度增长很快，说明膜的保护能力很差。

二、钢铁的高温氧化

钢铁在空气中加热时，在 570℃以下氧化较慢，这时表面主要形成的氧化膜层结构仍较致密，因而原子在这种氧化膜层中扩散速率小，使钢铁进一步氧化受阻，同时这一表面膜层也不易剥落，可以起到一定的保护作用。但当温度高于 570℃以后，氧化速率迅速加快，形成的氧化膜结构也变得疏松，不能起保护作用，这时氧原子容易穿过膜层而扩散到基底金属表面，从而使钢铁继续氧化,温度越高,氧化越剧烈。

高温下钢铁表面的氧化膜称为氧化铁皮,是由不同的氧化物组成的,结构复杂。其厚度及膜层的组成与温度、时间、大气成分及碳钢的组成有关。

三、碳钢的脱碳

所谓脱碳,是指在腐蚀过程中,除了生成氧化皮层以外,与氧化皮层毗连的未氧化的钢层发生渗透体减少的现象。在气体腐蚀过程中,碳钢通常总是伴随"脱碳"现象,这是因为碳钢表面的渗碳体 Fe_3C 与介质中的 O_2、CO_2、H_2O 等作用,发生如下反应。

$$2Fe_3C + O_2 \longrightarrow 6Fe + 2CO \uparrow$$
$$Fe_3C + CO_2 \longrightarrow 3Fe + 2CO \uparrow$$
$$Fe_3C + H_2O \longrightarrow 3Fe + CO \uparrow + H_2 \uparrow$$
$$Fe_3C + 2H_2 \longrightarrow 3Fe + CH_4 \uparrow$$

由此可见,脱碳的结果是生成气体,致使金属表面膜的完整性受到破坏,从而降低了膜的保护作用,加快了腐蚀的进程。同时,由于碳钢表面渗透体的减少,将使表面层向铁素体组织转化,又导致表面层的硬度和强度降低,这种作用对必须具有高硬度和高强度的零件来说是极为不利的。

实践证明,增加气体介质中的一氧化碳和甲烷含量,将使脱碳作用减小。在碳钢中添加铝或钨,可使脱碳作用的倾向减小,这可能是由于铝或钨的加入使得碳的扩散速率降低的缘故。

四、铸铁的"肿胀"

铸铁的"肿胀"实际上是一种晶间气体腐蚀的现象。这是腐蚀气体沿着晶界、石墨夹杂和细微裂缝渗入铸铁内部并发生了氧化作用的结果。由于所生成的氧化物体积较大,因此不仅导致铸件材料机械强度大幅度降低,而且零件的尺寸也显著增大。

实践证明,在周期性的高温氧化中,若加热温度超过铸铁的相变温度,就会加速"肿胀"现象的发生,可在生铁中加入5%~10%硅,但如果硅的添加量低于5%,其结果将导致"肿胀"现象更加严重。

五、钢在高温高压下的氢腐蚀

在高温高压的氢气中,碳钢和氢发生作用而产生氢侵蚀,例如在合成氨和石油裂解加氢设备中,可发生下列反应。

$$Fe_3C + 2H_2 \longrightarrow 3Fe + CH_4 \uparrow$$

实质上,这也是脱碳过程,反应如发生在表面,则导致表面脱碳,使材料强度降低,如果反应是由于氢扩散到碳钢内部而发生的,则反应过程中生成的 CH_4 气体积聚在晶界,在钢内形成局部高压和应力集中导致钢的破裂。

防止氢侵蚀的主要途径有以下两种。①在钢中加入一定量的合金元素。如铬、钼、钨、钛、钒等稳定碳化物的合金元素,以提高抗氢侵蚀能力,奥氏体不锈钢具有较高的抗氢侵蚀能力。②降低钢中含碳量。如采用微碳纯铁(含碳量0.01%~0.015%),其具有良好的耐蚀性与组织稳定性,从而可以减缓氢侵蚀。

第五节　金属在其他环境中的腐蚀

酸、碱、盐、卤素是极其重要的化工原料,在石油、化工、化纤、湿法冶金等许多工业部门的生产过程中,都离不开它们。但它们对金属的腐蚀性很强,如果在设计、选材、操作中稍有不当,都会导致金属设备的严重破坏。因此,了解酸、碱、盐、卤素介质中金属腐蚀的特点和规律,对延长设备使用寿命、保证正常生产是非常重要的。

一、金属在酸中的腐蚀

酸是普遍使用的介质,最常见的无机酸有硫酸、硝酸、盐酸等,酸类对金属的腐蚀(要视其是氧化性还是还原性)大不相同。非氧化性酸的特点是腐蚀时阴极过程纯粹为氢去极化过程。氧化性酸的特点是腐蚀的阴极过程主要为氧化剂的还原过程(例如硝酸根还原成亚硝酸根)。但是,若要硬性把酸划分为氧化性和非氧化性酸是不适当的。例如,硝酸浓度高时是典型的氧化性酸,而当浓度不高时,对金属腐蚀却和非氧化性酸一样,属于氢去极化腐蚀。又如稀硫酸是非氧化性酸,而浓硫酸则表现出氧化性酸的特点。通常通过酸的浓度、温度、金属在酸中的电极电位,可以判断其氧化性或非氧化性的特性。

1. 金属在盐酸中的腐蚀

盐酸是典型的非氧化性酸,金属在盐酸中腐蚀的阳极过程是金属的溶解,阴极过程是氢离子的还原。很多金属在盐酸中都受到腐蚀而放出氢气,称为氢去极化腐蚀。反应如下:

阳极反应　　　　　　　　$M \longrightarrow M^{2+} + 2e$

阴极反应　　　　　　　　$2H^+ + 2e \longrightarrow H_2$

金属在盐酸中的腐蚀速率随浓度的增加而上升,影响腐蚀的主要因素如下。

(1) 金属材质的影响　金属中所含杂质的氢超电位越小,则钢铁在盐酸中的腐蚀就越严重。这种性质的杂质越多,阴极面积就越大,因而氢超电位就越小,氢去极化腐蚀就更严重。铁在盐酸中的腐蚀随含碳量的增加而加剧就是这个原因。

(2) 表面状态的影响　在同一表面积下,由于粗糙表面的实际面积较光滑表面大,因此电流密度较小,氢的超电位就小,氢去极化腐蚀趋于严重。

(3) 介质的影响　介质的影响包括浓度、pH 值、某些物质的吸附性等。钢铁在盐酸中的腐蚀速率随其浓度的增加而加大,这主要是因为氢离子浓度增加,氢的平衡电位往正方向移动,在超电位不变的情况下,因为腐蚀的动力增大,所以腐蚀就加剧。

溶液的 pH 值增加,氢的平衡电位向负方向移动,所以较难发生氢去极化腐蚀。

能吸附在金属表面上的某些物质,可能使腐蚀电池阴极的氢超电位增大,从而减轻腐蚀,如胺类、醛类等有机物质在酸性溶液中之所以能起缓蚀作用,其原因就在于此。

(4) 温度的影响　随着温度的升高,氢的超电位将减小。通常温度每升高 1℃,氢的超电位约减小 2mV,所以温度的升高,将促进氢的去极化腐蚀发生。

2. 金属在硝酸中的腐蚀

硝酸是一种氧化性的强酸,在全部浓度范围内均显示氧化性。

(1) 碳钢在硝酸中的腐蚀　碳钢在硝酸中的腐蚀速率与硝酸浓度的关系如图 4-9 所示,当硝酸浓度低于 30%时,碳钢的腐蚀速率随酸浓度的增加而增加,腐蚀过程和盐酸中相同,是属于氢去极化腐蚀，这时碳钢的腐蚀电位亦较负。

当酸浓度超过 30%时，腐蚀速率迅速下降。酸浓度达到 50%时，腐蚀速率降到最小。这是由于碳钢在硝酸中发生了钝化的缘故。此时，碳钢的腐蚀电位亦迅速往正方向变化，发生了强烈的阳极极化。由于腐蚀电位已经比氢的平衡电位更正，所以不可能发生氢去极化腐蚀。这里的阴极过程是氧化剂即硝酸根的还原过程：

$$NO_3^- + 2H^+ \longrightarrow NO_2^- + H_2O$$

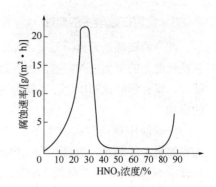

图 4-9　碳钢在 25℃时腐蚀速率与硝酸浓度的关系

当酸浓度超过 80%以后，处在钝化状态的碳钢腐蚀速率又有一些增加，这种现象称为过钝化。这是由于处在很正的电位下，碳钢表面形成了易溶的高价氧化物所致，此时亦出现晶间破坏的情况。所以不能用铁和钢制造的容器接触高浓度的硝酸。

（2）不锈钢在硝酸中的腐蚀　不锈钢是硝酸系统中大量被采用的耐蚀材料。例如，在硝酸铵、硝酸生产中，大部分设备都用不锈钢制造。但是，它并不是万能的，在非氧化性介质中它并不耐蚀，而且在氧化性太强的介质中，不锈钢又会产生过钝化腐蚀。除此之外，不锈钢在某些条件下还会产生晶间腐蚀、点蚀和应力腐蚀破裂等局部性的腐蚀。

不锈钢在稀硝酸中却很耐蚀，当然稀硝酸的氧化性比较差些，但是由于不锈钢本身比碳钢更容易钝化，所以不锈钢和稀硝酸接触时，仍能发生钝化，腐蚀速率很小，亦不会产生氢去极化腐蚀。而不锈钢在浓硝酸中，会因过钝化使腐蚀速率增大。

（3）铝在硝酸中的腐蚀　铝是电位非常负的金属。它的标准平衡电位等于-1.67V。由于它很容易钝化，所以它在水中，在大部分中性和许多弱酸性溶液以及在大气中都有优良的耐蚀性能。

纯态的铝表面被 Al_2O_3 或 $Al_2O_3 \cdot H_2O$ 膜所覆盖。这层保护膜具有两性特点，在非氧化性酸中，特别是在碱性介质中，膜溶解后铝就活化，电位强烈地变负，发生氢去极化腐蚀。

酸浓度在 30%时，腐蚀速率很大，这也是由于氢离子浓度增加，氢去极化腐蚀加剧的缘故。当酸浓度超过 30%以后，由于钝化而使腐蚀速率降低，但是铝和不锈钢及碳钢不同，在非常浓的硝酸中，铝并不发生过钝化，当硝酸浓度在 80%以上时，铝的耐蚀性比不锈钢好。所以，铝是制造浓硝酸设备的优良材料之一。

当铝中含有正电性的金属杂质（如铜、铁）时，会大大降低铝的耐蚀性。所以，要采用纯铝（99.6%以上）来制作浓硝酸设备。

铝在氨水、乙酸以及很多有机介质中都很稳定，但在浓硫酸中的腐蚀速率仍然很大，只有在高浓度的发烟硫酸中，铝才很稳定。

铝在不同浓度硝酸中的腐蚀如图 4-10 所示。

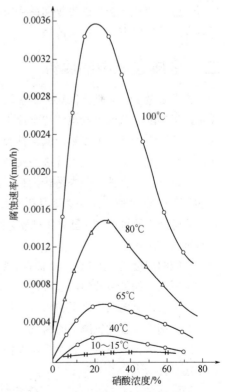

图 4-10　铝在不同浓度硝酸中的腐蚀

第四章　金属在不同环境中的腐蚀　　87

3. 金属在硫酸中的腐蚀

纯净的硫酸是无色、无臭、黏滞状的液体。高浓度的硫酸是一种强氧化剂，它能使不少具有钝化能力的金属进入钝态，因而这些金属在浓硫酸中腐蚀率很低，低浓度的硫酸则没有氧化能力，仅有强酸性的作用，其腐蚀性很大。下面以钢铁在硫酸中的腐蚀为例说明金属在硫酸中的腐蚀。

在硫酸中钢铁的腐蚀速率与浓度的关系如图 4-11 所示。由图可见：当硫酸浓度低于 50%时，钢铁的腐蚀速率随硫酸浓度的增加而增大，稀硫酸是非氧化性酸，对钢铁的腐蚀如同在盐酸中一样，产生强烈的氢去极化腐蚀。

当硫酸的浓度超过 50%后，由于钢铁表面的钝化，腐蚀速率迅速下降，当硫酸浓度达到 70%～100%时，腐蚀速率就更低，所以常用碳钢来制造盛装浓硫酸的设备。然而，当硫酸浓度超过 100%以后，由于出现过多的 SO_3（含量 18%～20%），腐蚀速率将重新增大，出现第二个峰值。若 SO_3 的含量继续增大，腐蚀速率又再下降。有人认为其原因在于：第一次钝化（浓度 50%）时可能由于浓硫酸的氧化作用而在钢铁表面生成了一层致密的氧化膜，该膜在浓度超过 100%的发烟硫酸中遭到破坏，造成腐蚀速率的重新增大。而第二次腐蚀速率下降，则可能是由于硫酸盐或硫化物保护膜形成的缘故。

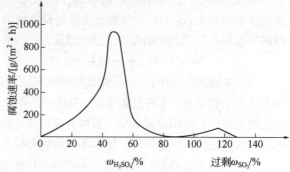

图 4-11　钢铁的腐蚀速率与硫酸浓度的关系

铸铁和钢铁类似，在 85%～100%的硫酸中非常稳定，工业上常用来制作输送硫酸的泵等设备，但在浓度高于 125%的发烟硫酸中，由于它可能引起铸铁中硅和石墨的氧化而产生晶间腐蚀，所以在这种浓度下不宜使用铸铁。

二、金属在碱中的腐蚀

大多数金属在非氧化性酸中发生氢去极化腐蚀。随着溶液 pH 值升高，氢的平衡电位越来越负，当溶液中氢的平衡电位比金属中阳极组分的电位还要负时，就不能再发生氢的去极化腐蚀了。正因为如此，大多数金属在盐类（非酸性盐）及碱类溶液中的腐蚀，没有强烈的氢气析出，而是发生着另一类较为普遍的腐蚀——氧去极化腐蚀。

在常温下，钢铁在碱中是较为稳定的，因此在碱的生产中，最常用的材料是碳钢和铸铁。在 pH 值为 4～9 时，腐蚀速率几乎与 pH 值无关；在 pH 值为 9～14 时，钢铁腐蚀速率较低，这主要是因为腐蚀产物（氢氧化铁膜）在碱中的溶解度很低，并能较牢固地覆盖在金属表面上，阻滞金属的腐蚀。

当碱的浓度增大到超过 14%时，将引起腐蚀的加剧，这是由于氢氧化铁膜转变为可溶性的铁酸钠所致。如果碱液的温度再升高，这一过程显著加速，腐蚀将更为强烈。

当氢氧化钠的浓度高于 30%时，膜的保护性随着浓度的升高而降低，若温度升高超过 80℃时，普通钢铁就会发生严重的腐蚀。

同样，碳钢在氨水中也有类似的情况。碳钢在稀氨水中腐蚀很轻，但在热而浓的氨水中，腐蚀速率会增大。

当碳钢承受较大的应力时，它在碱液中还会产生应力腐蚀破裂，这种应力腐蚀破裂称为"碱脆"。

由此可见，贮存和运输农用氨的碳钢压力容器，可能发生应力腐蚀破裂。因此对于这种容器，在制造后应设法消除应力，以最大限度地减少发生应力腐蚀破裂的可能性。

三、金属在盐中的腐蚀

盐有多重形式，它们对金属的作用不尽相同。当溶解于水时，按照其水溶液可将盐分成如下类型：中性及中性氧化性溶液、酸性和酸性氧化性溶液及碱性与碱性氧化性溶液。表 4-2 列出了部分无机盐的分类。

表 4-2　部分无机盐的分类

	中性盐	酸性盐	碱性盐
非氧化性	氯化钠 NaCl	氯化铵 NH_4Cl	硫化钠 Na_2S
	氯化钾 KCl	硫酸铵 $(NH_4)_2SO_4$	碳酸钠 Na_2CO_3
	硫酸钠 Na_2SO_4	氯化镁 $MgCl_2$	硅酸钠 Na_2SiO_3
	硫酸钾 K_2SO_4	氯化亚铁 $FeCl_2$	磷酸钠 Na_3PO_4
	氯化锂 LiCl	硫酸镍 $NiSO_4$	硼酸钠 $Na_2B_4O_7$
氧化性	硝酸钠 $NaNO_3$	氯化铁 $FeCl_3$	次氯酸钠 NaClO
	亚硝酸钠 $NaNO_2$	氯化铜 $CuCl_2$	次氯酸钙 $Ca(ClO)_2$
	铬酸钾 K_2CrO_4	氯化汞 $HgCl_2$	—
	重铬酸钾 $K_2Cr_2O_7$	硝酸铵 NH_4NO_3	—
	高锰酸钾 $KMnO_4$	—	—

1. 中性盐

钢铁在中性盐中的腐蚀速率随浓度的增大而增大，当浓度达到某一数值（如 NaCl 为 3%）时，腐蚀速率最大（相当于海水的浓度），然后又随浓度增加腐蚀速率下降，如图 4-12 所示。这是因为钢铁在这些盐中的腐蚀属于氧去极化腐蚀，氧的溶解度随盐浓度的增加而下降。因此，随着盐浓度的增加，一方面溶液的导电性增加，使腐蚀速率增大，另一方面，由于氧的溶解度减小，而使腐蚀速率降低。此时，由于后一倾向占主导地位，所以在高的盐浓度下，腐蚀速率是较低的。

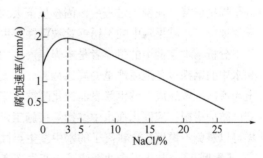

图 4-12　NaCl 浓度对铁腐蚀速率的影响

2. 酸性盐

由于这类盐在水解后能生成酸，所以对铁的腐蚀既有氧的去极化作用，又有氢的去极化作用，其腐蚀速率与同一 pH 值的酸差不多。但对于铵盐（例如 NH_4Cl），当浓度大于一定值（约 0.05mol/L）时，它对铁的腐蚀大于相同 pH 值的酸，这是因为铵离子（NH_4^+）能和铁离子生成配合物。硝酸铵在高浓度时的腐蚀性又大于氯化铵和硫酸铵，因为硝酸根离子有阴极去极化作用。

3. 碱性盐

碱性盐水解后生成碱。当它的 pH 值大于 10 时，和稀碱液一样，腐蚀较小。这些盐中，磷酸钠、硅酸钠都能生成铁的盐膜，具有很好的保护性能。

4. 氧化性盐

氧化性盐可分为两类：一类如氯化铁、过氧化铜、氯化汞、次氯酸钠等，它们是很强的去极化剂，所以对金属的腐蚀很严重。另一类如铬酸钾、亚硝酸钠、高锰酸钾，它们往往能使钢铁钝化，只要用量适当，可以阻滞金属的腐蚀，通常是很好的缓蚀剂。

应该特别注意，氧化性盐的浓度，不是它们的氧化能力的标准，而腐蚀速率也不是都正比于氧化能力。如铬酸盐比三价铁的盐类有更强的氧化性，但是三价铁盐却能引起更迅速的腐蚀。类似的情况，还有硝酸盐比亚硝酸盐具有更高的氧化态，但亚硝酸盐对金属的腐蚀能力却更强。

四、金属在卤素中的腐蚀

卤素由于具有高的电子亲和力，是一类活性高的元素族。氟是最活泼的卤素，随之是氯、溴和碘。尽管它们有很高的活泼性，但无水的液体或气体卤素，在一般的温度下，对多数金属是不腐蚀的。

水分的存在，通常使惰性干燥的卤素，对普通的结构材料造成严重的腐蚀。腐蚀性随卤素的原子序数的减小而增加，湿的氟是卤族中最容易引起腐蚀的元素。潮湿的卤化氢腐蚀性非常大，它们的腐蚀性取决于温度和浓度（在水溶液中），必须用特殊材料才能防蚀。无机的和有机的卤素化合物，在干燥的情况下，基本上没有腐蚀性，而它们的水溶液却具有腐蚀性。

卤素与金属生成的腐蚀产物，通常是金属卤化物，它可以在金属表面形成膜且提供一定的保护性，其保护程度依赖于盐的物理性质。在高温氯气中，金属的耐蚀性与蒸气压力和氯化物的熔融点或升华点有关。

案例分析

【案例1】 某化工厂一根地下不锈钢管道，原来使用法兰连接。因为连接处泄漏，决定改为全焊接连接。在施工过程中，因夜里下大雨，管沟积水，使已完成的管段浸没在水中。第二天继续施工，结果水中的不锈钢管被腐蚀产生了大量的小孔，管道只好重新施工。

分析 本案例中的肇事者是电焊机产生的杂散电流。直流电流漏入土壤和水中，会对地下和水中的钢铁设备造成严重的腐蚀危害。本案例中管道材料为不锈钢，水中含氯离子会在杂散电流流出区域造成不锈钢管表面钝化膜被击穿，形成蚀孔，所以不锈钢管很快被腐蚀穿孔。

防护措施：应停止在水中继续焊接施工，等到雨过天晴，不锈钢管道干燥后再行施工，这样可以避免不锈钢在含氯离子的水中发生点蚀而穿孔。

【案例2】 某化工企业新建了一座生产装置，其仪表管路是用铜管和黄铜配件组合而成的。使用几个星期后，配件因应力腐蚀破裂而破坏。结果装置只好停工，用不锈钢替换所有的管子和配件。

分析 通过调查，发现这个新建生产装置的上风方向不远处有另一个生产装置，不时地向大气中排放少量氮氧化物。试验证明，氮氧化物是黄铜发生应力腐蚀破裂的一种特定介质，这就为存在残余应力的黄铜配件发生应力腐蚀破裂提供了环境条件。

防护措施：在生产装置选址时，要避免建在释放腐蚀性气体生产装置的下风方向；散发腐蚀性气体的设备应尽量露天设置，以利于自然通风；为保证仪表工作正常，控制室、配电室等仪表集中场所应远离散发腐蚀性气体的设备。

复习思考题

1. 简述钢铁在淡水中电化学腐蚀的特点并说明主要受哪些环境因素的影响。
2. 含氧量是如何影响海水对金属的腐蚀的?
3. 将一铁片全浸入下列介质中会产生什么现象?为什么?
   (1)淡水　(2)海水　(3)1mol/L HCl　(4)0.1% $K_2Cr_2O_7$
4. 什么是大气腐蚀?大气腐蚀可分为哪几类?
5. 为什么在温度和湿度较高的条件下钢铁较易腐蚀?
6. 金属发生大气腐蚀时,水膜层的厚薄程度对水膜下的腐蚀过程有什么影响?
7. 土壤腐蚀具有哪些特点?主要受哪些因素的影响?
8. 试比较水的腐蚀、大气腐蚀及土壤腐蚀的共同点与不同点。
9. 分别简述淡水腐蚀、海水腐蚀、大气腐蚀和土壤腐蚀的防护措施。
10. 防止钢发生氢侵蚀的主要途径有哪些?

第五章 金属材料的耐蚀性能

学习目标

1. 了解铁碳合金、耐蚀铸铁、低合金钢、不锈钢、耐热钢及其合金、有色金属（铝、铜、镍、铅、钛）及其合金的主要组成。
2. 掌握铁碳合金、耐蚀铸铁、低合金钢、不锈钢、耐热钢及其合金、典型有色金属（铝、铜、镍、铅、钛）及其合金的耐蚀性能。

为了适应化学工业生产的多种需要，化工设备的种类很多，设备的操作条件也比较复杂。就操作压力而言，有真空、常压、低压、中压以及高压和超高压；而操作温度又有低温、常温、中温和高温；所处理的介质大多数具有腐蚀性，且易燃、易爆、有毒等。对于某种具体设备来说，既有温度、压力要求，又有耐腐蚀要求，而且这些要求有时还是互相矛盾的。这种多样性的操作特点，导致化学工业需要用到各种各样的金属材料。金属材料分为两大类，即黑色金属和有色金属。黑色金属包括铁、锰、铬等金属，主要指铁碳合金，如工业纯铁、钢和铸铁。有色金属包括铝及铝合金、铜及铜合金、钛及钛合金、金、银等。本章主要介绍化学工业系统中常用的金属材料及其耐蚀性能。

第一节 铁碳合金

一、铁碳合金概述

铁碳合金是铁与碳组成的合金，是工业上应用最广泛的金属材料。常见的有碳钢和铸铁，其特点是产量大，价格低廉，有较好的力学性能及工艺性能。二者的区别在于含碳量的不同。

碳钢 动画扫一扫

1. 铁

固态金属及其合金是晶体。理想晶体中原子的空间排列方式有"体心立方晶格结构""面心立方晶格结构"和"密排六方晶格结构"三种。铁具有两种晶格结构：温度在910℃以上为α-Fe，具有体心立方晶格结构；温度在910～1390℃为γ-Fe，具有面心立方晶格结构；温度在1390℃以上为δ-Fe，其结构与α-Fe相同，为体心立方晶格结构。纯铁塑性好但强度低，工业应用少。

2. 碳

铁碳合金就是在铁中加入少量碳，以获得工业上应用的各种优良性能。碳在铁碳合金中的存在形式有如下三种。

（1）固溶体 碳溶解在铁的晶格中形成固溶体。溶解指的是碳原子挤到铁的晶格中间，不破坏铁所具有的晶格结构。这种在铁的晶格中挤入一些碳原子后得到的、以原有晶格结构为基础的物质称为固溶体。见表 5-1，碳溶解在 α-Fe 中形成的固溶体称为铁素体（F），其溶碳能力极低，不超过 0.02%（常温仅为 0.0008%）；碳溶解在 γ-Fe 中形成的固溶体称为奥氏体（A），其溶碳能力较强，可达 2.11%。铁素体和奥氏体都具有良好的塑性，奥氏体是铁碳合金的高温相，铁素体是铁碳合金的低温相，因此在室温条件下，钢中只有铁素体，无奥氏体。

表 5-1 铁素体与奥氏体

名称	定义	碳含量/%
铁素体（F）	碳溶解在 α-Fe 中形成的固溶体	≤0.02（常温≤0.0008）
奥氏体（A）	碳溶解在 γ-Fe 中形成的固溶体	≤2.11

（2）渗碳体 渗碳体是碳与铁形成的化合物的晶体组织。当铁碳合金中的碳不能全部溶入铁素体和奥氏体时，"剩余"的碳与铁可形成化合物——碳化铁（Fe_3C）。渗碳体的硬度极高，但塑性几乎为 0。

碳钢也叫碳素钢，指含碳量在 0.0218%～2.11%的铁碳合金。常用碳钢的含碳量在 0.1%～0.5%之间，常温时，钢的组织是铁素体和渗碳体。因为在常温条件下，只有极少一部分碳溶入 α-Fe，绝大多数的碳以碳化铁形式存在。钢的含碳量越高，钢组织中渗碳体微粒也越多，随着含碳量的增多，钢的强度提高而塑性降低。

当铁碳合金中的含碳量大于 2.11%时，即使被加热到高温，也不能形成单一的奥氏体组织。通常将含碳量大于 2.11%的铁碳合金叫作铸铁。但铸铁的强度不如钢，因为铸铁中的碳除固溶体以外，并非全部以 Fe_3C 形式存在。

（3）石墨 石墨为游离的碳，软且脆，强度很低。当铁碳合金中的碳含量较高，合金从高温液态缓慢冷却时，合金中没有溶入固溶体的碳将有极大一部分以石墨状态存在。石墨的存在相当于在钢的内部挖了许多孔洞，如灰铸铁可看成布满孔洞的钢，强度比钢低。

3. 铁碳平衡相图

铁碳平衡相图（图 5-1）表示在缓慢冷却（或缓慢加热）的条件下，不同成分的铁碳合金的状态或组织随温度变化的图形。铁碳平衡相图中点的含义见表 5-2。

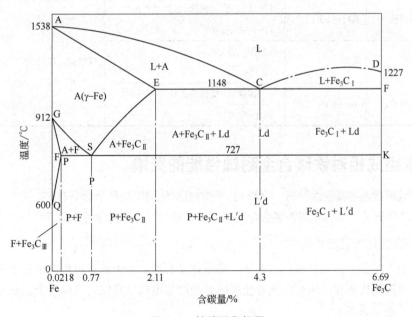

图 5-1 铁碳平衡相图

表 5-2 铁碳平衡相图中点的含义

点符号	温度/℃	含碳量/%	含义
A	1538	0	纯铁熔点
C	1148	4.3	共晶点（液态碳转变为 γ-Fe 与 Fe₃C）
D	1227	6.69	渗碳体熔点
E	1148	2.11	碳在 γ-Fe 中的最大溶解度
G	912	0	纯铁的同素异构转变点（γ-Fe 转变为 α-Fe）
P	727	0.0218	碳在 α-Fe 中的最大溶解度
S	727	0.77	共析点（γ-Fe 转变为 α-Fe 与 Fe₃C）
Q	600	0.008	碳在 α-Fe 中的溶解度

目前应用的铁碳合金平衡状态图是含碳量为 0～6.69% 的铁碳合金，含碳量大于 6.69% 的铁碳合金在工业上无使用价值。

铁碳合金的室温组织及分类见表 5-3。

表 5-3 铁碳合金的室温组织及分类

合金类别		含碳量/%	组织及说明	性能特点
纯铁		<0.0218	单相铁素体（F）	强度、硬度低，塑性好
钢	亚共析钢	0.0218～0.77	铁素体+珠光体（F+P）	C↑，强度、硬度逐渐提高，有较好的塑性和韧性
	共析钢	0.77	珠光体（P）（铁素体+Fe₃C）	强度较高，硬度适中，具有一定的塑性和韧性
	过共析钢	0.77～2.11	珠光体+网状二次渗碳体（P+Fe₃C$_{II}$）	硬度较高，塑性差，随着网状二次渗碳体增加，强度降低
白口铸铁	亚共晶铸铁	2.11～4.3	珠光体+二次渗碳体+低温莱氏体（P+Fe₃C$_{II}$+Ld'）	硬度高，脆性大，几乎没有塑性
	共晶铸铁	4.3	低温莱氏体（Ld'）（P+Fe₃C）	
	过共晶铸铁	4.3～6.69	一次渗碳体+低温莱氏体（Ld'+Fe₃C$_I$）	

二、基本组成相对铁碳合金耐蚀性能的影响

碳钢的组织状态对其耐蚀性有一定影响。钢的组织结构既与化学成分有关，又与钢材经历的加热和冷却过程有关。下面介绍铁碳合金的基本组成相与组成的化学元素对其耐蚀性能的影响。

1. 组成相对耐蚀性的影响

铁碳合金在室温下有三种相：铁素体、渗碳体及石墨。由于三者电极电位相差很大，因此与电解质溶液接触构成原电池后，就会使铁碳合金产生电化学腐蚀。铁碳合金的基本组成相与耐蚀性能的关系见表 5-4。

表 5-4 铁碳合金的基本组成相与耐蚀性能的关系

相		铁素体	渗碳体	石墨
电极电位		负	介于二者之间	正
微电池	碳钢		阳极　　阴极	
	铸铁	阳极	阴极	阴极

由表 5-4 可知：铁素体的电极电位较负，石墨电极电位较正，渗碳体居中。在电解质溶液中，石墨和渗碳体相对于铁素体是微阴极，铁素体是微阳极，从而影响铁碳合金的耐蚀性能。如在非氧化性酸的电解液中，由于石墨和渗碳体相对于铁素体是微阴极，会加速钢铁的腐蚀。

2. 化学成分对耐蚀性的影响

铁碳合金的化学成分除铁和碳外，还包括硫、磷、锰、硅等元素。合金元素对铁碳合金耐蚀性能的影响如下。

（1）碳　在铁碳合金中，随着含碳量的增加，渗碳体和石墨的含量增加，形成的微电池的阴极面积相应增大，析氢反应加速。从耐蚀角度考虑，含碳量的不同在不同介质中有不同的影响。

① 在非氧化性的酸性介质中，如盐酸、磷酸、稀硫酸等，含碳量增加，腐蚀速率加快。如铸铁的含碳量高于碳钢，所以在非氧化性酸中铸铁的腐蚀速率比碳钢快。铁碳合金在 20% H_2SO_4 中的腐蚀速率与含碳量的关系见图 5-2。

② 在氧化性酸性介质中，如浓硝酸、稀硝酸、浓硫酸与次氯酸中，含碳量会造成钢的钝化。当碳含量较低时，渗碳体的数量较少，不能促进合金的钝化，腐蚀速率随渗碳体（阴极）数量的增多而增大；当含碳量超过一定值时，会促进铁碳合金的钝化，腐蚀速率下降。如铁碳合金含碳量在 20% HNO_3 中对腐蚀速率的影响（25℃）见图 5-3。

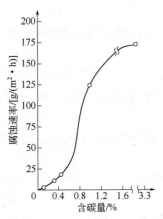

图 5-2　25℃时含碳量对铁碳合金在 20% H_2SO_4 中腐蚀速率的影响

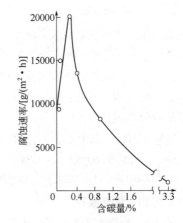

图 5-3　25℃时含碳量对铁碳合金在 20% HNO_3 中腐蚀速率的影响

③ 在中性介质中，阴极过程主要为氧的去极化作用，含碳量的变化对腐蚀速率影响不大。

（2）硅　碳钢中含硅量一般为 0.1%～0.3%，铸铁中含硅量一般为 0.5%～3%，在常规范围内，硅对碳钢与铸铁的耐蚀性能无显著影响。

当硅含量达到 4%左右时,可适当提高铸铁的耐蚀性能。当硅含量达到高硅铸铁的硅含量时,对铁的耐蚀性能会产生有利影响。如硅含量达到 14%以上,铸铁的耐蚀性能显著提高。但是硅含量的增加,会使铸铁的力学性能变差;当硅含量大于 16%时,铸铁会变脆、难加工;通常铸铁中硅含量控制在 14%～16%。因硅与铁结合作用比碳强,因此硅在铸铁中有促进石墨化的作用。在铸铁中加入硅后,其表面会形成致密的 SiO_2 保护膜,由于电阻率高,化学稳定性好,可阻止介质的腐蚀。加入硅还可使铸铁组织中的阳极区产生钝化,提高电极电位,有效提高铸铁的抗化学腐蚀和电化学腐蚀能力。

(3) 锰 碳钢中锰含量一般为 0.3%～0.6%,铸铁中锰含量一般为 0.5%～1.5%。在规定范围内,锰对铁碳合金的耐蚀性能无明显的影响。锰具有脱氧、去硫、提高钢的强度和硬度的作用,但锰能降低钢的抗腐蚀能力。

(4) 硫 硫是有害物质,硫与铁、锰反应生成的硫化物可成单独的相析出,起阴极夹带的作用,加速腐蚀过程。在酸性溶液中,这种影响造成的腐蚀更加显著。硫化物夹杂物能造成点蚀和腐蚀破裂,产生局部腐蚀影响。

(5) 磷 磷会影响碳钢的耐蚀性。磷在碳钢中的量一般不超过 0.05%,在铸铁中一般不超过 0.5%。

① 在酸性介质中,随着钢中磷含量的增加,碳钢的腐蚀速率加快,这是因为较多磷在钢中生成的含磷夹杂物电位较低,加速析氢腐蚀。

② 在海水中,较高的磷含量能改善碳钢在海水中的耐腐蚀性能。

③ 在低合金钢中,磷是提高碳钢耐大气腐蚀性能的有效合金元素之一,如与铜联合,能较大提高钢的抗大气腐蚀能力;与钒联合,能提高钢的抗 H_2S 腐蚀能力。作为合金元素,要求磷含量不超过 0.15%,与碳含量总和不超过 0.25%。

三、铁碳合金在各种介质中的耐蚀性能

1. 在水中的耐蚀性能

水包括天然水(河水、池水、湖水),井水,饮用水和各种工艺用水。水中溶解气体的种类和数量与水的 pH 值是影响钢腐蚀的重要因素。

(1) O_2 的影响 天然水的腐蚀速率通常正比于水中的溶氧量,O_2 的存在还能加速 CO_2、H_2S 等气体同金属的反应。当氧浓度较高时,金属发生钝化反应进而会降低腐蚀速率,但 Cl^- 的存在会阻碍氧的钝化作用。

(2) CO_2 的影响 水中 CO_2 的浓度直接影响 $CaCO_3$ 的溶解和沉淀,同时 CO_2 会形成 H_2CO_3 水溶液,使 pH 值降至 6.0 以下,使钢发生氢去极化腐蚀。

(3) H_2S 的影响 H_2S 气体会引起钢铁的孔蚀,不通氧的条件下就可以生成 S 和 FeS,作为腐蚀电池的阴极,加速腐蚀。

(4) pH 值的影响 天然水的 pH 值为 4.5～9.5,在天然水中钢的腐蚀速率差别很小。在酸性水中倾向于均匀腐蚀,而结节和孔蚀通常发生在碱性水中。

2. 在酸溶液中的耐蚀性能

酸对铁碳合金的腐蚀区别在于酸分子中的酸根是否具有氧化性。在非氧化性酸,如盐酸、稀硫酸中,铁碳合金的腐蚀为阴极氢离子的去极化作用;在氧化性酸,如硝酸、浓硫酸中,铁

碳合金的腐蚀为阴极酸根离子的去极化作用。

（1）盐酸　盐酸为典型的非氧化性酸，铁碳合金的电极电位低于氢的电位，发生析氢腐蚀。随着酸浓度的增高，腐蚀速率迅速加快。在相同浓度下，随温度的升高，腐蚀速率也直线上升。在盐酸溶液中，铸铁的腐蚀速率大于碳钢。因此，铁碳合金不能直接用作处理盐酸设备的结构材料。

（2）硫酸　铁碳合金的腐蚀速率与硫酸的浓度有关。如碳钢的腐蚀速率与硫酸浓度的关系见图5-4。

浓度小于50%的硫酸，即稀硫酸，为非氧化性酸，阴极主要发生析氢反应，腐蚀速率随硫酸浓度的增大而加快；浓度达到47%～50%时，腐蚀速率最大；浓度为50%～75%的硫酸，腐蚀速率下降；浓度为75%～80%的硫酸，碳钢开始钝化，腐蚀速率很慢，直至浓度到达100%。因此普通碳钢和铸铁大量应用于80%～100%的硫酸，温度可达60～80℃，在此温度与浓度范围内，碳钢表面产生保护性的硫酸铁膜层。

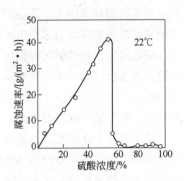

图5-4　不同浓度的硫酸对碳钢的腐蚀速率的影响（22℃）

当硫酸浓度大于100%时，即发烟硫酸，硫酸中含有游离的SO_3；对于浓度为102%以上的发烟硫酸，由于钝化膜的破坏，碳钢腐蚀速率重新增大；浓度大于120%的硫酸，腐蚀速率又重新降低。

总之，对于浓度小于65%的硫酸，在任何温度下，铁碳合金都不能用；当温度大于65℃时，无论硫酸的浓度是多少，铁碳合金一般都不能使用。对于温度较高、流速较大的浓硫酸（75%以上），铸铁更适宜。一定范围内的发烟硫酸，碳钢能耐蚀，铸铁却因为发烟硫酸的渗透性，促使内部的碳和石墨氧化产生晶间腐蚀。

（3）硝酸　硝酸具有强酸性又具有强氧化性。不同浓度的硝酸溶液，对金属的腐蚀程度不同，低浓度硝酸溶液对绝大多数金属具有强烈的腐蚀作用，而高浓度硝酸溶液在一定条件下，对钝化型金属（如钢铁、不锈钢、铝、铬、钛等）不产生腐蚀作用并可使金属表面钝化。因此，为防止腐蚀破坏，硝酸的生产、运输及储存过程所用的设备、管线、配件等多使用不锈钢类钝化型材质，同时加入缓蚀剂。碳钢腐蚀速率与硝酸浓度的关系（25℃）见图4-9。

碳钢在浓硝酸中形成的钝化膜会随温度的升高而破坏，同时会产生晶间腐蚀。因此碳钢与铸铁都不适宜作为处理硝酸的结构材料。

（4）氢氟酸　碳钢在低浓度（48%～50%）氢氟酸中腐蚀速率很快；当氢氟酸浓度为62%～63%时，腐蚀速率迅速降低；室温下氢氟酸浓度为70%时，达到了最低的安全极限含量；在高浓度（>75%，65℃下）氢氟酸中，碳钢具有良好的稳定性。对于无水氢氟酸，碳钢极为耐蚀。这是因为在碳钢的表面形成了不溶于浓氢氟酸的氟化物膜。因此，碳钢可以用于制作储存和运输浓度为80%以上的氢氟酸的容器。

（5）有机酸　对铁碳合金腐蚀性较强的有机酸有草酸、甲酸、乙酸和柠檬酸，但与同等浓度的无机酸相比，有机酸的腐蚀性弱很多。铁碳合金的腐蚀速率随有机酸中含氧量的增加及温度的升高而增大。因此有机酸的存储常用不锈钢、高合金材料或其他材料，不用碳钢。如草酸的存储可选用PE塑料。

3. 在碱溶液中的耐蚀性能

常温下，稀碱溶液（浓度不超过30%）可以使铁碳合金表面生成不溶且致密的钝化膜，起到缓蚀作用。在浓碱溶液（浓度大于30%）中，钝化膜溶解生成可溶性铁酸钠；随着温度的升高，钝化膜被破坏，腐蚀速率加快。碱液中通入氧气、存在二氧化碳或氯化物、升温都会加速碳钢的腐蚀。

钢在碱性溶液中产生的应力腐蚀破裂，叫作碱性破裂，简称碱脆。碱脆产生的条件有：水处理过程中加入钠盐，水中含有 NaOH，水的蒸发造成碱液浓缩，加上应力集中，使此处的金属受到很高的局部应力，升温促使腐蚀破裂。常见的发生碱脆的设备有：锅炉水因软化处理带来碱性并在锅炉缝隙里浓缩造成的锅炉破裂和接触苛性碱的碳钢、低合金钢设备。如制碱工业中，碱液蒸发器和熬碱锅的损坏，管壳式换热器作为碱液蒸发器，管子与管板焊接或胀接，产生较大的残余应力，在与高温浓碱共同作用下，离管板一定距离的管子发生断裂。在一定拉应力作用下，浓度为 5%以上的 NaOH 溶液都可发生碱脆，其中以浓度接近 30%的 NaOH 溶液最为危险。对于某一浓度的 NaOH 溶液，碱脆的临界温度约为该溶液的沸点。

氨水中的 OH^- 浓度虽然比氢氧化钠溶液小，但氨水可以使碳钢中的铁钝化，在通氧、搅拌条件下，室温下铁在浓度为 0.02%～25%的氨水溶液中没有腐蚀的迹象。因此各种钢铁材料可广泛用于存储和处理无水氨或氨水溶液。但是用于储存运输液氨的容器曾出现过应力腐蚀破裂。因此对于碳钢和低合金钢，可采取在液氨中加缓蚀剂、焊后热处理等措施防止应力腐蚀破裂。

一般地说，含碳 0.01%～0.25%的碳钢容易产生碱脆，含碳量大于或小于此范围都难发生。在低碳钢中加入铝、钛、铌、钒、铬、稀土金属（0.2%以下），可以减弱甚至消除钢对碱脆的敏感性。防止碳钢产生碱脆的方法有：降低操作温度；改进设计，消除造成碱液浓缩的区域；减小金属所受的应力；采用合理的水处理技术，采用缓蚀剂，避免碱水中存在硅酸盐或特种氧化剂等。

当拉应力小于某一临界应力时，NaOH 溶液的浓度小于 35%，温度低于 120℃，可以使用碳钢，而铸铁的耐碱腐蚀性能优于碳钢。熔融烧碱对铸铁的腐蚀是因为铸铁锅经常受到不均匀的周期性加热和冷却，产生很大的应力，在高温、浓碱的共同作用下发生碱脆。

4. 在盐溶液中的耐蚀性能

铁碳合金在盐类溶液中的腐蚀与盐水解后的性质有关，根据盐水溶液 pH 值不同，可分为中性、酸性、碱性、氧化性盐溶液。

（1）中性盐溶液　铁碳合金在中性盐溶液中的腐蚀，阴极过程主要为溶解氧控制的吸氧腐蚀。随着盐浓度的增加，腐蚀速率先增大，达到最大值后，逐渐下降。这是因为随着盐浓度的增加，溶液的导电性增强，腐蚀速率加快，但是随着盐浓度的继续增加，溶解氧的含量下降，吸氧腐蚀速率降低。因此，钢铁在高浓度的中性盐溶液中，腐蚀速率较低。但盐溶液在流动或搅拌条件下，氧含量增加，腐蚀速率会增大。如 NaCl 盐溶液对碳钢腐蚀速率的影响见图 5-5。

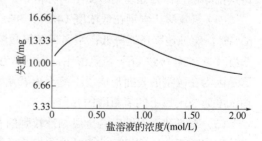

图 5-5　不同浓度的 NaCl 盐溶液对碳钢腐蚀速率的影响（35℃）

（2）酸性盐溶液　金属在酸性盐溶液中，其阴极反应包括 2 种，吸氧反应和析氢反应，因此，铁碳合金在酸性盐溶液中会发生强烈的腐蚀。

对于强酸弱碱盐，如铵盐，NH_4^+ 与铁形成配合物，增加腐蚀性；高浓度的 NH_4NO_3，由于 NO_3^- 的氧化性，更加促进腐蚀。再如 $AlCl_3$、$MgCl_2$ 能水解生成游离酸，其水溶液能强烈地腐蚀钢铁。

（3）碱性盐溶液　对于强碱弱酸盐，水解后的溶液呈碱性，当盐溶液 pH>10 时，同稀碱液一样，腐蚀速率较小。

对于 NaPO$_4$、NaSiO$_3$ 等盐溶液，由于与铁反应可生成铁盐膜，具有保护性和缓蚀性，腐蚀速率大大降低。

（4）氧化性盐溶液　这类盐对金属的腐蚀作用，可分为两类。

① 强去极剂（FeCl$_3$、CuCl$_2$、HgCl$_2$ 等）可加速腐蚀，对铁碳合金的腐蚀很严重。

② 良好的钝化剂和缓蚀剂（K$_2$Cr$_2$O$_7$、KMnO$_4$、NaNO$_2$ 等）可使钢铁钝化，阻止钢铁的腐蚀。

5. 在有机溶剂中的耐蚀性能

在无水甲醇、乙醇、苯、丙酮等介质中，碳钢是耐蚀的；在纯的石油烃类中，碳钢也是耐蚀的，但若有水的存在，就会受到腐蚀。如装有石油的钢制储罐，若介质中含有水，水会积存在底部，与水接触的部分为阳极，与石油接触的表面为阴极，且阴极面积很大，当石油中含有溶解氧或其他盐类、H$_2$S、硫醇等杂质时，将加速阳极的腐蚀速率。

6. 在气体介质中的耐蚀性能

化工生产过程中，管道因接触气体介质而腐蚀，常见的有高温气体腐蚀、常温干燥气体腐蚀和湿气体腐蚀等。如钢的高温脱碳，铸铁的高温肿胀，钢的高温氮化、高温硫化等都是常见的高温气体腐蚀；再如氯碱厂的 Cl$_2$，硫酸厂的 SO$_2$ 及 SO$_3$ 等是常温干燥气体腐蚀的典型例子，其对铁碳合金的腐蚀速率较低，因此可采用普通钢铁；再如湿气体 Cl$_2$、SO$_2$ 和 SO$_3$ 等，腐蚀速率快，腐蚀性能与酸相似。

7. 在土壤中的耐蚀性能

埋在地下的钢的结构发生的腐蚀称为土壤腐蚀。土壤腐蚀是水溶液腐蚀的一种特例，受土壤 pH 值、杂散电流、化学反应、电阻率和细菌影响，氧和水是土壤腐蚀的关键。土壤的特征（颗粒组成、无机盐种类和含量）决定了碳钢在土壤中的腐蚀速率，如土壤的颗粒组成（黏土、沙砾等）决定了土壤的排水性和通气性。

由于普通碳钢和铸铁的价格便宜，资源丰富，具有良好的力学性能和机械加工性能，在腐蚀较严重的环境中，可以采用各种防腐措施，所以它们是选材时首先考虑的材料。目前，在化工厂里有 80%以上的机器设备、管道、构架等都是用普通碳钢和铸铁制造的。

总的来说，普通碳钢和铸铁在碱性溶液、有机溶剂和干燥的气体中具有良好的耐腐蚀性能，可以使用。在中性溶液、水和潮湿的大气中，因受含氧量的影响，有一定腐蚀性，但仍可使用。在常温下的浓硫酸和浓的氢氟酸中都可以使用，但不能用于稀硫酸、盐酸、稀硝酸、浓硝酸和磷酸等介质。总之，碳钢和普通铸铁的耐蚀性基本相同，但又不完全相同，在有些介质中相差很大，如硫酸的腐蚀。因此碳钢和铸铁的选择应根据具体条件并结合力学性能综合比较，必要时可以通过试验选择。

第二节　耐蚀铸铁

一、铸铁概述

（一）铸铁的分类

铸铁是含碳量大于 2.11%，并含有较多硅、锰、硫、磷等元素的铁碳合金。铸铁中碳和硅的含量均高于钢,控制杂质硫和磷等的量相比于碳素钢要宽松。按合金化程度可将铸铁分为普通铸铁和合金铸铁,见表 5-5。普通铸铁的化学组成:碳 2%~4.5%,硅 0.5%~3%,锰 0.5%~1.5%,磷 0.1%~1.0%,硫小于 0.15%;合金铸铁是在铸铁中加入一定量的某些合金元素(硅、铝、镍、铬)。

铸铁的分类

表 5-5 铸铁的分类

名称	分类	牌号	化学成分	举例
普通铸铁	灰铸铁	HT	碳 2.5%~4%、硅 1.0%~2.0%	HT100、HT350
	球墨铸铁	QT	碳 3.6%~3.9%、硅 2.2%~2.8%、锰 0.6%~0.8%、硫小于 0.07%、磷小于 0.1%	QT450-10、QT600-2
	蠕墨铸铁	RuT	碳 3.5%~3.9%、硅 2.1%~2.8%、锰 0.4%~0.8%、硫和磷小于 0.1%	RuT300、RuT420
	可锻铸铁	KTH/KTZ/KTB	碳 2.2%~2.8%、硅 1.0%~1.8%、锰 0.4%~1.2%、硫小于 0.18%、磷小于 0.2%	KTH350-10、KTZ600-3
合金铸铁	耐磨铸铁	MT	加入合金元素 Cr、Mo、W、Cu	高铬耐磨铸铁、奥-贝球磨铸铁
	耐热铸铁	RT	加入合金元素 Al、Si、Cr	RTCr2、RTSi5、RQTAl22
	耐蚀铸铁	ST	加入合金元素 Si、Cr、Al、Mo、Cu	高硅铸铁、高硅钼铸铁、高铝铸铁、高铬铸铁

铸铁的组织结构是由钢的基体(金属基体)和散布在其中的(非金属)石墨组成。按照石墨化程度的大小和热处理方式的不同,铸铁的金属基体可以是:铁素体、铁素体+珠光体、珠光体、贝式体、回火马氏体,因此对含碳量相同的铸铁,其力学性能也会因石墨化程度的不同而有较大差异。石墨化程度越大,金属基体 Fe_3C 越少,铸铁的强度和硬度越低。

(二)耐蚀合金元素

铸铁组织主要有铁素体、渗碳体、石墨三种相。为了提高铸铁的耐蚀性,其组织为以下三种情况较好。①致密均匀的单相组织作金属基体,如奥氏体或铁素体(珠光体不如铁素体);②碳以碳化物形式存在(铁素体-渗碳体的电动势小于铁素体-石墨的电动势);③石墨中等大小,互不相连,球状或团絮状优于片状。

1. 耐蚀合金元素提高铸铁耐蚀性的机理

① 改变某些相电位,降低原电池的电动势。如 Cr、Mo、Cu、Ni、Si 等元素可提高金属基体的电极电位。

② 改善组织,降低原电池数量,减小电动势。如加入硅 14%~18%,得到单一铁素体组织;加入锰,得到单一奥氏体组织。

③ 使铸铁表皮层形成致密而牢固的保护膜,如 SiO_2、Al_2O_3、Cr_2O_3。

2. 耐蚀合金元素的作用

(1)硅 硅是提高铸铁耐酸性的主要元素。硅的大量加入,使铁的表面形成比较致密与完整的 SiO_2 保护膜,这种保护膜具有很高的电阻率和较高的电化学稳定性。随着硅含量的增加,使致钝电流密度和维钝电流密度大大降低,提高了铸铁的稳定性。

(2)镍 加入镍元素使腐蚀电位向正方向移动。一方面提高了铁的化学稳定性,另一方面促进了铁的钝化。高镍铸铁对氧化性介质和还原性介质都有较高的耐蚀性。

（3）铬　铬是一种易钝化的金属，在氧化性介质中能使铸铁表面形成牢固而致密的氧化膜，从而使合金铸铁具有较高的耐热性，同时提高了铸铁在氧化性腐蚀介质中的耐蚀性。

（4）钼　钼元素的加入可以提高合金铸铁在还原性酸及氯化物溶液中的耐蚀性。这是因为在酸性氯化物溶液中，表面膜中的 MoO_3 具有很高的稳定性。需要注意的是，只有在含有 Si、Cr、Mo 等元素的合金中，多孔的 MoO_3 才能充分发挥其改善合金铸铁表面膜性能的作用。

（5）铝　加入一定量的铝元素，可使铸铁具有良好的耐热性，且在多种酸性溶液中具有良好的耐蚀性。这是因为铝元素的加入极易形成保护性良好的氧化膜。

（6）铜　铜在高硅铸铁中的作用较为明显，加入 6.5%～10%的铜可以大大改善铸铁耐热硫酸腐蚀的能力。这是因为铜在晶界处析出，成为阴极，促进了阳极的钝化。

（7）稀土元素　稀土元素对改善铸铁的耐热性具有良好的作用。这是因为稀土具有良好的净化作用，可减少杂质，使组织致密。如稀土镁球墨铸铁不仅具有良好的耐热性，且具有优异的耐酸性。

（8）微量元素　锑的耐蚀性因腐蚀介质不同而不同。如在硫酸和硝酸中增加失重，在盐酸和碱液中减少失重。

钛元素可提高组织的致密性，改善铸铁的耐酸性。

砷元素可改善铸铁的耐酸性，但随着砷含量的增加，其在碱中的耐蚀性恶化。

钒与硼元素可有效改善含磷铸铁在燃气介质中的耐蚀性。

锆元素可改善铸铁在浓度为 5%的硫酸、5%的硝酸及海水中的耐蚀性。

（三）耐蚀铸铁

类似于不锈钢，提高铸铁耐腐蚀的途径是借助加入合金元素 Si、Cr、Ni、Cu、Al 等，提高铸铁基体组织的电位，在铸铁表面形成一层致密的、具有保护性的氧化膜。根据加入合金元素的不同，耐蚀铸铁主要有高硅、高铬和高镍铸铁三大系列。表 5-6 中列出了常见的耐蚀铸铁的成分、特点及应用。

表 5-6　耐蚀铸铁的成分、特点及应用

分类	化学成分	耐蚀	不耐蚀	应用
高硅铸铁	硅 14.5%～16.5%	硝酸、硫酸、硫酸盐、乙酸、常温盐酸、脂肪酸、铜盐、湿氯气、有机酸	热强碱、氢氟酸	耐蚀离心泵、阀门、管道、旋风分离器、脱硝塔等
高铬铸铁	铬 20%～35%	硝酸、亚硫酸、次氯酸漂白液、磷酸、硫酸铵、尿素、碳酸氢铵、氢氧化钠等	沸腾浓硝酸、盐酸、氢氟酸	离心泵、冷凝器、管道、精馏塔、送风机、搅拌器等
高镍铸铁	镍 14%～35%	海水、中性盐溶液、弱酸、NaOH、原油等	硝酸、浓硫酸	泵、阀门、压缩机等

二、高硅铸铁

1. 高硅铸铁的化学成分

高硅铸铁指 Si 含量为 14%～16%、C 含量为 0.5%～1.2%的铁碳合金，其耐蚀性随硅含量的增加而提高。高硅铸铁的优点是耐蚀性能好，在大多数腐蚀介质中耐腐蚀性能优良；缺点是力学性能差，特别是耐热冲击和机械冲击性能差，在生产加工过程中，稍有不当则会碎裂。各种高硅铸铁的化学成分见表 5-7。

表 5-7 高硅铸铁的化学成分

牌号	化学成分/%							
	碳	硅	锰	硫	磷	铬	铜	钼
STSi15R	≤1.00	14.20~15.70	≤0.50	≤0.10	≤0.10	—	—	—
STSi17R	≤0.80	16.00~18.00	≤0.50	≤0.10	≤0.10	—	—	—
STSi11CrCu2R	≤1.20	10.00~12.00	≤0.50	≤0.10	≤0.10	0.60~0.80	1.80~2.20	—
STSi15Mo3R	≤0.90	14.20~15.70	≤0.50	≤0.10	≤0.10	—	—	3.00~4.00
STSi15Cr4R	≤1.40	14.20~15.70	≤0.50	≤0.10	≤0.10	4.00~5.00	—	—

2. 高硅铸铁的耐蚀性

高硅铸铁具有良好耐蚀性的原因是硅在铸铁的表面形成了一层 SiO_2 保护膜,若保护膜发生破坏,高硅铸铁则不耐蚀。高硅铸铁在氧化性介质及某些还原性酸中具有良好的耐蚀性,如高硅铸铁可处理各种温度和浓度的硝酸、硫酸、硫酸盐、乙酸,还可处理常温盐酸、脂肪酸等腐蚀性介质。但是高硅铸铁不耐高温盐酸、氢氟酸、亚硫酸、苛性碱和熔融碱的腐蚀,原因是 SiO_2 保护膜在苛性碱作用下可溶解,在氢氟酸作用下可形成气态 SiF_4,破坏了保护膜。

当高硅铸铁中 Si 含量为 14.5%以上时,对浓度 30%以下的沸腾硫酸具有极高的耐蚀性,当 Si 含量提高到 16.5%时,几乎能耐所有浓度的硝酸和硫酸的腐蚀。高硅铸铁也可用于处理铜盐和湿氯气,并且极耐蚀任何浓度和温度的有机酸。但高硅铸铁对热的强碱耐蚀性差(还不如灰铸铁),也不耐氢氟酸。

在高硅铸铁中加入 3.0%~3.5%的 Mo 元素能改善其耐盐酸腐蚀能力,得到高硅钼耐蚀铸铁(抗氯铸铁),这是因为 Mo 元素能提高合金对 Cl^- 的耐蚀能力,同时消除组织上的石墨化,强化了 SiO_2 保护膜。

在高硅铸铁中加入 6.5%~10%的 Cu 元素能改善其耐热硫酸的腐蚀能力及力学性能,得到高硅铜耐蚀铸铁。

表 5-8 介绍了几种常见高硅铸铁 STSi15RE 的耐蚀性能。

表 5-8 常见高硅铸铁 STSi15RE 的耐蚀性能

介质	温度/℃	腐蚀速率/(mm/a)	介质	温度/℃	腐蚀速率/(mm/a)
7.6%硝酸	>20	<0.13	氢氟酸		不耐蚀
93%~98%硝酸	常温	耐蚀	10%~50%氢氧化钾		<0.13
100%硝酸	沸点	耐蚀	氢氧化钾(熔融)	360	>10
8%~13%硫酸	15~20	耐蚀	氢氧化钠(熔融)	318	>10
25%硫酸	60	0.18	硝酸钾		耐蚀
80%硫酸	195	耐蚀	10%氯化铵	沸点	不耐蚀
85%~98%硫酸	常温	耐蚀	海水		尚耐蚀
含 11%SO_3 发烟硫酸	60	耐蚀	氯气(干燥)	20	不耐蚀
含 11%SO_3 发烟硫酸	100	耐蚀差	氯气(湿)	20	耐蚀
含 25%SO_3 发烟硫酸	高温	耐蚀	硫化氢	<100	耐蚀
8%~13%磷酸	20	<0.1	98%甲醇	常温	耐蚀
浓磷酸	沸点	0.60	甲苯		耐蚀
1%~13%盐酸	15~25	<0.5	95%酚	沸点	<0.13
28%~33%盐酸	>80	>10	丙酮		耐蚀

3. 高硅铸铁机械加工性能的改善

高硅铸铁的力学性能差，其拉伸及抗弯强度都较低，硬而脆，易裂，抗热冲击和机械冲击能力很差，铸件易产生气孔、裂纹等缺陷，难于进行机械加工。为了改善高硅铸铁的不良力学性能，可稍微降低 Si 含量，加入一些合金元素或稀土元素，以改善其机械加工性能。如加入少量 Cu 和 Mo，得到高硅铜钼耐蚀铸铁，与高硅铸铁相比，硬度下降，脆性减少，但机械加工性能改善。

在含硅 15% 的高硅铸铁中加入稀土镁合金，可以起到净化除气的作用，改善铸铁的基体组织，使石墨球化，提高铸铁的强度、耐蚀性能，改善铸造性能及加工性能。此种高硅铸铁除可以进行磨削加工外，还可在一定条件下进行车削、攻螺纹、钻孔、补焊，但不宜骤冷骤热。其耐蚀性优于普通高硅铸铁。

在含硅 13.5%～15% 的高硅铸铁中加入 6.5%～8.5% 的铜元素，可改善其机械加工性能，其耐蚀性与普通高硅铸铁相近，但在硝酸中较差。此种材料适宜用作耐强腐蚀性及耐磨损的泵、叶轮和轴套等。

在含硅 10%～12% 的中硅铸铁中加入铬、铜和稀土元素等，能够改善其脆性及机械加工性能，可对其进行车削、钻孔、攻螺纹等，而且在许多介质中，耐蚀性能仍接近于高硅铸铁。例如牌号为 STSi11Cu2CrR 的铸铁，其硬度略有下降，但脆性及加工性能有所改善，可以进行车削、钻孔、套丝。

在含硅 10%～11% 的中硅铸铁中，加入 1%～2.5% 的钼元素、1.8%～2.0% 的铜元素和 0.35% 的稀土元素等，其机械加工性能有所改善，可车削，耐蚀性能与高硅铸铁相似。实践证明，这种铸铁可用于制作输送稀硝酸泵的叶轮及干燥氯气用的硫酸循环泵叶轮，效果很好。

鉴于高硅铸铁硬而脆的特点，在其铸件结构设计时不应有锐角和急剧的过渡截面。对于重要设备的高硅铸铁铸件在使用前应消除应力。

4. 高硅铸铁在化工生产中的应用

高硅铸铁耐酸腐蚀性能优越，广泛用于化工防腐，其中应用最广泛的是 STSi15RE，可以制成耐蚀离心泵、纳氏真空泵、旋塞、阀门、异形管、管接头、管道、文丘里管、旋风分离器、脱硝塔和漂白塔等。例如，可制成浓硝酸生产中需要处理浓度高达 98% 的硝酸的离心泵，处理硫酸和硝酸混合酸的换热器、填料塔，炼油生产中汽油部分的加热炉，使用情况良好。

高硅铜铸铁（GT 合金）能耐碱及硫酸的腐蚀，但不耐硝酸腐蚀，耐碱性优于铝铸铁，耐磨性高，可用作耐腐蚀性介质与晶浆磨损的泵、叶轮及轴套等。

高硅铝耐蚀铸铁由于对热盐酸有较好的耐蚀性，可用于制造耐热盐酸或硫酸的管道、阀件、泵及储槽等。

总之，高硅铸铁质脆，安装、维修、使用时都需要注意。以高硅铸铁为材质的铸件不要在有振动或温度剧变的条件下使用，使用温度一般低于 80℃，使用压力不超过 0.4MPa。因此不宜用作受压设备；同时安装时不能用锤子敲打；装配需准确，避免局部应力集中；操作时严禁温差剧变或局部过热，开停车的升温降温必须缓慢。

三、高铬铸铁

1. 高铬铸铁的化学成分

高铬铸铁指 Cr 含量为 20%～35% 的铸铁，其耐蚀性能是由铁素体固溶的铬来提供，铬含量越高耐蚀性越好。高铬铸铁的硬度较高，不但耐蚀性能好，耐热性和耐磨性也很好。常用的高铬铸铁有 Cr28、Cr34。常见高铬铸铁的化学成分见表 5-9。

表 5-9 高铬铸铁的化学成分

牌号	化学成分/%							
	碳	硅	锰	硫	磷	铬	镍	钼
CA-15	≤0.15	≤1.5	≤1.0	≤0.04	≤0.04	11.5～14	≤1.0	≤0.5
CB-30	≤0.30	≤1.5	≤1.0	≤0.04	≤0.04	18～21	≤2.0	—
CC50	≤0.50	≤1.5	≤1.0	≤0.04	≤0.04	26～30	≤4.0	—
CA40	0.2～0.4	≤1.5	≤1.0	≤0.04	≤0.04	11.5～14	≤0.5	≤0.5
高铬铸铁 Cr32-36	1.5～2.2	1.3～1.7	0.5～0.8	≤0.1	≤0.1	32～36	—	—

2. 高铬铸铁的耐蚀性

高铬铸铁对氧化性酸有良好的耐蚀性，尤其是硝酸，此外还可用于氧化状态下的弱酸、有机酸、盐溶液和一般的大气环境。高铬铸铁可耐蚀各种浓度和温度的硝酸，沸腾的浓硝酸除外，而高硅铸铁对热的浓硝酸却有较好耐蚀性，可互补。

高铬铸铁可耐蚀 79℃ 以下的全浓度的亚硫酸、造纸工业中的亚硫酸盐废液、室温下的次氯酸漂白液、浓度为 5% 以下的冷硫酸铝及中性的或者某些水解后产生酸性的盐类水溶液，也可用于磷酸、硫酸铵、尿素、碳酸氢铵、氢氧化钠和氢氧化钾等腐蚀性介质。

高铬铸铁不能用于盐酸、氢氟酸等还原性介质中。高铬铸铁 Cr28 的腐蚀数据见表 5-10。

表 5-10 高铬铸铁 Cr28 的腐蚀数据

介质	温度/℃	腐蚀速率/(mm/a)	介质	温度/℃	腐蚀速率/(mm/a)
66%硝酸	20	<0.1	88%硝酸	20	<0.1
66%硝酸	沸点	<0.1	10%硝酸	沸点	<0.1
发烟硝酸	沸点	<3.0	50%氢氧化钠	沸点	不耐蚀
45%硝酸	沸点	<0.1	50%硫酸铵	沸点	<0.1
73%硝酸	沸点	1.97	50%硫酸铵	100	<0.1

3. 高铬铸铁的机械加工性能

高铬铸铁的力学性能优于高硅铸铁，可进行热处理提高力学性能，也可进行机械加工。当 Cr 与 C 含量配合适当时，很容易进行热处理。高铬铸铁的机械加工性能随碳含量的增加而降低，当碳含量低于 1.2% 时，可进行机械加工，当不需要机械加工时，可使用碳含量高于 3% 的高铬铸铁。

4. 高铬铸铁在化工生产中的应用

常见的高铬铸铁有 Cr22 和 Cr34，在不受冲击、不需焊接的构件上高铬铸铁可代替 18-8 不锈钢、18-12 不锈钢及 K 合金。由于其铸造性能好，耐热性好，工作温度 1100℃ 下，耐磨性优于 18-8 不锈钢。高铬铸铁可用来制造离心机件、阀件、过滤机件等。需要注意的是，高铬铸铁不适用于温度急剧变化的场合。

四、高镍铸铁

1. 高镍铸铁的化学成分

含 Ni 量为 14%~35%，并加有少量 Cr、Cu 或 Mo 元素的铸铁叫高镍铸铁（奥氏体铸铁），其基体组织是奥氏体+石墨。

高镍铸铁中的 C 含量为 2.5%~3%，以石墨存在的形态分为两类：一类叫高镍奥氏体灰铸铁（石墨呈片状），另一类叫高镍奥氏体球墨铸铁（石墨呈球状）。几种高镍铸铁的化学成分见表 5-11。

表 5-11 几种高镍铸铁的化学成分

	牌号	化学成分/%								
		总碳	硅	锰	镍	铜	铬	硫	磷	钼
奥氏体灰铸铁	1 型	≤3.0	1.0~2.8	0.5~1.5	13.5~17.5	5.5~7.5	1.5~2.5	≤0.12		
	1b 型	≤3.0	1.0~2.8	0.5~1.5	13.5~17.5	5.5~7.5	2.5~3.5	≤0.12		
	2 型	≤3.0	1.0~2.8	0.5~1.5	18.0~22.0	0~5.5	1.5~2.5	≤0.12		
	2b 型	≤3.0	1.0~2.8	0.5~1.5	18.0~22.0	0~5.5	3.0~6.0	≤0.12		
	3 型	≤3.0	1.0~2.8	0.5~1.5	28.0~32.0	0~5.5	2.5~3.5	≤0.12		
	4 型	≤3.0	5.0~6.0	0.5~1.5	29.0~32.0	0~5.5	4.5~5.5	≤0.12		
	5 型	≤3.0	1.0~2.0	0.5~1.5	34.0~36.0	0~5.5	0~0.1	≤0.12		
	6 型	≤3.0	1.5~2.5	0.5~1.5	18.0~22.0	3.5~5.5	1.0~2.0	≤0.12		≤1.0
奥氏体球墨铸铁	D-2 型	≤3.0	1.5~3.0	0.7~1.25	18.0~22.0		1.75~2.75	≤0.08		
	D-2B 型	≤3.0	1.5~3.0	0.7~1.25	18.0~22.0		2.74~4.00	≤0.08		
	D-2C 型	≤2.9	1.0~3.0	1.8~2.4	21.0~24.0		0~0.5	≤0.08		
	D-3 型	≤2.6	1.0~1.0	0~1.0	28.0~32.0		2.5~3.5	≤0.08		
	D-3A 型	≤2.6	1.0~2.8	0~1.0	28.0~32.0		1.0~1.5	≤0.08		
	D-4 型	≤2.6	5.0~6.0	0~1.0	28.0~32.0		4.5~5.5	≤0.08		
	D-5 型	≤2.4	1.0~2.8	0~1.0	34.0~36.0		0~0.1	≤0.08		
	D-5B 型	≤2.4	1.0~2.8	0~1.0	34.0~36.0		2.0~3.0	≤0.08		
	D-5S 型	≤2.3	4.9~5.5	0~1.0	34.0~37.0		1.75~2.25	≤0.08		

2. 高镍铸铁的耐蚀性

高镍铸铁可耐多种酸的腐蚀，如盐酸，稍高温度下某些浓度的磷酸，乙酸、油酸和硬脂酸等有机酸。在硫酸与盐酸中，高镍铸铁的耐蚀性不如高硅铸铁。

当镍含量超过 18%时，对碱的耐蚀性几乎不受镍含量影响，当应力超过 68.6MPa 时，在热碱中会引起应力腐蚀（碱脆）。高镍铸铁对高温高浓度的碱液都很耐蚀，如对温度在 260℃以下的各种浓度的 NaOH 溶液。高镍铸铁在碱中的使用性能要优于在酸中的使用性能。

高镍铸铁对海洋大气、海水和中性盐类水溶液都很耐蚀。在海水中，腐蚀速率随海水流速的增大而增大，而且会出现一个峰值（峰值的腐蚀速率不超过 0.1mm/a），当超过这个峰值后，腐蚀速率会随流速增大而减小。因此高镍铸铁非常适用于作为耐海水腐蚀和冲蚀的材料。

此外，高镍铸铁抗缝隙腐蚀和孔蚀的能力优于不锈钢，既耐热又耐磨。

3. 高镍铸铁的机械加工性能

高镍奥氏体灰铸铁的拉伸强度较低，但具有一定的韧性、优异的机械加工性能和良好的铸造性能。而高镍球墨铸铁的强度和韧性均高于高镍奥氏体灰铸铁，它们均具有良好的铸造性能与加工性能。

4. 高镍铸铁在化工生产中的应用

高镍铸铁具有超强的耐腐蚀性和耐磨性，可用于制作泵、阀门、活塞环槽镶圈。因镍含量高，在碱性环境中耐腐蚀性能好，适用于肥皂、人造丝和塑料制品行业。

高镍铸铁因镍含量高，成本也较高，不能广泛应用。因此在一些条件比较苛刻的碱液中，使用高镍铸铁代替纯镍或镍基合金，可以相对降低成本。

第三节　耐蚀低合金钢

低合金钢是指合金元素总量低于 5%的合金钢。低合金钢是相对于碳钢而言的，是在碳钢的基础上，为改善钢的性能，向钢中加入了一种或几种合金元素。

Q345 钢

一、合金钢概述

随着科学技术的发展，对材料提出了更高的要求，为提高钢的性能，在铁碳合金中融入一些金属元素，构成合金钢。

（一）合金钢的分类及牌号

1. 合金钢的分类

（1）根据熔合合金元素量分　可分为低合金钢（合金元素总量在 5%以下），中合金钢（合金元素总量在 5%～10%）和高合金钢（合金元素总量在 10%以上）。

（2）根据主要合金元素分　可分为铬钢（Cr-Fe-C），铬镍钢（Cr-Ni-Fe-C），锰钢（Mn-Fe-C），硅锰钢（Si-Mn-Fe-C）。

（3）根据小试样正火或铸态组织分　可分为珠光体钢、马氏体钢、铁素体钢、奥氏体钢和莱氏体钢。

（4）根据用途分　可分为合金结构钢、合金工具钢和特殊性能钢。

2. 合金钢的牌号

合金钢的牌号以平均碳质量分数为首。其中合金结构钢以万分之一为单位的数字（两位数）表示，合金工具钢和特殊性能钢以千分之一为单位的数字表示，当工具钢的碳质量分数超过 1%时，碳的质量分数不达标。

主要的合金元素用元素符号，其后标明质量分数。当质量分数小于 1.5%时不用标，当质量分数为 1.5%～2.49%、2.5%～3.49%、……时，相应地标以 2、3、……

如合金结构钢 16Mn，碳含量为 16%，Mn 含量不大于 1.5%。

对于专用钢，需用其用途的汉语拼音字首标明。如滚珠轴承钢（钢号前标 G），GCr15 表示碳质量分数约 1%，铬质量分数约 1.5%。再如高级优质钢 20Cr2Ni4A，末尾加 A。

（二）耐蚀低合金钢的分类

低合金钢的特点是合金元素少，成本低，强度高，综合力学性能和加工工艺性能好。耐蚀低合金钢（添加耐蚀合金元素）的耐蚀性能明显优于碳素钢和其他低合金钢，其强度提高的同时韧性和焊接性能变差，这对低合金耐蚀钢的研究造成了困难。根据耐蚀低合金钢的特点和适用环境主要分为：耐大气腐蚀低合金钢（耐候钢）；耐海水腐蚀低合金钢；耐硫酸露点腐蚀低合金钢；耐硫化氢应力腐蚀开裂低合金钢；耐盐、卤腐蚀低合金钢；其他耐蚀低合金钢，如耐高温、高压及耐氢腐蚀的低合金钢等。

二、耐大气腐蚀低合金钢

钢铁材料在自然或工作条件下会受到周围环境中某些物质的腐蚀，这种腐蚀可以是化学、电化学或物理作用引起的，主要形式是电化学腐蚀。耐大气腐蚀低合金钢又称耐候钢。大气的主要成分为 N_2、O_2、Ar、CO_2 等较固定的气体成分，还含 H_2O、SO_2、H_2S、NH_3 及盐雾等变化性大的成分。氧和水蒸气对材料的腐蚀影响较大，盐雾可加速材料的腐蚀。在干燥大气中的腐蚀为常温化学腐蚀，氧化速率较低；在潮湿的大气中的腐蚀为电化学腐蚀，湿度越大、材料表面吸附的水膜越厚，腐蚀速率越快。

耐候钢

1. 合金元素对耐大气腐蚀性能的影响

耐大气腐蚀性能的合金元素有 Cu、P、Cr、Ni、Mo 等，这些元素能富集于锈层，促使非晶态锈层的形成，改善锈层结构，降低腐蚀速率。

（1）铜　Cu 是很好用的耐大气腐蚀性能的合金元素，在钢中熔入 0.2%～0.5%的 Cu 元素，可在乡村大气、工业大气和海洋大气中，提高普通碳钢的耐蚀性能。如 16Mn 的耐大气腐蚀性能优于普通碳钢，而 16MnCu 又比 16Mn 好。为提高钢的耐大气腐蚀性，获得良好的力学和焊接性能，还需加入多种合金元素，如在 16MnCu 中加入少量 Cr 和 Ni。比较有名的耐候钢是含 Cr、Ni、Cu、P 元素的低合金钢，这种钢在城市大气中会先生锈，之后几乎完全停止锈蚀。随着耐蚀合金碳钢的发展，钢铁结构在城市大气中有可能不用再涂涂料或其他覆盖层。

（2）磷　P 是提高耐候钢抗腐蚀性能的比较有效的元素之一，其原因可能是 P 元素能促使锈层形成非晶态氧化膜。当 P 与 Cu 元素复合时，可显示出更好的耐蚀效果。如著名的美国的 Corten 钢（铜-磷-铬-镍钢），Corten-A 钢的成分特点：碳含量在 0.1%左右，加入百分之零点几的 Cu、P、Cr 和 Ni 元素，构成了复合致密的耐蚀产物。磷含量一般为 0.06%～0.1%，过量的磷会使钢的低温脆性增大。为改善钢的焊接性能，近年来趋向于降低 P 含量，用其他元素替代 P。如美国的 Corten-B(Cu-Cr)钢，英国的 BS968 钢（加 Mn）。

（3）铬　Cr 是钝化元素，在低合金钢中含量较低，一般为 0.5%～3%，其主要作用是改善锈层结构。Cr 与 Cu 共用加入时，效果更明显，可能是因为 Cu 元素起活性阴极作用，促进了钢的钝化。Cr 具有促进尖晶石型氧化物生成的作用，Cu 具有促使尖晶石型氧化物非晶态化的作用，二者共同作用促使钢表面形成尖晶石型非晶态的保护膜。

(4) 镍 Ni 的化学稳定性比 Fe 高,但钝化能力低于 Cr。当 Ni 的含量在 1%～2%时,其作用是改善锈层结构;当 Ni 含量大于 3.5%时,具有明显的抗大气腐蚀效果。当 Ni 与其他合金元素共用时,可改善锈层结构。

(5) 钼 Mo 元素在低合金钢中的含量一般为 0.2%～0.5%,其能提高锈层的致密性和附着性,促进锈层形成非晶态氧化膜。当钼含量为 0.4%～0.5%时,在工业大气中的腐蚀速率可降低 1/2 以上。有研究表明,在 Cu-P 钢中加入 Mo,可表现出比加入 Cr 或 Ni 更为有益的效果。

(6) 铈 加入 0.1%～0.2%稀土元素 Ce,与 Cu、P、Cr 等元素配合使用,可显著改善锈层的致密性和附着性。

(7) 硅 Si 主要富集于钢表面,提高锈层稳定性,以提高耐蚀性。特别在有应力作用的环境中,能阻碍钢的应力腐蚀破裂。

(8) 碳 C 含量提高,钢的强度增大,但耐蚀性降低,通常耐蚀低合金钢中碳含量不超过 0.1%～0.2%。

(9) 其他元素 以 Corten 为基础,加入 Ti、Zr、Nb、V、Mo 等,可提高钢的强度,如美国的 ASTM A441 和 Mayari-R,日本的 SMA58 和 Cupten60 等。绝大多数的耐候钢含有 Cu 元素,法国的 APS10C 和 APS20A(Cr-Al 系)除外。

2. 我国的耐大气腐蚀低合金钢种

我国耐候钢主要有仿 Corten:铜系、磷钒系、磷稀土系和磷铌稀土系。表 5-12 和表 5-13 分别列出了我国及国外耐大气腐蚀钢的化学成分及主要性能。

表 5-12 我国耐大气腐蚀钢的化学成分及主要性能

钢号	化学成分/%						σ_s /(kg/mm²)
	C	Si	Mn	P	S	其他	
16MnCu	0.12～0.20	0.20～0.60	1.20～1.60	≤0.05	≤0.05	Cu 0.2～0.4	33～35
09MnCuPTi	≤0.12	0.20～0.50	1.0～1.5	0.05～0.12	≤0.045	Cu 0.02～0.45 Ti≤0.03	35
15MnVCu	0.12～0.18	0.20～0.60	1.00～1.60	≤0.05	≤0.05	V 0.04～0.12 Cu 0.2～0.4	34～42
10PCuRe	≤0.12	0.2～0.5	1.00～1.40	0.08～0.14	≤0.04	Cu 0.25～0.40 Al 0.02～0.07 Re(加入)0.15	36
12MnPV	≤0.12	0.2～0.5	0.70～1.00	≤0.12	≤0.45	V 0.076	
08MnPRe	0.08～0.12	0.2～0.45	0.60～1.20	0.08～0.15	≤0.04	Re(加入)0.10～0.20	36
10MnPNbRe	≤0.16	0.2～0.6	0.8～1.20	0.06～0.12	≤0.05	Nb 0.015～0.05 Re(加入)0.10～0.20	≥40
10MnSiCu	≤0.12	0.8～1.1	1.3～1.65	≤0.045	≤0.05	Cu 0.15～0.3	≥35

注:1kg/mm²=9.8MPa。

表 5-13 国外耐大气腐蚀钢的化学成分及主要性能

国名及规格或商品名	化学成分/%							σ_s /(kg/mm²)
	C	Si	Mn	P	S	Cu	其他	
美国 ASTM A242	≤0.15		≤1.0	≤0.15	≤0.05	≥0.2		35 32 30
美国 ASTM A440	≤0.28	0.30	1.10～1.60	酸性≤0.06； 酸性≤0.04	≤0.05	≥0.2		同 A242
美国 ASTM A441	≤0.22	≤0.30	≤1.25	≤0.04	≤0.05	≥0.2	V≥0.02	同 A242
美国 Corten-A	≤0.12	0.25～0.75	0.2～0.5	0.07～0.15	≤0.05	0.25～0.55	Cr 0.3～1.25； Ni ≤0.65	≥35
美国 Mayari-R	≤0.12	0.2～0.9	0.5～1.0	≤0.12	≤0.05	≤0.05	Cr 0.4～1.00； Ni ≤1.00； Zr≥0.12	35
日本 SMA41 A/B/C	≤0.20	≤0.35	≤1.40	≤0.040	≤0.04	0.2～0.6	0.20～0.65	≥25 ≥24 ≥22
日本 SMA50 A/B/C	≤0.19	≤0.75	≤1.40	≤0.040	≤0.04	0.2～0.7	Cr 0.30～1.20； Mo、Nb、Ni、Ti、 V、Zr 三种以上	≥37 ≥36 ≥34
日本 SMA58	≤0.19	≤0.75	≤1.40	≤0.040	≤0.04	0.2～0.7	同 SMA50	≥47 ≥46 ≥44
日本 Cupten60	≤0.18	≤0.55	≤1.2	≤0.04	≤0.04	0.2～0.5	Cr 0.4～1.2； V≤0.1； Mo≤0.35	46
法国 APS10C	0.1	≤0.5	0.4	≤0.03	≤0.025		Cr 2.5 Al 10.5 Mo 0.15	31.5
法国 APS20A	0.1	≤0.5	0.4	≤0.03	≤0.025		Cr 2.5 Al 10.9 Mo 0.15	31.5

注：1kg/mm²=9.8MPa。

三、耐海水腐蚀低合金钢

钢铁是海洋开发、运输最基本的工程材料，钢铁的耐蚀性不仅与钢材本身的化学成分与表面状态等因素有关，也受到海洋环境条件的控制。同一地区的海洋环境在垂直方向上可以分为大气区，飞溅区，潮差区，全浸区（浅水区、大陆架区及深海区）和泥浆区，不同区域钢材的腐蚀特性不同，如在大气区腐蚀较轻，飞溅区腐蚀最严重。

除不同区域对钢材腐蚀有不同的影响外，海水的盐度、pH值、温度、溶解气体（O_2、CO_2 等）、流速、微生物以及污染等诸多因素，相互交叉，相互促进，构成了海洋对钢材腐蚀的一个极其复杂的环境。

海洋工程设施除遭受海水腐蚀外，还遭受巨大的风浪冲击。因此对海洋工程材料除要求耐蚀性外，还应具备较好的综合力学性能、焊接性和制造工艺性。

1. 耐海水腐蚀钢的化学成分

合金元素在不同海洋环境条件下的耐蚀效果不同，各牌号在不同海洋环境条件下的耐蚀性能有很大的差异。绝大多数人认为 Cr、Al、Mo、P、Si、Ni、W 和 Cu 等元素是提高耐蚀性的最基本的合金元素。其中，Cr 和 Al 在全浸区中的耐蚀效果最佳；P 和 Cu 在飞溅区和大气区的耐蚀效果最显著；Mo 可提高钢材的耐点蚀性能；Si 能改善耐蚀性能，其抗应力腐蚀破裂效果显著；上述元素组合加入可发挥综合效果。Mn 可提高钢的强度，对耐蚀性影响不大。

耐海水腐蚀低合金钢的发展趋势主要是以 Cr 和 Cu 元素为中心，与 Al、Mo、P 和 Ni 等元素相结合，再添加一种或几种起辅助作用的微量元素如钛、铌、钒、锆、砷、锡和钇，进一步改善耐蚀性或其他性能。另一发展方向是去磷、降磷和提高铬，如 Cr2 和 Cr4 系钢。

2. 国内外主要的耐海水腐蚀钢

我国耐海水腐蚀的低合金钢主要有铜系、磷钒系、磷铌稀土系和铬铝系等，如 08PV、08PVRe、10CrPV 等，见表 5-14。国外耐海水腐蚀的低合金钢主要有 Ni-Cu-P 系、Cu-Cr 系和 Cr-Al 系，如美国的 Mariner（Ni-Cu-P 系），日本的 Mariloy G（Cu-Cr-Mo-Si 系），法国的 APS 20（Cr-Al 系），见表 5-15。

表 5-14 我国耐海水腐蚀的主要低合金钢

钢种及研制单位	化学成分/%							强度 σ_s/MPa
	C	Si	Mn	P	S	Cu	其他	
10MnPNbRe 包头冶金研究所	≤0.16	0.20~0.60	0.80~1.20	0.06~0.20	≤0.05		Re 0.10~0.20 Nb 0.015~0.05	≥40
09MnCuPTi 武汉钢铁公司	≤0.12	0.20~0.50	1.00~1.50	0.05~0.12	≤0.04	0.20~0.45	Ti≤0.03	≥35
08PVRe 鞍山钢铁公司	≤0.12	0.17~0.37	0.50~0.80	0.80~1.20	≤0.045		Re 0.20 V≤0.10	≥35
10CrPV 马鞍山钢铁公司	≤0.12	0.17~0.37	0.6~1.0	0.08~0.12	≤0.04		V≤0.10	≥35
10MoPV 马鞍山钢铁公司	≤0.12	0.17~0.37	0.6~1.0	0.08~0.12	≤0.04		V≤0.10	≥35
10CuPV 马鞍山钢铁公司	≤0.12	0.17~0.37	0.6~1.0	0.08~0.12	≤0.04	0.20~0.35	V≤0.10	≥35
10AlCuP 钢铁研究总院天津研究所	≤0.12	0.17~0.37	0.5~0.8	0.08~0.12	≤0.04	0.25~0.45		≥32

表 5-15 国外耐海水腐蚀的主要低合金钢

商品名及研制单位	化学成分/%								强度 σ_s/MPa
	C	Si	Mn	P	S	Cu	Cr	其他	
Mariner 美国钢铁公司	≤0.22	≤0.10	0.60~0.90	0.080~0.150	≤0.040	≥0.50		Ni 0.40~0.65	353
Taicor 日本神户制铁	≤0.15	≤0.55	1.0~2.0	≤0.040	≤0.040	≤0.04	≤0.50	Mo≤0.20	333~363
CR4A-50 日本住友金属	≤0.15	≤0.55	≤1.20	0.07~0.15	≤0.040	≥0.20	0.3~0.8	加 Nb、Ni、V	353
CR4B-50 日本住友金属	≤0.15	≤0.55	≤1.50	≤0.040	≤0.040	≥0.20	0.8~1.5	加 Nb+V <0.15	314~324
Mariloy S41 新日本制铁	≤0.14	≤1.00	≤1.50	≤0.030	≤0.030	0.15~0.40	0.3~0.8		314~324
Mariloy T50 新日本制铁	≤0.14	≤1.00	≤0.50	≤0.030	≤0.030	0.15~0.40	1.7~2.2	Mo≤0.30	235
APS20A 法国	≤0.13	≤0.50	≤1.50	≤0.030	≤0.25		3.9~4.3	Al 0.7~1.1	309

这些耐海水腐蚀的低合金钢,具有较好的耐蚀性和较高的屈服强度,但尚不能在各种高温海水和受高压的深海容器等设备上安全使用。

四、耐硫酸露点腐蚀低合金钢

1. 硫酸露点腐蚀

在采用高硫重油或煤炭作为燃料的锅炉中,烟气中常含有 SO_2 或 SO_3,在锅炉系统的低温部位(如节煤器、空气预热器、集尘器、烟道和烟囱等),温度低于硫酸气露点,SO_3 和水蒸气结合生成的 H_2SO_4 就会凝结,附着在设备的表面,造成钢材腐蚀,这就是硫酸露点腐蚀(或露点腐蚀),其实质是硫酸腐蚀。硫酸露点腐蚀也常发生在硫酸厂的余热锅炉及石油化工厂的重油燃烧炉等装置中。烟气中 SO_3 的浓度主要取决于燃料条件及完全燃烧程度,因此研制耐硫酸露点腐蚀低合金钢具有重要意义。

露点腐蚀与燃气中 SO_3 的浓度与金属表面的温度有关,SO_3 浓度升高,露点升高,当金属表面温度低于露点时,硫酸就会凝聚,凝聚的硫酸浓度与水蒸气的量与凝聚面的温度有关。在露点以下,金属表面温度越高,凝聚硫酸的浓度越高。

2. 耐硫酸露点腐蚀低合金钢的化学成分与钢种

研究表明,降低硫酸露点腐蚀的最重要的合金元素是 Cu、Cr 及 B。Cu 已经成为耐硫酸露点腐蚀钢的基本成分,通常 Cu 的量为 0.2%~0.6%、Cr 的量为 1%~1.5%为宜。在合金钢中同时加入 W(<0.2%)与 Sn(<1%)元素可提高钢的耐硫酸腐蚀性。

加入合理配比的合金元素能够生成致密的,附着性好的,富含 Cu、Cr、Sb、Ti 等合金元素的腐蚀产物的保护膜,使腐蚀电位向钝化区移动,同时保持相对较低的维持钝化的电流,从而抑制进一步腐蚀。需要注意的是，合金元素的含量严重影响耐硫酸露点腐蚀钢的耐蚀性能，甚至会发生局部腐蚀。

各国采用的耐硫酸露点腐蚀钢主要是含铜钢。主要牌号有：中国的 09CrCuSb、09CuWSn，日本的 10CrCu(CRIA)、12CrCuAl(TAICOR-S)、12CuSb(S-TEN-1) 和美国的碳含量在 0.05% 以下的 CuMo 钢（A83-61T）等。表 5-16 列出了常见的耐硫酸露点腐蚀钢。

表 5-16 常见的耐硫酸露点腐蚀钢

研制单位及商品名	化学成分/%						
	C	Si	Mn	P	S	Cu	其他
中国武钢 09Cu	≤0.12	0.17~0.37	0.35~0.65	≤0.05	≤0.05	0.2~0.5	
中国武钢 09CuWSn	≤0.12	0.17~0.37	0.35~0.65	≤0.035	≤0.035	0.2~0.4	W 0.1~0.25 Sn 0.2~0.4
日本住友 CRIA	≤0.13	0.2~0.8	≤1.40	≤0.025	0.013~0.03	0.25~0.35	Cr 1.0~1.5
日本神户 TAICO R-S	≤0.15	≤0.5	≤1.00	≤0.04	0.015~0.04	0.15~0.5	Cr 0.9~1.5 Al 0.03~0.15
日本新日 S-Ten-1	≤0.14	≤0.55	≤0.7	≤0.025	≤0.025	0.25~0.5	Sb≤0.15
日本钢管 N AC-1	≤0.15	≤0.4	≤0.50	≤0.03	≤0.03	0.2~0.6	Cr 0.3~0.9 Ni 0.3~0.8 Sn 0.04~0.35 Sb 0.02~0.35
日本川崎 RIVER TEN41S	≤0.15	≤0.4	0.2~0.5	0.02~0.06	≤0.04	0.2~0.5	Cr 0.2~0.6 Ni≤0.50 Sn≤0.04
美国 A83-61T	≤0.05		≤0.35	≤0.02	≤0.045	0.4	Mo 0.05~0.15

五、耐硫化物应力腐蚀低合金钢

在石油、天然气工业和以油气为原料的化学工业中，因油气中的 S、H_2S 及各种有机硫而造成的腐蚀主要有两种，一种是硫化物应力腐蚀开裂，另一种是硫化物高温腐蚀。

1. 硫化物应力腐蚀开裂

碳素钢在含有硫化氢（H_2S）的介质中容易发生应力腐蚀破裂（SCC），因为在该介质中分子态的硫化氢（H_2S）生成大量 H 原子（比生成 H_2 分子更容易）吸附在钢表面，向钢的内部渗入，聚集在拉应力部位或显微缺陷部位（析出物、夹杂物、空洞、晶界等），形成高压，导致金属的脆化开裂。这种开裂现象称为氢脆性的硫化物应力腐蚀开裂，也叫硫化氢应力腐蚀开裂，简称 SSCC。这种破裂过程发展很快，使金属在低于屈服强度的应力下发生早期破坏，具有很大危险性。

影响 SSCC 的主要因素有：显微组织、化学成分、温度、介质的 pH 值、钢的强度和硬度等。

（1）显微组织　影响最大，同一成分的钢材因具有不同的金相组织，其抗 SSCC 的能力不同。粗大的马氏体组织开裂敏感性最大，但马氏体经高温回火处理后，可使细微碳化物球状化，分布均匀，抗 SSCC 性能显著提高。

（2）强度和硬度　影响其次，随着钢屈服强度（或屈强比 σ_s/σ_b 值）的增大，硫化物开裂的敏感性增大，研究表明钢材硬度在 22HRC 以下，一般不发生脆断腐蚀，而钢材强度硬度过低则易产生氢鼓泡，因此国内外已研制出多种低合金高强度钢作为抗 SSCC 材料。

（3）温度　在常温下易发生 SSCC，最敏感的温度为 20~50℃。

（4）介质 pH 值　在含有 H_2S 的溶液中 pH 值为 3~4 时开裂敏感性最大，酸性溶液中随着 pH 值的减小，开裂倾向增大，当 pH 值大于 9 后，一般不会开裂。

（5）化学成分　钢中的钼、铌、钛、钒和稀土类等元素（如铈）均可明显提高抗 SSCC 性能；铝和硼对抗 SSCC 有益；镍、硫、磷等为有害元素，有强烈促进 SSCC 的倾向；碳含量提高，强度增大，马氏体增多，开裂倾向增大；Mn 和 S 易形成硫化锰夹杂，是开裂的裂源；其他元素的作用不明显。

为消除 SSCC 敏感性、改善抗硫化物应力腐蚀性能，主要措施有：采用高温回火、长时间低温回火、二次回火、降低碳含量、添加合金元素、提高钢的纯净度和组织均匀性等。

2. 硫化物高温腐蚀

炼油厂高温操作工序，如加氢脱硫、真空蒸馏、催化裂化、热裂化、热重整和催化重整等，钢的表面温度可达 260℃以上。原油中的有机硫分解成的 H_2S，同铁反应生成 FeS 和 H_2，H_2 与 S 生成的 H_2S 又促进了钢的腐蚀。因此，高温硫化物腐蚀的实质是 H_2、H_2S 环境中的化学腐蚀。腐蚀形态有全面腐蚀、孔蚀等。

影响硫化物高温腐蚀的主要因素有化学成分、介质的温度和浓度等。

（1）化学成分　Cr、Al、Mo 等元素能够使钢表面生成致密的氧化膜，有效提高钢的抗腐蚀能力，其中 Cr 最有效，Cr 含量为 5%~9% 的 Cr-Mo 钢可将这种腐蚀降到很低的水平。

（2）介质的温度　温度对硫化物腐蚀影响极大，当温度不超过 260℃时，碳钢和低合金钢没有明显的腐蚀；温度在 260℃以上，随温度的升高钢的腐蚀速率增大，在 399℃达到峰值后，腐蚀速率降低。

（3）介质的浓度　当温度在 260~538℃，原油含硫量越高腐蚀性越大。

3. 耐硫化物腐蚀低合金钢

当前世界上通用的耐 SSCC 钢主要是锰钢和铬-钼钢两大系列。锰钢系列有：中国的 30Mn2、35MnSi、40MnMoNb、40MnMoCrV 和苏联、美国等国的类似的牌号；铬钼钢系列包括：中国的 12CrMoV、25Cr2MoV、12CrMoAlV 和法国等国的类似的牌号。此外还有中国含铝的 15A13MoWTi 等特殊系列钢。

耐硫化物高温腐蚀的钢主要有 Cr-Mo 钢，如 10MoWVNb、12SiMoVNb、2Cr2MoWVB 等，可用于炼油装置中的一些零部件且效果较好。

我国耐硫化氢应力腐蚀开裂钢见表 5-17。

表 5-17 我国耐硫化氢应力腐蚀开裂钢

钢号	化学成分/%					
	C	Si	Mn	P	S	其他
12MoAlV	≤0.15	0.5~0.8	0.3~0.6	≤0.045	≤0.045	Mo 0.3~0.4, Al 0.7~1.1, V 0.03~0.1
12SiMoVNb	0.1~0.15	0.6~0.9	0.3~0.6	≤0.04	≤0.04	Mo 0.5~0.7, Al 0.3~0.6, V 0.3~0.6, Nb 0.03~0.06
10MoVNbTi	0.06~0.12	0.5~0.8	0.5~0.8	≤0.03	≤0.03	Mo 0.45~0.65, W 0.3~0.45, Ti 0.06~0.15, Nb 0.06~0.12
12CrMoV	0.08~0.15	0.17~0.37	0.4~0.7	≤0.04	≤0.04	Cr 0.9~1.2, Mo 0.25~0.35, V 0.15~0.3
15Al3MoWTi	0.13~0.18	≤0.5	1.5~2.0	≤0.035	≤0.035	Mo 0.4~0.6, Al 2.2~2.8, W 0.4~0.6, Ti 0.2~0.4
40MnMoNb	0.39~0.46	0.17~0.37	0.9~1.25	≤0.035	≤0.035	Mo 0.55~0.65

六、耐盐卤腐蚀低合金钢

耐盐卤腐蚀低合金钢指在盐、卤水介质中具有较好耐蚀性的低合金钢。其主要特点为：在制盐生产工艺介质（卤水介质）中的耐蚀性能明显优于碳素钢和普通低合金钢，适用于真空制盐装置、海盐和湖盐盐田设施、生产设备以及采卤、输卤管道等各种制盐工业设施，其耐蚀性可达碳素钢的 1~10 倍。

与海水相比，盐卤介质浓度高、主成分复杂，相同点是都是含氯离子（Cl^-）的中性介质。从对材料的腐蚀特性角度来看，它们属于同一类腐蚀介质，耐盐卤腐蚀低合金钢是在耐海水腐蚀低合金钢的基础上发展起来的，属于铬-铝-钼系钢。因此铬、铝和钼等元素是提高耐盐卤腐蚀低合金钢耐蚀性的最基本的合金元素。耐盐卤腐蚀低合金钢还处于发展阶段，尚未形成完整的系列，目前推广使用的主要牌号有法国的 APS 钢系列：Cr2AlMo、Cr4AlMo、Cr4AlMoNi 等和中国的铬-铝-钼系列钢：CrMoAl、Cr2MoAlRE、Cr3Al、MoNiCu 和 Cr4AlMoNiCu 等。

七、抗氢、氮、氨腐蚀低合金钢

1. 氢、氮、氨与钢的作用

在含有氢、氮和氨的高温、高压介质中运行的石油和化工设备上，出现由氢引起的"氢脆"开裂现象，主要原因是：氢分子分解为氢原子，扩散到钢材里面（也可以由钢中逸出），与渗碳体中的碳作用生成甲烷（$Fe_3C + 2H_2 \rightleftharpoons 3Fe + CH_4$），即脱碳。氢与碳的作用会引起钢脱碳，造成钢的组织变化，产生的甲烷在钢中的溶解度小、扩散能力差、不易从钢中排出，并以高压状态聚集在晶粒边缘，使钢产生沿晶界的显微裂纹，降低了钢的强度、韧性和塑性，直至"开裂"。当温度不低于 700℃时，脱碳显著，随温度的升高而增加；当温度在 700℃以下时，脱碳缓慢，氢的压力升高，脱碳温度下降。

在合成氨过程中，同时存在氢气、氮气和氨气，反应温度一般为 480~520℃，压力一般为 32MPa。氮气和氨气在 400~600℃条件下，在铁的催化作用下离解生成活性 N 原子后，渗入钢材，在钢铁表面形成一定深度范围的一层氮化层。这层氮化层硬而脆，降低了钢的塑性和强度，在应力集中处易产生裂纹，即"氮化脆化"。温度在 350℃ 以下，氮化脆化问题可不予考虑；在 360℃ 产生轻微氮化；在 400℃ 以上产生明显氮化脆化。此时氢脆与氮化脆化腐蚀同时存在。因此合成氨设备材质要求同时防止氢腐蚀和氮化脆化。如曾用于石油加氢设备的抗氢的铬钼钢（2%～6%Cr）用于合成氨设备，可抗氢腐蚀，但不能抗氮化脆化。

2. 合金元素对抗氢腐蚀性能的影响

碳含量的降低减少了钢中与氢作用产生甲烷的碳含量，但过低的碳含量使钢材的强度过低，使用范围受到限制。

铬、钼、钨、钒、铌和钛等元素是强碳化物形成元素，与碳的亲和力大，与碳形成碳化物后，降低了与氢、氮作用的碳含量，保证材料强度；钛、铌和钒等元素与碳形成碳化物、氮化物后，可延缓钢的进一步氮化，降低氮化脆化腐蚀；硅、钛、铌等元素可降低氢在钢中的扩散速率；碳、钼、硅、铬等元素可降低氢在钢中的溶解度。镍、铜、硅等元素对钢的抗氢腐蚀无明显影响。硫、磷、硼等元素可降低晶界界面能，减弱晶界开裂，提高钢的抗氢脆能力。

普遍应用的抗氢腐蚀元素为铬和钼。Cr 与 C 可形成 Fe_3C、Cr_3C 及 $Cr_{23}C_6$ 等碳化物，铬含量越高，生成的碳化物越稳定，耐氢腐蚀性能越好。钼比铬具有更好的抗氢性，可减少氢在钢中的透过度和吸留量，降低晶界能，而使裂纹不易产生。近年来一些不含 Cr 的抗氢钢，以钼、钒、铌、钛等合金元素为主，具有良好的抗氢、抗氮性能。

图 5-6 为耐氢腐蚀曲线（也叫 Nelson），图中的曲线表示钢在不同的氢分压下允许使用的极限温度。

从图中可以明显看出，碳钢在合成氨生产条件下只能用于不超过 200℃ 的操作温度；含钼钢和铬钼钢比碳钢耐氢腐蚀性能好；Cr、Mo 的含量越高，耐氢腐蚀性能越好；只有 3% 的 Cr 及 0.5% 的 Mo 时，碳钢就已经具有相当好的耐氢腐蚀性能。

3. 抗氢、氮腐蚀低合金钢

抗氢腐蚀低合金钢早在 1922 年由德国首先研制出 N 钢系列（N1～N10）低合金钢，其主要成分以 Cr 为主，配入 Mo、W、V 或 Ti 等元素，碳含量控

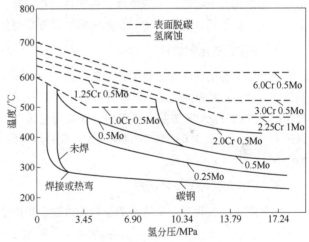

图 5-6 钢材耐氢腐蚀曲线

制在 0.2% 以下，加入硅（1.0%～1.5%）提高耐热性，这些钢至今仍在广泛使用。

现用抗氢腐蚀低合金主要是铬-钼系钢（10CrMoNb、10CrMoTi、10CrMoV、12Cr3MoA、20Cr3MoWV 等）和不含铬的钼系钢（10MoWVNb、10MoVNbTi、08SiWMoTiNb 等）。

中温抗氢钢中通常加入 Cr、Mo 这两种元素，其中 Mo 比 Cr 具有更好的抗氢性能。在合成氨设备中，只有含 Cr 量较高的 Cr5Mo 和 Cr9Mo 钢的抗氮化脆化性能较好。目前含有 Nb、V、Ti、Mo 等元素的抗氢、氮低合金钢，其抗氢性能良好，且具有良好的抗氮化脆化性能。常见的中温高压抗氢、氮、氨作用低合金钢的钢种有微碳纯铁、0.25Mo、0.5Cr-0.5Mo、1Cr-0.5Mo、3Cr-1Mo、5Cr-0.5Mo、7Cr-0.5Mo、10MoWVNb、12SiMoVNb、12Cr2MoWVB、14MoVNb 等。

第四节 不锈钢

不锈钢的发明和使用要追溯到第一次世界大战时期,英国在战场上使用的枪支,总是因枪膛磨损不能使用而运回后方。英国政府军工生产部门命令布雷尔利研制高强度耐磨合金钢,专门研究解决枪膛的磨损问题。布雷尔利发明的不锈钢于 1916 年取得英国专利权并开始大量生产,此后,不锈钢便风靡全球,亨利·布雷尔利也被誉为"不锈钢之父"。

一、不锈钢概述

1. 不锈钢的定义与性能

不锈钢是指铁基合金中含铬量在 12%以上的一类钢的总称。把能耐空气、水、蒸汽等较弱腐蚀介质的钢称为不锈钢,而把能耐酸、碱、盐等较强腐蚀性化学介质的钢称为耐酸钢。通常,我们把不锈钢和耐酸钢统称为不锈耐酸钢,简称为不锈钢。广义上的不锈钢除上述两种外还包括不锈耐热钢。不锈钢的耐蚀性是有条件的,在某些介质条件下耐蚀,在另一类介质中可能会发生腐蚀。

碳钢和不锈钢的区别

不锈钢具有广泛而优越的性能。除用作耐蚀材料外,还是一类重要的耐热材料。不论不锈钢板还是耐热钢板,奥氏体型的钢板的综合性能最好,既具有足够的强度,又具有极好的塑性。由于不锈钢优异的耐蚀性、成型性、相容性及在很宽温度范围内的强韧性等特点,其在石油化工、轻工、原子能、食品、纺织、家用器械等方面得到广泛的应用。

2. 不锈钢的化学成分

不锈钢不易生锈的主要原因在于钢中的 Cr 元素(因自钝化形成 Cr_2O_3 氧化膜)。Cr 元素的含量随不锈钢种类的不同而不同。不锈钢的耐蚀性随 C 含量的增加而降低,大多数不锈钢的含碳量均较低,最大不超过 1.2%,有些钢的 C 含量甚至低于 0.03%(如 00Cr12)。此外不锈钢中还含有 Ti、Mn、N、Nb、Mo、Si、Cu 等元素。

316 不锈钢

3. 不锈钢的牌号及表示方法

(1)牌号 在我国,不锈钢的牌号是以数字和化学元素来表示的。

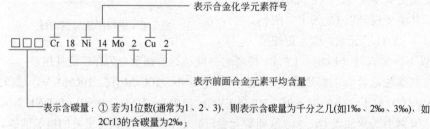

① 若为1位数(通常为1、2、3),则表示含碳量为千分之几(如1‰、2‰、3‰),如 2Cr13 的含碳量为2‰;
② 若为0,则表示低碳不锈钢,含碳量为>0.03%~0.08%,如0Cr18Ni9Ti;
③ 若为00,则表示超低碳不锈钢,含碳量为0.01%~0.03%,如00Cr18Ni10;
④ 若为000,则表示超超低碳不锈钢(或称超纯不锈钢),含碳量小于0.01%,如000Cr29。

(2)国际不锈钢表示方法 美国钢铁学会采用三位数字来表示各种标准级的可锻不锈钢。

① 奥氏体型不锈钢用 200 和 300 系列的数字表示，如某些较普通的奥氏体不锈钢以 201、304、316 及 310 为标记。

② 铁素体和马氏体型不锈钢用 400 系列的数字表示。铁素体不锈钢以 430 和 446 为标记，马氏体不锈钢以 410、420 以及 440C 为标记。

③ 双相不锈钢、沉淀硬化不锈钢以及含铁量低于 50% 的高合金通常是采用专利名称或商标命名。马氏体沉淀硬化不锈钢以 600 标记。

4. 不锈钢的分类

（1）不锈钢的分类方法

① 按金相组织可分为：铁素体不锈钢、奥氏体不锈钢、马氏体不锈钢、双相不锈钢（奥氏体-铁素体不锈钢）和沉淀硬化不锈钢。

② 按化学成分可分为：铬钢（400 系列）、铬-镍钢（300 系列）、铬-锰-镍钢（200 系列）、耐热铬合金钢（500 系列）及析出硬化钢（600 系列）等。

③ 按用途可分为：耐应力腐蚀不锈钢、耐海水腐蚀不锈钢、耐浓硝酸腐蚀不锈钢、耐硫酸腐蚀不锈钢、耐尿素腐蚀不锈钢等。

不锈钢的种类繁多，随着科学技术的发展，为了适应新的腐蚀环境，发展了超低碳不锈钢、超纯不锈钢、特定用途专用钢等。

（2）按金相组织分类的不锈钢及牌号 按金相组织分类的不锈钢及牌号见表 5-18。

表 5-18 按金相组织分类的不锈钢及牌号

类别	名称	牌号
铁素体不锈钢	普通铁素体铬不锈钢	0Cr11Ti, 00Cr11Ti, 00Cr12, 0Cr13Al, 1Cr17
	高纯高铬铁素体不锈钢	高纯 Cr18Mo2, 00Cr27Mo, 00Cr30Mo2
	超级铁素体不锈钢	00Cr29Mo4Ni2, 00Cr25Ni4Mo4(Ti, Nb)
奥氏体不锈钢	奥氏体铬镍不锈钢	1Cr17Ni7, 0Cr18Ni9, 00Cr19Ni10, 控氮 0Cr19Ni10, 0Cr19Ni9N, 00Cr18Ni10N, 00Cr25Ni20
	奥氏体铬镍铜和奥氏体铬镍硅不锈钢	0Cr18Ni9Cu3, 00Cr18Ni14Si4(Nb), 00Cr10Ni21Si6MoCu, 00Cr9Ni25Si7
	奥氏体铬镍钼不锈钢	0Cr17Ni12Mo2, 00Cr17Ni14Mo2, 00Cr17Ni12Mo2, 00Cr25Ni22Mo2N

续表

类别		名称	牌号
奥氏体不锈钢		奥氏体铬镍钼铜不锈钢	00Cr18Ni14Mo2Cu2，00Cr20Ni25Mo4.5Cu2，0Cr20Ni29Mo3Cu4Nb，0Cr27Ni31Mo3Cu
		超级奥氏体不锈钢	00Cr20Ni18Mo6CuN，00Cr24Ni17Mo4NNb，00Cr24Ni22Mo7CuN
		奥氏体节镍不锈钢	1Cr17Mn6Ni5N，00Cr17Mn6Ni5N，1Cr18Mn8Ni5N，0Cr18Mn13Ni3N
马氏体不锈钢	马氏体铬不锈钢		1Cr13，2Cr13，9Cr18，11Cr17
	马氏体铬镍不锈钢		1Cr17Ni2，00Cr13Ni5Mo
	超低碳马氏体时效不锈钢		00Cr12Ni10AlTi
沉淀硬化不锈钢	沉淀硬化不锈钢		00Cr17Ni4Cu4Nb，0Cr17Ni7Al，0Cr15Ni7Mo2Al
双相不锈钢	双相铬镍不锈钢		0Cr21Ni5Ti，1Cr21Ni5Ti，00Cr26Ni6Ti，00Cr23Ni4N
	双相铬镍钼不锈钢		00Cr18Ni5Mo3Si2，00Cr18Ni6Mo3Si2Nb，00Cr22Ni5Mo3N，00Cr25Ni6Mo3N
	双相铬镍钼铜不锈钢		00Cr25Ni6Mo3CuN，00Cr25Ni7Mo3WCuN
	超级双相不锈钢		00Cr25Ni7Mo4N，00Cr25Ni6.5Mo3.5CuN
	双相铬锰氮不锈钢		0Cr17Mn14Mo2N

（3）提高不锈钢耐蚀性能的途径　按金相组织分的各类不锈钢提高耐蚀性能的途径见图5-7。

二、不锈钢的耐蚀性

1. 不锈钢耐蚀原理

不锈钢是一种较耐腐蚀的钢，但不是绝对不生锈的钢。到目前为止，没有一种钢能耐任何条件的腐蚀，因此一种钢只能在一定的环境中使用。

（1）钝化膜的形成　钢表面的元素 Cr 与 O_2 结合生成 Cr_2O_3 钝化膜，是一种结构致密、稳定，厚度 1～6nm 的金属基体保护膜。随着钢中 Cr 含量的增加，钝化膜的厚度和强度相应增加。在大气、水等弱腐蚀介质中和硝酸等氧化性介质中，钢的耐腐蚀性随 Cr 含量的增加而加强。当 Cr 含量≥12%时，钢的耐蚀性发生突变，从易生锈到不易生锈，从不耐蚀到耐腐蚀。因此通常称不锈钢是 Cr 含量为 12%以上的铁基合金。

（2）减少微电池数量　在不锈钢中加入提高基体金属电极电位的 Cr、Ni 等合金元素，可减少微电池的数量，有效提高钢的耐蚀性。此外加入合金元素可使钢在室温下获得均匀的单相固溶组织，从而减少微电池数量，提高钢的耐蚀性。

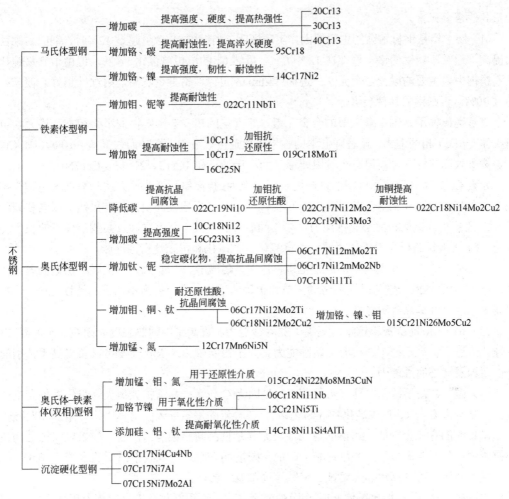

图 5-7 按金相组织分的各类不锈钢提高耐蚀性能的途径

2. 不锈钢耐蚀机理

（1）塔曼（Tamman）定律　塔曼在研究单相（固溶体）合金的耐蚀性时，发现其耐蚀能力与固溶体的成分间存在一种特殊关系。即将较稳定的组元 A 加入较活泼的组元 B 固溶体中，当组元 A 的含量达 $n/8$ 原子比时，固溶体的电极电位突然升高，耐蚀性急剧变化，称为二元合金固溶体电位的 $n/8$ 定律。

如对给定介质中的 Cr 和 Fe 组成的固溶合金，当耐蚀组元 Cr 的原子数与合金总原子数之比为 1/8、2/8、3/8、……、$n/8(n=1、2、……、7)$，每当 n 增加 1 时，合金的耐蚀性就将出现突然的阶梯式的升高，合金的电位亦相应地升高。

（2）表面富铬理论　当钢中加入足够合金元素 Cr 时（>1/8 或 2/8），在氧化性介质的作用下会形成 Fe-Cr 氧化膜，紧密附着在钢的表面使钢钝化，厚度为 1~6nm。这一层膜中的铬含量与铁基体的铬含量相比高出了几倍甚至几十倍，有明显的富集现象。铁铬合金是不锈钢的基础，提高不锈钢耐蚀性的途径是在铁铬合金的基础上添加或降低某些元素的量。

3. 主要合金元素对耐蚀性能的影响

不锈钢中除不可缺少的合金元素 Cr 之外，为提高不锈钢的耐蚀性及力学加工性能，还加入少量其他合金元素。

（1）铬　铬是钢材耐蚀的主要原因，实践证明，当钢中 Cr 含量超过 12%时，钢的耐蚀性大大提高，通常不锈钢的铬含量都在 12%以上。虽然 Cr 的电极电位比 Fe 低，但由于它易钝化，是不锈钢中最主要的耐蚀合金元素。遵循 Tamman 定律，铬含量越高，耐蚀性越好，但一般不超过 30%，否则钢的韧性会降低。

铬是奥氏体不锈钢中最主要的合金元素，铬含量的多少会影响钢的组织相态，铬元素可使奥氏体（γ-Fe）相区缩小，显著降低钢的临界淬火速度。铬含量高时为铁素体（α-Fe），如 Cr17；铬含量不太高或铬含量高但有少量镍或锰时为马氏体，如 1Cr13、2Cr13、Cr17Ni12。

元素 Cr 提高奥氏体不锈钢的耐蚀性主要表现为：提高钢耐氧化性介质和酸性氯化物介质的性能；在 Ni、Mo、Cu 复合作用下，Cr 可提高钢耐一些还原性介质，如有机酸、尿素和碱的性能；Cr 还能提高钢的耐局部腐蚀能力，如晶间腐蚀、点蚀、缝隙腐蚀及某些条件下的应力腐蚀性能。Cr 还能显著提高奥氏体不锈钢的抗氧化、抗硫化和抗融盐腐蚀性能。

（2）镍　Ni 可扩大不锈钢的耐蚀范围，特别是耐碱能力。Ni 元素可扩展不锈钢的奥氏体相区，当 Ni 含量达到一定值时，不锈钢呈单相奥氏体组织，进而提高不锈钢的塑性、加工、焊接等力学性能，并提高其耐热性。

（3）钼　Mo 能提高不锈钢对氯离子的耐蚀能力，提高钢的耐热强度。因 Mo 元素可在 Cl^- 中钝化，进而提高不锈钢的抗海水腐蚀能力。在不锈钢中加入 Mo 元素可显著提高不锈钢的耐全面腐蚀及局部腐蚀能力。

（4）碳　C 在不锈钢中具有两重性，一是因为 C 元素能显著扩大奥氏体组织并提高钢的强度；二是钢中 C 与 Cr 形成碳化物（碳化铬），C 含量的增多导致固溶体中铬含量的相对减少，大量微电池的存在会降低不锈钢的耐蚀性，尤其是抗晶间腐蚀能力，因而要求以耐蚀性为主的不锈钢中应降低含碳量。大多数耐酸不锈钢含碳量<0.08%，超低碳不锈钢的含碳量<0.03%，随含碳量的降低，可提高耐晶间腐蚀、点蚀等局部腐蚀的能力。

（5）锰　Mn 是扩展奥氏体 γ-Fe 相区的元素之一，可用锰代替镍来冶炼奥氏体不锈钢，Mn 元素还能增加氮元素在钢中的溶解度。但加入锰会促使含铬量较低的不锈钢的耐蚀性降低，使钢材的加工工艺性能变差，因此在钢中不单独使用 Mn 元素，而只用它来代替部分镍元素。

（6）氮　N 也是有效扩大奥氏体相区的元素，在钢中加入 N 元素可提高钢的耐蚀性能，但氮在钢中能形成氮化物，使钢易于产生点蚀。不锈钢中的含氮量一般在 0.3%以下，否则钢材会因气孔量增多造成力学性能变差。氮加入钢中可节省镍元素用量。

（7）硅　硅能使钢的表面形成一层富硅氧化层，提高钢耐浓硝酸和发烟硝酸的能力，改善钢液流动性，从而获得高质量耐酸不锈钢铸件。硅还能提高不锈钢抗点蚀的能力，尤其与钼共存时可大大提高不锈钢的耐蚀性和抗氧化性，并可抑制在含 Cl^- 介质中的腐蚀。

（8）铜　在不锈钢中加入铜，可提高不锈钢的抗海水腐蚀及抗盐酸腐蚀能力。

（9）钛和铌　钛元素可提高不锈钢的抗晶间腐蚀能力。钛和铌都是强碳化物形成元素。钛和铌与碳优先形成的 TiC 或 NbC 等，可避免或减少碳化铬（$Cr_{23}C_6$）的形成，降低由于贫铬引起的晶间腐蚀敏感性。

三、铁素体不锈钢

铁素体不锈钢具有体心立方晶格结构，与马氏体、奥氏体同为发现最早的三类不锈钢。铁素体不锈钢的组织主要是 α-Fe 固溶体，铬元素存在于 α-Fe 间隙中，有的牌号还含有 Mo、Cu、Ti、Nb 等元素，仅个别牌号含少量 Ni（≤4%）。铁素体不锈钢具有强磁性、易于成型、耐锈蚀、耐点蚀等特性，不能采用热处理（淬火）的方法使其硬化。

1. 铁素体不锈钢的分类及化学成分

铁素体不锈钢的含铬量一般在 12%~32%，含碳量一般低于 0.12%。根据元素 C、N 的含量可分为普通类（如 430）和高纯类（如 409L）；按含铬量又可分为低铬类、中铬类和高铬类。

（1）普通铁素体不锈钢

① 低铬型（Cr 10%~15%）。在含碳量很低的情况下，才属于铁素体不锈钢，如 00Cr12、0Cr13 等。有的还加有少量铁素体形成元素 Al，如 0Cr13Al 等。低铬铁素体不锈钢综合性能良好，但耐蚀性不如高铬类。

② 中铬型（Cr 16%~20%）。在碳含量很低的情况下（一般≤0.12%），才属于铁素体不锈钢，如 0Cr17Ti、1Cr17Mo 等。当铬低碳高时，会有一定数量的珠光体，如 1Cr17。当碳含量更高时，属马氏体不锈钢，如 7Cr17。总之，Cr17 型不锈钢是否属于铁素体不锈钢，主要取决于碳含量和添加到铁素体的形成元素。

③ 高铬型（Cr 21%~32%）。因含铬量高，均为铁素体不锈钢，是耐蚀性能和抗高温氧化性最好的一类铁素体不锈钢。但因含铬量高，普通铁素体型不锈钢的多种脆性等缺点严重。

（2）高纯高铬铁素体不锈钢　普通铁素体不锈钢具有晶间腐蚀敏感性较高、室温韧性较差、脆性和缺口敏感性高等缺点，这些缺点与 C、N、O 元素的存在有关。随着不锈钢精炼技术的发展，低 C、N，超低 C、N 和高纯铁素体不锈钢应运而生，克服了普通铁素体不锈钢的缺点和不足，在此基础上发展了 PER 值≥40 的超级铁素体不锈钢。

高纯高铬铁素体不锈钢中的 Mo(1%~4%)可改善其耐非氧化性介质、点蚀、缝隙腐蚀等性能，对晶间腐蚀具有一定的延迟敏化作用。C+N 总量的最大允许量随钢种的成分和用途要求而异。如采用大型真空感应炉、电子束炉冶炼的高纯铁素体不锈钢（C+N≤0.01%）价格较高，目前采用炉外精炼技术适当放宽其含量，辅以稳定化元素（钛、铌等），发展了超低碳、氮（C+N≤0.03%）和低碳、氮（C+N=0.035%~0.045%）高铬铁素体不锈钢。

（3）常见的铁素体不锈钢　列入国家标准的铁素体不锈钢的牌号及化学成分见表 5-19。

表 5-19　铁素体不锈钢的牌号及化学成分（GB 20878—2007）

钢号	化学成分/%							
	C	Si	Mn	P	S	Ni	Cr	其他
06Cr11Ti	≤0.08	≤1.00	≤1.00	≤0.040	≤0.030	≤0.60	11.5~14.50	Ti 6C~0.75
06Cr13Al	≤0.08	≤1.00	≤1.00	≤0.045	≤0.030	≤0.60	11.5~14.5	Al 0.10~0.30
022Cr12	≤0.030	≤1.00	≤1.00	≤0.040	≤0.030	≤0.06	11.00~13.50	
10Cr17	≤0.12	≤1.00	≤1.00	≤0.040	≤0.030	≤0.60	16.00~18.00	
022Cr18Ti	≤0.030	≤0.75	≤1.00	≤0.040	≤0.030	≤0.06	16.00~19.00	Ti 或 Nb 0.10~1.00
019Cr19Mo2NbTi	≤0.025	≤1.00	≤1.00	≤0.040	≤0.030	≤1.00	17.50~19.50	Mo 1.75~2.50，N≤0.035，(Ti+Nb)[0.20+4(C+N)]~0.80
008Cr27Mo	≤0.010	≤0.40	≤0.40	≤0.030	≤0.020	—	25.00~27.50	Mo 0.75~1.5，N≤0.015

2. 铁素体不锈钢的耐蚀性

铁素体不锈钢相较于马氏体不锈钢的耐蚀性能好，相较于奥氏体不锈钢的耐点蚀、耐缝隙腐蚀、耐应力腐蚀等局部腐蚀性能优良，且耐晶间腐蚀敏感性较高。

铁素体不锈钢在氯化物介质中具有良好的抗应力腐蚀开裂性能，优于铬镍奥氏体不锈钢，在含微量 Cl^- 和 O_2 的热水、高温水及苛性钠溶液中，也具有优异的抗应力腐蚀开裂性能；在硝酸等氧化性介质中耐蚀性良好，与同等含铬量的镍铬奥氏体不锈钢相当，随含铬量的增加，铁素体不锈钢耐蚀性增加。对还原性介质，铁素体不锈钢的耐蚀性则不如铬镍奥氏体不锈钢。下面介绍各类铁素体不锈钢的耐蚀性能及其应用。

(1) 低铬型铁素体不锈钢 (Cr13) 主要钢号有 0Cr13、0Cr13Al、0Cr11Ti、00Cr11Ti、00Cr12 等。含碳量低的钢（如 0Cr13）耐蚀性较好，随 Cr 含量的增加，钢耐蚀性提高。在清洁大气、蒸馏水、自来水及天然淡水中是稳定的；在含 Cl^- 的水中易发生局部腐蚀；在过热蒸汽介质中具有较高的稳定性；在稀硝酸中是稳定的，当酸的浓度超过 70% 时，腐蚀速率突然增加；在还原性介质中耐蚀性较差；在磷酸中不稳定；在有机酸中较稳定（柠檬酸除外），如在 4%~5% 乙酸溶液中 Cr13 是耐蚀的，但当含碳量升高时，钢将受到腐蚀。添加 Ti 和 Ni，可防止晶间腐蚀。

(2) 中铬型铁素体不锈钢 (Cr17) 主要钢号有 1Cr17、0Cr17Ti、1Cr17Ti、1Cr17Mo2Ti 等。

1Cr17 是铁素体不锈钢中历史悠久、产量大、品种多、用途最广的牌号之一。在氧化性环境中表面钝态稳定，对大气和海水耐蚀，目前主要用作建筑内装饰材料、家用电器和家庭用具。

Cr17 铁素体不锈钢广泛用于硝酸工业，可用于制造吸收塔、热交换器、输送管道和贮酸槽等。在高温、浓度不超过 60% 的硝酸中稳定，沸腾条件下，浓度不得超过 50%。在非氧化性酸（如盐酸、稀硫酸、甲酸和草酸等）中不稳定；在非还原性的其他介质中十分稳定。

(3) 高铬型铁素体不锈钢 对于 Cr25~Cr30 型不锈钢，含碳量为 0.1%~0.25% 时为纯铁素体组织。这类钢是铬钢中耐酸腐蚀和耐热性最好的钢，因为其容易钝化，且钝态稳定。这类钢在淬火状态下有足够的塑性，可用于制造不受冲击负荷的部件。

在硝酸中，此类钢有最大的耐蚀性，当含有加强钝化效应的杂质（如 Fe^{3+}、Cu^{2+}、O_2 等）时，在硫酸中都具有较高的耐蚀性；但在含有 Cl^- 的介质中其耐蚀性明显降低；在烧碱溶液中高铬钢的耐蚀性远不如镍合金钢，在高温浓碱中，其耐蚀性甚至低于工业纯铁；铁素体不锈钢耐氯化物应力腐蚀开裂的性能比奥氏体不锈钢好得多，但并不绝对。裂纹常起源于晶间腐蚀和点蚀。

高纯铁素体不锈钢，如高纯 Cr18Mo2 在大气和水介质中，耐均匀腐蚀性能与 18-8 型 Cr-Ni 奥氏体不锈钢基本相同或稍优，而耐应力腐蚀等局部腐蚀性能明显优于 18-8 型 Cr-Ni 奥氏体不锈钢。高纯铁素体不锈钢主要用于化工厂耐水介质应力腐蚀的板式和管式换热设备等。

3. 铁素体不锈钢的应用

为改进铁素体不锈钢的性能，通过降低间隙元素 C 与 N 的含量，添加 Ti、Nb 等稳定化元素，加入铝与镍等合金元素，可提高其耐腐蚀性并改善脆性与加工性能，因价格低于奥氏体不锈钢且具有抗应力腐蚀性能，使铁素体不锈钢的应用得到提高。

铁素体不锈钢与马氏体不锈钢相比，具有耐蚀性好，可加工、冷成型、焊接性等优良的特点，热处理工艺简单，但强度和硬度较低。与奥氏体不锈钢相比，铁素体不锈钢耐点蚀、缝隙腐蚀与应力腐蚀性能优良。在世界范围内，除工业用途外，铁素体不锈钢已大量用于交通运输、建筑装饰、家用电器和厨房设备等领域，可代替 18-8 不锈钢，其产量仅次于铬镍奥氏体不锈钢。

普通铁素体不锈钢 0Cr13Al 主要用于制作石油精炼装置和构件、压力容器衬里、蒸汽透平叶片等。

高纯铁素体不锈钢 Cr18Mo2 因含 C、N 量很低，克服了普通铁素体不锈钢所具有的脆性转变温度高、晶间腐蚀敏感性大等缺点，在大气与水介质中，其耐均匀腐蚀性能与 18-8 型 Cr-Ni 奥氏体不锈钢相当，耐点蚀及应力腐蚀等局部腐蚀性能优于 18-8 型 Cr-Ni 奥氏体不锈钢。其主要用于耐弱介质腐蚀的建筑、家用电器和厨房设备以及化工厂中耐水介质应力腐蚀的板式和列管式换热设备等。

超级铁素体不锈钢 00Cr29Mo4Ni2 是一种含 Ni 的超低 C、N 和高 Cr、Mo 的铁素体不锈钢，可用于耐稀硫酸、含氟离子的磷酸、各种有机酸及海水的腐蚀，特别适用于耐氯化物的应力腐蚀、点蚀和缝隙腐蚀，常用于制造各种塔、容器、槽和换热设备。

四、奥氏体不锈钢

奥氏体不锈钢具有面心立方晶体结构，是产量最大、用途最广、综合性能最佳、牌号最多和最为重要的一类不锈钢。奥氏体不锈钢是铬、镍等元素在 γ-Fe 中形成的间隙固溶体，为使铬镍钢完全保持奥氏体组织，根据经验含量应不少于下列公式的数值 $Ni(\%)=1.1(Cr+Mo+1.5Si+1.5Nb)-0.5Mn-30C-8.2$。其成分特点是：较高的铬（≥18%）、镍（8%～25%）及其他提高耐蚀性的元素（如钼、铜、硅、铌、钛等）。

奥氏体不锈钢在室温下具有无磁性，钢的屈强比低，塑性好，焊接性能良好，易于冶炼及铸锻热成形。奥氏体不锈钢不能通过热处理方法改变它的力学性能，只能采用冷变形的方式进行强化。因此，奥氏体不锈钢不但有良好的耐蚀性，还具有良好的力学性能和工艺性能，在机械设备上应用广泛。

1. 奥氏体不锈钢的分类及化学成分

在含 Cr 17%～19%的钢中加入 7%～9%的镍，温度达到 1000～1100℃时，钢由铁素体转变为均一的奥氏体组织。铬是扩大铁素体（α-Fe）相区的元素，当 Cr 含量增加时，必须增加镍的含量来获得奥氏体（γ-Fe）组织，而且适当提高镍、锰、氮等扩大奥氏体相区的元素可以稳定奥氏体组织。根据主要合金元素的不同分为铬镍系奥氏体不锈钢和铬锰系奥氏体不锈钢两大系列。

（1）铬镍系奥氏体不锈钢　按 Cr、Ni 的含量可分为三组：18-8 型（如 304 不锈钢）；18-12 型（如 316 不锈钢）；20-25 型（如 Sandvik 2RK65，AL-6X，904L 等）。

（2）铬锰系奥氏体不锈钢　含镍量较低或完全无镍，用 Mn 和 N 代替 18-8 型不锈钢中的部分或全部镍，也属于奥氏体不锈钢，包含了 Cr-Mn-N 系、Cr-Mn-Ni-N 系。

2. 奥氏体不锈钢的耐蚀性

加钼可提高 Cr-Ni 不锈钢在硫酸及氯化物中的腐蚀性能，由于 Mo 是形成铁素体的元素，为保持纯奥氏体组织，需提高镍含量。

（1）耐全面腐蚀性能　铬镍奥氏体不锈钢最重要的特性是在多种介质中具有优良的耐全面腐蚀性能。如 18-8 型铬镍奥氏体不锈钢在大气、中低浓度的硝酸及浓硫酸等介质中是耐蚀的；在较弱的有机酸（柠檬酸、硬脂酸、硼酸、苦味酸、乳酸等）中腐蚀速率非常小；在任何浓度的乙酸中都稳定（沸腾冰醋酸除外）；在还原性的亚硫酸中有显著的腐蚀现象，在磷酸中室温时是稳定的。18-8 钢在氢氧化钠和氢氧化钾溶液中，在相当宽的浓度和温度范围内，其耐全面腐蚀性能都是相当好的。

在强氧化性条件如沸腾的浓硝酸（65%）中，18-8 型铬镍奥氏体不锈钢是不耐腐蚀的。而含高硅的铬镍奥氏体不锈钢具有良好的耐蚀性。如我国研制的 00Cr20Ni24Si4Ti，日本的 NARSNI(00Cr18Ni14Si4)等。

含 Mo 的奥氏体不锈钢在有机酸和某些还原性酸中有着良好的耐蚀性能。含钼、铜、硅的奥氏体不锈钢在硫酸中具有更好的耐蚀性能，例如 0Cr23Ni28Mo3Cu3Ti、ZG1Cr24Ni20Mo2Cu3 等，广泛用于制作化学工业中接触硫酸的通用机械设备如泵、阀门等。Cr-Mn-N 系不锈钢在氧化性酸中比 18-8 钢的耐蚀性差，但在还原性有机酸（如乙酸、草酸、甲酸等）中，却具有较好的耐蚀性。

（2）耐晶间腐蚀性能　含碳量增多，奥氏体不锈钢的晶间腐蚀敏感性增大，当含碳量在 0.03%以下时，晶间腐蚀不敏感，因此，超低碳的奥氏体不锈钢具有较好的抗晶间腐蚀性能，如 ZG00Cr18Ni10、00Cr19Ni11、00Cr17Ni14Mo2 等。

稳定化元素（Ti 或 Nb）可提高奥氏体不锈钢抗晶间腐蚀能力。当 18-8Ti 奥氏体不锈钢中的碳化钛（TiC）在某些强氧化性酸中（如浓硝酸）可能被腐蚀时，可采用以铌稳定后的不锈钢，如 0Cr18Ni11Nb，347 钢等，最好采用超低碳的奥氏体不锈钢，如 ZG00Cr18Ni10 和 00Cr19Ni11 等。

需要注意的是含 Mo 的超低碳铬镍奥氏体不锈钢在强氧化性介质中，即使在非敏化状态，也可能发生晶间腐蚀。可能与某些杂质元素（P、Si）在晶界上的偏析及超显微的 σ 相（无磁高硬度脆性相）的存在有关。

节镍的 Cr-Mn-Ni-N 钢（如 ZG1Cr18Mn8Ni4N）有晶间腐蚀倾向，在相同的腐蚀率下，允许的极限含碳量要比 18-8 钢高得多，因此可代替 1Cr18Ni9 或部分代替 1Cr18Ni9Ti，用以制造在腐蚀性不太强的介质中使用的铸件、锻件及焊接件。

（3）耐点蚀与缝隙腐蚀性能　提高不锈钢耐点蚀和缝隙腐蚀性能最有效的元素是铬、钼、氮，其次是镍、锰、铜、硅、矾，而碳、铌、钛、铈等是有害的。含 Mo 的 Cr-Ni-Mo 奥氏体不锈钢比不含 Mo 的有着更好的耐点蚀和缝隙腐蚀性能。如 0Cr18Ni9、0Cr17Ni12Mo2 及 0Cr19Ni13Mo3 三种奥氏体不锈钢，耐点蚀和缝隙腐蚀性能依次增大。

（4）耐应力腐蚀开裂性能　研究表明，在氯化物溶液、含微量氯离子和氧的热水及高温水或是在苛性碱介质中，镍可提高奥氏体不锈钢的耐应力腐蚀开裂性能。因此含镍量越高，抗应力腐蚀开裂的性能越强。常用奥氏体不锈钢抗应力腐蚀开裂能力的强弱顺序为：1Cr17Mn6Ni5N < 0Cr18Ni9 < 00Cr19Ni11 <0Cr17Ni12Mo2 <00Cr17Ni14Mo2 <0Cr25Ni20 。

针对 18-8 型铬镍奥氏体不锈钢耐应力腐蚀开裂敏感性的缺点，各国开发了一些新钢种：309(2Cr23Ni13)，310(2Cr25Ni20)，314(2Cr25Ni20Si2)，Uranus-SD(00Cr18Ni14Si4Mo2Cu)，Carpenter20(0Cr20Ni29Mo2Cu3)，SCR-2(1Cr18Ni14Si2Ti)，NAS-126(0Cr18Ni13Si3Cu)，YUS10A(0Cr16Ni13Si4Cu)，Uranus-S(00Cr18Ni14Si4)，2RK65 (00Cr20Ni25Mo4Cu)等。

3. 奥氏体不锈钢的应用

奥氏体不锈钢具有全面而良好的综合性能，使其在各行各业中获得广泛应用。

1Cr17Ni7 不锈钢是产量大、应用广的一种奥氏体不锈钢，主要用于承受较高负荷、减轻设备重量、防止撞击及耐腐蚀的设备和构件，可用于制造各种铁路车辆和汽车等结构件及家用电器、建筑内饰等零部件。

0Cr18Ni9 和 00Cr19Ni10 不锈钢广泛用于石油、化工、核工业、机械等重工业，也可用于轻工纺织、交通运输、建筑装饰、家用电器、市政设备等。

控氮0Cr19Ni10不锈钢主要用于制造核动力反应堆，作为堆内构件、控制棒驱动机构导向组件等。

00Cr18Ni18Mo5不锈钢主要用于硫酸、甲酸、乙酸介质，具有耐点蚀和缝隙腐蚀的功能，可用于制造既耐海水又耐硫化铵的碳化塔用管材。

五、马氏体不锈钢

马氏体是奥氏体通过无扩散型相变而转变成的亚稳相。这类不锈钢需具备两点：一是化学成分必须处于平衡相图中的奥氏体区，能经热处理转变为马氏体；二是含铬量需保证钢具有不锈性，一般在10.5%以上。

为获得马氏体组织，先决条件是在相图中必须存在奥氏体（γ相）区域。根据无碳Fe-Cr二元合金平衡相图，铬含量大于12%时，在所有温度下，均不存在奥氏体组织，为扩大γ相区，只能加入改变相图的元素（主要是碳等）。马氏体不锈钢含铬量一般为12%~18%，含碳量为0.1%~1.0%。

马氏体不锈钢具有铁磁性，其强度、硬度主要由过饱和的碳含量决定，可通过热处理方式调整钢的性能（强度和硬度）。

1. 马氏体不锈钢的分类及化学成分

马氏体不锈钢根据合金元素的不同分为两类：马氏体铬不锈钢和马氏体铬镍不锈钢。

（1）马氏体铬不锈钢 可按碳含量大体分为三类：

① 低碳类，C≤0.15%，Cr 12%~14%，如1Cr13；

② 中碳类，C 0.2%~0.4%，Cr 12%~14%，如2Cr13，3Cr13等；

③ 高碳类，C 0.6%~1.0%，Cr 18%，如9Cr19，9Cr18MoV等。

为提高耐蚀性，改善力学性能，还含有钼、钒等元素。耐蚀性主要由钢中铬量高低和是否含有钼等来决定，而碳含量高是有害的。马氏体铬不锈钢的热处理方式一般为淬火+回火。这类钢淬透性好，但焊接性不良，中、高碳者基本不用于焊接用途。它们仅具有不锈性和在弱介质中的耐均匀腐蚀性。

（2）马氏体铬镍不锈钢 镍是稳定奥氏体和扩大γ相区的元素，加入2%Ni时，就有明显改善马氏体铬不锈钢性能的效果。马氏体铬镍不锈钢主要是以镍代替马氏体铬不锈钢中的碳发展而来的，具有更好的耐蚀性、强度与韧性，含镍量2%~5%。牌号有1Cr17Ni2，陆续出现0Cr12Ni5Ti和超低碳00Cr13Ni5Mo等。

在传统马氏体不锈钢基础上，降低碳含量（最高0.07%），增加镍（3.5%~6.5%）和钼（1.5%~2.5%）的含量，基体金属显微组织为回火马氏体的不锈钢称为超级马氏体不锈钢（Super Martensitic Stainless Steel，简称SMSS）。这是一类强度高，塑性和韧性均佳，可焊接的新型马氏体不锈钢，牌号有00Cr13Ni5Mo。

表5-20列出了马氏体不锈钢的化学成分。

表5-20 马氏体不锈钢的化学成分（GB 20878—2007）

牌号	化学成分/%							
	C	Si	Mn	P	S	Ni	Cr	Mo
1Cr12	≤0.15	≤0.50	≤1.00	≤0.035	≤0.030	①	11.50~13.00	—
1Cr13	≤0.15	≤0.50	≤1.00	≤0.035	≤0.030	①	11.50~13.50	—
1Cr13Mo	≤0.08~0.18	≤0.60	≤1.00	≤0.035	≤0.030	①	11.50~14.00	0.30~0.60

续表

牌号	化学成分/%							
	C	Si	Mn	P	S	Ni	Cr	Mo
Y1Cr13	≤0.15	≤1.00	≤1.25	≤0.060	≤0.15	①	12.00~14.00	②
2Cr13	0.16~0.25	≤1.00	≤1.00	≤0.035	≤0.030	①	12.00~14.00	—
3Cr13	0.26~0.40	≤1.00	≤1.00	≤0.035	≤0.030	①	12.00~14.00	—
3Cr13Mo	0.28~0.35	≤0.80	≤1.00	≤0.035	≤0.030	—	12.00~14.00	0.50~1.00
Y3Cr13	0.26~0.40	≤1.00	≤1.25	≤0.060	≤0.15	①	12.00~14.00	②
13Cr17Ni2	0.11~0.17	≤0.80	≤0.80	≤0.035	≤0.030	1.50~2.50	16.00~18.00	—
7Cr17	0.65~0.75	≤1.00	≤1.00	≤0.035	≤0.030	①	16.00~18.00	③
8Cr17	0.75~0.95	≤1.00	≤1.00	≤0.035	≤0.030	①	16.00~18.00	③
11Cr17	0.95~1.20	≤1.00	≤1.00	≤0.035	≤0.030	①	16.00~18.00	③
Y11Cr17	0.95~1.20	≤1.00	≤1.25	≤0.060	≤0.030	①	16.00~18.00	③

①允许含有≤0.60% Ni。
②可加入≤0.60% Mo。
③可加入≤0.75% Mo。

2. 马氏体不锈钢的耐蚀性

一般情况下,在含铬量相当的不锈钢中,奥氏体不锈钢的耐蚀性最好,铁素体次之,马氏体最差。马氏体不锈钢的主要优点是可以通过热处理强化,适用于对强度、硬度、耐磨性等要求较高并兼有一定耐蚀性的零部件。马氏体不锈钢在淬火状态时,耐全面腐蚀和点腐蚀性能较好,但这种状态的钢很脆,难以加工,工程上实用性很小;其次是淬火+回火处理的调质件;而以退火状态的工件耐蚀性最差。

(1) 耐全面腐蚀性能 室温下具有良好耐蚀性的介质:①无机酸,浓度不低于 1%的硝酸、硼酸;②有机酸,浓乙酸和浓度小于 10%的乙酸、苯甲酸、油酸、硬脂酸、苦味酸、单宁酸、焦性没食子酸及尿酸等;③盐溶液,碳酸钠、碳酸铵、碳酸钾、碳酸镁、碳酸钙、钠钾的硫酸盐,所有金属的硝酸盐,以及各种有机酸盐;④碱溶液,苛性钠、苛性钾、氨水、氢氧化钙、水等;⑤其他介质,食用无盐醋、果汁、咖啡、茶、牛奶及工业用乙醇、醚、汽油、重油、矿物油等。

耐蚀性能很差的介质:硫酸、盐酸、氢氟酸、热磷酸、热硝酸以及熔融碱等。

(2) 耐局部腐蚀性能 马氏体不锈钢(如 Cr13)对特殊腐蚀形式(如晶间腐蚀、点腐蚀等)是不耐蚀的,故在具有这类腐蚀特点的实际工程中不宜选用。

当 Cr13 型不锈钢不能满足工程需要时,可选用 1Cr17Ni2 钢,因为此钢中含有高达 17%的铬,并含有 2%的镍代替了部分的碳。镍能改善对盐雾及稀还原性酸的耐蚀性。

马氏体不锈钢在电耦合或非电耦合使用时,可能产生氢脆或应力腐蚀。1Cr13 钢在弱酸、湿蒸汽介质中与奥氏体电耦合时会发生应力腐蚀;1Cr17Ni2 钢在油井 H_2S 环境中产生晶型氢脆断裂。马氏体不锈钢根据不同的热处理条件,有时也易发生碱脆。

3. 马氏体不锈钢的应用

马氏体不锈钢主要用于要求耐磨性好、强度高的场合,可用于制造机器零件如蒸汽涡轮的叶片(1Cr13)、蒸汽装备的轴和拉杆(2Cr13),以及在腐蚀介质中工作的零件如活门、螺栓等

（4Cr13）。碳含量较高的钢号（4Cr13、9Cr18）则适用于制造医疗器械、餐刀、测量用具、弹簧等。

六、双相不锈钢

双相不锈钢指相组织中既有奥氏体，又有铁素体，两相独立存在。双相不锈钢在一定程度上兼有奥氏体和铁素体的特征。双相不锈钢按照相比例的多少可分为：以奥氏体为基的奥氏体-铁素体双相不锈钢（5%＜铁素体含量≤20%，最佳铁素体含量 15%左右），以铁素体为基的铁素体-奥氏体双相不锈钢（铁素体占 50%～70%，奥氏体占 50%～30%）。

双相不锈钢应用实例

1. 双相不锈钢的分类及化学成分

与奥氏体不锈钢相比，双相不锈钢是一类节镍的不锈钢。表 5-21 列出了双相不锈钢的化学成分。

表 5-21 双相不锈钢的化学成分（GB 20878—2007）

钢号	化学成分/%							
	C	Si	Mn	P	S	Ni	Cr	其他
14Cr18Ni11Si4AlTi	0.10～0.18	3.40～4.00	≤0.80	≤0.035	≤0.030	10.00～12.00	17.50～19.50	Ti 0.40～0.7 Al 0.10～0.30
12Cr21Ni5Ti	0.09～0.14	≤0.8	≤0.8	≤0.035	≤0.030	4.8～5.8	20.00～22.00	Ti 5(C-0.02)～0.80
022Cr22Ni5Mo3N2	≤0.030	≤1.00	≤2.00	≤0.030	≤0.020	4.50～6.50	21.00～23.00	Mo 2.50～3.50 N 0.08～0.20
022Cr23Ni4MoCuN	≤0.030	≤1.00	≤2.50	≤0.035	≤0.030	3.00～5.50	21.50～24.50	Mo 0.05～0.60 Cu 0.05～0.60 N 0.05～0.20
022Cr25Ni7Mo4N	≤0.030	≤0.80	≤1.20	≤0.035	≤0.020	6.00～8.00	24.00～26.00	Mo 3.00～5.00 Cu 0.50 N 0.24～0.32
022Cr25Ni7Mo4WCuN	≤0.030	≤1.00	≤1.00	≤0.030	≤0.010	6.00～8.00	24.00～26.00	Mo 3.00～4.00 Cu 0.50～1.00 N 0.20～0.30 W 0.50～1.00 Cr+3.3Mo+16N≥40

2. 双相不锈钢的耐蚀性

双相不锈钢中奥氏体相的存在，降低了高铬铁素体不锈钢的脆性，提高了韧性和可焊性，并防止了晶粒长大倾向；铁素体相的存在，提高了奥氏体不锈钢的强度，尤其是屈服强度和导热系数，大大提高了钢的耐应力腐蚀开裂性能，改善了耐点蚀性能等。

（1）耐全面腐蚀性能 双相不锈钢的耐蚀性，主要取决于钝化元素的含量及在两相中的分配，如两相在一定条件的介质中均产生钝化，可避免发生相选择性腐蚀。如双相不锈钢不易产生微电池加速腐蚀，就是因为其含有较高的铬和一定量的镍、钼、铜等元素，一定温度下，固溶在钢中的元素在两相中的分布相平衡，并与相分配有关。

一般而言，双相不锈钢的耐蚀性能，同含铬、钼相当的高铬铁素体或铬镍奥氏体不锈钢接近，并受相比例的控制。在某些介质中，如浓硝酸、稀盐酸、中等浓度的硫酸、磷酸、乙酸和尿素介质中，部分双相不锈钢（如 0Cr26Ni5Mo2）比普通铬镍奥氏体不锈钢耐蚀性更好。

(2) 耐晶间腐蚀性能　与奥氏体不锈钢相比，双相不锈钢具有优良的耐晶间腐蚀性能，这与均匀分布的铁素体相有关。一般奥氏体形成元素，如碳、氮、镍等多富集于 γ 相，而铁素体形成元素，如铬、钼等多富集于 α 相中。铬在铁素体相中含量高，扩散速率快，析出碳化铬而造成的贫铬区很快得到铬的补充而消除，由贫铬造成的晶间腐蚀减少，甚至不发生。

双相不锈钢产生晶界腐蚀的程度与相比例相关。如达到一定的极限 α 相含量时，可消除晶间腐蚀倾向，当铁素体相含量过多时，因呈连续网络状分布，其抗晶间腐蚀能力又会变差。

(3) 耐应力腐蚀开裂性能　与奥氏体不锈钢相比，双相不锈钢具有更高的耐应力腐蚀开裂性能。其耐应力腐蚀开裂性能随铁素体含量的增加而提高，在铁素体与奥氏体含量为 1∶1 时，断裂敏感性最小。

双相不锈钢耐氯化物应力腐蚀开裂性能，高应力下与奥氏体不锈钢相同，短时间内便会产生裂纹，低应力下使用时间较长。

3. 双相不锈钢的应用

双相铬镍不锈钢 0Cr21Ni5Ti 和 1Cr21Ni5Ti 是为了替代 1Cr18Ni9Ti 而节约镍，主要用于化学工业中制造硝酸分离器、冷却塔、吸收塔等，还可用于耐硝酸、高强度的部件，如航空发动机壳体和火箭发动机燃烧室外壁等。00Cr26Ni6Ti 主要用于替代 18-8 不锈钢等耐应力腐蚀和疲劳腐蚀的奥氏体不锈钢，因耐蚀及高强度，特别适用于耐蚀的紧固件设备及零部件，如核反应堆紧固件。

双相铬镍钼不锈钢 00Cr18Ni5Mo3Si2 和 00Cr18Ni6Mo3Si2Nb 是 Cr18 型铬镍双相不锈钢的主要代表，主要用于化工、化肥、炼油和造纸工业制造塔、槽、容器及管线，特别适用于制造各种换热设备。00Cr22Ni5Mo3N 广泛用于炼油、化肥、石化等工业，用于解决磷酸、尿素、乙酸等的腐蚀，耐含氯离子介质的点蚀及应力腐蚀，用于制造热交换器、塔、槽、管线等装置和构件。

双相铬镍钼铜不锈钢可用于石油化工和造纸等工业部门，特别适用于海洋环境中，耐海水腐蚀和磨蚀，用于制造泵、阀门、螺旋推进器等。

超级双相不锈钢 00Cr25Ni7Mo4N 主要用于石油化工、炼油工业及海洋环境，用于制造塔、槽、管线，特别是以海水为冷却介质的各种热交换器。

双相铬锰氮不锈钢 0Cr17Mn14Mo2N 可用于全循环法生产尿素的装置，还可用于制造耐乙酸的设备以及合成纤维工业的设备和部件。

七、沉淀硬化不锈钢

沉淀硬化不锈钢也是马氏体铬镍不锈钢，其含镍量可达 8%～10%。沉淀硬化不锈钢是通过热处理析出的微细的金属间化合物和某些少量碳化物而产生沉淀硬化，从而获得具有高强度和一定耐蚀性的高强不锈钢，兼有铬镍奥氏体不锈钢耐蚀性好和马氏体铬钢强度高的优点。

1. 沉淀硬化不锈钢的分类及化学成分

沉淀硬化不锈钢主要包括以下 4 类。

(1) 半奥氏体沉淀硬化不锈钢　半奥氏体沉淀硬化不锈钢是一类 Cr-Ni 不锈钢，含沉淀硬化 Cu、Mo、Al、Ti、Nb 等元素。代表钢种有 0Cr17Ni7Al(17-7PH)和 0Cr15Ni7Mo2Al(PH15-7Mo)。

这类钢的固溶状态的金相组织基本为奥氏体，含 5%～20%的铁素体。通过调整处理和负温处理，奥氏体转变为马氏体，沉淀硬化后强度进一步提高，强度≥1600MPa。

（2）马氏体沉淀硬化不锈钢　代表钢种有 0Cr17Ni4Cu4Nb(17-4PH)和 0Cr15Ni5Cu3Nb。这类钢的固溶状态为马氏体，耐蚀性能比普通马氏体不锈钢优越。此类钢利用马氏体相变和沉淀硬化相结合提高钢的强度和硬度，与半奥氏体沉淀硬化不锈钢相比，其热处理工艺简单，通过改变时效温度，可在相当宽的范围内调整其力学性能。

（3）奥氏体沉淀硬化不锈钢　代表钢种有 0Cr15Ni25Mo2TiAlV(A-286)与 1Cr17Ni10P(17-10P)，这类钢没有相变过程，通过时效处理析出金属间化合物达到强化目的。与其他类型沉淀硬化不锈钢相比，其加工性能好，耐蚀性高，常作为耐热钢使用。

（4）马氏体时效不锈钢　代表钢种有 00Cr14Ni6Mo2AlNb，其固溶状态为马氏体，特点是含碳量很低，一般≤0.03%。它利用马氏体相变，以超低碳马氏体为基础通过金属间化合物相的时效强化原理，获得高强度、韧性、塑性的一类不锈钢。此类钢弥补了马氏体和半奥氏体沉淀硬化不锈钢的不足，因含 Cr 量低（≤12%），耐蚀性相较于其他不锈钢略差。

国内沉淀硬化不锈钢的钢号及化学成分见表 5-22。

表 5-22　国内沉淀硬化不锈钢的钢号及化学成分（GB 20878—2007）

钢号	化学成分/%							
	C	Si	Mn	P	S	Cr	Ni	其他
04Cr13Ni8Mo2Al	≤0.05	≤0.10	≤0.20	≤0.010	≤0.008	12.30～13.20	7.50～8.50	Mo 2.00～3.00 N≤0.01 Al 0.90～1.35
07Cr17Ni7Al	≤0.09	≤1.00	≤1.00	≤0.040	≤0.030	16.00～18.00	6.50～7.75	Al 0.75～1.50
07Cr15Ni7Mo2Al	≤0.09	≤1.00	≤1.00	≤0.040	≤0.030	14.00～16.00	6.50～7.50	Mo 2.00～3.00 Al 0.75～1.50
05Cr17Ni4Cu4Nb	≤0.07	≤1.00	≤1.00	≤0.040	≤0.030	15.00～17.50	3.00～5.00	Cu 3.00～5.00 Nb 0.15～0.45
07Cr12NiMn5Mo3Al	≤0.09	≤0.80	4.40～5.30	≤0.030	≤0.025	11.00～12.00	4.00～5.00	Mo 2.70～3.30 Al 0.50～1.00

除铬、镍外，沉淀硬化不锈钢还含有直接或间接形成沉淀硬化相的元素，如 Ti、Nb、Al、Mo、Co、Cu 等，其碳含量很低。

高铬使钢具有高耐蚀性和高淬透性，低碳可避免与铬结合降低耐蚀性，保证钢的可焊性。镍的作用主要是使钢奥氏体化，调整钢的相变点，特别是马氏体转变温度以及与其他元素形成沉淀硬化相等。钼主要是增加耐蚀性和形成硬化相。钴不形成沉淀相，主要作用是强化基体和限制其他元素在基体中的溶解度，并促使其他元素较多较快地形成沉淀相。

2. 沉淀硬化不锈钢的耐蚀性

沉淀硬化不锈钢具有强度高、耐蚀性好的优点。其耐蚀性能不仅与成分有关，与热处理特别是与时效温度也密切相关。

（1）耐全面腐蚀性能　通常马氏体沉淀硬化不锈钢 17-4PH 钢（0Cr17Ni4Cu4Nb）的耐蚀性与 18-8 型奥氏体不锈钢相当，比铬不锈钢好。因 17-4PH 钢时效析出富铜相，在氧化性酸中时效态比固溶态的耐蚀性差,在还原性酸中耐蚀性较好。

17-7PH 钢的耐蚀性与 17-4PH 钢接近,在氧化性酸中耐蚀性良好,但不耐 H_2SO_4、HCl 等还原性酸的腐蚀。为改善在还原性酸中的耐蚀性,可加入铜、钼。

(2)耐局部腐蚀性能　氢脆:在酸性 H_2S 水溶液中,17-4PH 钢和 17-7PH 钢均易发生氢脆,且对时效温度十分敏感,如 17-4PH 钢在 317℃时效,易破断,在 510℃以上时效,则不易破断。

应力腐蚀开裂:17-7PH、17-4PH、PH15-7Mo 和 AM350 等时效组织为马氏体的钢种,其耐应力腐蚀行为类似马氏体不锈钢。马氏体沉淀硬化不锈钢比半奥氏体型沉淀硬化不锈钢的断裂韧性和抗应力腐蚀性能高很多,抗应力腐蚀开裂性能和断裂韧性在过时效态时比最高强度时效态好。

3. 沉淀硬化不锈钢的应用

0Cr17Ni4Cu4Nb 是沉淀硬化不锈钢中应用较广、产量相对较大的一种马氏体沉淀硬化不锈钢,多用于要求不锈、耐蚀及温度≤400℃条件下工作的高强度零部件,如汽轮机末级叶片、发动机承力构件、船用螺旋桨、阀门、泵等部件。

半奥氏体沉淀硬化不锈钢 0Cr17Ni7Al 主要用于化工、航空航天及原子能工业中制造高强度耐蚀构件,如容器、管道、弹簧、齿轮、轴等。

超低碳马氏体时效不锈钢 00Cr12Ni10AlTi 主要用于要求高强度、良好韧性和较好耐蚀性的装置和部件,如螺旋推进器、塑料模具等。

第五节　耐热钢及其合金

随着石油工业的发展,耐高温高压、高温腐蚀的问题日益突显。化学工业中的合成氨、合成甲醇、氢化脱硫、制氢、制镁等装置中超过 700℃的高温高压部件,常采用耐热钢及其合金。

一、耐热钢及其合金的基本要求

耐热钢及其合金需在高温下长时间连续或断续工作,因此要求其具有:在高温下抗蠕变和抗破断能力;抗高温氧化性和耐热腐蚀性;高组织稳定性;足够的塑性、韧性、冷加工、热加工和焊接性等工艺加工性能。

抗高温氧化性包括抗高温硫化、抗高温渗碳和抗高温渗氮等性能。热腐蚀性指耐高温环境(600~950℃)的腐蚀。

二、耐热钢及其合金的分类

1. 按照耐热钢及其合金的性能和用途分类

(1)热强钢及其合金　要求兼有良好的抗蠕变、抗破断和抗氧化性能,经常还要求能承受周期性的可变应力。

(2)抗氧化钢及其合金　要求具有足够高的抗氧化性,但对抗蠕变及抗破断能力要求不高,有时甚至只要求能够承受自重。

2. 按照耐热钢及其合金的组织分类

(1)珠光体钢　组织为珠光体,热胀系数小,热导率大,工艺性能好,使用温度可达 450~

620℃。

（2）马氏体钢　组织为马氏体，含 Cr 量 9%～13%，在 650℃左右具有良好的抗氧化性，在 600℃以下具有较好的热强性，较大的淬硬倾向，但焊接性较差。

（3）铁素体钢　组织为单相铁素体，钢的焊接性差，且具有脆性，为提高抗氧化性添加了一定数量的 Cr、Si、Al 等元素。

（4）奥氏体钢及其合金　含 Cr 量较高，还含有较高的 Ni、Mn、N 等奥氏体形成元素，以及 Mo、W、Al、Ti 等铁素体形成元素和强化元素。

三、抗氧化钢及其合金的应用

1. 铬系铁素体抗氧化钢

Al、Si 比 Cr 元素对钢的抗氧化性影响较大，Al 比 Cr 元素的抗硫化性能好，Nb、Ti 等比 Cr 元素的耐因氢引起的脱碳脆性（氢脆）好，但 Al、Si、Nb、Ti 等元素会使钢变脆，甚至难以变形。Cr 元素能提高钢的常温和高温强度以及抗氧化性能，因此 Cr 是耐热钢中不可缺少的元素。常见的铁素体耐热钢有 Cr25N、0Cr13Al、00Cr12、1Cr17。如 Cr25N 钢具有耐高温腐蚀性能，温度在 1080℃以下不产生易剥落的氧化皮，可用于燃烧室。

2. 铬镍系奥氏体抗氧化钢

Cr-Ni 系奥氏体抗氧化钢具有高温强度和高温蠕变强度好、加工焊接性能优良的特点，不仅能用于高温，也可用于低温及极低的温度条件，线胀系数较大、热导率较低、电阻率较高、可以冷加工强化。加工温度可达 1100～1140℃。常见的有耐中温的 18Cr-8Ni 型，耐高温的 25Cr-20Ni 型、15Cr-35Ni 型。

如 1Cr18Ni9Ti 钢是广泛应用的耐热钢，在空气中的热稳定性可达 850℃。它可用于制造火力发电中在 610℃以下长期工作的过热器管道及结构件，850℃以下工作的各种耐热抗氧化部件；石油工业中 600～800℃（壁温）油加热器管道、塔体复合板，-195℃的热交换器；化学工业中的管式加热炉、热交换器、吸收塔等；国航发动机排气总管和支管、喷管及热端部分气封。

3. Cr-Mn-Ni-N 系奥氏体抗氧化钢

Cr-Mn-Ni-N 钢用 Mn 及 N 代替部分镍，可使钢保持稳定的奥氏体组织。如 5Cr21Mn9Ni4N 钢具有高温强度、高温硬度和抗 PbO 腐蚀性能优良的特点，价格便宜，广泛用于制造耐 PbO 腐蚀及燃气腐蚀的内燃机排气阀。

属于 Cr-Mn-N 系的奥氏体耐热钢 2Cr20Mn9Ni2Si2N 具有较好的抗氧化、抗硫与抗渗碳性，可在 950℃的条件下长期使用，用于制造加热炉输送带、炉底板和锅炉吊架等。

四、热强钢及其合金的应用

1. 低合金热强钢

低合金热强钢的合金元素含量虽然低，但热导率高，工艺加工性能好，在中、高温下具有较高的热强性，应用广泛。钼钢在低温低应力下，蠕变强度取决于沉淀硬化，在高温高应力条件下，固溶体中 Mo、N 和 C 的交互作用使其固溶强化效果增强。在钼钢中加入铬，沉淀硬化过程比固溶强化效果好，使其具有较高的持久断裂韧性。在铬钼钢中加入钒，可进一步加强沉淀硬化效果。

如 15CrMo 钢主要用于壁温≤550℃的过热器，温度≤510℃的高、中压蒸汽导管和锻件。在油中的最高使用温度为 600℃，在蒸汽中的最高使用温度为 540℃。

2．中合金（5%～12%Cr）热强钢

在含 Cr 量 5%～6%的钢中添加 Mo、V、W 可改善其热强性，添加 Al、Si 可改善其抗氧化性。含 Cr 量 7%～10%的钢，添加 Al 后可制造蒸汽过热器的炉子构件。含 Cr 量 13%的钢，在 800℃的条件下也具有良好的抗氧化及热强性。如 1Cr5Mo 钢，在热石油产品中有很好的耐热性和耐腐蚀性，其最高抗氧化温度为 650℃，最高抗石油热裂温度为 600℃，可用于制造再热蒸汽管、石油裂解管、泵的零件、阀门、活塞、高压加氢设备部件等。

3．Cr-Ni 系奥氏体热强钢

Cr-Ni 系奥氏体钢在保证奥氏体组织的前提下，加入固溶强化元素 W、Mo，稳定化元素 Nb、Ti 可提高其热强性。如 4Cr14Ni14W2Mo 在 650～700℃具有良好的力学性能，可用于内燃机重负荷排气阀，最高抗氧化温度为 850℃，抗热强温度为 650℃，也可用于 525～650℃的法兰紧固件，温度小于 600℃腐蚀介质中的弹簧安全阀杆、阀盘和导向套等。

4．节镍奥氏体耐热钢

节镍奥氏体耐热钢具有很高的高温强度和良好的抗氧化性，但在 700～900℃长期使用后，有脆化倾向，可用于工业加热炉、石油裂解炉、合成氨设备的转化炉管等。

5．沉淀硬化不锈钢

沉淀硬化不锈钢是高强度不锈钢的重要组成部分，因沉淀硬化不锈钢在 480～650℃范围内具有足够的抗氧化性和一定的耐热性。如 0Cr17Ni4Cu4Nb 钢可用于温度＜400℃的高强度耐蚀部件，用于制作高温不锈结构件、耐蚀耐磨部件等。

6．高温合金

高温合金泛指在 650℃以上的高温条件、一定应力下可短期或长期工作的具有抗氧化或抗腐蚀能力的一类金属材料，如铁基（Fe-Ni 基）、镍基、钴基。因合金化程度高、性能优越，又称为超合金。

高温合金具有较高的高温强度，良好的抗氧化和抗腐蚀性，良好的抗疲劳性、组织稳定性、强韧性等综合性能和良好的热加工、铸造、切削、焊接和成型等工艺性能。随着环境保护与安全生产要求的提高，尽管高温合金价格昂贵，但用其制造的关键部件越来越多地被采用。

高温合金可用于制造航空、航天发动机的高温承力耐蚀结构件，也可用于制造能源开发、石油化工等国民经济部门所需的高温耐蚀结构件，如工业燃气轮机、烟气轮机、内燃机用增压涡轮等。

第六节　有色金属及其合金

为了满足化工生产过程各种复杂的工艺条件，除铁碳合金外，有色金属及其合金也发挥着重要的作用。与黑色金属相比，有色金属具有很多优良的特殊性能，如良好的导电、导热性，优良的耐蚀性、冲击韧性，显著的可塑、可焊、铸造及切削加工性能等。

有色金属

密度不大于 3.5g/cm³ 的有色金属称为轻有色金属，如铝、镁、铍等；密度大于 3.5g/cm³ 的有色金属称为重有色金属，如铜、镍、铅、锌等。钛、钨、钼、钒、锆、铌、钽等为稀有金属；金、银、铂等为贵金属；镭、铀、钍、钋等为放射性金属。

一、铝及铝合金

铝在地壳中约占 7.5%，比其他有色金属的总和还要多，资源较丰富。化工中常用的铝及其合金有纯铝、铸造铝合金和防锈铝。

1. 纯铝的化学成分及其特点

（1）纯铝的特点　铝是轻金属（纯铝密度为 2.703g/cm³），导电导热性好，随杂质含量的增加导电、导热和耐蚀性均有所下降。铝的塑性高，但强度低，在低温条件下，随温度的下降，强度、塑性均增加。铝无磁性，冲击下不产生火花。

（2）纯铝的分类及化学成分　纯铝属于不可热处理强化铝合金，按照铝的纯度可将纯铝分为高纯铝、工业高纯铝和工业纯铝三个等级。常见纯铝的牌号及化学成分见表 5-23。

表 5-23　常见纯铝的牌号及化学成分

名称	牌号举例	Al	杂质/%					
			Fe	Si	Fe+Si	Cu	其他	总杂质
高纯铝	L05	99.999	—	—	—	—	—	≤0.001
	L04	99.996	≤0.0015	≤0.0015	—	≤0.001	—	≤0.004
	L03	99.99	≤0.0030	≤0.0025	—	≤0.005	—	≤0.010
	L02	99.97	≤0.015	≤0.015	—	≤0.005	—	≤0.03
	L01	99.93	≤0.04	≤0.04	—	≤0.01	—	≤0.07
工业高纯铝	L0	99.90	≤0.06	≤0.06	≤0.0095	≤0.005	—	≤0.10
	L00	99.85	≤0.10	≤0.08	≤0.142	≤0.008	—	≤0.15
工业纯铝	L1	99.7	≤0.16	≤0.16	≤0.26	≤0.01	—	≤0.3
	L2	99.6	≤0.25	≤0.20	≤0.36	≤0.01	—	≤0.4
	L3	99.5	≤0.30	≤0.30	≤0.45	≤0.015	—	—
	L4	99.3	≤0.30	≤0.35	≤0.60	≤0.05	≤0.1	
	L5	99.0	≤0.50	≤0.50	≤0.90	≤0.02	Zn≤0.1，Mn≤0.1，Mg≤0.1，其他≤0.1	
	L6	98.8	≤0.55	≤0.55	≤1.0	≤0.1	—	≤1.2
	L7	98.0	≤1.0	≤1.0	≤1.8	≤0.05	—	≤2.0

2. 铝合金的化学成分及其特点

铝合金的相对密度与合金元素的种类及含量有关，仅为钢的 1/3，为 2.63～2.85。铝合金的强度高，比强度（强度/相对密度）高，在相同质量下，能承受更大的负荷，多用于航天航空工业。

（1）铝合金的二元相图　由铝与其他合金元素形成的二元相图（图 5-8）可知，绝大部分合金元素在富铝侧形成有限固溶体，并有共晶转变。合金元素的量低于最大溶解点 D 时，加热合金后可成为单相固溶体，因塑性好，便于加工，称为"变形铝合金"。合金元素量大于 D 点后，出现共晶组织，塑性差，流动性好，适于铸造，称为"铸造铝合金"。

（2）铝合金的分类 铝合金分类方法较多，按相图分为"变形铝合金"和"铸造铝合金"；按热处理能否强化分为"可热处理强化铝合金"和"不可热处理强化铝合金"；按主要合金元素的量分为铝-锰系、铝-镁系、铝-铜系、铝-锌-镁-铜系。

热处理强化的变形铝合金根据所加入的能起强化作用的元素及所形成的强化相结构的不同分为硬铝、超硬铝和锻铝三种。铸造铝合金属于可热处理强化铝合金，常见的牌号及化学成分见表5-24。

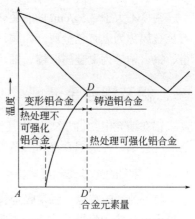

图 5-8 铝合金的二元相图

表 5-24 常见铸造铝合金的牌号及化学成分

名称	牌号	主要化学成分/%						总杂质/%	
		Al	Si	Cu	Mg	Mn	Ti	砂型铸造	金属型铸造
硅铝系	ZL101	余	6.0~8.0	—	0.2~0.4	—	—	≤1.2	≤1.6
	ZL102	余	11.0~13.0	—	—	—	—	≤2.2	≤2.3
	ZL103	余	4.5~6.0	1.5~3.0	0.3~0.7	0.3~0.7	—	≤1.2	≤1.8
	ZL104	余	8.0~10.5	—	0.17~0.3	0.2~0.5	—	≤1.2	≤1.5
	ZL105	余	4.5~5.5	—	1.0~1.5	0.35~0.6	—	≤1.0	—
铝铜系	ZL201	余	—	4.5~5.3	—	0.6~1.0	0.15~0.35	≤1.0	—
	ZL202	余	—	9.0~11.0	—	—	—	≤2.8	≤3.0
铝镁系	ZL301	余	—	—	9.5~11.5	—	—	≤1.3	—
	ZL302	余	0.8~1.3	—	4.5~5.5	0.1~0.4	—	≤0.7	—

防锈铝合金属于不可热处理强化铝合金，常见的牌号及化学成分见表5-25。

表 5-25 常见防锈铝合金的牌号及化学成分

名称	牌号	主要化学成分/%					总杂质（Fe、Si、Cu、Mg、Zn）/%
		Al	Mg	Mn	Si	Ti	
防锈铝	LF2	余	2.0~2.8	或 Cr 0.15~0.4	—	—	≤0.8
	LF3	余	3.2~3.8	0.3~0.6	0.5~0.8	—	≤0.85
	LF5	余	4.0~5.5	0.3~0.6	—	—	≤1.35
	LF11	余	4.8~5.5	0.3~0.6	—	0.02~0.1 或 V 0.02~0.2	≤1.35
	LF21	余	—	1.0~1.6	—	—	≤1.75

3. 铝及其合金的耐腐蚀性能及应用

铝是比较活泼的金属，其标准电极电位很负（-1.67V），在空气中极易氧化，生成致密而坚固的氧化膜（Al_2O_3），厚度为 5～10nm，熔点较高（2010～2050℃）。当氧化膜受到损坏破裂时，只要有氧的存在，氧化膜就可自动修复。因此铝的耐蚀性能很好，在大气、淡水、海水、浓硝酸、各种硝酸盐、汽油及许多有机酸中都具有足够的耐蚀性。同时铝合金中含有不同的元素，又具有各自的耐蚀特点。对纯铝而言，纯度越高越耐蚀。

（1）铝-锰合金耐蚀性能及其应用 铝中加入少量锰，可提高其强度。铝-锰合金中的主要金属化合物为 $MnAl_6$，其电极电位与钝铝相当，在纯铝中添加锰以后，会使一部分针状的 $FeAl_3$ 转变成片状的（FeMn）Al_6，因构成微阴极，氧化膜得到保护，耐蚀性能增强。

铝-锰合金属于防锈铝，典型合金是 LF21。与纯铝相比，锰-铝合金的强度高，焊接、耐蚀性能相近，常应用于飞机油箱、导管和食品等工业。

（2）铝-镁合金耐蚀性能及其应用 镁在铝中的固溶度较大，合金牌号较多，当镁含量在 2%～9%范围内时，合金具有良好的加工塑性和可焊性，合金强度随镁含量增加而增加。铝-镁合金的耐蚀性能随含镁量的增加而降低，当镁含量为 1%～3%时，具有接近纯铝的高耐蚀性；当镁含量超过 5%时，合金便会出现晶间腐蚀和应力腐蚀倾向；当镁含量超过 7%时，合金对应力腐蚀的敏感性尤为显著。热处理工艺对铝-镁合金的耐蚀性能有明显的影响，如 LF12 合金，温度在 200～250℃条件下，很容易发生晶间腐蚀和应力腐蚀；在温度低于 100℃或高于 350℃的条件下，没有应力腐蚀与晶间腐蚀倾向。铝-镁合金属于防锈铝合金，其耐蚀性能好、强度高、密度小，电抛光性能好，多用于民用及造船工业。如铝-镁铸造合金常用于制造承受冲击、振动载荷和耐大气、海水腐蚀，外形简单的重要零件。

（3）铝-铜-镁合金的耐蚀性能及其应用 铜是添加在铝合金中的一个重要元素，加入铜后，合金的强度提高，但耐蚀性能降低，为改善铝合金的有关性能，可加入其他元素，如镁、硅等。

铝-铜-镁合金也称硬铝合金，是使用较早、用途较广的铝合金，具有高硬度和高强度，按其合金元素含量及使用性能不同分为：低强度硬铝、中强度硬铝、高强度硬铝。其耐蚀性：低强度硬铝＞中强度硬铝＞高强度硬铝。

硬铝合金耐蚀性能差，为提高其耐蚀性能，可在其表面包一层高纯铝。具有包铝层的高强度硬铝可用于骨架、铆钉、梁等 150℃以下工作的高强度结构零件。

（4）铝-锌-镁-铜系合金的耐蚀性能及其应用 铝-锌-镁-铜系合金的强度较高，是一种超硬铝合金，强度高达 588MPa。合金的主要强化相有 $MgZn_2$ 和 $Mg_3Zn_3Al_2$ 等。这类合金对应力腐蚀和晶间腐蚀十分敏感，可通过热处理工艺的改变提高耐应力腐蚀与耐晶间腐蚀性能。

对于应力腐蚀，还可以通过加入少量合金化元素改善。例如向含 6%Zn、2%Mg 的铝合金中添加 1%的 Cu 时，合金的抗应力腐蚀性能最佳。合金中 Zn 和 Mg 的比值对抗应力腐蚀性能有较大影响，含 8%的（Zn+Mg）合金，当 Zn/Mg 为 2.7～2.9 时，其抗应力腐蚀性能最佳。含 8.5%（Zn+Mg）+1%Cu 的合金，当 Zn/Mg 为 2.7～3.0 时，其抗应力腐蚀性能最佳。此外，为了提高其耐腐蚀性能，也可在超硬铝板表面覆以铝-锌（1%Zn）合金包层。

超硬铝合金主要用作受力较大的结构零件材料，如飞机大梁、起落架等。

二、铜及铜合金

（一）铜及铜合金的特点

铜是人类历史上最早应用的金属之一，其突出优点是导电、导热性好，仅次于银。铜的标准电极电位比氢高,在酸性溶液中的电化学腐蚀一般不发生析氢反应;但比氧的电极电位低,在大多数介质中铜的腐蚀为阴极过程氧的去极化反应。因此,在非氧化性酸和缺氧的酸溶液中,铜与大多数铜合金的化学稳定性高,几乎不发生腐蚀。

铜能与很多元素形成固溶体,因此铜合金一般具有均一的金相组织。合理选择的铜合金比纯铜的耐蚀性更好。铜合金的腐蚀与纯铜的腐蚀规律相近,部分铜合金会在有关介质中生成钝化膜,其腐蚀过程在一定程度上遵循钝化型金属的某些规律。

(二)铜及铜合金的耐蚀性能及应用

铜和铜合金在许多介质中具有优良的耐蚀性,良好的强度、塑性、焊接性、压力加工性和耐磨性等,广泛用于化学工业制作热交换器、容器、阀门、泵等机械和零件。但铜矿贮藏量有限,越来越多的不锈钢和塑料已经代替了耐蚀铜合金。

根据主要合金元素,铜及其合金可分为4大类,即紫铜、黄铜、青铜和白铜。按照加工状态的不同,铜及其合金可分为两大类,即铸造铜合金、加工铜合金。

1. 紫铜

紫铜又称纯铜,表面呈紫红色,根据含氧量的不同可分为:加工紫铜(工业纯铜,含氧量0.02%~0.10%)、无氧铜(含氧量低于0.003%)和脱氧铜(含氧量低于0.01%)。

紫铜在大气中能生成一层保护层,保护层的成分为$CuCO_3 \cdot Cu(OH)_2$,稳定性较高,在一般的化工大气(如含氯、溴、碘、硫化氢、二氧化硫等)中,尤其是潮湿的情况下,铜易发生腐蚀。

铜的电极电位比氢正,比氧负,当没有氧化剂存在时,在水及非氧化性酸中不可能析出氢气。如在稀的和中等浓度的硫酸、盐酸、乙酸、柠檬酸、乳酸、脂肪酸等溶液中,显示出良好的耐蚀性能。当这些酸中含有氧(空气饱和)或氧化剂时,腐蚀速率明显提高。

铜在苛性碱和中性盐溶液中较稳定,但在氨、氨盐、氯化物、氰化物等水溶液中易腐蚀,因为铜离子配合形成$[Cu(NH_3)_4]^{2+}$或$[Cu(CN)_4]^{2-}$,铜离子浓度的降低,使铜的电位降低,促进了铜的腐蚀。

在高温条件下,铜的耐蚀性能不佳,强度也有所降低。

纯铜主要用于制作导电、导热和耐腐蚀的部件,作为耐蚀材料广泛用于有机合成和有机酸工业,也广泛用于深度冷冻及空分设备,还可用于热交换器、蒸馏釜、管道、泵、阀门等设备。

2. 黄铜

黄铜指以铜、锌为主的二元和多元铜合金,二元铜锌合金称为普通黄铜,其耐蚀性不佳,加入锡、锰、铝、硅、铁等元素的合金称为特殊黄铜,具有更好的耐蚀性能。与纯铜相比,黄铜机械强度高、工艺性能好、价格便宜,应用广泛。

(1)合金元素的作用 锡能在黄铜表面形成致密的二氧化锡保护膜,提高黄铜的强度和耐海水腐蚀性能,故锡黄铜又称海军黄铜。锰(1%~2%)的加入能明显提高黄铜的工艺性能、强度和耐蚀性,对阻止黄铜脱锌效果明显。加入铝后能提高黄铜的强度、硬度和耐蚀性等。加入铁(1%~3%)可提高黄铜的强度和硬度,降低塑性,显著提高黄铜在大气、海水中的耐蚀性能。硅能在黄铜表面形成一层致密的二氧化硅保护膜,显著提高其在大气和海水中的耐蚀性能。

(2)耐蚀性能 黄铜在农村、城市及海洋大气条件下腐蚀极慢。在淡水和无冷凝水的水蒸气中腐蚀也极微。水中的氟化物对腐蚀影响不显著,氯化物影响较大,碘化物影响强烈。干燥的氟、氯、溴、氯化氢、氟化氢、四氯化碳等在室温下对黄铜几乎没有腐蚀作用,但当有水汽存在时，卤素对黄铜的腐蚀作用增强。干燥的氯甲烷、氯乙烷以及溴和氟的有机化合物对黄铜的作用极微，因此黄铜广泛地用于这些化合物的生产及氟利昂有关冷却设备的结构中。硝酸和盐酸对黄铜腐蚀严重，硫酸腐蚀较轻。黄铜在苛性碱溶液中腐蚀速率较低，当有空气和升温条件时，腐蚀速率增大。黄铜在应用中存在两种特殊的腐蚀形式：脱锌和破裂。脱锌是一种典型的成分选择腐蚀，黄铜脱锌是用海水冷却黄铜冷凝管而破坏冷凝管的主要形式。破裂指应力腐蚀开裂，黄铜在潮湿的大气和淡水中，会有应力腐蚀开裂现象。黄铜在加工过程或使用过程（O_2、NH_3、SO_2介质）中也常发生开裂现象。

3. 青铜

青铜是最早使用的一种有色金属合金，按照主要合金元素的不同分为：锡青铜、铝青铜、铍青铜等。按用途和加工方式分为：加工青铜、铸造青铜。

（1）锡青铜　铜锡合金称为锡青铜，添加磷、锡、铅、镍等元素后，锡青铜才有了实际应用价值。锡青铜的力学性能良好，耐磨性高，铸造工艺及耐蚀性能较好。

在大气中，锡青铜表面形成一层致密的二氧化锡保护膜，可提高其耐蚀性能。锡青铜和纯铜有相似的化学稳定性。在非氧化性酸（稀硫酸、盐酸、有机酸等）以及盐溶液中耐蚀性能良好。当有氧化剂，如硝酸存在时，腐蚀加剧。氨溶液对锡青铜具有腐蚀作用。在大气、淡水、海水中锡青铜的稳定性较好。干燥气体（氯、溴、氟、二氧化碳）与锡青铜无作用，但在高温条件下，氯、溴、碘等容易与锡青铜发生反应而造成腐蚀。

锡青铜因耐磨性能较好，广泛用于制造既耐磨又耐蚀的轴承、轴套、齿轮、泵、阀门、旋塞等零件。

（2）铝青铜　铝青铜是一种无锡青铜，含铝量为5%～10%的铝青铜在工业中用途最广。铝青铜的表面可形成一层致密而稳定的Al_2O_3保护膜，在一般氧化性介质中稳定性高，在还原性介质中也具有一定的耐蚀能力。

在铝青铜中加入少量铁、锰、镍等元素可提高其有关性能。铝青铜比锡青铜具有更高的机械强度、耐蚀、耐磨等性能，常用来制造承受高压、高速、高温运行的耐蚀耐磨零部件，如大型船舶的螺旋桨。

（3）铍青铜　铍青铜的含铍量不超过2.6%，具有较高的弹性极限、强度极限、疲劳极限和屈服点，较高的导电、导热、硬度、耐磨、抗蠕变、耐蚀和耐腐蚀疲劳性。在各种气体、海水、淡水等介质中化学稳定性高，晶间腐蚀倾向小。铍青铜主要用来制造一些特殊用途的弹簧和弹簧零件。

4. 白铜

白铜的耐蚀性能与纯铜相似，在海水、有机酸及各种盐溶液等腐蚀介质中，具有较高的化学稳定性，可用于石油化工制造冷凝器、热交换器等耐蚀零件。

加入13%～45%锌的白铜，为锌白铜，又称"中国银"。其耐蚀性高、力学性能好、相对密度低，呈银白色，可用于制造精密仪器、医疗卫生及通信工程零部件。

三、镍及镍合金

纯镍具有高耐蚀性、良好的塑性与韧性，是一种优良的耐蚀材料。镍对耐蚀性良好，具有抗氧化、抗硫化等特性的元素（铜、铬、铁、钼、硅等）有较高的固溶度，能组成成分范围广泛的耐蚀镍合金。

不锈钢是具有不锈性和耐蚀性的铁基耐蚀合金，以镍为基础添加其他合金元素的耐蚀合金称为镍基耐蚀合金。镍基耐蚀合金与不锈钢的主要区别在于镍含量的不同。不锈钢镍含量通常在20%以下；镍含量在20%～30%，为高镍不锈钢。规定镍含量在50%以上的合金，为镍基耐蚀合金；规定镍含量≥30%，Ni+Fe≥50%的合金为铁镍基耐蚀合金。

镍基耐蚀合金与耐热合金（高温合金）中都包括镍基和铁镍基，但他们的生产和发展过程、合金化原理、化学成分、性能特点以及使用环境等方面都有显著区别。高镍耐蚀合金以防腐为主要目的，高温合金以提升高温强度（如持久、蠕变等）为主要目的。

（一）高镍耐蚀合金的分类及牌号

高镍耐蚀合金按钢中主要合金化元素分为镍基耐蚀合金与铁镍基耐蚀合金。镍基耐蚀合金包括：镍铜耐蚀合金，镍铬耐蚀合金，镍钼耐蚀合金，镍铬钼（钨）耐蚀合金，镍铬钼铜耐蚀合金等。铁镍基耐蚀合金包括：铁镍铬耐蚀合金，铁镍钼耐蚀合金，铁镍铬钼耐蚀合金，铁镍铬钼铜耐蚀合金等。

高镍耐蚀合金的牌号见表5-26。

表5-26 高镍耐蚀合金的牌号

类型	化学成分	类型	化学成分
铁镍基耐蚀合金	0Cr20Ni32AlTi	镍基耐蚀合金	NiCu28Fe
	00Cr20Ni32AlTi		0Cr15Ni75Fe
	00Cr25Ni35AlTi		0Cr35Ni65
	0Cr20Ni43Mo13		0Cr50Ni50
	0Cr21Ni42Mo3Cu2Ti		0Cr30Ni60Fe10
	0Cr20Ni35Mo3Cu3Nb		00NiMo28Fe
	00Cr26Ni35Mo3CuTi		00NiMo30Fe2
	00Cr22Ni47Mo65Cu2Nb		00NiMo28Fe4
	00Cr22Ni48Mo7Cu2Nb		00Cr16Ni75Mo2Ti
			00Cr16Ni60Mo16W4
			00Cr16Ni66Mo16Ti
			00Cr22Ni57Mo13W3
			00Cr23Ni57Mo16Cu1.6

（二）镍的耐蚀性能

镍在还原性介质中耐蚀性较好，在氧化性介质中耐蚀性较差。

镍的突出耐蚀性是耐碱，在各种浓度和温度的苛性碱溶液或熔融碱中都很耐蚀。镍在高温（300～500℃）、高浓度（75%～98%）的苛性碱中使用时，使用前需进行退火处理，否则易产生晶间腐蚀。熔融碱中含有硫，会加速镍的腐蚀。镍在碱性介质中的耐蚀原因是含镍的钢表面可生成一层黑色保护膜。

镍在中性、酸性及碱性盐溶液中耐蚀性良好，但在酸性溶液中，尤其是含氧化剂时，会迅速加速腐蚀。在氧化性酸（硝酸）中，镍溶解迅速。镍对室温下的硫酸（浓度在80%以下）、稀盐酸是耐蚀的，但随温度的升高，腐蚀加剧。当向盐酸或硫酸内通入空气时，腐蚀速率剧增。镍在多种有机酸中很稳定，且镍离子无毒，可用于制药和食品工业。

镍在大气、淡水和海水中都很耐蚀,但当大气中含 SO_2 时,因在晶界生成硫化物影响其耐蚀性。

(三)高镍耐蚀合金的耐蚀性能

高镍耐蚀合金耐蚀性能高,综合力学性能好,应用广泛,但价格昂贵,不便轻易使用,需要根据各个合金的耐蚀特点,用在最合适的零部件上。

1. 铁镍基耐蚀合金

(1) Ni-Fe-Cr 型耐蚀合金 Cr20Ni32 是含 20%Cr、32%Ni 的铁镍基耐蚀合金,根据含碳的不同分为:标准型(Cr20Ni32Fe)、高碳型(1Cr20Ni32Fe)、中碳型(0Cr20Ni32Fe)和低碳型(00Cr20Ni32Fe),见表 5-27。

表 5-27 不同类型铁镍基耐蚀合金含碳量及其用途

类型	含碳量/%	用途
标准型	0.10~0.06	耐蚀性良好,强度高,塑性、韧性好
高碳型	0.05~0.10	制造高于 600℃ 的环境下工作的用于化工、石油化工和电力工业中的过热器、再热器、转化炉管、裂解炉管等
中碳型	0.03~0.06	制造在 350~600℃ 下工作的过热器、再热器等
低碳型	≤0.03	制造在 300~650℃ 下工作的蒸发器、换热器等

(2) Ni-Fe-Cr-Mo 型耐蚀合金 以 0Cr22Ni47Mo7Fe17(Hastelloy F)为代表,是含铬、铁量较高,含钼量较低的镍铬铁钼合金,优于高铬镍奥氏体不锈钢。因含镍量高,抗点蚀、应力腐蚀性能优于普通不锈钢;在氧化性介质中的耐蚀性及还原性介质中的耐蚀性优于不锈钢。

0Cr20Ni43Mo13 和 00Cr21Ni40Mo13 合金主要用于化工、海洋开发、有色金属冶炼等易发生点蚀的设备和构件,可用于制造塔、反应釜、泵和阀门等。

(3) Ni-Fe-Cr-Mo-Cu 型耐蚀合金 含合金化元素(Cr、Mo、Cu 等)及稳定化元素(Ti、Nb)的耐蚀合金,适用较广泛。元素 Mo 与 Cu 的复合作用,使其在硫酸、乙酸、甲酸等介质中有良好的耐蚀性能;元素 Cr、Mo、Cu 的适宜配比,使其耐氧化-还原复合介质的性能好,耐孔蚀、缝隙腐蚀性能佳。

0Cr21Ni42Mo3Cu2Ti 合金主要用于耐硫酸、磷酸腐蚀的场合。0Cr20Ni35Mo2Cu3Nb 合金耐硫酸、硝酸和混合酸及应力腐蚀。0Cr15Ni40Mo5Cu3Ti3Al 合金为高硬度、沉淀硬化耐磨蚀合金,可用于制造耐 80℃ 以下各种浓度的硫酸和 55%磷酸介质中的腐蚀磨损件。

2. 镍基耐蚀合金

(1) Ni-Cu 型耐蚀合金 高温下,镍与铜可以任意比例互溶,并在冷却过程中形成固溶体。镍铜合金是镍基耐蚀合金中用量最大、应用最广的一类。NiCu28Fe 是镍铜耐蚀合金中用量最大、用途最广且综合性能最好的一类。

镍铜合金的耐蚀性能在还原性介质中优于纯镍,在氧化性介质中优于纯铜。对非氧化性酸特别是氢氟酸的耐蚀性能非常好。镍铜合金对卤素、中性水溶液、一定浓度和温度的苛性碱溶液、中等温度的稀盐酸、硫酸、磷酸等是耐蚀的。对热浓碱液的耐蚀性也良好,但不如纯镍。

镍铜合金对浓硫酸、硝酸等氧化性酸,Cu^{2+}、Fe^{3+} 的硫酸盐和氯化物等氧化性盐,特别是 KCl、$NaNO_3$ 等熔融盐,以及 Ca、Na、K 等熔融金属,腐蚀速率快,不宜使用。

镍铜合金广泛用于化工、石油等工业中制造耐腐蚀的塔、槽、容器、管道、热交换器、冷凝器、阀件等。

（2）Ni-Cr 型耐蚀合金　在镍中加入适量铬，可提高耐氧化性酸的腐蚀、耐硫化腐蚀、耐应力腐蚀以及高温抗氧化等性能。铬的添加量可分为 15%～25% 和 30%～50% 两大类。

Cr20Ni80 合金在氧化性气氛中氧化后，形成一层致密的氧化膜，阻止进一步氧化。常用于制造加热元件、内燃机排气阀门等。

Cr30Ni60Fe10 合金具有对氧化剂、含硫气体的耐蚀性及较高力学性能，主要用于制造处理硝酸厂尾气的再热器及核燃料的蒸汽加热管等。

0Cr20Ni65Ti3AlNb 是一种以 Ni-Cr 为主，添加适量钛、铝、铌等合金化元素的时效硬化型奥氏体镍基合金。在氧化性介质中具有优良的耐腐蚀磨损性能，在硝酸溶液中与具有良好的耐蚀性，在含某些金属离子（硫酸根、氟离子）的酸性介质中亦有优良的耐蚀性。

（3）Ni-Mo 型耐蚀合金　在镍中加入钼，形成镍钼铁和镍钼耐蚀合金，可解决盐酸对金属材料的腐蚀。镍钼型耐蚀性合金在盐酸等还原性介质中具有极好的耐蚀性，但当酸中有氧或氧化剂时，耐蚀性却显著下降。常见合金为 00NiMo28 型合金及其改进型合金。

00NiMo28 型合金在盐酸（浓度≤20%）、磷酸、硫酸（浓度≤70%）、乙酸、甲酸等介质中耐蚀性良好。

（4）Ni-Cr-Mo（-W）型耐蚀合金　为了弥补镍钼型耐蚀性合金在含氧或氧化的酸中的腐蚀，加入铬，即镍铬钼合金。镍铬钼合金在许多介质中较镍铬合金和镍钼合金具有更加优良的耐蚀性。为降低成本及提高性能，在镍铬钼合金中加入铁、W 或 Cu。

镍铬钼合金在氧化性酸（硝酸、硝酸和硫酸的混酸）介质中耐腐蚀性良好，耐氧化性盐（三价铁盐、三价铜盐）或含其他氧化剂的介质的腐蚀，也可用于含氯和氯化物的介质。在海水、甲酸、乙酸等介质中均有良好的耐蚀性能。

00Cr16Ni75Mo2Ti 合金可耐高温 HF、F_2 与 HCl 气体的腐蚀，可用于制造氢氟化反应器和耐氟泵的隔膜材料等。

00Cr16Ni66Mo16Ti 合金主要用于耐盐酸、硫酸等无机酸，耐甲酸等有机酸，耐氯及含氯化合物的介质（海水），其耐缝隙腐蚀、点蚀性能良好，可用于制造耐蚀容器、反应器、管道、换热器、泵和阀门等。

00Cr22Ni57Mo13W3 合金主要用于海水、乙酸、HCl 和 HF 系统，磷酸、硝酸、氢氟酸酸洗设备，板式换热器，SO_2 冷却塔等，特别适用于既含有大量氯离子又含有大量氧化剂的介质。

（5）Ni-Cr-Mo-Cu 型耐蚀合金　Ni-Cr-Mo-Cu 是目前制作核燃料溶解器的最佳耐蚀材料。

00Cr23Ni57Mo16Cu1.6 合金在还原性介质、氧化性酸介质、氧化-还原介质均具有良好的耐蚀性，特别是耐氢氟酸，含氯离子的酸介质，适宜温度和浓度的盐酸、硫酸介质，可用于制造反应器、热交换器、管线和各种配件等。

四、铅及铅合金

铅（Pb）是化学工业中应用较早的金属材料之一，标准电极电位为 -0.126V，在电动序中低于氢的电位。铅的熔点低，当使用温度超过 100℃ 时，其力学性能下降，耐腐蚀性能下降。一般而言，其使用温度不要超过 150℃。但作为钢的衬里，有时可以达到 230℃。铅的铸造性能差，很软，不适于在摩擦条件下使用。铅是有毒金属，不能用于饮水、食品、医药设备等。

1. 铅及铅合金的化学成分

一般工业用的纯铅及铅合金的牌号与化学成分见表5-28。

表5-28 纯铅及铅合金的牌号与化学成分

合金分类	牌号	主要成分%		杂质总和/%	备注
		Pb	Sb	Ag、Cu、Sb、Sn、As、Bi、Fe、Zn、Mg、Ca、Na	
纯铅	Pb1	≤99.994		≤0.009	Sb 为杂质
	Pb2	≤99.99		≤0.01	
	Pb3	≤99.98		≤0.02	
	Pb4	≤99.95		≤0.05	
	Pb5	≤99.9		≤0.1	
	Pb6	≤99.5		≤0.5	
铅锑合金	PbSb0.5	余量	0.3~0.8	≤0.15	Sb 为合金元素
	PbSb2	余量	1.5~2.5	≤0.2	
	PbSb4	余量	3.5~4.5	≤0.2	
	PbSb6	余量	5.5~6.5	≤0.3	
	PbSb8	余量	7.5~8.8	≤0.3	

2. 铅的耐蚀性能

铅的耐腐蚀性主要取决于其腐蚀产物在化学介质中的溶解度。

铅在干燥或潮湿的空气中均极为稳定，在大多数土壤中腐蚀速率较低。

铅在既无氧又无 CO_2 的蒸馏水中，不发生腐蚀；在无氧含有 CO_2 的蒸馏水中也几乎不腐蚀；在含氧和 CO_2 的蒸馏水中，其腐蚀行为取决于 CO_2 的含量。铅在天然水和生活用水中的腐蚀速率取决于水的硬度，当钙、镁离子含量超过 125×10^{-6} 时，铅表面形成的氧化膜能够有效阻止腐蚀。在软水、充氯和生活用水中，铅的腐蚀速率取决于水的硬度及含氧量，当水中钙、镁离子含量低于 125×10^{-6} 时，铅的腐蚀速率类似于在蒸馏水中的腐蚀速率，受 CO_2 和氧的浓度控制。铅在海水中腐蚀速率很低，因此可以用铅合金镀层保护用于海水的铜和其他金属。

铅在稀硫酸、磷酸（<80%）、亚硫酸、铬酸、氢氟酸（<60%）中是稳定的，因其腐蚀产物（硫酸铅、磷酸铅等）在铅上的附着力强、溶解度低。但在高温高浓度下，耐蚀性下降，因附着膜被溶解。铅对盐酸耐蚀性不好，只有当盐酸含量<10%，温度不高时，才稳定。铅在硝酸及乙酸、甲酸等有机酸中不耐蚀，因腐蚀产物（硝酸铅、乙酸铅、甲酸铅等）在这些酸中的溶解度很大。当有氧存在于酸中时，铅的腐蚀速率显著增大。铅在氢氟酸中耐蚀性中等。当在某些对铅腐蚀性较强的酸中添加适量硫酸时，铅的腐蚀速率减慢，如在稀硝酸中添加 H_2SO_4。

铅在苛性碱溶液中不耐蚀，因溶解生成亚铅酸盐（Na_2PbO_2）。铅在氨溶液、碳酸盐溶液中耐蚀，但当有过量游离的 CO_2 时，腐蚀严重。

铅在氟化物、氯化物、有机氯化物、过硫酸盐、乙酸盐、次氯酸盐、醛类、酚类中不稳定，在酮、醇、醚中是稳定的。

3. 铅及铅合金的应用

铅主要用作化工设备的衬里和管道，铅的强度极低，密度大，很软，限制了其使用，因此不能单独制造化工设备，仅可以用作衬里材料。加入 6%~14%锑的铅锑合金（硬铅），强度提高1倍，可用作蛇管、阀、泵壳等，但耐蚀性略有降低。加入少量碲，耐腐蚀性能有所加强。

铅及其合金通常用于处理和输送各种酸，如用于硫酸和磷酸的浓缩处理，某些条件下还用于氢氟酸、铬酸溶液的处理。

含1%锑的铅锑合金常用于制造电缆护套，可在电缆上覆盖一层抗渗透、耐蚀的保护层。用于电缆护套的铅锑合金可添加少量碲改善合金的耐蚀性和耐热性。

铅可阻止γ射线、X射线和中子穿透，可用于原子能工业屏蔽核辐射，作为屏蔽材料。

五、钛及钛合金

钛元素在地壳中的藏量丰富，占第四位，仅次于铝、铁、镁，比铜、镍、锡、铅、锌等有色金属的总量还多十几倍。钛的密度为 4.5g/cm^3，钛合金的强度较高，比强度大，主要用于航空工业，称为"空中金属"。在热力学上，钛是不稳定的，但在大气或水中，其表面都会立即生成一层保护性氧化膜，使之处于钝化状态，从而在许多腐蚀介质中具有优良的耐腐蚀性能，且这些氧化膜有很好的"自愈性"。

（一）钛及钛合金的分类及化学成分

根据纯钛生产方法的不同，分为碘化法钛和镁热法钛。碘化法钛的纯度可达 99.9%，又称高纯度钛；镁热法钛的纯度仅达 99.5%，又称工业纯钛。工业纯钛是目前在工业上大量应用的纯钛。表 5-29 列出了几种工业纯钛的牌号及化学成分。

表 5-29　工业纯钛的牌号及化学成分

牌号	Ti	杂质/%						
		Fe	C	N	H	O	单一其他元素	总和其他元素
TAD	余量	≤0.03	≤0.03	≤0.1	≤0.015	≤0.05	—	—
TA0	余量	≤0.15	≤0.1	≤0.03	≤0.015	≤0.15	≤0.1	≤0.4
TA1	余量	≤0.25	≤0.1	≤0.03	≤0.015	≤0.20	≤0.1	≤0.4
TA2	余量	≤0.3	≤0.1	≤0.05	≤0.015	≤0.25	≤0.1	≤0.4
TA3	余量	≤0.4	≤0.1	≤0.05	≤0.015	≤0.30	≤0.1	≤0.4

钛有两种同素异构体：在多晶转化温度（882.5℃）以下为 α 钛，具有密排六方晶格；当温度高于多晶转变温度，但低于熔点时，称为 β 钛，具有体心立方晶格。根据金相组织的不同，钛合金可分为三类：α 型钛合金、α+β 型钛合金、β 型钛合金。α 型钛合金的牌号有 TA4、TA5、……、TA8；β 型钛钛合金的牌号为 TB1、TB2，α+β 型钛合金的牌号有 TC1、TC2、……、TC10。钛合金的分类方法较多，按用途可分为强度钛合金、耐蚀钛合金、功能钛合金等。表 5-30 列出了常见的耐蚀钛合金。

表 5-30　耐蚀钛合金的牌号及化学成分

牌号	Ti	化学成分/%							
		H	O	N	Fe	Pd	Ta	Mo	Ni
Ti-Pd	基	≤0.01	≤0.02	≤0.05	≤0.05	0.1~0.2			
Ti-Ta	基	≤0.01	≤0.02	≤0.05	≤0.25		4.0~6.0		
Ti-Mo	基	≤0.01	≤0.02	≤0.05	≤0.25			10~32	
Ti-Mo-Ni	基	0.0013	0.013	0.013	0.056			0.3	0.8

（二）钛及钛合金的耐蚀性能

1. 工业纯钛

在工业上大量应用的是工业纯钛，它在许多介质中是极其耐蚀的，尤其是对氧化性介质及含氯、氯化物、氯酸盐等介质耐蚀性最佳。

2. 耐蚀钛合金

钛合金的耐腐蚀性大多低于工业纯钛，因此，一般情况下，用作耐腐蚀材料时，大多采用工业纯钛。使用钛合金的主要目的是为了增强部件的强度、硬度或加工性能。当工业纯钛不能满足还原性介质耐蚀性能要求时，可采用耐蚀钛合金。

（1）钛钯合金的耐蚀性　将贵金属钯加入钛而制得的钛钯合金，其表面的腐蚀电位提高，从而提高了钛在还原性介质中的耐蚀性能。

（2）钛钼合金的耐蚀性　在钛中加入足够量的钼元素后，可提高其在硫酸、盐酸等还原性酸中的耐蚀性，含钼量越高、耐蚀性越好，但在氧化性介质中的耐蚀性能降低，熔炼加工困难增大。目前在还原性介质中应用最好的是 Ti-32Mo 和 Ti-30Mo，可以在较高温度的中等浓度硫酸和盐酸中使用。

（3）钛钼镍合金的耐蚀性　钛钼镍合金（Ti-0.3Mo-0.8Ni）是为了解决工业纯钛在高温氯化物溶液中的缝隙腐蚀而开发的，在硝酸等氧化性介质中，钛钼镍合金与纯钛具有同等优良的耐蚀性能，在还原性介质（稀硫酸、盐酸、甲酸和柠檬酸等）中耐蚀性明显增强。

钛钼镍合金可承受冷热加工成型，有较好的焊接性能。由于镍、钼元素含量少，其成本和纯钛相差不大，比钛钯合金便宜很多。该合金大多用于工业纯钛容易出现缝隙腐蚀的溶液介质，如高温氯化物。

案例分析

【案例1】　某化工厂氢氟酸烷基化工艺中的精制热交换器选择蒙乃尔合金制造管束，该设备为水平管壳式。工业无水氢氟酸走管程，低压蒸汽走壳程，使无水氢氟酸受热蒸发。仅仅使用几个月，最后两程的管子就发生腐蚀破坏，而前四程的管子腐蚀很轻微。

分析　蒙乃尔合金是用于处理热的无水氢氟酸的标准设备材料（所谓天然组合），但对氧化性介质，如浓硫酸、硝酸等是不耐蚀的。工业无水氢氟酸含 0.001% 的硫酸，这种含量的硫酸对蒙乃尔合金本来不会产生腐蚀。但在本案例中，由于硫酸沸点高并不蒸发，氢氟酸的蒸发造成硫酸在最后两程管子中聚集，热的浓硫酸属强氧化性介质，因此造成蒙乃尔合金管子的腐蚀破坏。

对于这一问题的解决，一是可以选择更耐蚀的材料，比如哈氏合金 C；二是也可以在结构设计上做些改进，防止硫酸聚集。

【案例2】　一个生产家用热水器的厂商为了使产品升级，保证能使用五年，于是将汲出管由原设计的镀锌钢管改为黄铜管。结果，镀锌钢板制的筒体在半年内就发生了腐蚀穿孔。

分析　虽然黄铜管和镀锌钢板并没有直接接触，似乎不会造成电偶腐蚀。但是从铜管上溶解下来的铜却可以沉积在镀锌钢板表面，形成一个个小型的电偶腐蚀电池。由于热水导电性差，虽然阴极面积较小，但电偶腐蚀影响主要是发生在铜沉积点周围，从而导致了锌镀层及钢板被腐蚀穿孔。

这类电偶腐蚀是在设备使用过程中由液流或气流带来的，常常被设计人员忽视。上述案例说明，这类电偶腐蚀的影响往往也是不能忽视的。

【案例3】 某厂卤水蒸发器一效加热室列管使用钛合金制造，一效加热室管间通入温度为 127～147℃的蒸汽，使管内卤水加热到 115～135℃。管内卤水含 NaCl 280g/L 左右，pH 为 5.5～6.5。投入运行 10 个月就有几十根钛管破裂穿孔。

分析 钛在大气、海水和天然水中都具有优异的耐蚀性能，这是因为钛的钝化能力很强。钛可以用于常温下的稀盐酸（5%以下）中。同样钛和钛合金对湿氯气、氯化物溶液的耐蚀性也非常优良。但是即使是中性氯化物溶液，钛及其合金也只能在一定的温度范围内使用。只有在温度小于 110℃时钛才不会发生腐蚀或析氢。而一效加热室管间蒸汽温度为 127～147℃，管内卤水温度为 115～135℃，钛合金管工作在发生腐蚀的区域，破坏也就是不可避免的了。

使用钛合金蒸发器工艺参数应按钛合金耐蚀温度范围制定，才能保证钛合金的腐蚀在可以接受的水平。反之，如果要保证现有蒸汽和卤水温度，一效蒸发器加热列管选用钛合金就是不恰当的，只能另选在这种工作环境中具有足够耐蚀性的材料。

【案例4】 某化工厂顺酐装置的刮板蒸发器筒体用 0Cr18Ni12Mo2Ti 不锈钢制造，壁厚 8mm。该刮板蒸发器的功能是将前面降膜蒸发器底部出来的含马来酸约 85%的溶液进行第三步浓缩，使马来酸浓缩脱水生成马来酸酐。刮板蒸发器筒体外的夹套内通入温度 140～170℃、压力约 2MPa 的蒸汽，以控制蒸发器内的反应温度在 80～120℃。进入筒体的马来酸溶液温度为 50～55℃，经搅拌蒸发脱水成为马来酸酐。刮板蒸发器投产不到半年就出现进料管穿孔泄漏和筒体减薄穿孔。

分析 马来酸是一种较弱的有机酸，常温下对金属材料的腐蚀性很小，低碳钢也可以使用。但是随温度升高马来酸的腐蚀性明显增加。试验表明，当马来酸的温度从 50℃升至 80℃时，0Cr18Ni12Mo2Ti 不锈钢的腐蚀速率增加几十倍。

按工艺条件蒸发器内温度为 80～120℃，在这样的温度下马来酸对 0Cr18Ni12Mo2Ti 不锈钢的腐蚀速率很大。加之加热方式不良，局部温度更高。最先与物料接触的筒体内表面腐蚀减薄最严重。另外，由于含固体杂质的物料在搅拌时对筒体的冲刷，进一步加剧了材质的腐蚀。所以在这样高的温度而且含固体杂质的马来酸溶液中，选用 0Cr18Ni12Mo2Ti 不锈钢作为筒体和进料管制造材料是不恰当的。

复习思考题

1. 铁碳合金的基本组成相有哪些？
2. 简述含碳量对铁碳合金在酸中耐蚀性能的影响。
3. 简述在浓硫酸中铸铁的耐蚀性能为什么优于碳钢。
4. 简述高硅铸铁为什么具有较好的耐蚀性能。
5. 什么叫低合金钢？主要合金元素有哪些？对耐大气腐蚀性能有何影响？
6. 简述不锈钢的分类。
7. 不锈钢具有优良耐蚀性能的原理是什么？
8. 不锈钢中主要合金元素有哪些？对钢各起什么作用？
9. 以海水为循环冷却水的热交换器可以使用普通 18-8 型不锈钢吗？若不可以，请说明理由。
10. 简述铝及铝合金、铜及铜合金的耐蚀特点及区别。
11. 简述镍的耐蚀特点。在化工生产中常用的镍合金有哪几类？主要成分是什么？
12. 简述钛的主要耐蚀性能。

第六章 非金属材料的耐蚀性能

> **学习目标**
>
> 1. 了解非金属材料的一般特点、分类、腐蚀类型及影响因素等。
> 2. 掌握防腐蚀涂料、塑料、玻璃钢、橡胶、硅酸盐材料、不透性石墨等典型非金属材料的耐腐蚀性能。

非金属材料包括有机非金属材料和无机非金属材料两大类。有机非金属材料包括塑料、橡胶、涂料、木材、复合材料等;无机非金属材料包括玻璃、石墨、陶瓷、水泥等。大多数非金属材料有着良好的耐蚀性能和某些特殊性能,并且原料来源丰富,价格比较低廉,所以近年在化工生产中用得越来越多。采用非金属材料可以节省大量不锈钢和有色金属,实际上在某些工况下,已不再是所谓"代材"了,而是任何金属材料所不能替代的。例如,合成盐酸、氯化和溴化过程、合成乙醇等生产系统,只有采用了大量非金属材料,才使大规模的工业化得以实现。另外,某些生产高纯度产品的设备,如医药、化学试剂、食品等生产设备,很多都是采用陶瓷、玻璃、搪瓷之类的非金属材料制造的。当然,就目前而言,在工程领域里所使用的材料,无论从数量上还是从使用经验方面仍然是金属材料处于主导地位。但从发展趋势来看,非金属材料的应用比例必将不断增多。

大多数非金属材料较普遍地应用到工业上的历史还不是很长,以塑料应用到化学工业上做结构材料来说,最早也只能追溯到 20 世纪 30 年代。并且对非金属材料综合性能的提高,施工技术的改进,还处于初期发展阶段,因此需要更多的人去研究与探索。

本章主要介绍几种在化工防腐蚀工程中应用较广的非金属材料。

第一节 非金属材料概述

非金属材料具有良好的绝缘性、耐蚀性和某些特殊性能,同时原料来源丰富,价格较低廉,因此随着现代工业和科学技术的发展,非金属材料在各领域中占有越来越重要的地位。非金属材料的应用不仅可以节约大量的金属材料,在某些性能上也是金属材料所不可替代的。相对于金属材料而言,一般非金属材料的力学性能较差,施工技术与腐蚀机理的研究也不甚成熟,因此在设计与使用时,必须充分掌握材料的综合性能,扬长避短,尽可能提高设备的可靠性和耐用性。

有机非金属材料作为设备防腐蚀内涂装使用时,主要形式为有机涂料、塑料衬里、橡胶衬里和玻璃钢衬里等。

一、非金属材料的一般特点

非金属材料与金属材料相比,具有以下特点。

1. 密度小、机械强度低

绝大多数的非金属材料密度都较小,即使是密度较大的无机非金属材料(如辉绿岩、铸石等),其密度也远小于钢铁。非金属材料的机械强度较低,刚性小,长时间在载荷作用下易产生变形或破坏。

2. 导电、导热性差(石墨除外)

绝大多数的非金属材料是绝缘体,因此一般不会发生电化学腐蚀。绝大多数非金属材料的导热、耐热性能差,热稳定性不够,因此非金属材料一般不用作换热设备,可用作保温、绝缘材料。此外,非金属材料设备也不能用于温度过高、变化范围较宽的环境。

3. 原料来源丰富、价格低廉

以自然界中的天然石材、石灰石、煤、石油、天然气、石油裂解气等为原料而制成的非金属材料种类多,产量大,为社会提供了大量优质价廉的非金属耐蚀材料。

4. 优越的耐蚀性能

非金属材料的耐蚀性主要取决于材料的化学组成、结构、孔隙率和环境变化等因素对材料的影响。如以 SiO_2 为主要成分的非金属材料,耐酸性良好,但不耐碱;以 $CaCO_3$ 为主要成分的非金属材料,耐碱性好,但不耐酸。通常对有机高分子材料而言,分子量越大,耐蚀性越好。

二、非金属材料的分类

1. 按化学成分分类

非金属材料包括有机非金属材料和无机非金属材料两大类。
(1)有机非金属材料　塑料、橡胶、涂料、复合材料等。
(2)无机非金属材料　玻璃、石墨、陶瓷、石棉、水泥等。

2. 按性质分类

(1)高分子材料　通过聚合反应以低分子化合物结合而成的材料,如塑料、合成橡胶、胶黏剂、合成纤维、涂料。
(2)无机材料　工程陶瓷、耐火材料、石墨、硅酸盐材料。
(3)复合材料　由两种或两种以上性质不同的物质,经人工合成的多相固体材料,如玻璃钢、碳纤维。

三、非金属材料的腐蚀

非金属材料在周围环境(如介质、应力、光和热等)的作用下,其使用性能发生改变、丧失或恶化变质的现象,称为非金属材料的腐蚀。非金属材料的腐蚀是因为物理或化学作用,与金属腐蚀有明显区别。

非金属材料的破坏不一定是其耐蚀性不好,也可能是其力学性能较差引起的,如温度的骤变、材料各组成部分膨胀系数的不同和材料易渗透等原因。

当非金属材料和腐蚀介质接触后,腐蚀介质会逐渐扩散到非金属材料内部,在其表面和内部发生一系列变化,如聚合物分子的变化引起力学性能的改变(强度降低、软化或硬化等);橡胶和塑料在溶剂的作用下全部或部分溶解、溶胀;溶液侵入材料内部引起溶胀或增重;材料表面起泡、变粗糙、变色或变不透明；高分子有机物因化学介质的作用发生裂解、受热分解；在日光照射下逐渐变质老化等。总之，非金属材料腐蚀破坏的主要特征是力学性能的变化或外形的破坏，不一定失重，反而可能还会增重。金属材料的腐蚀主要是金属逐渐溶解（或成膜）的过程，失重是主要的；非金属的破坏程度一般不测失重，而以一定时间内强度的变化或变形程度来衡量。

四、环境对非金属材料腐蚀的影响

环境对非金属材料耐蚀性的主要影响因素有：潮湿程度、温度、压力和应力、氧和臭氧、微生物紫外线和红外线照射等。

1. 潮湿程度的影响

湿气、蒸汽或水等，对非金属材料的腐蚀都具有较大的影响。这是因为相当多的非金属材料都具有较强的吸水性。如有机材料吸水后发生溶胀或溶解，某些材料则会变形，纸制品甚至会完全毁损。此外，非金属材料吸水后还可能出现机械强度的降低和电绝缘性能的破坏。水分子在塑料、橡胶和油漆层等非金属材料中的扩散，还会引起与之接触的金属材料的腐蚀。

2. 温度的影响

非金属材料在温度升高后，可改变其尺寸和性能，增大化学反应速率。特别是在高温条件下，可发生分解，释放挥发性腐蚀气体，导致非金属材料的腐蚀，还可加速处于挥发性有机气氛（酸、醛、硫化氢、二氧化硫、氧化氢、酚和氨）中的金属、金属镀层或非金属零件的腐蚀，最终使某些材料变色，腐蚀加速，产生应力腐蚀、氢脆、发黏甚至产生金属晶须等。如以高聚物材料作衬层或涂层的设备受温度梯度的影响，介质在衬层中的渗透与扩散加剧，引起衬层甚至基体金属的腐蚀。

3. 压力和应力作用的影响

在拉应力的作用下，高分子材料中大分子间的间距增大，空隙增多，腐蚀介质分子更容易渗透与扩散，导致高分子材料明显增重，并产生一系列影响，压应力的作用则相反，可减重。拉应力还可使处于腐蚀介质中的高分子材料产生蠕变，发生蠕变断裂。对于橡胶和塑料，在介质和交变应力的共同作用下，会大大降低其疲劳使用寿命，特别是低应力振幅对疲劳寿命的影响更严重。

4. 氧和臭氧的影响

氧可促使非金属材料的腐蚀变质，臭氧能加速非金属绝缘材料的氧化作用。这一影响对某些橡胶材料特别明显。

5. 微生物的影响

微生物指真菌、霉菌和细菌等。在某种程度上，微生物或某些动物对非金属材料比对金属的腐蚀破坏更严重。这是因为微生物的生活繁殖除温度和潮湿环境外，还需要必要的养分，这正是许多非金属材料所具备的。微生物对非金属材料的损坏主要有非金属绝缘材料的短路，丧失绝缘性、密封性等。

6. 紫外线和红外线照射的影响

阳光中的紫外线和红外线能使橡胶材料迅速变质，使塑料失光变暗，油漆层失去保护能力，聚合物的强度和韧性显著降低等。

第二节 防腐蚀涂料

涂料的作用有保护、装饰、色彩标志及特殊用途四个方面。涂料是目前化工防腐中应用较广的非金属材料之一，防腐蚀涂料就是利用了其防止腐蚀的功能。防腐蚀涂料涂装是覆盖底层的保护方法之一。

一、涂料概述

（一）涂料的分类

1. 按成膜物质分类

（1）油基涂料　油基涂料成膜物质为干性油类。

（2）树脂基涂料　树脂基涂料成膜物质为合成树脂。

2. 按施工工艺分类

防腐蚀涂料层一般由底漆、中间层和面漆组成一整个涂层系统。

（1）底漆　底漆是整个涂层系统的基础，其特点是：①对底材有良好的附着力；②良好的屏蔽性和缓蚀性能，可阻挡水、氧、离子等；③黏度较低，对底材有良好的润湿性、渗透性，干燥较慢；④收缩率低，厚度不宜太大。

（2）中间层　主要作用是：①与底漆与面漆的附着性良好，能有力地连接底漆与面漆，从而使整个涂层连接为一个紧密的机体；②保证涂膜的厚度，提高涂层的屏蔽性能；③提供平整表面，保持美观，缓冲阻尼冲力。

（3）面漆　直接与腐蚀介质接触的涂层，其性能直接关系涂层的耐蚀性能。主要作用是：①耐紫外线；②装饰美观，标志；③耐化学介质腐蚀。

（二）防腐蚀涂料的组成

防腐蚀涂料的组成包括成膜物质、颜料、溶剂、助剂4部分。

1. 成膜物质

成膜物质是组成涂料的基础，具有黏结涂料中其他组分形成涂膜的功能，对涂料和涂膜的性质起决定作用。涂料的成膜物质有很多，原始的成膜物质为油脂，现在广泛使用的是合成树脂，包括热塑性树脂和热固性树脂。常用的天然树脂有沥青、生漆及其衍生物、天然橡胶等，常用的合成树脂有酚醛树脂、环氧树脂、过氯乙烯树脂等。

按成膜物质本身的结构和形成涂膜的结构可分为两大类。

（1）非转化型成膜物质　在成膜过程中组织结构不发生变化，具有热塑性，受热软化，冷却后又变硬，多具有可溶性。

（2）转化型成膜物质　具有发生化学反应的官能团，在成膜过程中组织结构发生变化，在热、氧或其他物质的作用下可合成与原组成结构不同的网状高分子聚合物，即热固性高聚物。

2. 颜料

颜料使涂层呈现色彩，使涂膜具有一定的遮盖力，发挥装饰作用；改善涂料的物理化学性能，增强涂膜的机械强度、附着力和抗渗性，赋予涂膜特定的性能，如导电性、防腐蚀性等。颜料可分为防锈颜料、片状颜料、体质颜料、着色颜料及其他特种颜料等。

（1）防锈颜料　防锈颜料起防锈蚀作用，如红丹、锌粉、锌铬黄等。应用最早、用量最大的是红丹，属铅系防锈颜料，能与基料反应生成各种铅皂而起缓蚀作用。

（2）片状颜料　片状颜料能屏蔽或阻挡水、氧、离子等腐蚀因子的透过，交叠的片状颜料能切断毛细微孔，起迷宫作用，延长腐蚀因子渗透的途径，从而提高涂层的防蚀能力。常用片状颜料有铝粉、不锈钢鳞片、玻璃鳞片、云母氧化铁、片状锌粉等。如云母氧化铁配制成涂料后，能屏蔽水、氧，也能阻挡紫外线，可制成底漆、灰色面漆和中间层涂料，实效良好，国内外应用广泛。

（3）体质颜料　体质颜料是一些填充料，主要作用不是降低成本，而是提高漆膜的机械强度，减少漆膜干燥时的收缩以保持附着力，并能降低水气透过率，如滑石粉、硫酸钡、碳酸钙等。

（4）着色颜料　主要作用是装饰、标志。

3. 溶剂

溶剂的作用是将涂料的成膜物质溶解或分散为液态，为颜料及其他组分的充分混合与分散提供环境，使涂料易于加工及施工成膜，施工后又能挥发到大气中。溶剂是各种液态涂料为完成加工施工过程所必需的组分，无溶剂涂料除外。溶剂的组成包括溶剂、助溶剂和稀释剂，常用的有松节油、汽油、苯类、酮类等。

4. 助剂

助剂是涂料的辅助成分，主要作用是改进涂料或涂膜某些特定方面的性能。按照其作用主要分为以下四种类型。

① 对涂料生产过程起作用，如消泡剂、湿润剂、分散剂、乳化剂等。

② 对涂料储存过程起作用，如防沉淀剂、防结皮剂等。

③ 对涂料施工成膜起作用，如催干剂、固化剂、流平剂、防流挂剂等。

④ 对涂膜性能起作用，如增塑剂、防霉剂、平光剂等。

助剂的作用往往不是单一的，而是同时兼有几种作用。助剂在涂料中的用量少，但作用显著，对涂料性能影响很大。

（三）防腐蚀涂料的保护原理

1. 屏蔽作用

优良的防腐蚀涂料可阻止或抑制水、氧、离子透过涂膜，使腐蚀介质与金属（底材）隔离，从而有效防止形成腐蚀电池或抑制其活动。

2. 颜料的缓蚀和钝化作用

颜料可降低涂膜的吸水性和透过性，降低腐蚀速率，钝化底材金属。

3. 涂膜的电阻效应

涂膜的电绝缘性可抑制溶液中阳极金属离子的溶出和阴极的放电现象，性能良好的防腐蚀涂层的电导率低，并且能够在溶液中保持较长时间的稳定。

4. 阴极保护作用

防腐蚀涂料中的金属粉在腐蚀过程中作为阳极被腐蚀，基体金属被保护。如富锌底漆就是典型代表。

二、常用的防腐蚀涂料

涂料的种类有很多，如美术漆、轻工漆、绝缘漆、船舶漆、防腐漆等。下面重点介绍常用的几种防腐蚀涂料。

（一）环氧树脂类防腐蚀涂料

以环氧树脂为主要成膜物质的涂料称为环氧涂料。世界上每年约有40%以上的环氧树脂用于制造环氧涂料，且大部分环氧涂料用于防腐领域。环氧涂料是目前世界上使用最为广泛、最为重要的防腐蚀涂料。

1. 分类

环氧树脂指分子上含有两个以上环氧基的高分子化合物。适宜制造防腐涂料的环氧树脂有三类：双酚A型（E型）、酚醛环氧树脂型（F型）和双酚F型。其中最主要的品种是双酚A型（E型），约占环氧树脂总量的90%。

（1）双酚A型（E型）　由双酚A（二酚基丙烷）与环氧氯丙烷缩合而得，分子结构中包括醚键（—C—O—C—）、甲基（—CH$_3$）、羟基（—OH）和芳烃结构，具有良好的耐化学性、韧性和黏性，优异的耐高温性能和刚性。常见的牌号有：E-515(616)、E-51(618)、E-44(6101)等。

（2）酚醛环氧树脂型（F型）　由苯酚或邻甲酚与甲醛的缩合物与环氧氯丙烷反应制得，又称为苯酚甲醛环氧树脂或甲酚甲醛环氧树脂。其分子结构上含有多个环氧基，成膜时交联密度大，结构较为紧密，具有良好的耐高温、耐化学介质性，因涂膜硬度太高，脆性大，适宜制造粉末涂料。常见的牌号有：国产F-15、F-44，美国DOW公司的DEN-431、DEN-438等。

（3）双酚F型　由双酚F与环氧氯丙烷为原料制得，分子中的芳环用—CH$_2$—连接，黏度低、无结晶性，适宜与其他环氧树脂配合制造高固体和无溶剂防腐涂料。常见牌号有GY285、GY282等。

2. 特点

① 优异的附着力和耐腐蚀性能，但苯环和醚键易受日光照射等影响而破坏，故涂层耐候性较差，不适合作表面涂层。

② 应用范围广，环氧涂料有上百个品种，性能各异，可以满足不同环境介质的防腐蚀保护要求。

③ 满足当今涂料的发展要求。随着环保要求的提高，粉末涂料、高固体分涂料、水性涂料和无溶剂涂料成了当今涂料的发展方向。环氧涂料配方的多样化可满足上述要求。

3. 应用

（1）胺固化型环氧防腐涂料　多元胺固化环氧防腐涂料主要用于涂装要求防腐又不能烘烤的大型设备，如油管和储槽内壁、地下管道等；胺加成物固化环氧防腐涂料主要用于混凝土建筑防水和混凝土油罐防水及制药厂、食品厂墙壁和地坪的防腐耐磨等；聚酰胺固化环氧防腐涂料主要用于涂装储罐、管道等设备，也可用于涂装金属薄板、塑料薄膜等。

（2）胺固化环氧沥青涂料　环氧煤焦沥青涂料耐水性能突出，耐化学介质性好，涂膜坚韧，附着力好，一般为深色涂料，但不耐浓酸和苯类溶剂，长时间受日光照射会失光、龟裂。主要用于涂装地下管道、水下设施、储罐内壁、农药容器、船舶等，因其有毒性不能用于饮水设备的涂装。

(3) 合成树脂固化环氧防腐涂料　环氧树脂可以和多种合成树脂（酚醛树脂、聚酯树脂、脲醛树脂、三聚氰胺甲醛树脂和多异氰酸酯等）并用，经高温烘烤后，交联而成性能良好的涂膜，具有突出的耐化学介质性、良好的力学性能和装饰性。广泛用于涂装各种工业产品，因需高温烘烤干燥，限制了其在大型物件上的使用。目前占主要地位的是环氧酚醛涂料、环氧氨基涂料和环氧氨基醇酸涂料等。

酚醛环氧防腐涂料是环氧树脂中耐腐蚀性最好的一种，具有优良的耐酸耐碱性、耐热和耐溶剂性，但涂膜颜色较深。主要用于涂装罐头、包装桶、储罐、管道内壁、化工设备和电磁线等。氨基树脂固化环氧防腐涂料具有较好的耐化学介质性能，但比酚醛环氧涂料差些，涂膜的柔韧性很好，颜色浅，光泽好，主要适用于仪器设备、塑料或金属表面的罩光等。

(4) 高固体分环氧防腐涂料　高固体分环氧防腐涂料的固含量在80%以上，VOC含量较低。随着环保要求的提高，发展了新型品种，典型品种是Nc541LK，主要特点是黏度低，毒性小，可在潮湿、低温条件下固化，具有优异的耐水、耐酸和耐碱性。

(5) 水性环氧防腐涂料　水性环氧涂料以水为分散介质，分为水溶性和水分散性两大类，应用最广的是水分散性环氧涂料。水分散性环氧涂料除具有双酚A环氧树脂的优良性能外，还具有安全、易清洗、经济性高、湿面施工性能好、重涂性好、适用性好等优点，但具有水分挥发慢、黏度大、适用期短等缺点。主要用于沥青路面、内墙（包括核装置建筑物）、船舱、工业地坪和食品卫生水泥建筑物、管道内衬、管道外壁等。

(6) 环氧粉末涂料　环氧粉末涂料是以环氧树脂为主的粉末涂料，与水性环氧涂料一样，不含溶剂，属于环保涂料。主要用于输油、输气管道的涂装，家用电器及建筑材料的涂装等。

（二）聚氨酯防腐蚀涂料

聚氨酯涂料即聚氨基甲酸酯涂料，是指在涂膜中含有相当数量的氨酯键（—HNCOO—）的涂料。

1. 特性及分类

聚氨酯涂料的优点是：具有高度的机械耐磨性和韧性；兼具保护性和装饰性；对多种物面（金属、混凝土、木材）附着力优良；具有优良的耐化学介质性能；适应性强、可烘干或自干；可与多种树脂配合成漆；可制成溶剂型、液态无溶剂型、粉末型等形态。

聚氨酯涂料的特点

聚氨酯涂料的缺点是：价格较高；某些产品因含有相当多的游离异氰酸酯单体，对人体有毒；遇水或潮气会胶凝，应密封保存；施工要求严格，易出现层间剥离、小气泡等。

按美国材料与试验协会（ASTM）以膜的组成及固化机理可分为5类，即氧固化型聚氨酯改性油涂料、潮气固化型聚氨酯涂料、封闭型聚氨酯涂料、催化固化型聚氨酯涂料、双组分羟基固化聚氨酯涂料。聚氨酯涂料的类别、特性及主要用途见表6-1。

表6-1　聚氨酯涂料的类别、特性及主要用途

	类别	耐化学药品	主要用途
单组分	氧固化型聚氨酯改性油	尚好	室内装饰用漆，船舶和工业防腐用维修漆、木器漆及地板漆
	潮气固化型聚氨酯	良好～优异	木材、钢材、塑料、水泥壁面的防腐涂料
	封闭型聚氨酯	优异	电绝缘漆及卷材涂料
双组分	催化固化型聚氨酯	良好～优异	防腐蚀涂料，耐磨涂料，皮革、橡胶用涂料
	羟基固化聚氨酯	优异	各种装饰性涂料和防腐蚀涂料

2. 应用

(1) 羟基树脂固化聚氨酯防腐蚀涂料　羟基树脂固化聚氨酯防腐蚀涂料由多异氰酸酯组分(—NCO)和羟基树脂组分(—OH)构成，涂装前按比例配合。常用的羟基树脂固化聚氨酯防腐蚀涂料的品种及应用如下：

① 聚氨酯/聚酯防腐蚀涂料，有较好的耐化学腐蚀性，可用于化肥厂、炼油厂、化工厂的冷冻机、酸槽、钢结构和一般设备的外壁防腐蚀，现用现配，与铁红环氧(酯)底漆配套。

② 聚氨酯/醇酸树脂防腐蚀涂料，与聚氨酯锌黄底漆配套，可用于湿热地区及化工环境的混凝土构筑物、钢结构及设备保护。

③ 聚氨酯/环氧树脂防腐蚀涂料，有优良的耐化学介质性能，适用于化肥厂混凝土设施、硝铵造粒塔的防腐蚀保护。

④ 聚氨酯/聚醚酯和聚氨酯/聚醚氨酯防腐蚀涂料，有良好的耐候性、耐溶剂性、耐化学腐蚀及耐油性，但耐水性较差。适用于化工环境、湿热带及船舶成品油舱的防腐蚀保护。

⑤ 聚氨酯/氯醋三元共聚树脂防腐蚀涂料，干燥快，耐水和化学介质性中等，适宜用于化工大气钢结构的防腐蚀保护。可与富锌底漆、铁红环氧底漆、醇酸底漆配套使用。

⑥ 丙烯酸改性聚氨酯防腐蚀涂料，是一种性能十分优良的高级涂料，用量逐年上升，产量增加很快。其中丙烯酸改性聚氨酯防腐蚀涂料具有很广的应用范围，如汽车工业、高级外墙涂料、石油化工等工业，涂覆于钢、铝、砖石建筑的表面，如储槽、钢结构件、金属管件及汽车底盘等。

(2) 潮气固化型聚氨酯防腐蚀涂料　漆基中的—NCO基团与空气中的潮气反应，以脲键固化成膜。主要品种及应用如下。

① 油预聚物湿气固化聚氨酯防腐蚀涂料，单组分包装，防腐蚀性能中等，力学性能由蓖麻油醇解物的羟基含量调节。

② 催化湿气固化环氧改性聚氨酯防腐蚀涂料，双组分包装，通常催化剂与预聚物为一个包装，色浆为一个包装。漆膜附着力和力学性能较优，防腐性能优良。

③ 潮气固化聚氨酯煤焦沥青防腐蚀涂料可用于水利工程中港湾码头钢结构、管道、船舶等方面的防腐蚀。聚氨酯煤焦沥青涂料与环氧煤焦沥青涂料相比，干燥快，力学性能相近，耐腐蚀性环氧煤焦沥青稍好，聚氨酯煤焦沥青制造工艺复杂，环氧煤焦沥青制造工艺简单。

(3) 封闭型聚氨酯防腐蚀涂料　封闭型聚氨酯防腐蚀涂料只能用于有烘干条件的保护对象，从而限制了其应用范围。常见的是苯酚封闭聚氨酯防腐蚀涂料，具有良好的耐水、耐磨和电绝缘性，主要用于潜水电机等。

(4) 特殊用途的聚氨酯防腐蚀涂料

① 聚氨酯改性涂料具有很高的延伸率、较高的弹性、良好的防腐蚀性能，主要用于涂覆具有挠性的底材表面及体积收缩变化大的场合。如涂覆于地下钢筋混凝土油罐。

② 水性聚氨酯涂料是环保涂料，用量逐年增加。但性能还不能达到溶剂型聚氨酯涂料的水平，目前少量应用于木器装饰和皮革涂饰等。

③ 聚氨酯粉末涂料也是环保型涂料，具有优良的力学性能和防腐性能，耐磨，耐划痕及耐溶剂。但成本较高，施工要求严格。主要用于钢板框架、铝制品、自行车、汽车、农机、建筑机械及家用电器方面的涂装。

④ 聚氨酯互穿网络聚合物涂料具有优良的力学性能、耐腐蚀性能、耐溶剂性、耐磨性及绝缘性等，但成本高。

（三）含氯聚合物防腐蚀涂料

采用含有大量氯原子的聚合物作为主要成膜物质所制得的防腐蚀涂料统称为含氯聚合物防腐蚀涂料。其特性是：优良的阻燃自熄和防霉性；耐水、耐酸、耐盐、耐碱性好；涂膜不耐高温；挥发性含氯聚合物涂料干燥迅速，可低温成膜，施工不受季节影响；交联固化型含氯聚合物涂料性能较优，固化成膜速度随树脂结构、固化剂和施工条件而定。

1. 乙烯类含氯防腐蚀涂料

① 过氯乙烯防腐蚀涂料，其主要成膜物为过氯乙烯树脂。主要用于化工大气防腐和常温操作的储槽防腐等，还可用于各种车辆、电工器材及化工机械、设备等。

② 氯乙烯-醋酸乙烯共聚物树脂涂料，其主要成膜物氯乙烯-醋酸乙烯共聚树脂。此类涂料比过氯乙烯涂料的附着力好，主要用于化工厂、金属卷材、船舶及海洋设备等的防腐，以及食品包装、木器和塑料制品表面等的涂装。

③ 氯醚树脂涂料，主要用于耐工业大气腐蚀设备，如工厂建筑、设备、管道、储槽等；耐海水腐蚀设备，如船舶涂装；交通运输涂料，如集装箱、运输机械、危险品槽车等；大型重点工程，如桥梁、能源工程等；建筑材料，如混凝土、水泥制品表面，特别适用于路标涂料。

④ 高氯化聚乙烯防腐蚀涂料，具有优良的耐化学腐蚀、耐候性、绝缘性。与过氯乙烯防腐蚀涂料相比，具有基本相同的耐化学腐蚀性、耐寒性和阻燃性；在坚韧性、光稳定性和溶剂释放性方面，高氯化聚乙烯涂料稍差；在附着力、柔韧性、溶解性和不挥发组分含量等方面优于过氯乙烯涂料。主要用于化工设备、油田管道、海洋设备等的防腐。

2. 含氯橡胶类防腐蚀涂料

① 氯化橡胶涂料，漆膜干燥快，光泽好，附着力强，耐磨，耐海水，防锈性能优良。适用于船舶水线以上部位及化工管道、储罐、设备外壁等的防腐。

② 氯磺化聚乙烯防腐蚀涂料，宜用作钢铁、铝合金、水泥、砖石及木材等的防腐，如化工设备、海洋石油钻探设备及船舶等的防腐。

③ 氯丁橡胶涂料，具有耐水、耐晒、耐磨、耐酸碱等化学介质的防腐。常用于化工厂生产设备、船舶及电镀设备的涂装。

（四）酚醛树脂防腐蚀涂料

酚醛树脂防腐蚀涂料具有良好的耐酸、耐水性和抗渗透性。酚醛树脂一般分为醇溶性、油溶性和改性酚醛树脂三种类型。醇溶性酚醛树脂能溶于乙醇，分热塑性和热固性两种。油溶性酚醛树脂分子结构中含有油溶基团，易与油或油基树脂相溶，也称纯酚醛树脂。改性酚醛树脂是指用其他树脂改性的酚醛树脂，如松香改性酚醛树脂。

1. 油基酚醛耐酸涂料

可在室温下耐低浓度的硫酸、磷酸及酸性盐的腐蚀，力学性能较好，可自干或烘干，耐水性优于醇酸涂料，不耐氧化性酸的腐蚀，耐晒性较差。

2. 酚醛环氧酯烘干防腐蚀涂料

以丁醇醚化的纯酚醛树脂为基料，经环氧酯改性后，酚醛树脂的性能大大改善，适宜用作有烘干条件的化工设备、化工管道及农药机械、容器内壁的防腐。

3. 热固性酚醛防腐蚀涂料

以醇溶热固酚醛树脂为成膜物,用酸或酸性盐催化干燥,加热烘干。涂膜的耐强酸、强碱和腐蚀介质的性能较好,但施工工艺比较烦琐,因此应用受到限制。

(五)有机氟树脂防腐蚀涂料

有机氟涂料的成膜物质为氟聚合物,再添加颜料和各种填充料而制成,分为粉末涂料和液体涂料(悬浮液、乳液及溶液等)。有机氟涂料品种不多,但应用并不广泛。有机氟涂料的成本高,涂层制备困难。可用于防腐涂层、装饰涂层、耐候涂层和防粘层。

(六)生漆改性防腐蚀涂料

生漆又称大漆,来自漆树的生漆是一种天然的水乳胶漆,具有优良的耐久性,数千年前就已经用于物面的保护和装饰。生漆有很多缺点,如涂膜较脆,对金属附着力较差;耐碱、耐候性较差;固体含量低、黏度大,施工不方便;成膜对温度和湿度的要求较高;含有易引起人体皮肤过敏的物质。为改进其缺点,可将生漆进行改性。作为生漆的主要成分漆酚,是主要的成膜物质。生漆改性的实质就是漆酚的改性。

1. 漆酚清漆

漆酚清漆的耐蚀性能与生漆基本相同,除耐碱、耐候性较差外,室温下可耐各种酸、盐、海水、油等多种溶剂及各种腐蚀性气体。漆酚清漆作为防腐蚀涂料可用于化工及食品工业的各类储槽、水槽等设备。

2. 环氧改性漆酚树脂涂料

漆酚糠醛树脂涂料虽具有良好的耐磨性、硬度、光泽和耐酸性,但涂膜较脆、附着力和耐碱性差。采用环氧树脂改性后,保持漆酚糠醛清漆耐磨性能良好的同时,改进了耐碱性和力学性能,在中等浓度的酸、碱和盐中,均具有良好的耐蚀性。环氧改性漆酚糠醛树脂涂料可用于需要既耐磨又耐蚀的环境。

3. 金属钛漆酚改性树脂涂料

利用金属钛化合物与漆酚或其聚合物反应制得的高聚物,称为漆酚钛树脂或聚合物。漆酚钛树脂涂料主要用于耐高温耐蚀环境。可用于换热器,一定温度下的酸、碱、盐、油类介质的设备和储罐的防腐。

(七)聚苯硫醚(PPS)防腐蚀涂料

聚苯硫醚(PPS)全称聚次苯基硫醚,是分子主链上带有苯硫基的热塑性树脂。聚苯硫醚具有优良的耐热、阻燃、耐化学介质性能,与其他无机填料相溶性好。聚苯硫醚容易配制成粉涂料和悬浮液涂料,其特点是:涂层与金属结合力很强,不需涂底漆;涂层严密、薄而无针孔;涂层硬度很高;涂层耐热性好,短期使用温度可达 260℃;含 10%~20%的氟树脂的涂层还具有不黏性。

聚苯硫醚涂料主要应用于耐热和耐化学介质腐蚀的各种泵壳体、叶轮、密封环、弯管、活塞等的表面处理。

（八）氯化聚醚（CPE）防腐蚀涂料

常见的氯化聚醚涂料为粉末涂料和悬浮涂料。氯化聚醚涂层具有极高的硬度，采用玻璃纤维改性后，其抗拉强度和抗弯强度增加 1 倍。氯化聚醚防腐蚀涂料的耐化学品性能介于聚乙烯和 PTFE（聚四氟乙烯）之间，在浓硫酸、浓硝酸、双氧水、液氯、氟、溴、浓氯磺酸、高氯酸、100%氢氟酸等介质中不能使用，在一般有机溶剂和大多数无机酸、碱、盐中应用性能很好。

氯化聚醚涂料广泛用于化工设备的防腐蚀处理，如泵的涂敷，冷敷处理后的泵可输送 30%～40%NaOH(105～110℃)，40%～45%H_2SO_4(30～35℃)，20%HNO_3 等介质。

（九）有机硅防腐蚀涂料

有机硅树脂含有无机结构 Si—O—Si，又具有有机基团，因此具有无机和有机聚合物的双重性能。有机硅涂料的突出优点是优良的耐高温和电绝缘性，还具有理想的耐候性和耐辐射性能。有机硅涂料广泛用于高温管道设备、烟囱等物体表面的高温防腐蚀涂装。

纯有机硅树脂的力学性能、附着力、耐化学介质性能较差，需高温烘烤固化。为克服这些缺点，常采用有机树脂进行改性。目前应用最广的是环氧改性有机硅树脂、聚氨酯改性有机硅树脂及丙烯酸改性有机硅树脂等。高温防腐中应用最多的是环氧改性有机硅树脂。环氧改性有机硅树脂具有良好的耐热、耐油、耐介质及绝缘性能。

常温干燥有机硅高温防腐蚀涂料 GT 系列适用于高温反应设备、管道、烟囱及核设备等的防腐。

三、常用的重防腐蚀涂料

1. 玻璃鳞片重防腐涂料

玻璃鳞片涂料以耐蚀树脂（环氧、环氧沥青、不饱和树脂、聚氨酯树脂等）为成膜物质，以薄片状的玻璃鳞片为填料，配以各种添加剂而组成。

（1）玻璃鳞片及其涂料的特性　玻璃鳞片的性能直接受玻璃原料成分，鳞片厚度、大小，处理方式诸多因素的影响。用于玻璃鳞片的玻璃原料为化学玻璃，具有良好的耐化学性。用于涂料的玻璃鳞片的厚度为 2～5μm，数十层玻璃鳞片的排列使涂层内形成复杂曲折的渗透扩散路径，有效延长介质渗透时间。玻璃鳞片片径为 100～3000μm，渗透性随片径的增大而降低。因此玻璃鳞片的纵横尺度与厚度之比越大，涂层的抗渗透性越好。

玻璃鳞片涂层的特点是：极优良的抗介质渗透性；优良的耐磨性；涂层硬化收缩率小，热膨胀系数小；涂层与基体的黏结性好，耐温度骤变性好；良好的施工工艺性，施工方便，易修补。

（2）玻璃鳞片的作用　涂层中玻璃鳞片的大量存在，不仅减少了涂层与底材间热膨胀系数，也明显地降低了涂层的固化收缩率，使涂层与底材间的内应力减少，利于抑制涂层的龟裂、剥落等现象，发挥涂层优异的附着力与抗冲击作用。

玻璃鳞片与树脂的紧密黏结，提高了涂层的坚韧度，使涂层具有优良的耐蚀性。层层排列的玻璃鳞片形成多层镜面反射，减少了紫外线对涂层中高分子树脂的破坏，延长了涂层的使用寿命。

玻璃鳞片涂料隔离能力强，适用于腐蚀非常严重的海洋中和海浪飞溅区的钢构筑物上。作为最有效的重防腐涂料，可用于海洋工程设备防腐、化工各类装置衬里等领域。

2. 富锌底漆

富锌涂料是一种含有大量锌粉的涂料。由于锌的电位较负,可起到牺牲阳极的阴极保护作用,另外在大气环境下,锌粉的腐蚀产物比较稳定且可起到封闭、堵塞涂膜孔隙的作用,可以起到很好的保护效果。富锌涂料作底漆,结合力较差,对金属表面的清理要求较高,因此为延长其使用寿命,可采用相配套的重防腐中间涂料和面层涂料相匹配。富锌底漆主要用于一些大型工程,如跨海大桥、穿越河底的输油、输气管道、海洋采油平台及港口码头设施等。富锌底漆分为无机和有机两种类型。

(1) 无机富锌底漆　无机富锌底漆的黏合剂以硅酸盐为主,耐腐蚀性好,但施工性能不如有机型。无机富锌底漆对基材表面的处理要求严格。

① 水溶性后固化无机富锌底漆,早期产品防蚀性好,无毒,不燃烧,但施工稍麻烦,不宜在阴冷高湿度条件下施工。

② 水溶性自固化无机富锌底漆,以硅酸钠和部分硅酸锂的混合物为黏结剂,以锌粉和少量红丹混合物为颜料。涂膜可自行固化,缺点是干燥速度慢,厚涂层的底层干燥不彻底,作为面漆使用时,易产生皱纹或裂纹。

③ 溶剂型醇溶性自固化富锌底漆,不受湿度影响,干燥速度快,应用较广泛。此漆含有大量的乙醇溶剂,使用需注意安全。

(2) 有机富锌底漆　有机富锌底漆以高分子化合物(环氧树脂)为黏结剂、锌粉作颜料,配合溶剂和助剂而组成。与无机型富锌底漆相比,其力学性能好,施工容易且能厚涂,与面漆的配套性好,但防腐、导电性、耐热及耐溶剂性不如无机型。其中环氧富锌底漆,与耐候性良好的醇酸外用磁漆配套,可用于水利设施钢结构、汽车底盘等。氯化橡胶富锌底漆适用于海洋地区钢结构的大面积涂装,干燥速度快,耐候性好。

3. 环氧重防腐涂料

环氧重防腐涂料以环氧树脂为基底,采用特种橡胶、煤焦沥青、石油树脂等改性,加入颜料、填料、助剂及固化剂制成双组分重防腐涂料。该涂料具有卓越的耐酸、碱、盐等介质的腐蚀性能,耐大气腐蚀、耐磨损,涂层附着力强,收缩率低,力学性能好,无针孔,电绝缘性能好。

环氧重防腐涂料适用于涂装港口工程,水利水电工程,海洋石油钻井平台,船舶设施,油气田输油、气、水管道,地下穿越管道,城市自来水、煤气管道,矿山和矿井设施,机车车辆等钢结构和钢筋混凝土结构。

4. 厚浆型耐蚀涂料

厚浆型涂料以云母氧化铁为颜料,一道涂膜厚度可达 30~50μm,涂料的固体含量高,孔隙率低,刷四道后总膜厚可达 150~250μm,可用于腐蚀性强的气相、液相介质。通常选用环氧树脂、氯化橡胶、聚氨酯-丙烯酸树脂等作成膜物质。工业上主要用于储罐内壁、桥梁、海洋设施等混凝土及钢结构表面。

四、防锈涂料

防锈漆或防锈涂料指以防止天然介质(如水、海水、大气、土壤等)腐蚀为目的的涂料,而把防止工业介质(如酸、碱、盐等)腐蚀的涂料称为"防腐蚀涂料"。科学方法应统称为防腐蚀涂料。防锈涂料主要用作底漆,防锈涂料是涂层的基础,兼有增强面漆(或中间漆)与基体间的附着力和防锈的作用。

通常把传统的防锈涂料称为普通防锈涂料，把具有比较新的防锈原理并带有其他功能的防锈涂料称为特种防锈涂料。

1. 普通防锈涂料

普通防锈涂料的种类很多，包括物理防锈漆和化学防锈漆。

（1）铁红防锈漆　铁红防锈漆的防锈能力中等，以物理填充和屏蔽作用保护底材。其遮盖力强，施工性好，涂膜对日光、大气和水较稳定，有一定耐热性，用途广泛，价格低廉，广泛用于五金产品、机床、电机、农机、管道和一般钢结构上。常见的型号有铁红油性防锈漆 Y53-2，铁红酚醛防锈漆 F53-33 等。

（2）云母氧化铁防锈漆　云母氧化铁防锈漆的屏蔽性良好，透水、透气、防渗透性远高于铁红防锈漆，对酸、碱等腐蚀介质稳定，耐水性好，对紫外线有一定的反射能力，广泛用于桥梁、输电铁塔、油罐、槽车及工程机械。常见的型号有云母酚醛防锈漆 F53-40、云母醇酸防锈漆 C53-4 等。

（3）铝粉防锈漆　铝粉防锈漆屏蔽底材性能良好，具有反射紫外线与可见光的作用。常见的型号有铝粉沥青底漆 L44-83、铝粉铁红醇酸防锈漆 C53-35 等。

（4）红丹防锈漆　红丹防锈漆的漆膜坚韧，防锈能力持久，适应面广，防锈效果好，是防锈漆中的老品种，可用于大型钢结构及重要工程。其缺点是含铅量高，毒性大，呈淘汰趋势。红丹防锈漆不耐太阳光，且空气中的二氧化碳能降低其防锈性能，涂红丹防锈底漆的工件应及时涂上面漆。常见的型号有红丹油性防锈漆 Y53-36、红丹酚醛防锈漆 F53-31 等。

（5）铅系颜料防锈漆　碱式硫酸铅防锈漆的主要组分是碱式硫酸铅，其与油性漆料可生成铅皂，具有一定的缓蚀与屏蔽作用，常用作水下钢结构防锈底漆。其主要品种有碱式硫酸铅氯化橡胶防锈漆等。

碱式硅酸铅防锈漆的含铅量低，毒性小，是红丹防锈漆的替代品，其耐盐水和耐候性优于红丹防锈漆。主要用于船舶、桥梁、大型钢结构、汽车和家用机械。常用的品种有环氧防锈漆、碱式硅酸铅醇酸防锈漆等。

含铅的防锈漆对环境污染大，且会消耗贵重金属，一般不推荐使用，随着环保要求的提高，此类防锈漆的使用范围会逐渐缩小。

（6）铬酸盐类防锈漆　铬酸盐类防锈漆的防锈机理是使钢铁的阳极区发生自钝化，与物理防锈颜料配合会增强防锈效果。铬酸盐可与多种基料树脂配套，用于钢铁和大部分有色金属的防锈保护。因铬的毒性大，在施工及清理时应注意防护措施。主要品种有锌黄醇酸防锈漆 C53-33、锌黄丙烯酸底漆 B06-1 等。

（7）钼酸盐防锈漆　钼酸盐防锈漆基本无毒，其防锈原理是依靠水中解离出的钼酸根离子的钝化作用，防锈效果同红丹防锈漆相似。

（8）磷酸盐防锈漆　磷酸盐防锈漆无毒且具有优良的磷化防锈作用。主要类型有：磷酸锌防锈漆、改性三聚磷酸铝防锈漆。

（9）偏硼酸钡防锈漆　偏硼酸钡防锈漆的防锈性能一般，主要用于金属及钢材的防锈，不宜用于水下设备及积水设备。常见型号有硼钡酚醛防锈漆 F53-39、硼钡油性防锈漆 Y53-37。

2. 特种防锈涂料

（1）磷化底漆　磷化底漆是一种高效的金属表面预处理剂，因含有磷酸，对金属底材有轻微侵蚀作用。其优点是具有优良的附着力，能阻止膜下锈蚀的蔓延，广泛用于钢铁及有色金属

（铝、锌、锡、镁和不锈钢等）结构和设施的增强防锈，特别是海洋和湿热地区的钢结构、桥梁、港口等设备。但不适合涂装铬钒钢、铬钨钢及含铜钢。

磷化底漆涂覆于经磷化处理的钢板效果良好，对其他酸浸过的钢板效果不好，会引起漆膜鼓泡。磷化底漆与其他防锈漆配套使用才能满足良好的防锈效果。一般磷化底漆涂装后应及时涂覆其他配套底漆，室内不超过 5～6 个月，户外不超过 1 周。

（2）锈面涂料　锈面涂料指可在未充分除锈清理的钢铁表面上涂刷的底漆，作用是把活性锈"惰化"，使其呈稳定状态，附着在钢铁表面上起到一般防锈底漆的作用。根据锈面涂料对锈层作用方式的不同可分为三种类型：渗透型、转化型和稳定型。

渗透型锈面涂料又称浸渍型锈面涂料，其作用原理是依靠漆料的渗透作用将锈润湿、分隔、包围，同时具有防锈漆的保护作用。转化型锈面涂料又称反应型锈面涂料，是用能与铁锈发生反应的化合物把铁锈转化成无害的或具有一定保护作用的配合物或螯合物。稳定型锈面涂料成膜后通过缓慢水解活性颜料与新生的不稳定的锈相互作用，将铁锈转化成稳定的 Fe_3O_4 等化合物，达到防锈目的。

（3）车间底漆　车间底漆又称预涂底漆和保养底漆，主要在工厂车间使用，如造船厂、管道厂与机械厂等。

第三节　塑料

一、塑料概述

塑料的种类很多，常用的衬里塑料是聚四氟乙烯、聚全氟乙丙烯和聚偏氟乙烯等氟塑料，聚丙烯、聚乙烯和聚氯乙烯等通用塑料；常用的涂层塑料是乙烯与四氟乙烯的共聚物等。

1. 塑料的定义及特性

（1）定义　塑料是以合成树脂（有时用单体在加工过程中直接聚合）为主要成分，以增塑剂、润滑剂、填充剂等添加剂为辅助成分，在加工过程中能够流动成型的材料。塑料与树脂的不同在于树脂是未加工的聚合物，塑料是成型加工后的合成材料或制品。

（2）特性　塑料的最大特点是耐腐蚀，所谓耐腐蚀塑料就是在防腐蚀工程中应用较多的或者有重要意义的通用塑料、工程塑料和特种工程塑料。

① 质轻。塑料的密度较小，一般为（0.8～2.3）$\times 10^3 kg/m^3$，只有钢铁的 1/8～1/4。这一特点对于要求减轻自重的设备具有重要的意义。

② 优良的电绝缘性能。塑料的电绝缘性能都很好，是电机、电器和无线电、电子工业中不可缺少的绝缘材料。

③ 优良的耐蚀性能。很多塑料在一般的酸、碱、盐和有机溶剂等介质中耐蚀性能良好。尤其是聚四氟乙烯，"王水"也不能把其腐蚀。塑料这一性能，使其在化学工业中的应用极为广泛，可作为设备结构材料、管道和防腐衬里等。

④ 良好的成型加工性能。绝大多数塑料的成型加工都比较容易，通过挤压、模压、注射等成型方法，可制造多种多样的复杂零部件，且方法简单高效。有些塑料类似于金属，可采用焊、车、刨、铣、钻等方法加工。

⑤ 热性能较差。多数塑料的耐热性能较差，导热性不好，不宜用作换热设备；因热膨胀系数大，塑料制品的尺寸受温度变化影响较大。

⑥ 力学性能差。塑料的机械强度一般都较低，刚性较差。在长时间的载荷作用下会发生破坏。

⑦ 易产生自然老化。塑料在存放或户外使用过程中，因受光照和大气作用，性能会逐渐下降，如强度下降、质地变脆、耐蚀性能降低等。

2. 塑料的组成

作为塑料主要成分的合成树脂，决定了塑料的力学性能和耐蚀性能。树脂的品种不同，塑料的性能也就不同。为改善塑料的性能，在塑料中还常加入一定比例的添加剂，以满足各种不同的要求。塑料添加剂主要有以下几种。

（1）填料　填料又叫填充剂，对塑料的力学性能和加工性能都有很大影响，同时还可减少树脂用量，降低塑料的成本。常用的填料有玻璃纤维、云母、石墨粉等。

（2）增塑剂　增塑剂能增加塑料的可塑性、流动性和柔软性，降低脆性并改善其加工性能，但会使塑料的刚度减弱，耐蚀性能降低。因此防腐蚀塑料一般不加或少加增塑剂。常用的增塑剂有邻苯二甲酸二丁酯、邻苯二甲酸二辛酯、磷酸三丁酯等。

（3）稳定剂　稳定剂可降低光、热、氧等对塑料的老化作用，延长塑料使用寿命。常用的稳定剂有硬脂酸钡、硬脂酸铅等。

（4）润滑剂　润滑剂能改善塑料加热成型时的流动性和脱膜性，防止黏膜，使制品表面光滑。常用的润滑剂有硬脂酸盐、脂肪酸等。

（5）着色剂　着色剂能增加制品的美观，并能适应各种要求。

（6）其他　为满足不同要求而加入的其他添加剂。如为使树脂固化加入的固化剂；为增加塑料的耐燃性或使其自熄而加入的阻燃剂；为制备泡沫塑料而加入的泡沫剂；为消除塑料在加工、使用中因摩擦产生的静电而加入的抗静电剂；为降低树脂黏度、便于施工而加入的稀释剂等。

3. 塑料的分类

塑料品种很多，根据塑料在加热和冷却反复作用下的表现，可以分为热塑性塑料和热固性塑料两大类。本章只讨论热塑性塑料。

（1）热塑性塑料　热塑性塑料以聚合类树脂为主要成分，加入少量稳定剂、润滑剂或增塑剂，加入（或不加）填料而制成的。这类塑料受热软化，具有可塑性，且可反复塑制。常见的有聚氯乙烯、聚乙烯、聚丙烯和氟塑料等。

热塑性塑料具有原料来源丰富、加工方便、产量大、价格低廉等突出优点，应用十分广泛，如包装业、建筑业、日用品、电气、运输业、机械制造业等部门，成为日益不可缺少的重要材料。但其在耐热性能、力学性能等方面还比较差。对于耐腐蚀塑料来讲，还不能满足在较高温度下耐化学介质腐蚀的要求。

（2）热固性塑料　热固性塑料是以缩聚类树脂为主要成分，加入填料、固化剂等添加剂制成的。这类塑料在一定温度条件下固化成型后为不熔状态，且受热不会软化，强热后会破坏分解，不可反复塑制。以环氧树脂、酚醛树脂、呋喃树脂与不饱和聚酯等合成树脂制得的塑料属于这类塑料。热固性塑料具有质量轻、强度高、耐腐蚀、成型性好、适用性强等优点，是化工防腐工程中不可缺少的材料之一。

二、聚氯乙烯塑料

聚氯乙烯塑料以聚氯乙烯树脂（PVC 树脂）为主要原料，加入填料、稳定剂、增塑剂等添加剂，经捏和、混炼、加工成型等过程制得。根据增塑剂加入量的不同，可分为硬聚氯乙烯和软聚氯乙烯两大类。

1. 硬聚氯乙烯塑料

硬聚氯乙烯塑料一般是在 100 份聚氯乙烯树脂中不加或只加 5 份以下增塑剂。硬聚氯乙烯塑料是我国发展最快、应用最广的一种热塑性塑料。

（1）硬聚氯乙烯塑料的力学性能　硬聚氯乙烯具有较高的机械强度和刚度，一般可以用于制作结构材料。随环境温度的变化和载荷时间的延长，硬聚氯乙烯塑料的力学性能也随之变化。

硬聚氯乙烯塑料的强度与温度关系密切，一般在 60℃ 以下能够保持适当的强度；在 60~90℃ 时强度显著降低；温度高于 90℃ 时，不宜用作独立的结构材料。作为受力构件使用时，应力越高，使用温度越低。需要注意的是当温度低于常温时，其冲击韧性随温度的降低而显著下降。

（2）硬聚氯乙烯塑料的耐蚀性能　硬聚氯乙烯塑料具有优越的耐蚀性能，其耐蚀性能与许多因素有关。温度越高，腐蚀介质在硬聚氯乙烯内部扩散的速度就越快，腐蚀越严重；如温度低于 50℃ 的条件下，能耐各种浓度的酸、碱和盐类的腐蚀，强氧化性酸除外；在芳香烃、氯化烃与酮类介质中，硬 PVC 溶解或溶胀，但不溶于其他有机溶剂。硬 PVC 塑料的实际使用温度常根据其使用条件的不同而不同，如介质的腐蚀性越强，则使用温度越低。作用于硬 PVC 的应力越大，腐蚀速率越快。

目前，对硬 PVC 塑料的耐蚀性能尚无统一标准，一般可根据其外观、体积、质量和力学性能的变化，加上实际生产中的应用情况，综合评定。

（3）硬聚氯乙烯塑料的应用　硬聚氯乙烯塑料具有一定的机械强度、焊接和成型性能良好，耐蚀性能优越。其价格便宜，密度小，吊装方便，焊接、成型性能良好，加工容易，是化工、石油、冶金、制药等工业中普遍使用的一种耐蚀材料。常用来制作塔器、储槽、排气筒、泵、阀门及管道。需要注意的是硬 PVC 塑料的线膨胀系数较大，在较高温度下会造成较大的应力，因此在设计、使用、安装时需要考虑。

如 20 世纪 60 年代用硬 PVC 塑料制作的硝酸吸收塔，在使用二十多年后，腐蚀轻微、效果良好。此外，用于氯碱行业的氯气干燥塔；用于硫酸生产净化过程的电除雾器等。近年来，随着聚氯乙烯改性工作的研究，发展了玻璃纤维改性的聚氯乙烯塑料，石墨改性的聚氯乙烯塑料。

2. 软聚氯乙烯塑料

软聚氯乙烯塑料的力学性能及耐蚀性能均比硬聚氯乙烯塑料要差。软聚氯乙烯塑料质地柔软，可用于制成薄膜、软管、板材及许多日用品。如用作电线电缆的保护套管、设备衬里、复合衬里中间防渗层等。

为提高聚氯乙烯塑料的质量，开发了专用混合料、聚氯乙烯合金、高聚合度树脂、低聚合物树脂等品种。如已开发的聚氯乙烯共聚物有氯乙烯-醋酸乙烯共聚物、氯乙烯-丙烯共聚物、氯乙烯-烷基乙酸醚共聚物及氯乙烯-偏氯乙烯共聚物等。

三、聚乙烯塑料

聚乙烯（PE）是乙烯的聚合物，按生产方法分为高压聚乙烯、中压聚乙烯和低压聚乙烯。按密度分为低密度聚乙烯、高密度聚乙烯、线性低密度聚乙烯三大类。

1. 聚乙烯的物理性能

聚乙烯塑料的强度、刚度均远低于硬 PVC 塑料，不适宜用作单独的结构材料，只能用作衬里和涂层。聚乙烯塑料的机械加工性能近似于硬 PVC，可采用钻、车、切、刨等方法，薄板还可剪切。

聚乙烯塑料的成型温度为105~120℃,使用温度与硬PVC塑料差不多,不过PE塑料的耐寒性好,优于硬PVC塑料。

2. 聚乙烯的耐蚀性能

聚乙烯塑料的耐蚀性与耐溶剂性能优越,对盐酸、稀硫酸、氢氟酸等非氧化性酸,稀硝酸,碱和盐等均有良好的耐蚀性。室温下几乎不被任何有机溶剂溶解,但脂肪烃、芳香烃、卤代烃等能使其溶胀;当溶剂去除后,又可恢复原来的性能。聚乙烯塑料的主要缺点是易氧化。

3. 聚乙烯塑料的应用

聚乙烯塑料广泛用于农用薄膜、电气绝缘、电缆保护和包装材料等。如管道、管件及机械设备的零部件,其薄板也可用作金属设备的防腐衬里。聚乙烯加热熔融后黏附在金属表面,可形成防腐涂层保护层。聚乙烯涂层可采用热喷涂或热浸涂的方法制作。

为提高聚乙烯塑料的质量,开发共聚物是技术发展方向,如乙烯-醋酸乙烯共聚物与乙烯-乙烯醇共聚物等。

四、聚丙烯塑料

聚丙烯(PP)是丙烯的聚合物,除均聚物外,还包括嵌段共聚物、无规共聚物及多种聚合物的共混物。聚丙烯的发展速度很快,是一种极具发展前途的防腐蚀材料。

1. 聚丙烯塑料的物理性能

聚丙烯塑料是目前商品塑料中密度最小的一种,只有0.9~$0.91g/cm^3$,聚丙烯塑料的强度及刚度均小于硬PVC塑料,但高于PE塑料。聚丙烯的耐热性较高,在熔点以下具有很好的结晶结构,因结晶性高使其具有较好的机械强度。常温下可作为结构材料使用,但其刚性随温度的升高而降低,在高温条件下,不宜用作结构设备。当温度高于80℃时,PVC塑料的强度完全丧失,而PP仍可保持一定的强度,因此PP可作为耐蚀材料使用。

聚丙烯塑料的使用温度为110~120℃,无外力作用下可达150℃,高于PVC塑料与PE塑料。但聚丙烯塑料的耐寒性较差,当温度低于0℃,接近-10℃时,材料变脆,抗冲击强度明显降低。此外,聚丙烯的耐磨性也不好。

2. 聚丙烯塑料的耐蚀性能

聚丙烯塑料有优良的耐腐蚀性能和耐熔性能。聚丙烯塑料除氧化性介质外,能耐无机酸、碱、盐类等的腐蚀,甚至到100℃都非常稳定。室温下,聚丙烯塑料除在氯代烃、芳香烃、脂肪烃等有机介质中产生溶胀外,几乎不溶解于所有的有机溶剂,且溶胀度随温度的升高而升高。

3. 聚丙烯塑料的应用

聚丙烯塑料常用于化工管道、储槽和衬里等,还可用作汽车零件、医疗器械、食品和药品的包装、电绝缘材料等。在实际使用安装时,因热膨胀系数较大,需考虑安装热补偿器。采用无机填料可提高聚丙烯塑料的强度和抗蠕变性能,用于制造化工设备,如用玻璃纤维改性增强后可用于制作鲍尔环及阶梯环。用石墨改性后可制成聚丙烯热交换器等。

五、氟塑料

含有氟原子的塑料统称为氟塑料。由于分子结构中的氟原子,氟塑料具有极为优良的耐蚀性、耐热性、电性能和自润滑性。氟塑料的主要品种有聚四氟乙烯塑料、聚三氟氯乙烯塑料、聚全氟乙丙烯塑料。

1. 聚四氟乙烯塑料

（1）力学性能　聚四氟乙烯（PTFE）的突出优点在于在高温或低温条件下，其力学性能比一般塑料好很多，使用温度范围广。但在常温条件下的力学性能与其他塑料基本相同。由于聚四氟乙烯分子间的作用力小，表面能低，具有高度的不黏性，很好的润滑性，常用于轴承、活塞环等润滑部件。

聚四氟乙烯的机械强度一般，其优点主要体现在高温或低温下的机械强度。但蠕变现象严重，刚性低，不易用作刚性材料。其在高温或低温条件下的力学性能较一般塑料好（常温下基本相同），使用温度范围为-200～250℃。其缺点是成型加工困难，不能用一般的热塑性塑料的成型加工方法，只可采用类似粉末冶金的方法将聚四氟乙烯粉末预压成型后，再烧结成型。

（2）耐腐蚀性能　聚四氟乙烯具有优越的耐蚀、耐候性能，被称为"塑料王"。

聚四氟乙烯具有高热稳定性，可在200℃条件下长期使用。聚四氟乙烯的耐化学腐蚀性优异，不与"王水"、氢氟酸、浓盐酸、硝酸、发烟硫酸、沸腾的氢氧化钠溶液、氯气和过氧化氢等作用。除熔融的碱金属或其氨溶液、三氟化氯及氟元素等在高温和一定压力下会对它发生破坏作用，某些卤化胺或芳香烃使其轻微溶胀外，其他任何浓度的强酸、强碱、强氧化剂和有机溶剂等对它都不起作用。

聚四氟乙烯不受氧或紫外线的作用，耐候性极好，如0.1mm厚的聚四氟乙烯薄膜，经室外暴露6年后，其外观和力学性能均无明显变化。

（3）应用　聚四氟乙烯塑料常用作填料、垫圈、密封圈及阀门等零部件。还可用作设备衬里或涂层。但用作衬里材料时，衬里工艺较困难。可用于管道、管件、阀门、泵、容器、塔等设备的防腐衬里。

其他氟塑料由于分子结构上不全为氟原子组成，因而其耐蚀性、耐热性比聚四氟乙烯稍差。但其加工性要优于聚四氟乙烯，可用一般塑料加工方法加工，用于制作泵、阀、棒、管等，还可用于设备的防腐涂层。

2. 聚三氟氯乙烯塑料

聚三氟氯乙烯（PCTFE）的强度、刚性均高于聚四氟乙烯，但耐热性不如聚四氟乙烯。聚三氟氯乙烯在210℃以上的高温下有一定的流动性，加工性能比聚四氟乙烯好，可采用注塑、挤压等方法加工。

（1）聚三氟氯乙烯塑料的耐蚀性能　聚三氟氯乙烯的耐蚀性能优良，仅次于聚四氟乙烯，吸水率极低、耐候性优良。能耐无机酸、碱、盐类溶液以及较低温度下强氧化剂的腐蚀，在室温下能耐大多数有机介质的腐蚀。

聚三氟氯乙烯在有些溶剂（如乙酸乙酯、乙醚等）中会溶胀，甚至溶解；高温下的氯代烃能够使它溶解；高于沸点条件下的苯、甲苯、二甲苯等也能使其溶解；此外，加压加热时，四氯化碳、甲基三氯甲烷也会使其溶解；高温下，它会受到熔融碱金属、氯磺酸、浓硝酸、发烟硝酸、氢氟酸、熔融苛性碱、芳烃等的腐蚀。

（2）聚三氟氯乙烯塑料的应用　聚三氟氯乙烯在化工防腐蚀中主要用作耐蚀涂层和设备衬里，如与有机溶剂配成悬浮液，用作设备的耐腐蚀涂层。还可用于制作泵、阀门、管件和密封材料等。

3. 聚全氟乙丙烯塑料

聚全氟乙丙烯（FEP）是四氟乙烯与六氟丙烯的共聚物，是一种改性的聚四氟乙烯，耐热性不如聚四氟乙烯，但优于聚三氟氯乙烯，可在 200℃的高温下长期使用。聚全氟乙丙烯具有较好的抗冲击性和抗蠕变性能。

聚全氟乙丙烯的化学稳定性极好，在各种化学介质中的耐蚀性能与聚四氟乙烯相似，在150℃以下基本保留了聚四氟乙烯的耐蚀性能。聚全氟乙丙烯在熔融碱金属、发烟硝酸和氟化氢中会发生腐蚀。聚全氟乙丙烯的突出优点是比聚三氟氯乙烯有更好的成型加工性能，可用热塑性塑料通用的成型方法，如模压、挤压和注射等成型方法制造成各种零件，也可制成防腐涂层。

采用氟塑料制造的换热器管径小，紧凑，管壁薄，热阻小，不易结垢，传热面积较大，总传热效果好，单位体积的传热能力比金属好。可用于在一定压力和温度条件下的强腐蚀介质的换热，如 160～170℃的 70%左右的硫酸。此外，其质量轻、占地面积小，是很有发展前途的一种新型换热设备。需要注意的是氟塑料在高温条件下会分解释放剧毒产物，因此在施工时，应采取有效的通风方法，操作人员应佩戴防护面具并采用其他保护措施。

六、氯化聚醚塑料

氯化聚醚（CPE）塑料是一种线型高结晶度热塑性塑料，具有较好的耐热性及耐蚀性。

1. 氯化聚醚塑料的耐蚀性

在较高温度下，氯化聚醚塑料能耐大多数无机酸、碱和盐类溶液的腐蚀。

氯化聚醚塑料在室温下能耐大部分酸、碱、烃、醇及油类溶剂的腐蚀，只有在升温条件下几种溶剂中发生溶解或溶胀。如 50℃以上的环己酮，100℃以上的邻二氯苯、硝基苯、吡啶、四氢呋喃、乙二醇二醋酸酯、三甲基环己烯酮、二甘醇乙醚乙酸酯等，沸点温度下的芳香烃、氯化烃、乙酸酯、乙二胺等。氯化聚醚塑料在室温下的强氧化性介质（如浓硝酸、浓度为98%以上的浓硫酸等）中会发生腐蚀，不耐液氯、氟、溴的腐蚀。

2. 氯化聚醚塑料的加工及应用

氯化聚醚塑料的耐磨性好，尺寸稳定性好，抗拉强度与其黏度特性有关。氯化聚醚塑料的加工可采用注射、挤出、模压、焊接、喷涂等方法。

氯化聚醚塑料在化工防腐中除可制成管、板、棒及相关零件外，还常用作防腐涂层和设备衬里。其导热率低，是良好的隔热材料。如用它作衬里的设备，一般不需外部加隔热层。

七、聚苯硫醚塑料

聚苯硫醚（PPS）塑料是一种线性聚合物，分子量为 1 万～5 万，呈热塑性，通过化学或加热方法可产生氧化交联而呈热固性；充分加热后还能软化到一定程度，经三次反复注射成型后，其物理性能也不发生变化，所以它不是真正的热固性塑料，是介于热塑性和热固性之间的塑料。

1. 聚苯硫醚塑料的耐蚀性

聚苯硫醚塑料是一种耐高温、耐腐蚀的工程塑料，具有与聚四氟乙烯塑料相近的耐热性能，但其耐化学腐蚀性能远不及氟塑料，在高温下更是如此。

温度在 175℃以下，聚苯硫醚塑料不被大多数有机溶剂所溶解；在多数有机介质和盐类中的使用温度高于氯化聚醚。

聚苯硫醚塑料在无机酸中的耐蚀性能不如氯化聚醚塑料，不耐硝酸、王水、次氯酸、氯磺酸等酸，也不耐氟、氯、溴等介质的腐蚀。

2. 聚苯硫醚塑料的加工与应用

线性的聚苯硫醚塑料经加热或化学交联后，可在 290℃的温度下使用，其机械强度高于氯化聚醚塑料，特别是高温下机械强度好，抗蠕变性能优良。

聚苯硫醚塑料的加工主要有注射、压制、喷涂等方法。聚苯硫醚塑料可压制成棒，再制成相应的零件。还可用热压的方法制作金属泵、阀等的衬里。

八、改性热塑性塑料

1. 氯化聚氯乙烯塑料

聚氯乙烯（CPVC）塑料的性能优良，应用广泛，但使用温度较低，一般在 50~60℃之间。改性的目的是提高聚氯乙烯塑料的耐热性能。

CPVC 的含氯量为 63%~69%，有些公司将含氯量提高到了 74%，使用温度可到 93℃，使用年限为 50 年。

2. 超高分子量聚乙烯塑料

超高分子量聚乙烯（UHMWPE）在结构上与聚乙烯相同，但相对分子质量高达 200 万以上，甚至可达 1000 万，具有普通聚乙烯塑料无法比拟的优异性能。如突出的耐磨性能，抗冲击性能优异，耐低温性能极佳，吸水率极低，自润滑性与聚四氟乙烯塑料相当等优点。

3. 无规共聚聚丙烯塑料

聚丙烯分均聚聚丙烯和共聚聚丙烯，共聚聚丙烯又分为嵌段共聚聚丙烯和无规共聚聚丙烯（PP-R）。PP-R 与均聚聚丙烯相比，改善了耐寒性及低温冲击性能，低温脆化温度从 5℃降至−15℃。

4. 氟树脂共聚物

聚全氟乙丙烯（PFER）的突出优点是改善了聚四氟乙烯的成型加工性能，可用热塑性塑料通用的成型方法进行加工。此外，其冲击韧性特别好。

第四节　玻璃钢

玻璃钢即玻璃纤维增强塑料，俗称 FRP，因其比强度比一般钢材还要高，因此称为玻璃钢。玻璃钢是由合成树脂、玻璃纤维及其制品、固化剂、填料、增塑剂、稀释剂等添加剂，按一定成型方法制成。其中合成树脂为黏结剂，玻璃纤维及其制品（如玻璃布、玻璃带、玻璃毡、玻璃纱等）为增强材料，合成树脂与玻璃纤维及其制品对玻璃钢的性能起决定作用。

玻璃钢的密度小、强度高，电绝缘、导热性差，耐腐蚀性能及施工工艺性能都很好，在许多工业部门都获得了广泛应用。

玻璃钢的种类很多，按所用合成树脂的种类可分为由环氧树脂与玻璃纤维及其制品制成的环氧玻璃钢，由酚醛树脂与玻璃纤维及其制品制成的酚醛玻璃钢等。

一、玻璃钢的主要原料

(一)合成树脂

化工防腐中常用的合成树脂有环氧树脂、酚醛树脂、呋喃树脂、聚酯树脂四类玻璃钢,也可添加第二种树脂,制成改性的玻璃钢。这种玻璃钢兼有两种树脂玻璃钢的性能,常用的有环氧-酚醛玻璃钢、环氧-呋喃玻璃钢等。

1. 环氧树脂

环氧树脂是指含有两个或两个以上环氧基团的有机高分子聚合物。环氧树脂的类型有:双酚 A 型(E 型)、酚醛环氧树脂型(F 型)和双酚 F 型。其中双酚 A 型应用最广,在化工防腐中常用的型号有 6101(E-44)、634(E-42)等。

(1) 环氧树脂的固化　环氧树脂的固化就是从可溶可熔的线型结构或支链分子变为不溶不熔的体型结构的过程。环氧树脂可热固化也可冷固化,工程上常用的是冷固化方法。环氧树脂的冷固化是在环氧树脂中加入固化剂,使环氧树脂逐步形成体型结构。固化后的环氧树脂具有一定的强度和优良的耐腐蚀性能。

环氧树脂的固化剂种类很多,常见的有胺类、酰胺类与胺改性固化剂等。基于配制工艺与固化条件的限制,玻璃钢衬里工程中常用的固化剂为胺类,如乙二胺、三乙胺与间苯二甲胺等。固化剂配制方便,可在室温下固化,但有毒,因此使用时需加强防护。一般情况下,加热固化所制得的产品性能比室温固化好,且可缩短工期,因此在条件允许的情况下采用加热固化更好。

(2) 环氧树脂的性能　固化后的环氧树脂具有良好的耐蚀性能,能耐稀酸、碱、多种盐溶液及有机溶剂,但不耐氧化性酸(如浓硫酸、硝酸等)的腐蚀。环氧树脂的黏结力很强,能够黏结金属、非金属等多种材料。

环氧树脂固化后具有良好的力学与工艺性能,许多重要指标比酚醛树脂、呋喃树脂优越。但使用温度较低,一般使用在 80℃ 以下。

2. 酚醛树脂

酚醛树脂以酚类和醛类化合物为原料,在催化剂的作用下经缩合而成。根据原料的比例和催化剂种类的不同分为热塑性和热固性两类。化工防腐中常用的玻璃钢一般为热固性酚醛树脂。

(1) 酚醛树脂的固化　酚醛树脂固化剂一般为酸性物质,因此在金属或混凝土表面施工时应注意,在涂敷有酸性固化剂的酚醛树脂前要加隔离层。为改善树脂固化后的脆性可加桐油和松香进行改性。常用的固化剂有苯磺酰氯、对甲苯磺酰氯、硫酸乙酯等,因毒性大,在施工时应加强防护措施。也可采用复合固化剂,如对甲苯磺酰氯与硫酸乙酯复合使用。

热固性酚醛树脂因在常温下很难完全固化,因此必须采取加热固化的方法。也可在常温下固化,但需加入缩短固化时间的固化剂。

(2) 酚醛树脂的性能　酚醛树脂在非氧化性酸、大部分有机酸、酸性盐中都很稳定,但不耐碱和强氧化性酸的腐蚀。酚醛树脂可耐大多数有机溶剂的溶解。

酚醛树脂的耐热性优于环氧树脂,使用温度可达 120~150℃,但脆性大、附着力差、抗渗性差。

3. 呋喃树脂

呋喃树脂的分子结构中含有呋喃环,常见的种类有糠醇树脂、糠醇-丙酮树脂、糠醇-丙酮-

甲醛树脂等。

（1）呋喃树脂的固化　呋喃树脂可热固化也可冷固化，工程上常用冷固化方法。固化呋喃树脂的固化剂与固化酚醛树脂的固化剂相似，但酸性要求更高，如苯磺酰氯、硫酸乙酯等。因此施工过程中应注意不能直接与金属或混凝土表面接触，中间应加隔离层。

（2）呋喃树脂的性能　呋喃树脂在非氧化性酸、碱、大多数有机溶剂中都很稳定，可耐酸碱交替的化学介质的腐蚀，耐碱性尤为突出，耐溶剂性能较好，但不耐强氧化性酸的腐蚀。呋喃树脂的耐热性很好，可在160℃的条件下使用。

呋喃树脂在固化时反应剧烈、易起泡，且固化后的呋喃树脂性脆、易裂，为提高性能可加环氧树脂进行改性。

4. 聚酯树脂

聚酯树脂是多元酸与多元醇的缩聚产物，用于玻璃钢的聚酯树脂是由不饱和二元酸（或酸酐）和二元醇缩聚制得的一种线型不饱和聚酯树脂。

（1）不饱和聚酯树脂的固化　不饱和聚酯树脂的固化是在引发剂与交联剂的作用下，发生交联反应，固化成体型结构。不饱和聚酯树脂的固化成型包括三个阶段：凝胶、定型、熟化。

交联剂通常为含双键的不饱和化合物，如苯乙烯。引发剂通常为有机过氧化物，如过氧化苯甲酰、过氧化环己酮等。由于过氧化物具有爆炸性，安全起见，常加入一定量的增塑剂（如邻苯二甲酸二丁酯等）配成糊状使用。为促进反应完全还需加入促进剂，常见的有二甲基苯胺，促进剂需与引发剂配套使用。

不饱和聚酯树脂可在室温下固化，具有固化时间短、固化产物结构较紧密等特点，不饱和聚酯树脂的优点是具有最佳的室温接触成型工艺性能。

（2）不饱和聚酯树脂的性能　不饱和聚酯树脂在浓度较低的非氧化性无机酸、有机酸、盐溶液和油类等介质中具有较好的稳定性，但不耐氧化性酸、多种有机溶剂和碱液的腐蚀。

不饱和聚酯树脂是玻璃钢中用得最多的品种。聚酯玻璃钢具有加工成型容易，力学性能仅次于环氧玻璃钢的特点。由于其耐蚀性不够好，在某些强腐蚀性环境中，里面是耐蚀性较好的酚醛、呋喃或环氧玻璃钢，外面是不饱和聚酯树脂作加强层使用。

（二）玻璃纤维及其制品

玻璃纤维及其制品是玻璃钢中的增强材料，起骨架作用，对玻璃钢的性能及成型工艺有显著的影响。

玻璃纤维以玻璃为原料，在熔融状态下经拉丝而成，其主要成分为二氧化硅、氧化铝、氧化钙、氧化硼、氧化镁、氧化钠等，根据含碱量的多少分为：无碱玻璃纤维（含氧化钠0～2%，属于铝硼硅酸盐玻璃）；中碱玻璃纤维（含氧化钠8%～12%，属于含硼或不含硼的钠钙硅酸盐玻璃）；高碱玻璃纤维（含氧化钠13%以上，属于钠钙硅酸盐玻璃）。目前应用最广泛的是无碱玻璃纤维。

根据玻璃纤维的直径或特性可分为粗纤维、中级纤维、高级纤维、超级纤维、长纤维、短纤维、有捻纤维、无捻纤维等。

玻璃纤维是一种性能优良的无机非金属材料，其种类繁多。优点是绝缘性好；机械强度高；耐热性强，使用温度可达400℃以上；耐腐蚀性能好，除氢氟酸、热浓磷酸和浓碱外能耐绝大多数介质的腐蚀。但具有性脆，耐磨性较差等缺点。玻璃纤维质地柔软，可制成玻璃布或玻璃带等织物。

二、玻璃钢的施工工艺

玻璃钢的施工方法很多，常用的为手糊法、模压法、缠绕法和喷射法4种。玻璃钢的施工方法应根据玻璃钢制品的性能要求、结构形状、所用树脂胶液和玻璃钢增强材料等因素来进行选择。

按玻璃纤维及其制品浸渍树脂状态的不同，玻璃钢的施工工艺可分为干法成型和湿法成型；按成型过程中施加压力的不同分为高压法、低压法。其中手糊法和喷射法属于湿法成型；缠绕法为湿法或干法成型；模压法多为干法成型。手糊法为低压成型（接触压力成型），模压法为高压成型，需施加一定压力。

1. 手糊法

手糊法属于湿法成型，是目前化工防腐中最常用的一种施工方法。手糊成型以不饱和聚酯树脂、环氧树脂等在室温下即可固化的热固性树脂为黏结剂，加入玻璃纤维及其制品等增强材料黏结在一起，是一种无压或低压成型方法。

手糊法的优点是工艺简单、操作方便、不受产品的尺寸和形状限制，可根据产品的设计要求铺设不同厚度的增强材料，即一边铺衬玻璃布一边涂刷胶黏剂，直至数层；缺点是生产效率低、劳动强度大、产品质量不够稳定。但由于其优点突出，在我国耐蚀玻璃钢的制造中仍占有主要地位。

2. 模压法

模压法是将一定质量的模压材料放入金属制的模具中，在一定的温度和压力下制成玻璃钢制品的一种成型方法。其优点是生产效率高、产品尺寸精确、表面光滑、价格低廉，可以一次成型，不用二次加工。缺点是模具设计与制造复杂，初期投资成本高，一般只用于中、小型设备，如阀门、管件等玻璃钢制品。

3. 缠绕法

缠绕法是连续地将玻璃纤维及其制品浸胶液后，用手工或机械的方法按一定顺序连续地缠绕到芯模上，然后在加热或常温的条件下固化而制成一定形状的制品。缠绕法用干法或湿法。

这种方法制得的玻璃钢产品质量好且稳定；生产效率高，便于大批生产；比强度高，甚至超过钛合金。但其强度方向比较明显，层间剪切强度低，设备要求高。通常适用于制造圆柱体、球体等产品，在防腐方面主要用来制备玻璃钢管道、容器、贮槽，可用于油田、炼油厂和化工厂，以部分代替不锈钢使用，具有防腐作用。

4. 喷射法

喷射法是利用喷枪将树脂和固化剂喷成细粉，与玻璃钢纤维切割器喷射出来的短切纤维混合后，喷覆在模具表面，经滚压固化而成。

喷射法的优点是可以进行半机械化施工，生产效率较高。缺点是树脂消耗量较大，所得制品的机械强度较差，且设备复杂，不易进行工艺条件的控制，同时喷枪易发生堵塞，劳动条件差。此方法适用于大型制品的现场施工。但目前在化工防腐施工中的应用还较少。

三、玻璃钢的耐蚀性能

玻璃钢中的玻璃纤维及其制品的耐蚀性能很好，耐热性能也优于合成树脂。因此，玻璃钢的耐蚀、耐热性能主要取决于合成树脂的种类。固化剂与填料等辅助组分对玻璃钢的性能也有一定影响。

玻璃纤维不耐氢氟酸的腐蚀，所以其制品也不耐氢氟酸腐蚀，要想制得耐氢氟酸腐蚀的玻璃钢需选用涤纶等作为增强材料。

合成树脂的耐蚀性能随品种的不同而不同，环氧树脂和呋喃树脂玻璃钢既耐酸又耐碱，酚醛树脂与聚酯树脂玻璃钢只耐酸不耐碱。不同合成树脂制成的玻璃钢制品的耐蚀性能见表6-2。

表6-2 玻璃钢制品的耐蚀性能

介质	耐蚀性能					
	环氧玻璃钢		酚醛玻璃钢		呋喃玻璃钢	
50%的硫酸	耐	耐	耐	耐	耐	耐
70%的硫酸	不耐	不耐	耐	不耐	耐	不耐
93%的硫酸	不耐	不耐	不耐	不耐	不耐	不耐
盐酸	耐	耐	耐	耐	耐	耐
次氯酸	不耐	尚耐	不耐	不耐	不耐	不耐
10%的氢氧化钠	耐	耐	不耐	不耐	耐	耐
30%的氢氧化钠	尚耐	尚耐	不耐	不耐	耐	耐
50%的氢氧化钠	尚耐	不耐	不耐	不耐	耐	耐

在实际选用玻璃钢时，除应考虑其耐蚀性外，还需考虑玻璃钢的力学性能、耐热性能等其他性能。玻璃钢有一系列的配方，即使选用相同的合成树脂，但不同配方玻璃钢的性能也有较大差别，因此施工前必须根据使用条件，参照相关手册，必要时需进行相关试验进行配方的确定。

四、玻璃钢的应用

玻璃钢与不锈钢相比，价格便宜，运输、安装费用少，是应用广泛的防腐材料。70%产量的玻璃纤维都是用来制造玻璃钢。玻璃钢制品加工容易，不锈不烂，不用油漆，用途广泛，可代替部分金属材料和塑料，如玻璃钢制成的防雨罩，在性能上堪比塑料，且使用寿命大大增加。玻璃钢在化学化工行业中主要用作耐腐蚀管道、贮罐贮槽、耐腐蚀输送泵及其附件、耐腐蚀阀门、格栅和通风设施，以及废水处理设备及其附件等。

（1）设备衬里　玻璃钢用作设备衬里是其在化工防腐中应用最广的一种形式。玻璃钢既可单独用作设备表面的防腐蚀覆盖层，又可作为砖和板衬的中间防渗层。

（2）整体结构　玻璃钢可用来制作大型的设备和管道等，较多用于制作管道，且在大型化工设备中的应用越来越广泛。

（3）外部增强　玻璃钢可作为塑料、玻璃等设备和管道的外部增强材料，以提高强度和保证安全，如用玻璃钢增强的硬聚氯乙烯制的铁路槽车，各类非金属管道等。

第五节　橡胶

橡胶具有良好的物理力学性能、耐腐蚀性能及防渗性能，还具有优良的可塑性、可黏结性、可配合性和硫化成型等加工特性，被广泛用于金属设备的防腐衬里、复合衬里的防渗层、还可用来制造各种橡胶产品。

一、橡胶概述

橡胶是具有弹性的高分子材料,可分为天然橡胶和合成橡胶两大类。

1. 天然橡胶

天然橡胶指从巴西橡胶树上采集的天然胶乳,经凝固、干燥等加工工序而制成的一种线型高分子聚合物,只有经过交联反应后形成的网状大分子结构才具有良好的力学及耐蚀性能。天然橡胶的成分是:91%～94%的橡胶烃(顺-1,4-聚异戊二烯),也叫生橡胶,与蛋白质、脂肪酸、灰分、糖类等非橡胶物质。

生橡胶必须通过硫化交联才能得到具有使用价值的硫化橡胶。天然橡胶所用的交联剂多为硫黄,交联过程称为硫化。硫化后的橡胶在弹性、强度、耐溶剂性及耐氧化性能方面得到大大改善。根据硫化程度的高低可分为软橡胶(含硫量2%～4%)、半硬橡胶(含硫量12%～20%)和硬橡胶(含硫量>20%～30%)。软橡胶具有弹性较好,耐磨、耐冲击振动较好的特点,硬橡胶的交联度大,具有耐腐蚀、耐热和机械强度均较好的特点。耐冲击性能硬橡胶较软橡胶差,耐腐蚀性与抗渗性方面软橡胶较硬橡胶差。

天然橡胶具有较好的化学稳定性,可耐一般非氧化性酸、有机酸、碱溶液(氨水)和中性盐溶液的腐蚀,在氧化性酸和芳香族化合物中不稳定。天然橡胶的使用温度一般不超过65℃,否则使用寿命会显著降低。如硬橡胶可耐浓度为60%以下的硫酸,但软橡胶在65℃的30%盐酸中会有较大的体积膨胀。

2. 合成橡胶

与天然橡胶相比,在规模和生产方式上,合成橡胶的生产不受地域限制、短期内可大规模生产、效率高,主要用于轮胎。在功能和使用领域上,合成橡胶的一致性较好,在耐酸碱、高低温下的物理稳定性能等方面优于天然橡胶。但在环保方面,合成橡胶属石油化工行业,投资规模大、能耗高,对环境影响较大。

随着科学技术的发展,以石油为主要原料,采用化学方法制成的合成橡胶,开始了大规模的工业生产,且目前合成橡胶的消费量已经超过天然橡胶。合成橡胶种类很多,在化工防腐中较常用的有以下品种。

(1)氯丁橡胶　氯丁橡胶是由 2-氯-1,3-丁二烯聚合而成的高分子弹性体,属自补强型橡胶,具有良好的力学性能,还具有优良的耐油、耐溶剂、耐臭氧、耐老化、耐酸碱、耐候、阻燃和耐磨等性能,但耐寒性较差。

氯丁橡胶在碱液、磷酸、硼酸、浓度10%以下的硫酸中十分稳定,如用其制造的磷酸储罐的使用寿命可长达15年。氯丁橡胶在浓盐酸、氢氟酸、硝酸、次氯酸与氯气中耐蚀性能较差。

氯丁橡胶在较低的温度下(100℃以内)即可硫化,可用于自然硫化的设备衬里;将氯丁橡胶溶于适当的溶剂中,可用作防腐蚀涂料,附着力良好,使用温度可达90℃。

(2)丁苯橡胶　丁苯橡胶是由丁二烯和苯乙烯以75:25(质量比)的配比,在乳液或溶液中经催化共聚而制成的高聚物弹性体。丁苯橡胶根据硫化剂用量的不同,可制成软质胶、半硬胶和硬质胶。

丁苯橡胶的耐蚀性与天然橡胶类似,但由其制成的软质胶不耐盐酸的腐蚀。由其制成的硬质胶可在65℃的浓盐酸中长期使用,还能耐甲酸、乙酸等有机物。丁苯橡胶的耐热性稍高于天然橡胶。

(3)丁腈橡胶　丁腈橡胶是由丁二烯和丙烯腈以一定比例经乳化共聚而制得的高分子弹性

体。丁腈橡胶的耐油性非常优越，耐溶剂性能好，但在芳香族、卤代烃、酮及酯类等极性较大的溶剂中会发生溶胀。

丁腈橡胶的耐腐蚀性能与丁苯橡胶相似，耐碱和耐酸性能好，对强氧化性酸和浓酸的耐蚀性较差。丁腈橡胶硬质胶的耐蚀性能优于软质胶，耐热性能优于天然橡胶、硬质胶，使用温度可达90℃。

(4) 聚异丁烯橡胶　聚异丁烯橡胶是由单体异丁烯聚合而成的一种高聚物，是一种热塑性弹性体，不能硫化。聚异丁烯的耐蚀性优良，可耐硫酸、盐酸、磷酸、氢氟酸、稀硝酸等多种无机酸，氢氧化钠、氢氧化钾等强碱的腐蚀。但聚异丁烯橡胶板的弹性、耐热性较差，一般使用温度不超过60℃。聚异丁烯可直接作衬里层，且不需硫化，整体性强，致密性高，抗渗透性好，与金属基体黏结力强，并具有一定的弹性、韧性，广泛用于抗冲击、耐磨、耐腐蚀的环境。

(5) 丁基橡胶与卤化丁基橡胶　聚异丁烯系列橡胶包括异丁烯的均聚物橡胶和以异丁烯为主单体与其他单体共聚制得的橡胶等。其主要类别是丁基橡胶。

丁基橡胶是异丁烯与少量异戊二烯采用离子型聚合法共聚而成的一种线性无凝胶弹性体。丁基橡胶具有优良的耐酸碱性能、耐老化性能和耐热耐寒性能，对酸、酮、酯类极性溶剂均稳定，但不耐卤素、芳烃、卤代烃和矿物油。其具有高饱和度、低渗透性，适用于作衬里材料。但其具有硫化速率慢、自黏和互黏性差，与其他通用橡胶相容性差及拉伸性能较低等缺点。

卤化丁基橡胶与丁基橡胶相比，具有易硫化、耐热、耐老化、耐臭氧等性能。如氯化丁基橡胶的耐蚀性能与丁基橡胶相似，但硫化速度较丁基橡胶快。溴化丁基橡胶与氯化丁基橡胶的性质基本相同，硫化速率更快，可作自然硫化防腐衬里。

(6) 氯磺化聚乙烯橡胶　氯磺化聚乙烯是聚乙烯的衍生物，是聚乙烯经氯化与磺化处理后而制得的高聚物。氯磺化聚乙烯的主链不含双键，化学性质稳定，具有良好的耐日光老化、耐磨、耐热、耐臭氧性能，能耐强氧化性酸（50%硫酸、20%硝酸、50%铬酸等）、碱液、过氧化物、盐溶液及许多有机介质的腐蚀，但不耐油、四氯化碳、芳香族等化合物的腐蚀。氯磺化聚乙烯橡胶可作为涂料，也可制成衬里胶板。

(7) 氯化聚乙烯橡胶　氯化聚乙烯是聚乙烯的氯代产物，可看成是乙烯、氯乙烯和 1，2-二氯乙烯的三元共聚物。氯化程度不同的氯化聚乙烯的性能差异很大，含氯量低于15%时是塑料，含氯量为 16%～24%时是热塑性弹性体，含氯量为 25%～48%时是橡胶状弹性体，含氯量为49%～58%时是半弹性硬聚合物，含氯量在 73%以上是脆性树脂。

氯化聚乙烯橡胶的分子高度饱和，不能用硫黄硫化，其性能与氯磺化聚乙烯橡胶基本相同，耐候性、耐臭氧、耐热、耐化学介质性能优良，耐油性较好，但压缩变形、弹性及加工性能等方面比氯磺化聚乙烯差。

(8) 氟橡胶　氟橡胶是指主链或侧链的碳原子上含有氟原子的合成高分子弹性体。氟橡胶的耐蚀性能与氟塑料相似，具有耐高温、耐油、耐高真空、耐酸碱及大多化学药品的腐蚀，但耐溶剂性能较差。

(9) 乙丙橡胶　二元乙丙橡胶是由乙烯、丙烯共聚而成，耐老化性能极优，其硫化速率缓慢且硫化剂不能用硫黄。三元乙丙橡胶是由乙烯、丙烯和少量第三单体聚合而成，常用的第三单体有双环戊二烯和1,4-己二烯等。第三单体的种类与含量对乙丙橡胶的硫化速度有很大影响。

乙丙橡胶耐热、耐老化、耐候和耐臭氧性能是通用橡胶中性能最好的，乙丙橡胶可耐各种浓度的盐酸、磷酸、70%以下的硫酸、40%以下的氢氧化钠与氢氧化钾的腐蚀，也可耐丙酮、甲醛、乙醇等强极性有机物和大部分无机盐的腐蚀。

(10) 聚硫橡胶　聚硫橡胶是一种特种合成橡胶，分子链是饱和的，因硫化时产生强烈的臭味而被其他橡胶所替代。其耐腐蚀性能良好，且耐油、耐臭氧、耐寒性能优良，与金属材料的黏合性佳，适宜用作耐油防腐的橡胶衬里。

二、橡胶的耐蚀性能及应用

1. 橡胶的耐蚀性能

常见橡胶的耐蚀性能见表 6-3。

表 6-3 常见橡胶的耐蚀性能

介质	丁苯橡胶	丁腈橡胶	丁基橡胶	氯丁橡胶	氟橡胶	聚硫橡胶
发烟硫酸	不耐	不耐	不耐	不耐	尚耐	不耐
浓硝酸	不耐	不耐	不耐	不耐	尚耐	不耐
浓硫酸	不耐	不耐	不耐	不耐	耐	不耐
浓盐酸	不耐	不耐	尚耐	尚耐	尚耐	不耐
浓磷酸	耐	不耐	耐	尚耐	尚耐	不耐
浓乙酸	尚耐	不耐	耐	尚耐	不耐	不耐
稀硝酸	不耐	不耐	不耐	不耐	耐	不耐
稀硫酸	尚耐	尚耐	耐	尚耐	耐	尚耐
稀盐酸	不耐	不耐	尚耐	耐	尚耐	尚耐
稀乙酸	尚耐	不耐	耐	尚耐	耐	不耐
浓苛性钠	耐	耐	尚耐	耐	尚耐	—
稀苛性钠	耐	耐	尚耐	耐	耐	—
氨水	尚耐	尚耐	耐	尚耐	不耐	不耐
苯	不耐	不耐	尚耐	不耐	耐	耐
汽油	不耐	耐	不耐	耐	耐	耐
石油	尚耐	尚耐	不耐	尚耐	耐	耐
四氯化碳	不耐	耐	不耐	不耐	耐	耐
二硫化碳	不耐	耐	不耐	不耐	—	—
乙醇	不耐	不耐	不耐	不耐	不耐	不耐
丙酮	尚耐	不耐	尚耐	尚耐	不耐	尚耐
苯乙烯	不耐	不耐	不耐	不耐	—	尚耐
乙酸乙酯	不耐	不耐	耐	不耐	不耐	尚耐
醚	不耐	不耐	尚耐	不耐	不耐	不耐

2. 橡胶的应用

橡胶具有较好的耐酸、耐碱和防渗性能，广泛用于过程装备中金属设备的衬里或作为其他衬里的防渗层，也可制成涂料用于外防腐。天然橡胶用于衬里橡胶的量约占 1/3，其余衬里橡胶为合成橡胶。

橡胶衬里设备比不锈钢要便宜，与耐酸瓷板衬里相当。橡胶衬里的防腐性能可靠，施工简便、快捷、成本较低，在防腐措施中占有重要地位，是承受复杂应力和强烈腐蚀的苛刻工作条件下的大型设备容器防腐的首选方法之一。

第六节　硅酸盐材料

硅酸盐材料是指不含碳氢氧结合的化合物，主要是金属氧化物和不含氧的金属化合物。硅酸盐材料是化工生产过程中常用的一类耐腐蚀材料。包括玻璃、化工陶瓷和化工搪瓷等。因其主要成分为 SiO_2，故不耐氢氟酸和碱的腐蚀。

硅酸盐材料一般具有极好的耐蚀性、耐热性、耐磨性、电绝缘性和耐溶剂性，但大多力学性能差，如性脆、不耐冲击、热稳定差。

一、化工陶瓷

按组成及烧成温度的不同可将化工陶瓷分为耐酸陶瓷、耐酸耐温陶瓷和工业陶瓷三种。其中耐酸耐温陶瓷的气孔率、吸水率较大，因此耐温度急变性较好，容许使用的温度也较高，而其他两种的耐温度急变性差，容许使用温度较低。

1. 化工陶瓷的机械及耐蚀性能

化工陶瓷的机械强度差，使用温度和压力都很低，只能用在常压或一定真空度的场合。一般的化工陶瓷设备、管道的使用温度应<90℃，耐温陶瓷设备、管道的使用温度应<150℃。

耐酸陶瓷的耐腐蚀性能很好，几乎能耐各类无机酸、有机酸、氧化性介质、氯化物和溴化物等介质的腐蚀，如热浓硝酸、硫酸、"王水"等。但不耐氢氟酸、300℃以上的磷酸、硅氟酸和碱液（特别是浓碱）的腐蚀。

2. 化工陶瓷的应用及安装

化工陶瓷是一种应用非常广泛的耐蚀材料，常用于化工设备的耐酸衬里，也常用作耐酸地坪、陶瓷塔器、储槽、反应器、泵和管道等。

化工陶瓷在安装、维修和使用时必须特别注意防止撞击、振动、应力集中、骤冷骤热，避免大的温差范围。如化工陶瓷在使用时，由于其耐温度急变性差，设备和管道应安装在室内，尤其是加热设备，如露天安装，应注意保温。操作时应避免过冷过热，如在冷的设备内加入热的介质，陶瓷设备的容许温度急变范围为20～30℃。化工陶瓷设备不宜高压操作，因此升压和减压过程应缓慢。

陶瓷管道在安装时应在地下或以支架架空，不允许悬垂；在与泵连接时，应加柔性接管，避免振动破坏；连接陶瓷管的阀门应个别固定，防止阀门扳动时损坏；采用法兰连接时，需加耐蚀垫片且均匀拧紧螺母；大型塔器和容器在安装时，需有混凝土基础，上面垫有石棉及其他软垫片。

二、玻璃

1. 玻璃的耐蚀性能

玻璃是脆性材料，其耐蚀性能随其组分的不同而有较大差异，一般而言，玻璃中 SiO_2 的含量越高，耐蚀性越好。玻璃的耐蚀性能与化工陶瓷相似，除氢氟酸、热浓磷酸和浓碱外，几乎能耐所有无机酸、有机酸和有机溶剂的腐蚀。

2. 玻璃的应用

玻璃的表面光滑，对流体阻力小，适宜制作输送腐蚀性介质的管道和耐蚀设备。由于玻璃是透明的，易清洗，且能直接观察玻璃内部的反应情况，因此常用玻璃来制作实验仪器，如烧瓶、烧杯等。目前主要用低碱无硼玻璃制造玻璃管道，用硼硅酸盐玻璃制造化工设备。玻璃虽耐热性差，但价格低，故应用广泛，是制造实验仪器设备的主要材料。

用玻璃制造的化工设备有塔器和冷凝器。玻璃在化工中应用最广的是制作管道，为克服玻璃易碎的缺点，用玻璃钢增强或钢衬玻璃管道的方法发展了高强度的微晶玻璃。

三、搪玻璃

搪玻璃及工业搪瓷，既是一种材料，也是一种制品。在金属体上涂敷一层或多层无机物釉料经高温作用形成的复合制品称作搪玻璃。

搪玻璃作为金属和玻璃釉的复合体，既有金属的机械强度，又具备玻璃的耐腐蚀性能，同时还解决了金属材质易腐蚀和玻璃釉易碎的缺点。化工搪瓷就是将含硅量高的耐酸瓷釉涂敷在钢或铸铁设备表面，经 900℃左右的高温灼烧，使瓷釉紧密附着在金属表面而制成。

1. 搪玻璃的机械及耐蚀性能

搪玻璃具备一定的传热能力，缓慢加热和冷却条件下的使用温度为-30～270℃。耐冷冲击（由热变冷）的容许温差小于 110℃，耐热冲击（由冷变热）的容许温差小于 120℃。搪瓷使用压力取决于钢板强度及设备的密封性。搪玻璃还具有良好的耐磨性、电绝缘性、抗污染性、不易黏附物料等优点。

搪玻璃设备除氢氟酸、含氟离子介质、高温磷酸、强碱外，能耐各种浓度的无机酸（包括强氧化性酸）、有机酸、盐类、有机溶剂和弱碱的腐蚀。还具有耐磨、表面光滑、不挂料、耐温度急变、绝缘性、无毒、防止金属离子干扰化学反应污染产品等优点，能经受较高的温度和压力。

2. 搪玻璃的应用

搪玻璃可用于制作储罐、反应釜、塔、换热器、管道和阀门等设备。

搪玻璃设备的外壳虽然是金属材料，但玻璃釉性脆，因此在运输、安装和使用时都需注意。

四、铸石

铸石是以辉绿岩、玄武岩等火成岩矿物为主要原料，混以工业矿渣，经高温熔化、浇铸、结晶、退火等工序制造的人造石材，具有耐磨、耐蚀、绝缘和较高的力学性能。铸石的耐酸性能优良，除氢氟酸、热磷酸外，对其他酸都很稳定，且耐 100°C 以内的稀碱的腐蚀。常用于塔、储槽、电解槽和下水沟等的衬里。

1. 辉绿岩铸石的性能

辉绿岩铸石是将天然辉绿岩熔融后铸成一定形状的制品（如板、管等），具有化学稳定性高和抗渗透性好的优点。

辉绿岩铸石的耐蚀性能极好，除氢氟酸和熔融碱外，对大多数酸、一切浓度的碱、磷酸、乙酸及多种有机酸都耐蚀。

辉绿岩铸石在多种无机酸中只在最初的数十小时内有较显著的腐蚀作用，随后腐蚀减缓，直至停止。

2. 辉绿岩铸石的应用

化工中辉绿岩铸石常用作设备的衬里,辉绿岩铸石的脆性大,热稳定性小,因此在使用时应避免温度骤变,一般使用温度在150°C以下。

辉绿岩粉常用作耐酸胶泥的填料。因辉绿岩铸石的硬度很大,常用作耐磨材料,如球磨机中的滚球。此外还可用作耐磨衬里或耐蚀耐磨地坪。

五、天然耐酸材料

1. 天然耐酸石材

常用的天然耐酸石材有花岗岩、安山岩等,主要化学成分是 SiO_2、Al_2O_3 以及钙、镁、铁等的氧化物,其化学组成、密度、强度和矿物组成决定了它的性能。因地质状况差异,同种石材中氧化硅、氧化铝及氧化铁的含量有较大差异,氧化硅与氧化铝的最高含量可达90%,最低60%~70%,(Fe_2O_3+FeO)含量最高可达15%,最低1%~2%。为保证材料的耐蚀性能,在进行防腐蚀施工时要尽可能选用铁含量低的石材。

花岗岩与安山岩可耐98%的硫酸、36%的盐酸及有机物等,但不耐磷酸、氢氟酸及碱。花岗石是一种良好的耐酸材料,密度大,孔隙率小,但热稳定性低,不宜用于超过200~250℃的设备。在长时间受强酸侵蚀的情况下,使用温度一般不超过50℃。花岗岩可用来制造硝酸吸收塔、盐酸吸收塔、耐酸贮槽、耐酸地坪和酸性下水道等。

2. 石棉

石棉(石棉板、石棉绳等)在化学工业生产中是一项重要的辅助材料,常用作填料、垫片和保温材料。

六、水玻璃耐酸胶凝材料

水玻璃耐酸胶凝材料包括水玻璃耐酸胶泥、砂浆和混凝土。

水玻璃又称泡花碱,化学成分为 $Na_2SiO_3 \cdot nH_2O$ 或 $K_2SiO_3 \cdot nH_2O$,是硅酸钠或硅酸钾的水溶液,常用的是硅酸钠溶液。水玻璃一般要求有一定模数(水玻璃中氧化硅与氧化钠的比值)。

水玻璃耐酸胶泥以水玻璃为胶合剂,氟硅酸钠为硬化剂,和填料按一定比例调配而成。常见的填料为辉绿岩粉、石英粉等。这种材料随配随用,在空气中凝结硬化成石状材料,其机械强度高,耐热性能好,化学稳定性高,具有一般硅酸盐材料的耐蚀性,能耐强氧化性酸(硝酸和浓硫酸),但不耐氢氟酸、高温磷酸及碱的腐蚀,对水及稀酸也不太耐蚀。因为是多孔性材料所以抗渗性差。水玻璃胶泥常用作耐酸砖板衬里的黏结剂。

水玻璃混凝土、砂浆主要用于耐酸地坪、酸洗槽、贮槽、地沟等设备的防腐。

第七节　不透性石墨

石墨分天然石墨和人造石墨两种,化工防腐中应用的主要是人造石墨。人造石墨是由无烟煤、焦炭与沥青混捏压制成型,在窑炉中隔绝空气焙烧,在1300℃左右的温度下保持20天,再在2400~3000℃的高温下石墨化后所得的制品。

一、石墨的性能

1. 物理性能

石墨具有优良的导电、导热性能,线膨胀系数很小,能耐急冷、急热的温度变化。但机械强度较低,性脆,易加工研磨,孔隙率大。

2. 化学性能

石墨的耐蚀性能很好,除强氧化性介质(如硝酸、铬酸、发烟硫酸、次氯酸、王水等)和部分卤素介质(氟、溴等)外,在所有的化学介质中都很稳定。在大气暴露的条件下,也不会发生化学变化。

二、不透性石墨的种类

石墨具有优良的耐蚀、导电和导热性能,但孔隙率较高。由于存在大量气孔,使其产品密度下降、力学性能降低,对气体、液体等介质有严重渗透性,不宜制造化工设备。为弥补这一缺陷,采用适当的措施来填充孔隙,使之具有"不透性",制成不透性石墨。常用的不透性石墨有浸渍石墨、压型石墨和浇注石墨三种。

1. 浸渍石墨

浸渍石墨是以人造石墨为材料,用化学稳定性好的树脂进行浸渍固化处理,填塞空隙,而得到的具有"不透性"的石墨材料。用于制造化工设备的不透性石墨材料绝大部分用浸渍的方法来达到不渗透目的。浸渍石墨具有导热性好、孔隙率小、不透性好、耐温度骤变性能好等特点。

用于浸渍石墨的树脂称为浸渍剂,浸渍剂不仅可以填塞孔隙,还能提高石墨的物理、力学性能。在浸渍石墨中,树脂固化后填充了石墨孔隙,而石墨本身的结构没有变化。不同浸渍剂所制得的产品性能有一定差异,因此需根据制品的用途与性能要求选择合适的浸渍剂。浸渍剂应满足如下要求:良好的化学稳定性、耐腐蚀性;与石墨的黏结性好,浸渍后能提高制品的物理力学性能;黏度低、流动性好、便于填塞孔隙,对石墨的黏附性能良好;浸渍剂在一定工艺条件下(加热)易固化且体积变化不大;浸渍剂挥发组分及水分尽量少。

常用的浸渍剂有酚醛树脂、糠醛树脂、糠醇树脂、水玻璃及其他一些有机物和无机物等。一般将制品分为热固性树脂浸渍石墨、热塑性树脂浸渍石墨及无机材料浸渍石墨等类型。

2. 压型石墨

压型石墨是由各种合成树脂和人造石墨粉按一定的配比混合后,经挤压和压制成型得到的石墨制品。压型石墨又可看作是塑料制品,耐蚀性能主要取决于树脂的耐蚀性,常用的树脂为酚醛树脂、呋喃树脂等。

压型石墨材料孔隙率小,具有良好的化学稳定性、导热性、耐热性和热稳定性能,良好的力学性能及机械加工性能。具有制造方便、成本低、机械强度较高等特点。与浸渍石墨相比,压型石墨的物理力学性能较高,但热导率低,线膨胀系数大。

压型石墨是不透性石墨的一个重要品种,一般用来制造管材、弯头、三通、轴承套、机械密封环等。其中管材应用最广,除用于流体输送外,还用来制作各种类型的列管式换热器。

3. 浇注石墨

浇注石墨是以热固性合成树脂为黏结剂，石墨粉为填料，加入固化剂，在常温（或加热）、常压（或加压）条件下，浇注成型的各种制品。

浇注石墨具有良好的化学稳定性，较好的耐热性和耐压性，流动性好。

浇注石墨可用于铸造零件，塑制泵、三通、阀门、旋塞、管道等设备，缺点是抗冲击强度低，导热性能差，脆性较大，应用不广泛。

三、不透性石墨的性能

不透性石墨表现出来的是石墨和树脂的综合性能。不透性石墨是一种非均质的脆性材料，物理力学性能较低，所制造的设备不宜用于操作压力太高的场合。不透性石墨的表面不易结垢，因此不污染介质，能保证产品纯度。

1. 力学性能

（1）密度　不透性石墨的密度小，制得的设备重量轻，便于安装和运输。

（2）机械加工性　石墨在未经"不透性"处理前，机械强度较低，处理后，由于树脂的固结作用，强度有所提高。不透性石墨的机械加工性能良好，可加工成各种结构形状的设备及零部件。

（3）导热性　不透性石墨具有优良的导热性。在非金属材料中，不透性石墨是热导率高于许多金属材料的唯一结构材料，仅次于铜和铝，是优良的导热材料。

石墨本身的导热性能很好，树脂的导热性较差。在浸渍石墨中，石墨原有的结构没有变化，故导热性与浸渍前相差不大；在压型石墨和浇注石墨中，石墨颗粒被热导率很小的树脂包围，相互间不能紧密接触，导热性比石墨本身低，浇注石墨因树脂含量较高，导热性能更差。

（4）热稳定性　不透性石墨的热膨胀系数小，因此耐温差急变性好。不透性石墨的这一特点为热交换器的广泛使用和结构设计提供了条件，是目前许多非金属材料所不及的。

（5）耐热性　石墨的耐热性良好，而树脂的耐热性一般不如石墨，因此不透性石墨的耐热性取决于树脂。树脂加入石墨后，提高了其机械强度和抗渗性，但导热性、热稳定性、耐热性均有不同程度的下降。

2. 耐蚀性能

不透性石墨具有优良的耐腐蚀性能，除了强氧化性酸及强碱以外，对绝大部分酸类介质都很稳定，特别适用于盐酸工业。石墨本身的耐蚀性能很好，不透性石墨的耐蚀性取决于树脂的耐蚀性。因此在选用不透性石墨设备时，应根据不同的腐蚀介质和生产条件进行选择。

四、不透性石墨的应用

不透性石墨在化工防腐中的主要用途是制造各类换热器、吸收器等化工设备，也可制成反应器、泵和输送管道等。还可以用作设备的衬里材料。

目前石墨制换热器的应用比较广泛，价格与不锈钢相当或略低，还可用于不锈钢无法使用的场合。石墨作为内衬材料的价格比耐酸瓷板略高，但在传热、抗静电及抗氟化物的工况下只能使用石墨作衬里材料。

复习思考题

1. 非金属材料的一般特点有哪些？
2. 非金属材料的腐蚀类型有哪些？
3. 影响非金属材料腐蚀的环境因素有哪些？
4. 防腐蚀涂料的组成及作用有哪些？
5. 常用防腐蚀涂料及重防腐蚀涂料的种类有哪些？
6. 常见的防锈涂料有哪些？
7. 塑料的特点及组成有哪些？
8. 什么是热塑性塑料？常见的防腐热塑性塑料有哪些？
9. 玻璃钢的组成原料有哪些？各自起的作用是什么？
10. 玻璃钢有哪些施工工艺？玻璃钢有哪些应用？
11. 常用的防腐蚀橡胶有哪些？
12. 常见的硅酸盐材料有哪些？它们的用途是什么？
13. 不透性石墨的特点是什么？
14. 不透性石墨的种类及其应用有哪些？

第七章　常用的化工防腐方法

> 📖 **学习目标**
>
> 1. 熟悉正确选材和合理设计防腐结构的一般原则。
> 2. 熟悉金属表面清理的方法。
> 3. 熟悉金属覆盖层、非金属覆盖层的分类、特性及施工方法。
> 4. 了解电化学保护的分类、特点及其适用环境。
> 5. 了解缓蚀剂的概念、分类及选用原则。
> 6. 掌握各种化工防腐方法及其应用。

为了控制或防止金属腐蚀而采取的各种方法，称为防腐技术。造成金属腐蚀的原因很多，影响也十分复杂，由于材料品种成千上万，腐蚀环境千差万别，显然不可能用一种防腐技术来解决一切腐蚀问题。随着全面腐蚀控制的推广以及腐蚀与防护学科的不断发展，腐蚀管理与控制技术也在不断提高。实践中使用最多的几种控制金属腐蚀的方法有下列几种：

① 正确选用金属材料和合理设计金属结构；
② 改变材料成分，如添加缓蚀剂；
③ 电化学保护；
④ 采用保护性覆盖层。

每一种防腐措施，都有其应用条件和范围。对于一个具体的腐蚀体系，空间采用哪种防护措施，是用一种方法还是用几种方法，主要应从防护效果、施工难易以及经济效益等方面综合考虑。

第一节　正确选材与合理设计

正确选材、合理设计、精心施工制造及良好维护管理等是设备长期安全运转的基本保证。而材料的选择则是其中最重要的一环。

一、正确选用耐蚀材料

正确选材是控制腐蚀最有效的方法之一。材料选择不当常常是造成腐蚀破坏的主要原因。选材时既要考虑材料的力学性能和制造工艺性，又要考虑材料在特定介质中的耐蚀性，同时尽可能地降低成本。特别是化学工业，由于产品种类很多，生产工艺条件复杂，往往会对材料提出不同的要求，这就需要详细了解具体工艺过程的特点，分清各种要求的主次，逐一进行分析。

正确的选材，是为了使设备具有优良的使用性能并符合其设计寿命。为此，必须在选择材料时从各方面进行全面综合的考虑。合理选材的一般原则主要体现在以下 5 个方面。

① 材料既应满足强度、刚度、稳定性等力学性能及满足各种工况条件的耐热、耐磨、导电、绝缘等物理性能，还应满足与结构相适应的加工工艺性能，如压力容器设备的可焊性、铸造结构设备的液态流动性等。

② 设备角度。设备的用途，加工要求和加工量，设备在整个装置中所占的地位以及各设备之间的相互影响，是否易于检查、修理或更换，预期的使用寿命。

③ 腐蚀环境。一般环境条件的介质种类、浓度、温度、压力、流速、充气等，实际环境条件的原料和工艺水中的杂质、设备局部区域（如缝隙、死角）内介质的浓缩、杂质的富集、可能的局部过热或局部温度偏低、介质条件变化的幅度等。

④ 腐蚀的后果。可能发生的腐蚀类型；对全面腐蚀有良好耐蚀性的材料，如不锈钢，要特别注意可能发生的局部腐蚀，避免设备产生电偶腐蚀；同一结构中的零部件，尽量采用同一种金属材料，必须选用不同种材料的，应尽量选用电偶序表中位置相近的材料，以降低发生电偶腐蚀的可能性。更要预测腐蚀破坏导致的后果及严重程度。

⑤ 考虑材料的价格和市场供应情况。在满足使用要求的前提下，应选择那些价格较低、市场供应充足的材料。

因此，所谓合理选用耐蚀材料，就是要综合考虑周围介质和工作条件的变化加以选择。任何材料，都只能在一定的介质和工作条件下才具有较高的耐蚀性，满足任何条件的耐蚀材料是不存在的。

二、合理设计防腐结构

防腐蚀结构设计是指在对产品的使用功能进行结构设计的同时，全面、合理地对产品的耐蚀性能，特别是对局部腐蚀的耐蚀性能进行结构设计。

合理的结构设计和正确选材同样重要，合理的结构设计不仅可以使材料的耐蚀性能得以充分发挥，而且可以弥补材料内在性能的不足。如果结构设计不恰当，有时虽然选用了优良的耐蚀材料，但是同样会造成产品的过早报废。很多局部腐蚀破坏事故，如电偶腐蚀、缝隙腐蚀、应力腐蚀、磨损腐蚀都是由结构设计不合理造成的，而很多局部腐蚀问题又最容易通过正确合理的结构设计或通过结构设计改进得到有效而经济的解决。合理的结构设计是生产优质产品的关键步骤。

从腐蚀控制的观点来说，合理的结构设计包含两个方面的基本要求。一方面，在满足产品使用性能的前提下，尽可能减少或消除产品及环境中的不均匀性，使腐蚀电池不能形成，或者虽能形成，但腐蚀阻力很大，因而腐蚀速率很低；另一方面，在设计时就要考虑使用何种防护技术，并为这些技术的实施提供条件，方便其顺利实施，达到良好防护效果。

结构设计时，应对全面腐蚀和局部腐蚀进行全面考虑，分别采取措施。对于全面腐蚀，在设计时，只要在满足力学性能需要的基础上，增加一定的腐蚀裕量即可；而对局部腐蚀，则要视具体情况，采用专门的防腐蚀设计。

产品的结构设计还要考虑进行检查、维护和更换某些部件的实际需要。因为要求设备不发生腐蚀是不可能或不经济的，腐蚀控制的最终目标并不是把产品的腐蚀速率降低到零，而是使产品的腐蚀速率保持在一个合理的、可以接受的水平。这样，对腐蚀情况进行检查、对已发生腐蚀破坏的部位进行修理和更换就是必不可少的了。

防腐蚀结构设计应遵循以下一般原则。

① 预留腐蚀裕量，避免因均匀腐蚀导致的产品失效。大多数产品是根据强度要求设计壁厚，

但从均匀腐蚀方面考虑，这种设计是不合理的。由于环境介质的均匀腐蚀作用会使壁厚减薄。因此在设计槽、罐、管或其他部件时，应预留腐蚀裕量。

② 外形结构应尽量简单，外表面平滑、均匀，承载件应避免应力集中。产品的结构与外形复杂、表面粗糙经常导致金属表面的电化学不均匀性、引起腐蚀。在条件允许的情况下，采取结构简单、表面平直光滑的设计是有利的，而对形状复杂的结构，采取圆弧和圆角形，而不采取尖角形（见图7-1）。

设备结构简单，不仅可以减少腐蚀电池的形成机会，还有利于防护技术的采用和提高防护效果。特别要注意保证设备主体部分结构的完整和简单，容易发生腐蚀破坏而需要检查或修理的部件最好集中在一起。

③ 防止腐蚀介质滞留和沉积物腐蚀。容器底部及出口管的设计（如图7-2所示），应能使容器内的液体排空，能存积液体的地方应设排液孔，并设置合适的通风口，防止湿气的汇集和凝聚。

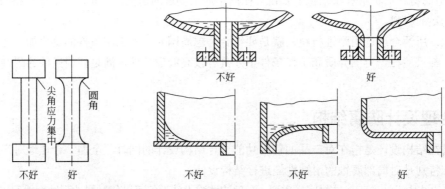

图7-1 避免应力集中的设计　　图7-2 容器底部及出口管设计的比较

④ 结构连接时应减少间隙，防止出现闭塞的缝隙结构，以防止缝隙腐蚀。整体结构优于分段结构，因为连接部位往往是耐蚀性最弱的地方。但分段结构有利于运输、检查，对必不可少的分段结构要设计合理的连接方式。连接时尽可能不采用铆接结构而采用焊接结构，焊接时尽可能采用双面对焊、连续焊，而不采用搭接焊、间断焊，以免形成缝隙腐蚀，或者采用措施（如敛缝、涂层等）将缝隙封闭起来（见图7-3）。

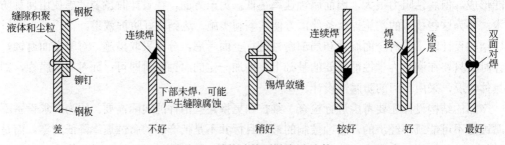

图7-3 结构连接时的方式比较

⑤ 为避免电偶腐蚀，同一结构应尽可能选用同一种金属材料或电位较近的材料（两种材料电位差小于25mV）。不同材料连接时要用绝缘垫片等绝缘材料将二者完全隔离，避免小阳极大阴极式的金属间的直接接触（见图7-4）。如果不能使用绝缘材料，则可以采用涂料或镀层密封保护。采用

涂料保护时，不仅要将阳极材料覆盖上，还应将阴极一起覆盖上（见图 7-5）。镀层保护要求两块连接的金属上都镀上同一种镀层或与被保护材料电位接近的材料（电位差小于 25mV），如机上连接铝合金板或部件的铜螺栓镀镉。根据需要，也可以对被保护金属结构采用外加电流阴极保护。

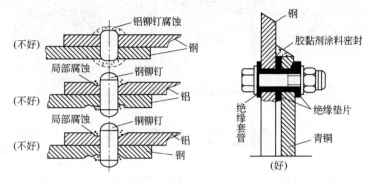

图 7-4　采用绝缘材料隔开不同金属连接时的设计

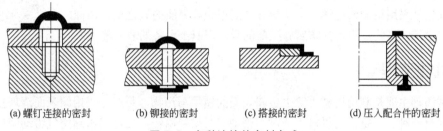

图 7-5　各种连接的密封方式

⑥ 在高速流体中使用的设备，结构设计时应注意防止冲刷腐蚀。为避免高速流体直接冲刷设备，设计时可考虑增加管径和管子的弯曲半径，以保持层流、避免严重的湍流和涡流（见图 7-6）。在高速流体的接头部位，不要采用 T 形分叉结构，而应优先采用曲线过渡的结构型式（见图 7-7）。在易产生严重冲刷腐蚀的部位，设计时应考虑安装容易更换的缓冲挡板或折流板（见图 7-8）。

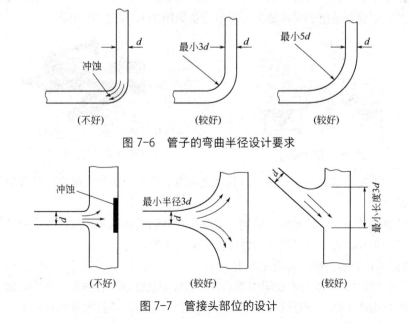

图 7-6　管子的弯曲半径设计要求

图 7-7　管接头部位的设计

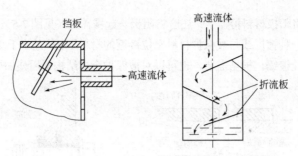

图 7-8 防止高速流体冲刷的挡板和折流板设计

第二节 表面清理

无论采用金属的或非金属的覆盖层，也不论被保护的表面是金属还是非金属，在施工前均应进行表面清理，以保证覆盖层与基底金属的良好结合力。表面清理包括采用机械或化学、电化学方法清理金属表面的氧化皮、锈蚀、油污、灰尘等污染物，也包括防腐施工前的水泥混凝土设备的表面清理。

表面处理

一、机械清理

机械清理主要是利用机械力除去金属表面的锈层与污物，是广泛采用的表面清理技术，其基本方式有两种。一是借助机械力或风力带动工具敲铲除锈；二是用压缩空气带动固体磨料喷射到金属表面，用冲击力和摩擦方式除锈。

1. 喷射除锈（喷砂除锈）

喷射清理是以压缩空气为动力，将磨料以一定速率喷向被处理的钢材表面，以除去氧化皮和铁锈及其他污物的一种同效表面处理方法。清理所用的磨料有激冷铁砂、铸钢碎砂、铜矿砂、铁丸或钢丸、金刚砂、硅制河砂、石英砂等。喷砂清理装置由空气压缩机、喷砂罐、喷嘴等组成。移动式的喷砂设备还便于现场施工。喷砂设备如图 7-9、图 7-10 所示。

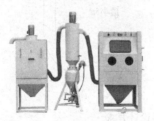

图 7-9 喷砂机

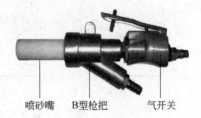

图 7-10 喷砂枪

喷砂清理法不仅清理迅速、干净，而且使金属表面产生一定的粗糙度，使覆盖层与基底金属能更好地结合。

但是，喷砂清理最大问题是粉尘问题，必须采取有效措施以保护操作人员的身体健康。除操作人员自身防护外，还可以采用下列方法以避免硅尘的危害。

① 采用铁丸代替石英砂，可避免硅尘。

② 采用湿法喷砂。将砂与水在罐中混合，然后像干法喷砂一样操作。水中要加入一定量的 $NaNO_2$，以防止钢铁生锈。但是这种方法在有些场合不适用，并且大量的水和湿砂都要处理，

冬天还会结冰，所以受到一定限制，化工厂用得不多。

③ 采用密闭喷砂。将喷砂的地点密闭起来，操作人员不与粉尘接触，这是一种较为有效的劳动保护方法。

喷砂后应用压缩空气将金属表面的灰尘吹净，并在 8 小时内涂上底漆或采用其他措施防止再生锈。在南方潮湿的天气，喷砂后要设法尽快涂上底漆。

除此之外，还有抛丸清理法、高压水除锈、抛光、滚光、火焰清理等方法，可根据具体情况选用。

2. 手工除锈

用钢丝刷、锤、铲等工具（如图 7-11 所示）除锈。为了减轻劳动强度，提高效率，发展了多种风动、电动的除锈工具，在大型的比较平坦的金属表面，还可采用遥控式自动除锈机。如图 7-12 所示为全自动钢管除锈机。

图 7-11　手工除锈工具　　　　　　　图 7-12　全自动钢管除锈机

手工除锈虽然操作简单、方便，但是也有一定的缺点，手工除锈劳动强度大、效率低，适用于覆盖层对金属表面要求不太高时或其他方法不方便应用时。

3. 气动除锈

局部破坏的搪玻璃设备，现场修复困难，要求又比较高，还要有很好的粗糙度，这时我们采用气动除锈。

气动除锈工具（图 7-13）所用的气压为 0.4～0.6MPa，现场用氧气瓶即可满足动力要求，振动频率为 70Hz，装置约重 1.9kg，小巧灵活，便于携带。

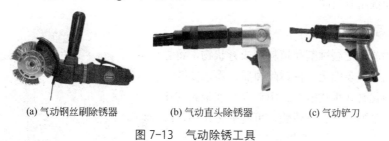

(a) 气动钢丝刷除锈器　　(b) 气动直头除锈器　　(c) 气动铲刀

图 7-13　气动除锈工具

二、化学清理

1. 化学除油

不论是金属的或非金属的覆盖层，施工前均要除油，因为沾在金属表面的油污，影响表面覆盖层与基底金属的结合力，尤其是电镀，微小的油污都会严重影响镀层的质量。对于酸洗除锈的工件，如有油污，酸洗前也应除油。

化学除油方法有很多种。下面介绍几种常用的化学除油方式。

（1）有机溶剂清洗　化学除油最简单的是用有机溶剂清洗，常用的有汽油、煤油、三氯乙烯、四氯化碳、乙醇等。其中以汽油用得最多。清理时可将工件浸在溶剂中，或用干净的棉纱（布）浸透溶剂后擦洗。由于溶剂多数有毒，所以应注意安全。如图 7-14、图 7-15 所示分别为化学除油的设备和化学除油的试剂。

（2）碱液清洗　一般用 NaOH 及其他化学药剂配成溶液，在加热的条件下进行除油处理。图 7-15 所示为化学除油粉。

图 7-14　化学除油器

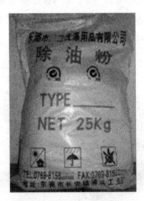

图 7-15　化学除油粉

（3）合成洗涤剂清洗　对于小批量的电镀工件，油污不很严重时可用合成洗涤剂清洗。

2. 酸洗除锈

将金属在无机酸中浸泡一段时间以清除其表面的氧化物，这种方法叫作酸洗除锈。它是一种常用的化学清理方式。

酸洗除锈常用的酸溶液有硫酸、盐酸或硫酸与盐酸的混合酸。为防止酸对基体金属的腐蚀，常在酸中按一定配方加入缓蚀剂。升高酸的温度可提高酸洗效率，但是要加强安全措施的防护工作。

酸洗可采用浸泡法、淋洗法及循环清洗法等。酸洗后先用水洗净，然后用稀碱液中和，再用热水冲洗和低压蒸汽吹干。

3. 酸洗膏除锈

用酸洗的酸加上缓蚀剂和填料制成膏状物，将它涂在被处理的金属表面上，待锈除掉后，用水冲洗干净，再涂以钝化膏（重铬酸盐加填料等）使金属钝化以防再生锈。若酸洗膏含有磷酸，可起磷化作用，酸洗后不必进行钝化处理，可以保持数小时不生锈。图 7-16 所示为除锈酸洗膏。

4. 锈转化剂清理

锈转化剂清理是一种新型的钢铁表面清理方法。

图 7-16　除锈酸洗膏

这种方法就是将锈转化剂的两种组分按一定比例混合，1 小时后采用刷涂、辊涂等方法涂于钢铁表面（表面带有一定水分也可施工），利用锈转化剂与锈层反应，在钢铁表面形成一层附着紧密、牢固的黑色转化膜层，这层膜具有一定的保护作用，可暴露在大气中10～15天而不再生锈。

同时转化膜层与各种涂料及合成树脂均有良好的结合力，适用于各种防腐涂料工程及以合成树脂为黏结剂的防腐衬里工程。

应用锈转化剂进行钢铁表面清理具有施工周期短、工作效率高、劳动强度低、工程费用省、无环境污染等特点，是一种高效、经济的清理方法。

三、电化学清理

将金属置于一定配方的碱溶液中作为阴极（阴极除油法）或阳极（阳极除油法），配以相应的辅助电极，通以直流电一段时间，以除去油污，这种方法叫作电化学除油。图7-17为电化学除油设备。

电化学除油的特点是效果好，速度快。主要用于一些对表面处理有较高要求，而工件形状又不太复杂的场合。

四、混凝土结构表面处理

图7-17 电化学除油设备

混凝土和水泥砂浆的表面作为防腐覆盖层前需要进行处理。要求表面平整，没有裂缝、毛刺等缺陷，油污、灰尘及其他脏物都要清理干净。

新的水泥表面防腐施工前要烘干脱水，一般要求水分含量不大于6%。如果是旧的水泥表面，则要把损坏的部分和腐蚀产物都清理干净。如带酸性残留物质，还要用稀的碳酸钠中和后再用水冲洗干净，待干燥至水分含量不大于6%时，方可进行施工。混凝土表面找平一般可用水泥砂浆，但水泥砂浆处理不好会引起找平层起翘、分层、脱壳等，水泥砂浆找平不如树脂胶泥找平，树脂胶泥找平层的效果好得多，但要多费些树脂。

第三节　覆盖层保护

用耐蚀性能良好的金属或非金属隔离开，覆盖在耐蚀性能较差的材料表面，将基底材料与腐蚀介质隔离开，以达到控制腐蚀的目的，这种保护方法称为覆盖层保护法。这样的覆盖层称为表面覆盖层。

表面覆盖层保护法是防腐蚀方法中最普遍最实用也是最重要的方法之一。它不仅能大大提高基底金属的耐蚀性能，而且能节约大量的重金属和合金。覆盖层保护法也就是表面涂层技术，它是利用阻隔金属材料和周围环境的联系来达到防腐的一种有效方法。这一方法的使用已有很长的历史，如中国古代的漆器就是典型的利用覆盖层保护法进行器皿防腐的实例。

现代防腐工程中的覆盖层保护法按照覆盖层材料的不同，可以分为金属保护层和非金属保护层，其实施的方法可以用化学方法、电化学方法、冶金方法、物理方法等。

在选择覆盖层保护技术时，应当考虑多方面的因素，其中对覆盖层材料的选择和覆盖层保护技术的要求如下：

(1) 覆盖层材料的选择要求

① 在使用环境中是否有良好的耐蚀性；

② 和基底材料是否相容；

③ 能否使设备的功能不受影响，如传热、导电等方面的性能能否保持；

④ 种类的选择在经济上是否合理等。

(2) 覆盖层保护技术的基本要求

① 结构致密、完整，不透过介质；

② 与基体金属有良好的结合力，不易脱落；

③ 具有高的硬度和耐磨性；

④ 在整个被保护表面上均匀分布。

表面覆盖层保护法按照覆盖层材料的不同，可以分为金属覆盖层和非金属覆盖层两大类。

一、金属覆盖层

金属覆盖层是广泛用于改变金属表面性质的一种方法。金属覆盖层一方面可以大大改变金属表面硬度、耐磨性、可焊性、光泽度等；另一方面，金属覆盖层也可以起到腐蚀保护作用。

金属覆盖层一般有金属镀层和金属衬里两大类。

（一）金属镀层

金属镀层一般有热喷涂、电镀、化学镀、热浸镀、渗镀等，这类覆盖层多数是有孔的，并且很薄。喷镀虽可喷得很厚，但仍是多孔的。因此，这类覆盖层应考虑到它在介质中的电化学行为，才能起到应有的防护效果。

1. 金属覆盖层的分类

根据金属覆盖层在介质中的电化学行为，可将它们分为阳极性覆盖层和阴极性覆盖层。

(1) 阳极性覆盖层　这种覆盖层的电极电位比基体金属的电极电位负。使用时，即使覆盖层被破坏，还是可作为牺牲阳极继续保护基体金属免遭腐蚀。阳极性覆盖层越厚，其保护性能越好。在一定条件下，锌、镉、铝对碳钢来说为阳极性覆盖层。

(2) 阴极性覆盖层　这种覆盖层的电极电位比基体金属的电极电位正。使用时，一旦覆盖层的完整性被破坏，将会与基体金属构成腐蚀电池，加快基体金属腐蚀。阴极性覆盖层越厚，孔隙率越低，其保护性能越好。常用镍、铜、铅、锡作为碳钢的阴极性覆盖层。

金属覆盖层是阳极性覆盖层还是阴极性覆盖层并不是绝对的，它是随介质条件的变化而变化。比如，在有机酸中，锡的电极电位比铁负，对铁来说却成了阳极性覆盖层。

2. 金属覆盖层的制备方法

制备金属涂层的方法有喷涂、电镀、化学镀、热浸镀、渗镀等。

(1) 喷涂　金属涂层的实现可以通过热喷涂和冷喷涂。热喷涂已经有百余年的发展历史，冷喷涂是最近十几年刚刚发展的新技术。

① 热喷涂。利用热源将金属材料熔化或软化，并用高速气流使之雾化成细微液滴或形成粒子束，喷射到工件表面，而获得金属覆盖层的方法称为热喷涂，也称为喷镀。

用热喷涂的方法可以使零件表面获得各种不同的性能，如耐磨、耐热、耐腐蚀、抗氧化、润滑等性能。一般认为，热喷涂过程经历 4 个阶段，即喷涂材料加热熔化阶段、熔滴雾化阶段、雾化颗粒飞行阶段和喷涂层形成阶段。根据所用热源的不同，热喷涂技术可分为火焰喷涂、电弧喷涂、等离子喷涂、高速火焰喷涂和其他喷涂技术等多种方法。

1）火焰喷涂。火焰喷涂是最早得到应用的一种喷涂方法。它以氧气-燃气火焰作为热源，喷涂材料以一定的传送方式送入火焰，并加热到熔融或软化状态，然后依靠气体或火焰加速喷射到基体上。火焰喷涂根据喷涂材料的不同，又可分为丝材火焰喷涂、粉末火焰喷涂和棒材火焰喷涂几种。火焰喷涂具有设备简单，操作容易，工艺成熟，投资少等优点。新型火焰喷涂枪可以喷涂各种金属、陶瓷、金属加陶瓷的复合材料、各种塑料粉末材料的涂层。尽管等离子和 HVOF/HVAF（超音速火焰喷涂）以及爆炸喷涂的涂层优于常规火焰喷涂，但由于投资大、操作控制系统复杂、设备笨重、无法现场施工，应用范围受到极大限制，在防腐和维修市场难以推广普及，新型火焰喷涂设备与技术和超音速电弧喷涂设备与技术在防腐和修复市场中是主要技术力量。

2）电弧喷涂。电弧喷涂是高效率、高质量、低成本的一种工艺，是目前热喷涂技术中最受重视的技术之一。电弧喷涂是将 2 根被喷涂的金属丝作为自耗性电极，分别接通电源的正、负极，在喷枪喷嘴处，利用两金属丝短接瞬间产生的电弧为热源熔化自身，借助压缩空气雾化熔滴并使之加速喷射到基体材料表面形成涂层。

电弧喷涂具有如下优点。

a．热效率高、对工件的热影响小。一般火焰喷涂的热效率只有 5%～15%，电弧喷涂将电能直接转化为热能熔化金属，热能利用率可高达 60%～70%。电弧喷涂时不形成火焰，因而在喷涂过程中工件始终处于低温，避免了工件热变形。

b．可获得优异的涂层性能。电弧喷涂技术可以在不使用贵重底材的情况下得到较高的结合强度，采用适当的喷前粗化处理方法，喷涂层与基体结合强度可达普通火焰喷涂层的 2 倍以上。使用 2 根成分不同的金属丝还可以制备出假合金涂层，以获得具有独特综合性能的涂层。

c．生产率高。电弧喷涂的生产效率正比于喷涂电弧电流，当电弧电流为 300A 时，喷涂锌为 30kg/h，喷涂铝为 10kg/h，喷涂不锈钢为 15kg/h，为火焰喷涂的 3 倍以上。

d．经济性好。电弧喷涂能源利用率高，而且电能的价格远远低于燃气价格，施工成本为火焰喷涂的 1/10 以下，设备投资为等离子喷涂的 1/3 以下。

电弧喷涂技术的应用已经在各行各业取得了显著成效。利用电弧喷涂技术在钢铁构件上喷涂锌、铝涂层，可对钢构件进行长效防腐防护，例如，我国南海地区由于高温、高湿、高盐雾，船舶腐蚀严重，中修舰船的钢结构应用电弧喷涂铝合金涂层防腐，经 5 年考核效果明显，测算预计寿命可提高到 15 年以上。山西晋山煤矿、河南铁王沟煤矿等井筒钢结构进行电弧喷涂防腐防护，预计寿命在 30 年以上。电弧喷涂作为一种优质的修复技术，在机械零件上喷涂碳钢、铬钢、青铜、巴氏合金等材料，用于修复已磨损或尺寸超差的部位，已在机械维修和机械制造业得以应用。采用该技术修复造纸烘缸、修复大马力发动机曲轴也已取得明显成效。制备装饰涂层和功能涂层也是电弧喷涂技术应用的另一重要领域，例如，在电容器上喷涂导电涂层，在塑料制品上喷涂屏蔽涂层，在内燃机零件上制备热障涂层，在石头、石膏等材料上喷涂铜、锡、铝等金属进行装饰，等等。

3）等离子喷涂。等离子喷涂的热源为等离子焰流（非转移等离子弧）。由放电弧产生的电弧等离子体（温度可达 20000K）加热喷涂材料（粉末）到熔融或高塑性状态，并在高速等离子焰流（工作气体为氮气和氢气或氩气和氢气）载引下，高速撞击到工件表面形成涂层。

近十几年来等离子喷涂发展很快，目前已开发出大气等离子喷涂、可控气氛等离子喷涂、溶液等离子喷涂等喷涂技术，等离子喷涂已成为热喷涂技术中的最重要的一种工艺方法，在工业生产上的应用日益显示出优越性和重要性。

等离子喷涂的喷涂材料范围广，涂层组织细密，氧化物夹渣含量和气孔率都较低，气孔率可控制到2%～5%，涂层结合强度较高，可达60MPa以上。该喷涂技术主要用于制备质量要求高的耐蚀、耐磨、隔热、抗高温和特殊功能涂层，已在航空航天、石油化工、机械制造、钢铁冶金、轻纺、电子和高新技术等领域里得到广泛应用。

4）高速火焰喷涂和其他喷涂技术。高速火焰喷涂目前主要指超音速火焰喷涂，有时人们也将爆炸喷涂认为是高速火焰喷涂的一种。

高速火焰喷涂技术，将燃气（丙烷、丙烯或氢气）和氧气输入并引燃于燃烧室，借助于气体燃烧时产生的高温和高压形成的高速气流，加热熔化喷涂粉末并形成一束高速喷涂射流，在工件上形成喷涂层。

高速火焰喷涂具有以下的特点。

a. 气体燃烧膨胀形成的热气流使喷涂粒子达到极高的飞行速度。火焰喷射速度为音速的2倍以上，而喷涂熔粒的速度可达300～1000m/s。

b. 喷涂粉粒在火焰中加热时间长，受热均匀，能形成良好的微小熔滴。

c. 喷涂粉粒主要在喷涂枪中加热，离开喷枪后飞行距离短，因而和周围大气接触时间短，在喷涂过程中几乎不和大气发生反应，喷涂材料不受损害，微观组织变化小，这对喷涂碳化物材料特别有利，可避免分解和脱碳。

基于以上特点，高速火焰喷涂获得的涂层光滑，致密性好，结合强度高。涂层孔隙率可小于0.5%，结合力可达100MPa以上。被广泛用于制备高致密性、高结合强度、低孔隙率要求的涂层。例如喷涂WC-12%Co，涂层几乎没有气孔，而且硬度高，加工后可达镜面。但是，由于高速火焰喷涂的设备及喷涂材料等成本太高，不适合我国国情，限制了其在我国的应用。同样，爆炸喷涂和激光喷涂也是由于这个原因限制了其推广应用。

热喷涂用于在钢铁构件上喷涂锌、铝、不锈钢等耐腐蚀金属或合金涂层，对钢铁构件进行防护。在钢铁构件电弧喷铝，可以产生微区的渗铝层用于防止高温氧化，工作温度为120～870℃。短效保护可达1150℃。在钢铁构件上喷涂不锈钢或其他耐磨金属，用于耐磨蚀防护。采用热喷涂可以大幅提高产品的使用性能和延长使用寿命，在石油、化工、航空航天、机械、电子、钢铁冶金、能源交通、食品、轻纺、广播电视、军工等各个领域里都有不同程度的应用，并在高新技术领域里也发挥了作用。

热喷涂的工艺和设备都比较简单，能喷涂多种金属和合金，应用广泛，可根据需要选择镀层材料。

② 冷喷涂。冷喷涂工艺又称气体动力喷涂法，是一种通过把具有一定塑性的细小粒子（150μm），用压缩气体超音速喷射到基体钢板，经过强烈的塑性变形，发生沉积而形成涂层的方法。

冷喷涂过程不采用任何高温火焰，不需加热与熔化粉末，涂层的形成完全依靠颗粒的高能碰撞所产生的变形而生成。要使高速固态粒子能在基体表面沉积，粒子的速率需超过一定的临界值，该临界值与金属材料的种类有关，粒子的速率般为500～700m/s。与热喷涂技术相比，冷喷涂技术低温而高速（高速则一般指粒子速率达到300～1200m/s的状态）。低温指粒子的温度一般远低于材料的熔点，即完全以固态碰撞基体表面，而传统的热喷涂需要粒子完全熔化，或在半熔化的液固两相状态下沉积涂层。

目前国际上冷喷涂技术研究开发处于很好的上升势头，发达国家已将该技术用于航空、航天、电子、汽车、石油化工、军事等行业。冷喷涂可以实现包括金属 Al、Zn、Cu、Ni、Ca、Ti、Ag、Fe、Nb、Ni-Cr 合金、高熔点 Mo、Ta 以及高硬度的金属陶瓷等涂层的制备，可以实现用异种材料制备复合涂层或合金涂层以及纳米材料涂层等，并已可以在金属、陶瓷或玻璃等基体表面上形成涂层。

（2）电镀 利用直流电或脉冲电流作用从电解质中析出金属，并在工件表面沉积而获得金属覆盖层的方法叫电镀。

用电镀的方法得到的镀层多数是纯金属，如金、铂、银、铜、锡、镍、镉、铬、锌等，但也有合金的镀层，如黄铜、锡青铜等。

电镀时将待镀件作为阴极与直流电源的负极相连，将镀层金属作为阳极与直流电源的正极相连，电镀槽中放入含有镀层金属离子的盐溶液及必要的添加剂。电镀的装置如图 7-18 所示。当接通电源时，阳极发生氧化反应，镀层金属溶解（如 $Cu-2e \longrightarrow Cu^{2+}$）。阴极发生还原反应，溶液中的镀层金属离子析出（如 $Cu^{2+}+2e \longrightarrow Cu$）。也就是作为阳极的镀层金属不断溶解，同时在作为阴极的工件表面不断析出，使工件获得镀层。例如，在铁制品上需要镀上一层铜镀层，其实验装置如图 7-19 所示。

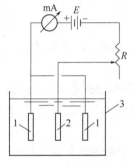

图 7-18 电镀装置示意

1—阳极；2—阴极（工件）；3—电镀槽

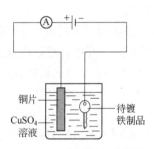

图 7-19 电镀铜实验装置

电镀层与工件的结合力较强，且具有一定的耐蚀和耐磨性能，但有一定程度的孔隙率。电镀主要用于细小、精密的仪器仪表零件的保护，抗磨蚀的轴类修复等，如图 7-20、图 7-21 所示。另外，由于电镀层外表美观，常用于装饰。

图 7-20 镀铬零件

图 7-21 镀金零件

（3）化学镀　利用化学反应使溶液中的金属离子析出，并在工件表面沉积而获得金属覆盖层的方法叫化学镀。用化学镀的方法不需消耗电能。它的特点是不受工件形状的影响，只要镀液能达到的地方均可获得均匀致密的镀层。一般情况下化学镀层较薄，可采用循环镀的方法获得较厚的镀层。

化学镀层在施工良好的情况下可做到基本无孔，故耐蚀性良好，但由于这种镀层的质量不易保证，对镀前表面处理要求很高，对镀液成分、温度及其他操作指标的控制均要求较严，因而使它的应用受到一定的限制。

在化工防腐蚀中用得较多的是化学镀镍磷合金，即将工件放在含镍盐、次磷酸钠及其他添加剂的弱酸性溶液中，利用次磷酸钠将 Ni^{2+} 还原为镍，并沉积在工件表面，从而获得镀镍层。化学镀镍的工件，常用于抗强碱性溶液、氯化物、氟化物的腐蚀；由于镀层硬度较高，可用于需要耐磨的场合，如高级塑料模具表面镀上镍磷合金，可使模具寿命成倍提高；化学镀层由于抗氧化能力强，且导电性好，在电子行业中可代替镀银。

化学镀镍

（4）热浸镀　将工件浸入盛有比自身熔点更低的熔融金属槽中，或以一定的速度通过熔融金属槽，从而使工件表面获得金属覆盖层的方法叫热浸镀，也简称为热镀。

由于这种方法的实质是利用两种金属在熔融状态下相互溶解，在接合面上形成合金，因此对金属工件进行热浸镀需具备以下条件。

热镀锌

① 镀层金属的熔点必须比被镀金属的熔点低得多。故热镀层金属都采用低熔点金属及其合金，如锡（231.9℃）、铅（327.4℃）、锌（419.5℃）、铝（658.7℃）及其合金。钢是最常用的基体金属。

② 基体金属与镀层金属必须能形成化合物或固溶体，否则熔融金属不能黏附在工件表面。

通过热浸的方法形成金属涂层是历史最悠久的涂层实施方法，主要包括热浸锌、热浸铝、热浸锡铅合金等。

热浸镀是制备保护性锌涂层的主要方法，世界上 10%以上的锌用于钢铁制品的热浸镀，其特点是加工方法简单、成本低、防腐效果良好。

（5）渗镀　渗镀是利用热处理的方法将合金元素扩散入金属表面，以改变其表面的化学成分，使表面合金化，故渗镀又叫表面合金化。

合金化

在防腐蚀中用得较普遍的是渗铝。其优点是：渗铝钢耐热，抗高温氧化，也可防止多种化学介质的腐蚀。机械工业中渗碳、渗氮是常用的方法。

（二）金属衬里

把耐蚀金属衬在基体金属（一般为普通碳钢）上，如衬铅、衬钛、衬铝、衬不锈钢等。衬里的方法多种多样。铅衬里也可用作块状材料（如耐酸砖、板等）衬里的中间层，铅可衬也可搪，搪铅就是把铅熔融搪在金属表面上，可以起到衬铅的作用，并且紧密地熔焊在基体金属上，不会鼓泡。但铅蒸气有毒，必须加强安全措施，以防中毒。

（三）双金属衬里

双金属衬里用热轧法将耐蚀金属覆盖在底层金属上制成的复合材料。如在钢板上压上一层不锈钢板或薄镍板，或将纯铝压在铝合金上，这样就可以使价廉的或具有优良力学性能的基底金属与具有优良耐蚀性能的表层合金很好地结合起来,达到节省材料或提高强度的目的。这类材料一般都有定型产品。

二、非金属覆盖层

在金属设备上覆上一层有机或无机的非金属材料进行保护是化工防腐蚀的重要手段之一。根据腐蚀环境的不同,可以覆盖不同种类、不同厚度的耐蚀非金属材料,以得到良好的防护效果。

(一)涂料覆盖层

采用涂料覆盖层具有许多优点,如施工简便,适应性广,在一般情况下涂层的修理和重涂都比较容易,成本和施工费用也较低,因此在防腐工程中,应用广泛,是一种不可缺少的防腐措施。涂层防腐不单用于设备的外表面,而且在设备内也得到了成功使用,如尿素造粒塔的内壁涂层防腐,油罐、氨水储罐内的涂层防腐等都收到了很好的使用效果。但涂层一般都比较薄,较难形成无孔的涂膜,且力学性能一般较差,因而在强腐蚀介质、冲刷、冲击、高温等场合,涂层易受破坏而脱落,故在苛刻的条件下应用受到一定限制。目前主要用于设备、管道、建筑物的外壁和静止设备的内壁等方面的防护。

1. 涂层的保护机理

一般认为涂层是由于下面三个方面的作用对金属起保护作用的。

(1)隔离作用 金属表面涂覆涂料后,相对来说就把金属表面和环境隔开了,但薄薄的一层涂料是难以起到绝对的隔离作用的,因为涂料一般都有一定的孔隙,介质可自由穿过而到达金属表面对金属构成腐蚀破坏。为提高涂料的抗渗性,应选用孔隙少的成膜物质和适当的固体填料,同时增加涂层的层数,以提高其抗渗能力。

(2)缓蚀作用 借助涂料的内部组分(如红丹等防锈颜料)与金属反应,使金属表面钝化或生成保护性的物质,以提高涂层的防护作用。

(3)电化学作用 介质渗透涂层接触到金属表面就会对金属产生电化学腐蚀,如在涂料中加入比基体金属电位更负的活性金属(如锌等),就会起到牺牲阳极的阴极保护作用,而且锌的腐蚀产物较稳定,会填满膜的空隙,使膜紧密,腐蚀速率因而大幅降低。

2. 涂料覆盖层的选择

涂料覆盖层的合理选择是保证涂层具有长效防护效果的重要方面。其基本原则如下。

(1)涂层对环境的适应性 在生产过程中,腐蚀介质种类繁多,不同场合引起腐蚀的原因也不尽相同。因此在选择涂层时应充分考虑到被保护物的使用条件与涂层的适用范围相一致。

(2)被保护的基体材料与涂层的适应性 如钢铁与混凝土表面直接涂刷酸性固化剂的涂料时,钢铁、混凝土就会遭受固化剂的腐蚀。在这种情况下,应涂一层相适应的涂层。又如有些底漆适用于钢铁,有些底漆适用于有色金属,使用时必须注意它们的适用范围等。

(3)施工条件的可能性 有些涂料需要一定的施工条件,如热固化环氧树脂涂料就必须加热固化,如果条件不具备,就要采取措施或改用其他品种。

(4)涂层的配套底漆 与面漆必须配套使用方能达到应有的效果,否则会损害涂层的保护性能。具体的配套要求可查看产品说明书或有关资料。

(5)经济上的合理性 在满足防腐蚀要求和使用寿命的前提下,选择价廉的防腐涂料可提高经济效益。

3. 涂覆方法

涂料的涂覆方法有多种,可根据具体情况选择不同的涂覆方法。

最简单的是涂刷法,这种方法所用的设备工具简单,能适用于大部分涂料施工,但施工质量在很大程度上取决于操作的熟练程度,工效较低;对于无法涂刷的小直径管子,可采用注涂法。

喷涂法效率较高,但设备比较复杂,需要喷枪和压缩空气。热喷涂可以提高漆膜质量,还可以节约稀释剂,但需要加热装置;静电喷涂是一种利用高电位静电场的喷漆技术,可大大降低漆雾的飞散,比一般喷漆损耗小得多,改善了劳动条件,也提高了漆膜质量,但设备更为复杂,同时由于电压很高,必须采用妥善的安全措施。

动画扫一扫

静电喷涂

电泳涂装是一种较新型的涂装技术,它与电镀相似,适用于水溶性涂料。

4. 施工工艺

由于防腐涂料种类很多,各种防腐涂料施工方法不尽相同,不过一般说来,其涂层结构及施工程序遵循如下规则。

(1)表面清理　根据涂料种类不同,选择适当的表面清理方法。

(2)涂底漆　底漆是直接涂在被保护物表面上,是整个涂层的基础,起到防蚀、防锈和防水的作用。

(3)刮涂腻子　当底漆表面干后即可在底漆表面刮涂腻子,将腻子刮涂在物面的凹坑处,起到平整物面的作用,干燥后应打磨光滑。

(4)中间涂层　在腻子干燥打磨后,将中间漆涂刷在腻子上,起到填补腻子细孔的作用,同时也可作为底漆与面漆的过渡层以提高黏结力。

(5)涂刷面漆　在中间漆层表面干后即可涂刷面漆,面漆是直接与腐蚀介质接触的涂层,其性能直接关系到涂层的耐蚀能力。一般要求具有一定的厚度,但一次涂刷过厚会影响涂层的质量,故应采用分层涂刷以获得所需厚度,每层涂刷时应等上层表面干后进行。

(6)养护　涂刷完成后,应根据涂料的具体要求采用自然固化或加热固化。不管采用哪种方法均应等涂层实干后方可投入使用。

(二)玻璃钢衬里

玻璃钢在防腐领域中应用最早、最广的是作为设备衬里。

1. 树脂的选用

针对环境介质的腐蚀性,正确选用耐蚀树脂是选材过程中首先要考虑的问题。目前,耐蚀玻璃钢衬里常用的树脂有环氧树脂、酚醛树脂、呋喃树脂、聚酯树脂等。其中环氧树脂的性能显得较为优越,它黏附力高,固化收缩率小,固化过程中没有小分子副产物生成,其组成玻璃钢的线胀系数与基体钢材差不多,因此它是一种比较理想的玻璃钢衬里用树脂,一些耐蚀性较好,但黏附性能较差的树脂,用环氧改良后,既可以保持原有的耐蚀性,又提高了其黏附能力。如呋喃树脂由于黏附力差,不宜单独用作玻璃钢衬里,经环氧树脂改良后,效果较好。

2. 玻璃纤维的选用

用于耐腐蚀玻璃钢的玻璃纤维主要选择中碱(用于酸性介质)或无碱(用于碱性介质)无

捻粗纱方格玻璃布。一般选用厚度为 0.2~0.4mm，经纬密度为（4×4）~（8×8）纱根数/cm²。

3. 玻璃钢衬里层结构

玻璃钢衬里层主要起屏蔽作用，应具有耐蚀、抗渗以及与基体表面有良好的黏结强度等方面的性能，故其结构一般由以下几部分构成。

（1）底层　底层是在设备表面处理后为防止钢铁返锈而涂覆的涂层，底层的好坏决定了整个衬里层与基体的黏结强度。因此，必须选择黏附力高的、线胀系数与基体尽可能接近的树脂。环氧树脂是比较理想的胶黏剂，所以设备表面处理后多数涂覆环氧涂料，为了使涂层的线胀系数接近于碳钢的线胀系数，树脂内应加入适当的填料。

（2）腻子层　主要是填补基体表面不平的地方，通过腻子的找平，提高玻璃纤维制品的铺覆性能。腻子层所用的树脂基本上与底层相同，只是填料多加些，使之成为胶泥状的物料。

（3）玻璃钢增强层　主要起增强作用，使衬里层构成一个整体。为了提高抗渗性，每一层玻璃织物都要保证被树脂所浸润并有足够的树脂含量。

（4）面层　主要是富树脂层。由于它直接与腐蚀介质接触，故要求有良好的致密性、抗渗能力，并对环境有足够的耐蚀、耐磨能力。

当然，对同一种树脂玻璃钢衬里来说，衬层越厚，抗渗耐蚀的性能就越好。对主要用于耐气体腐蚀或用作静止的腐蚀性不大的液体储槽来说，一般衬贴 3~4 层玻璃布就可以了。如果环境条件苛刻，并考虑到手糊玻璃钢抗渗性差的弱点，一般都要求衬层厚度在 3mm 以上。但盲目增加玻璃钢衬层的厚度是没有必要的，因为一般说来玻璃钢衬层在 3~4mm 已具有足够的抗渗能力，而设备的受力要求完全是由外壳来承受的。

4. 施工工艺

目前玻璃钢衬里多用手糊施工，其施工工艺有分层间断衬贴（间歇法）与多层连续衬贴（连续法）两种。其中间歇法是每贴一层布待干燥后再贴下一层布直至所需厚度，而连续法则是连续将布一层接一层贴上去直至所需厚度。显然，间歇法施工周期长，但质量较易保证；而连续法则大大地缩短了施工周期，但质量不如间歇法。一般来说，当衬里层不太厚时宜采用间歇法，而对较厚的衬里层则可采用连续法。

玻璃钢施工工艺的简单流程：基体表面处理→涂刷底层→刮腻子→衬布→养护→质量检查。

（三）橡胶衬里

橡胶衬里是把预先加工好的板材粘贴在金属表面，其接口可以通过搭边黏合，因此橡胶的整体性较强，没有像涂料或玻璃钢衬里固化前由于溶剂挥发等所产生的针孔或气泡等缺陷。橡胶衬里层一般致密性高、抗渗性强，即使衬层局部区域与基体表面离层，腐蚀介质也不容易透过。

橡胶衬里具有一定的弹性，而且韧性一般都比较好，它能抵抗机械冲击和热冲击，可应用于受冲击或磨蚀的环境中。

橡胶衬里可单独作为设备内防腐层，也可作为砖板衬里的防渗层。

天然橡胶和合成橡胶均可作为橡胶衬里材料，但目前仍以天然橡胶为主。

1. 橡胶板的选用

橡胶板有硬质胶、半硬质胶和软质胶三种。由于胶种和硫化不同，它们的使用范围也不相同。

（1）硬质胶　一般来说，硬质胶由于配方中加入了较多的硫黄，并经过较长时间的硫化处理，因而通常它的耐蚀性、耐热性比软质胶更好，抗老化及对气体抗渗性能也较佳，与金属的黏结力强。

（2）半硬质胶　半硬质胶的化学稳定性与硬质胶相似，耐寒性好，能承受冲击，与金属的黏结力良好。

（3）软质胶　软质胶具有较好的弹性，能承受较大的变形，但耐蚀性、抗渗性和与金属黏结性等均比硬质胶差。表 7-1 列出了三种橡胶衬里的选择及适用范围。

表 7-1　橡胶衬里的选择及适用范围

项目	硬质胶	半硬质胶	软质胶
化学稳定性	优	好	良
耐热性	好	好	良
耐寒性	差	良	优
耐磨性	良	好	优
抗冲击性	差	差	优
抗老化性	差	优	好
抗气体渗透性	优	良	差
弹性	差	差	优
与金属黏结力	优	优	良
使用温度范围/℃	0～+85		−25～+75
使用压力范围	公称压力≤0.6MPa（表压），真空度≤0.079MPa（操作温度为+40℃时，真空度＜0.093MPa）		公称压力≤0.6MPa（表压）
适用范围	槽车、塔、储槽、管件、搅拌器、反应釜、离心机	反应釜、管件、离心机、排风机、储槽、槽车	受冲击、摩擦、温差变化较大的设备

2. 衬胶层结构选择

① 不太重要的固定设备衬单层硬橡胶，用于气体介质或腐蚀、磨损都不严重的液体介质的管道，也可只衬一层胶板。

② 一般都采用衬两层硬质胶或半硬质胶，在有磨损和温度变化时可用硬橡胶板作底层，软橡胶板作面层。

③ 如果环境特别苛刻，其结构可按具体条件选用。可考虑衬三层，一般衬一层软胶板或一硬一软的三层衬里结构。

以上所指的胶板的厚度一般均为 2～3mm，如果采用 1.5mm 厚的胶板，考虑到衬里层太薄时，可适当增加层数，但一般不超过 3 层。

3. 硫化方法的选择

硫化就是把衬贴好的橡胶板用蒸汽加热，使橡胶与硫化剂（硫黄）发生反应而固化的过程。硫化后使橡胶从可塑态变成固定不可塑状态，经硫化处理的衬胶层具有良好的力学性能和稳定性。

硫化一般在硫化罐中进行，有两种硫化方式。

（1）蒸汽加热硫化　将衬贴好胶板的工件放入硫化罐中，向罐内通蒸汽加热进行硫化。实际操作中一般根据胶板品种，控制蒸汽压力和硫化时间来完成硫化过程。蒸汽压力一般控制在大约 0.03MPa，逐步升压和逐步降压。

（2）加压缩空气硫化　先通入压缩空气，再逐渐通入蒸汽置换冷空气，按一定操作工艺进行硫化。这种方法可以缩短硫化时间，对确保衬里质量也有好处，但是操作比较复杂。

大型设备不能在硫化罐内硫化，如能承受一定压力，可以直接向设备内通蒸汽进行硫化。采用这种方法，硫化前需进行必要的准备工作，如装配蒸汽管、冷凝水排出管、必要的保温措施等。采用这种硫化方法，设备的强度决定操作压力，当不能安全地承受 0.03MPa 蒸汽压时，必须降压操作。而操作压力又决定硫化时间，一般来说操作压力越低，硫化时间越长。不能承受压力的设备或无盖的设备采用敞口硫化，即在设备内注满水或盐类溶液，用蒸汽盘管加热使水沸腾进行硫化，其硫化时间决定于衬胶层厚度和温度，一般来说时间较长，同时操作较为复杂，质量不易保证。

4. 施工工艺

橡胶衬里施工工艺流程：基体表面处理→胶浆配制→涂底浆→刷胶浆→铺衬胶板→赶气压实→检查（修补）→铺衬第二层胶板→检查（修补）→硫化处理→硬度检查→成品。

衬胶设备的表面要求平整、无明显凸凹处，无尖角、砂眼、缝隙等缺陷，转折处的圆角半径应不小于 5mm，表面清理也较严格，铁锈、油污等必须清理干净。

设备表面清理后涂上 2～3 层生胶浆，把生橡胶片裁成所需的形状，在其与金属黏结的一面也涂上两层生胶浆，待胶浆干燥后，把生橡胶片小心地衬贴在金属表面上，用 70～80℃ 的烙铁把胶片压平，赶走空气，使金属与橡胶紧密结合，胶片之间采用搭接缝，宽度为 25～30mm，也用生胶浆黏结，并用烙铁来压平，经中间检查合格后进行硫化。

（四）砖板衬里

砖板衬里是用黏结剂（俗称胶泥）将耐腐蚀砖板衬砌在金属或混凝土设备的表面从而达到对设备的防腐蚀作用。它是化工设备防腐蚀应用较早的技术之一。其适用范围取决于胶泥和砖板的力学性能和耐腐蚀性能。因而在进行化工设备砖板衬里时，应根据设备的工艺操作条件进行胶泥和耐酸砖板的选择，并进行合理的衬里结构设计和施工，以期达到优良的防腐蚀效果。

砖板衬里具有较好的耐蚀性、耐热性和机械强度。一些难以用其他方法解决的腐蚀问题，采用砖板衬里，往往能够得到较好的解决。

砖板衬里最大的问题是抗冲击性、热稳定性较差，施工周期长，会给生产带来些不方便。

1. 常用胶泥的品种、成分、配比及主要性能

砖板衬里的黏结剂俗称胶泥，是砖板衬里的主要材料之一。砖板衬里的适用范围及应用效果主要决定于所用的胶泥。胶泥主要由黏结剂、固化剂、耐腐蚀填料及添加剂组成。目前国内外常用的耐蚀胶泥主要由两种系列，即水玻璃胶泥和树脂胶泥。

（1）水玻璃胶泥　水玻璃胶泥主要有钠水玻璃胶泥和钾水玻璃胶泥两种，其常用的施工配比见表 7-2。

① 钠水玻璃胶泥。其以钠水玻璃、固化剂、耐酸粉料按一定比例配制而成。由于它具有优异的耐蚀性能，良好的力学性能，且价格便宜、施工方便等，已成为砖板衬里中最常用的胶泥之一。

钠水玻璃胶泥对大多数的强氧化性酸、无机酸、有机酸和大多数的盐类等均有优良的耐蚀性能。它有良好的力学性能，特别是与某些无机材料（如耐酸瓷板、铸石板、花岗岩等）有较好的黏结强度。同时，它具有良好的耐热性和热稳定性，其线胀系数与钢铁接近，因此作为钢壳的内部衬里所

产生的热应力较小，有利于碳钢基体的设备在高温下使用，最高可在400℃下使用。

钠水玻璃胶泥能在短期内胶凝、初硬，可常温施工，常温固化，施工非常方便。钠水玻璃胶泥原料丰富，价格便宜。钠水玻璃胶泥的缺点是孔隙率大、抗渗性差，与硫酸、乙酸、磷酸等易生成盐类，导致体积变化、产生裂纹、掉砖。除采用耐酸灰外，钠水玻璃胶泥不宜用于稀酸和水作用的场合，在氟及含氟化合物、碱、热浓磷酸中钠水玻璃胶泥也不能使用。

表 7-2 水玻璃胶泥常用的施工配比

名称	胶泥配比（质量比）		
	1	2	3
钠水玻璃	100	—	100
钾水玻璃	—	100	—
氟硅酸钠	15～18	—	—
铸石粉	255～270	—	—
瓷粉	（200～250）	—	—
石英粉：铸石粉=7：3	（200～250）	—	—
石墨粉	（100～150）	—	—
KP1 粉料	—	240～250	—
1G-1 耐酸灰	—	—	240～250

注：1. 氟硅酸钠用量是按水玻璃中氧化钠含量的变动而调整的，氟硅酸钠纯度按100%统计。
    2. 括号内为替换填料配比，可任选一种使用。

② 钾水玻璃胶泥。其以钾水玻璃和 KP1 粉料按一定的配比配置而成的，KP1 粉料包含钾水玻璃的固化剂、耐酸粉料和添加剂。

与钠水玻璃胶泥相比，钾水玻璃胶泥与钢铁、砖板的黏结性更好。抗渗性也比钠水玻璃胶泥好，故可用于稀酸，并可短期内在水中使用。

钾水玻璃胶泥的耐热性比钠水玻璃好，但作为衬里使用时，考虑到衬里所用砖板的性能及其他因素，衬里设备一般也不宜于 400℃的条件下使用。钾水玻璃胶泥无毒，对施工环境及操作人员均无危害。钾水玻璃胶泥的价格比钠水玻璃高。

(2) 树脂胶泥 砖板衬里常用的树脂胶泥包括酚醛胶泥、呋喃胶泥、环氧胶泥等，还包括由上述树脂基础的改性胶泥，如环氧-酚醛胶泥、环氧-呋喃胶泥等。

① 酚醛胶泥。酚醛胶泥由酚醛树脂、固化剂、填料等按一定配比配制而成，它是砖板衬里工程中应用最为广泛的树脂胶泥之一。

酚醛胶泥的耐酸性能优异，对70%以下的硫酸、各种浓度的盐酸和磷酸、大部分的有机酸及大部分 pH<7 的酸性盐类均有良好的耐蚀性能，但不能用于硝酸、浓硫酸、次氯酸、氯气等强氧化性介质中，也不能用于氢氧化钠、碳酸钠、氨水等碱性介质中。

酚醛胶泥的机械强度、抗渗性都不错，黏结力也较好，其中耐酸砖板、不透性石墨板的黏结性能较好，而与铸石板的黏结力较差。酚醛胶泥的耐热性比较好，作为衬里用胶泥，在某些场合下使用温度可达150℃。以石墨粉为填料的酚醛胶泥具有良好的导热性能，可衬砌不透性石墨板用于传热设备。酚醛胶泥由于采用酸性固化剂，不能直接用于金属或混凝土表面，用作衬物板时，应先以环氧树脂涂层作过渡层涂于金属或混凝土表面，然后再进行砖板衬砌。

酚醛胶泥常用的施工配比见表 7-3。

表 7-3 酚醛胶泥常用的施工配比

名称			胶泥配比（质量比）	
			1	2
酚醛树脂			100	100
固化剂	苯磺酰氯		6～10	—
	对甲苯磺酰氯		（8～12）	—
	硫酸乙酯［硫酸：乙醇=1：（2～3）］		（6～8）	—
	NL 型固化剂		—	6～10
	复合固化剂	对甲苯磺酰氯：硫酸乙酯=7：3	（8～12）	—
		苯磺酰氯：硫酸乙酯=1：1	（6～10）	—
稀释剂：丙酮或乙醇			—	0～5
填料	石英粉		150～200	150～200
	瓷粉		（150～200）	（150～200）
	铸石粉		（180～230）	（180～230）
	石英粉：铸石粉=8：2		（150～200）	—
	硫酸钡		（180～220）	—
	石墨粉		（150～230）	（90～120）

注：1. 配比 1 的固化剂可任选一种。
　　2. 填料可任选一种。

② 呋喃胶泥。呋喃胶泥是以各种呋喃树脂、固化剂和填料等按一定配比配制而成的，由于它的耐蚀性、耐热性较好，所以在很多场合得到广泛应用。呋喃胶泥包括由糠醇树脂、糠醛丙酮树脂、糠醛-丙酮-甲醛树脂配制的糠醇胶泥、糠酮甲醛胶泥，还包括由 YJ 呋喃树脂配制的 YJ 呋喃胶泥。

呋喃胶泥具有良好的耐蚀性，在 70%以下的硫酸、各种浓度的盐酸、磷酸、乙酸等大多数酸中耐蚀性良好，也可用在 40%以下的氢氧化钠等大多数碱性介质中，所以呋喃胶泥可用于酸碱交替的场合，但不能用于硝酸、浓硫酸、铬酸、次氯酸等强氧化性介质中。

呋喃胶泥比酚醛胶泥具有更好的耐热性，在某些场合使用温度可达 180℃，但 YJ 呋喃胶泥的使用温度不宜超过 140℃。同时，它的脆性比较大，抗冲击性能较差、收缩率较高、黏结性能也较差，这对它的应用带来一定的影响，可通过环氧树脂进行改性。

呋喃胶泥与酚醛胶泥一样，也采用酸性固化剂，故不能直接用于金属或混凝土表面，衬砌砖板时，也要先用环氧树脂涂层作为过渡层，涂于金属或混凝土表面，然后再进行砖板衬砌。

呋喃胶泥常用的施工配比见表 7-4。

表 7-4 呋喃胶泥常用的施工配比

名称		胶泥配比（质量比）			
		糠醇树脂	糠酮树脂	糠酮甲醛树脂	YJ 呋喃树脂
呋喃树脂		100	100	100	100
稀释剂：甲苯或丙酮		0～10	0～10	0～10	—
固化剂	苯磺酰氯	10	—	—	—
	苯磺酰氯：磷酸=4：（3.5～5）	（8～12）	—	—	—
	硫酸乙酯［硫酸：乙醇=（2～3）：1］	—	10～14	10～14	—

续表

名称		胶泥配比（质量比）			
		糠醇树脂	糠酮树脂	糠酮甲醛树脂	YJ呋喃树脂
增塑剂	亚磷酸三苯酯（液体）	10	10	—	—
填料	石英粉或瓷粉	130~200	130~200	130~200	—
	石英粉：铸石粉=9：8或8：2	(130~180)	(130~180)	(130~180)	—
	硫酸钡粉	(180~220)	(180~220)		—
	石墨粉	(80~150)	(130~180)	(80~150)	—
	YJ呋喃粉	—	—	—	350~400

注：1. 固化剂按呋喃树脂品种选用；填料可任选一种。
    2. 耐氢氟酸工程，填料应选用硫酸钡粉或石墨粉。

③ 环氧胶泥。环氧胶泥由环氧树脂、固化剂、稀释剂及填料等按一定配比配制而成。它具有良好的耐性，可用于中等浓度的硫酸、盐酸与磷酸等酸中，也可用于浓度低于20%的氢氧化钠等碱性介质中，但其耐酸性不如酚醛胶泥和呋喃胶泥，耐碱性不如呋喃胶泥，同酚醛胶泥和呋喃胶泥一样，也不能用于氧化性介质中。

环氧胶泥具有优异的力学性能，其机械强度、黏结力、固化收缩率远优于酚醛胶泥和呋喃胶泥。故环氧树脂可用来改性酚醛胶泥和呋喃胶泥。环氧树脂的耐热性比酚醛胶泥和呋喃胶泥差。一般使用温度不超过100℃，在腐蚀性强的介质中使用温度更低。

环氧胶泥常用的施工配比见表7-5。

表7-5 环氧胶泥常用的施工配比

名称		胶泥配比（质量比）	
		1	2
环氧树脂	E-44	100	—
	E-42	—	100
固化剂	乙二胺	6~8	6~7
	乙二胺：丙酮=1：1	(12~16)	12~14
	间苯二胺	15	15
	二乙烯三胺	(10~12)	10~12
	590号	(15~20)	15~20
	苯二甲胺	(19~20)	19~20
	聚酰胺	(40~48)	40~48
	T31	(15~40)	15~40
	C20	(20~25)	20~25
	NJ-2型	(15~20)	15~20
增塑剂	邻苯二甲酸二丁酯	10	10
填料	石英粉（或瓷粉）	150~250	150~250
	铸石粉	(180~250)	(180~250)
	硫酸钡粉	(180~250)	(180~250)
	石墨粉	(100~160)	(100~160)

注：1. 乙二胺用量以纯度为100%计，纯度不足时，应换算增加。
    2. 固化剂和填料可任选一种使用。

④ 改性胶泥。改性胶泥是根据实际需要,通过酚醛树脂或呋喃树脂与环氧树脂复合而得到的系列复合树脂胶泥,其具有两种胶泥的优点,故综合性能比较好。

改性胶泥常用的施工配比见表 7-6。

表 7-6 改性胶泥常用的施工配比

名称		胶泥配比(质量比)	
		1	2
黏结剂	环氧树脂	70	70
	酚醛树脂	30	—
	呋喃树脂	—	30
固化剂	乙二胺	6~8	6~8
	T31	(25~30)	(25~30)
增塑剂	邻苯二甲酸二丁酯	0~10	0~10
填料	铸石粉	(180~220)	180~220
	石英粉或瓷粉	150~200	(150~200)
	石墨粉	(80~120)	(90~150)

注:固化剂和填料可任选一种。

(3)常用胶泥最高使用温度 常用胶泥的最高使用温度见表 7-7。

表 7-7 常用胶泥的最高使用温度

种类	名称	最高使用温度/℃
水玻璃胶泥	钠水玻璃胶泥	400
	钾水玻璃胶泥	400
树脂胶泥	酚醛胶泥	150
	呋喃胶泥	180
	环氧胶泥	100
	环氧改性酚醛胶泥	120
	环氧改性呋喃胶泥	150

2. 胶泥的配制

胶泥配制的过程中,搅拌是保证施工质量的一个重要程序,不能掉以轻心。机械搅拌可以将各种成分充分搅匀,搅拌效果好,但施工完毕要及时清理。人工搅拌要比机械搅拌差一些,不过只要认真操作也可以达到配制要求。

3. 常用的砖板品种、成分及主要性能

砖板衬里中常用的耐腐蚀板砖主要有耐酸陶瓷板、铸石板、不透性石墨板等。

(1)耐酸陶瓷板 耐酸陶瓷品种多,在砖板衬里防腐蚀工程中应用较多的是耐酸砖板和耐酸耐温砖板。耐酸陶瓷耐蚀性能优异,除氢氟酸、含氟介质、热浓磷酸和热浓碱以外,能耐各种无机酸、有机酸、盐类溶液及各种有机溶剂。

耐酸陶瓷孔隙小,强度高,介质不易渗透;缺点是质地较脆,抗冲击能力差,传热系数低,不宜用于需要传热的设备。耐酸陶瓷稳定性较差,不宜用于温差变化较大的场合。耐酸耐温砖板的热稳定性较好,可用于某些急冷急热的部位。

(2) 铸石板　铸石板是以辉绿岩、玄武岩、工业废渣加入一定的掺和剂和结晶剂，经高温熔化浇铸成型、结晶、退火等工序而制成的，在砖板衬里防腐蚀工程中常用的是辉绿岩铸石。

铸石板的二氧化硅含量不高，但由于它经过高温熔融，结晶后形成了结构致密和均匀的普通辉绿岩晶体；同时又由于铸石与酸、碱作用后，表面形成一层硅的铅化合物薄膜，这层薄膜在达到一定厚度后，即在铸石表面与酸、碱介质之间形成了一层保护膜，最后使介质的化学腐蚀趋于零，这是铸石能够高度耐蚀的主要原因。

铸石板除了氢氟酸、含氟介质、热磷酸、熔融碱外，对各种酸、碱、盐类及各种有机介质都是耐蚀的。铸石板强度高，硬度高，耐磨性好，孔隙率小，介质难以渗透。缺点是脆性较大，不耐冲击，传热系数小，热稳定性差，不能用于有温度剧变的场合。

铸石板因为太硬，现场难以加工，衬里异形结构部位应选用异型铸石板。

(3) 不透性石墨板　石墨分天然石墨和人造石墨，人造石墨是由无烟煤、焦炭与沥青混捏压制成型，于煅烧炉中煅烧而成。石墨的主要化学成分为碳，具有良好的耐蚀性能。除硝酸、浓硫酸、次氯酸等强氧化性介质外，能耐大多数酸、各种浓度的碱、大多数的盐类及有机介质的腐蚀。

石墨的导热性能非常好，耐热性与热稳定性也很好。缺点是强度较低，质地较脆，不耐冲击，孔隙率高，介质易渗透。

为了弥补石墨孔隙率高、强度低的缺点，需对其进行不透性处理制成不透性石墨制品，经过这样处理后制成的不透性石墨制品具有较高的强度和较低的孔隙率。根据处理方法的不同，不透性石墨板主要分为浸渍石墨板和压型石墨板。

浸渍石墨板是将石墨加工成板材，然后以合成树脂或水玻璃浸渍、固化而成。常用的合成树脂有酚醛树脂和呋喃树脂。

压型石墨板是以石墨粉与合成树脂混合后，在加热状态下进行挤压与固化，制成各种规格的板材或管材。

不透性石墨的性能综合了石墨和树脂的性能，一般来说，除强氧化性介质外，能耐大多数酸、碱、盐的腐蚀（以酚醛树脂及水玻璃制得的不透性石墨不耐碱的腐蚀），机械强度及抗渗性均有较大程度的提高。耐热性、热稳定性较石墨要差，但远好于树脂，常用于需要传热及温差变化大的场合。

4. 砖板的加工

砖板衬里用的砖板，在衬砌前应仔细挑选，去除不合格的产品。经过挑选合格的砖板应清洗干净，并烘干备用。在正式衬砌砖板前，应先在衬砌位置进行砖板预排，当砖板排列尺寸不够时，不能用碎砖板或胶泥板填塞，需要对砖板进行加工。将砖板加工到适当尺寸，使之与实际需要的尺寸相符。砖板加工一般可用手工（手锤和錾子）或用砖板切割机切割。

5. 砌筑、衬里操作

(1) 衬里结构　砖板衬里根据所用工况条件的不同一般可分为下列几种形式。

① 单层衬里。单层衬里即在设备基体上衬一层砖板，如图 7-22 所示。
② 多层衬里。多层衬里即在设备基体上衬二层或二层以上的砖板，如图 7-23 所示。
③ 复合衬里。复合衬里即在设备基体与砖板衬里之间加衬隔离层，如图 7-24 所示。

(2) 砖板排列原则　在进行砖板衬里时，砖板必须错缝排列，这对单层衬里来说，可提高衬里层的强度，而对多层衬里来说通过层与层之间的错缝，不仅可以提高结构强度，还可以增加防渗透能力。一般来说，对于立衬设备，环向砖缝为连续缝，轴向砖缝应错开；对于卧衬设备，环向砖缝应错开，轴向砖缝为连续缝。

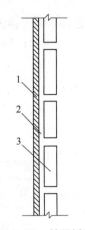
图 7-22 单层衬里
1—基体；2—胶泥；3—砖板

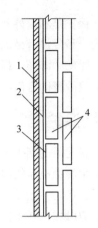
图 7-23 多层衬里
1—基体；2—胶泥；3—砖板

图 7-24 复合衬里
1—基体；2—隔离层；
3—胶泥；4—砖板

砖板排列可参考图 7-25。

挤缝是指砖板衬砌时，将衬砌的基体表面按二分之一结合层厚度涂抹胶泥，然后在砖板的衬砌面涂抹胶泥，中部胶泥涂量应高于边部，然后将砖板按压在应衬砌的位置，用力揉挤，使砖板间及砖板与基体间的缝隙充满胶泥的操作方法。揉挤时只能用手挤压，不能用木棍击打，挤出的胶泥应及时用刮刀刮去，并应保证结合层的厚度与胶泥缝的宽度。

勾缝是指采用抗渗性较差、成本较低的胶泥（一般用水玻璃胶泥）衬砌砖板，而砖板四周砖缝用树脂

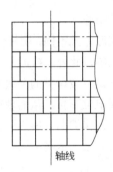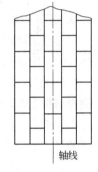
图 7-25 砖板的排列

胶泥填满的操作方法。勾缝操作时，要按规定留出砖板四周结合缝的宽度和深度。为了保证结合缝的尺寸，可在缝内预埋等宽的木条或硬聚氯乙烯板条。在砌板结合层固化后，取出预埋条，清理干净预留缝，然后刷一遍环氧树脂打底。对于以水玻璃胶泥作为结合层的衬里，在用环氧树脂打底前，应对胶泥进行酸化处理。待环氧树脂打底层固化后将树脂胶泥填入缝内，并用缝等宽的灰刀将胶泥用力压实，不得有空隙，将胶泥缝表面铲平，并清理干净。

（3）衬砌砖板的一般程序　耐蚀砖板衬里施工程序：基体表面处理→刷底涂料→隔离层施工→加工砖板→胶泥配置→砖板衬砌→衬砌质量检查→缺陷修补→养护固化→酸化处理→组装封口→交付使用。

6. 后处理

砖板衬砌后的设备应进行充分固化，这是保证砖板衬里施工质量的重要因素，只有经过充分固化，胶泥才能达到其应具有的性能。对于多层衬里结构，每衬一层砖板后都应该进行中间固化处理，水玻璃胶泥衬里固化后还应进行酸化处理。

第四节　电化学保护

电化学保护是利用外部电流使金属电位发生改变,从而降低金属腐蚀速率的一种防腐方法。目前,作为一种经济有效的防护措施,电化学保护技术得到了较快的发展,并广泛地应用于石油、化工、船舶、海洋工程等领域。

按照电位改变的方向不同,电化学保护分为阴极保护和阳极保护两种。

一、阴极保护

阴极保护是通过外加直流电流或更负的金属构成电偶使得被保护的金属成为电化学腐蚀电池的阴极而减小或消除腐蚀的一种电化学保护方法。

阴极保护

阴极保护的应用已有一百多年历史,但大规模使用于输油管的阴极保护,开始于 20 世纪 30 年代。在国际上它早已是一种比较成熟的商品技术,提供典型的设计并成套随设备安装。中国邮电系统电缆装置已使用阴极保护装置。使用比较广泛的是埋置于土壤中的地下管线、储槽以及受海水、淡水腐蚀的设备,如桥桩、闸门、平台。我国一些油气的输油管线也使用了阴极保护。在西气东输全长为四千多公里的输送天然气管道上也采用了阴极保护和涂层保护的联合保护措施。

阴极保护的方式

根据阴极电流的来源方式不同,阴极保护主要分为外加电流阴极保护和牺牲阳极阴极保护两大类,此外,排流保护也属于阴极保护一种方法。

外加电流阴极保护是将被保护的金属与外加直流电源的负极相连,在金属表面通入足够的阴极保护电流,使金属电位变负,从而使被保护的金属腐蚀速率减小。这种依靠外部的电源来提供保护所需的电流,被保护的金属为阴极的方法被称为外加电流阴极保护法。为了使电流能够通过,还需要用辅助阳极,示例见图 7-26。

牺牲阳极阴极保护是利用一种腐蚀电位比被保护金属的腐蚀电位更负的金属组成短路电偶腐蚀电池,电位较负的金属为阳极,被逐渐溶解牺牲掉,而电位相对较正的金属受到保护。这种偶接后被逐渐溶解掉的阳极就称为牺牲阳极。这种靠牺牲阳极提供保护所需电流的阴极保护方法就称为牺牲阳极阴极保护法。实质上它们构成了电偶腐蚀电池,如镁、锌常用作牺牲阳极来保护钢铁设备或管道,示例见图 7-27。

牺牲阳极阴极保护法

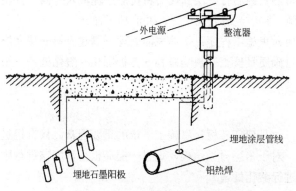

图 7-26　埋地管道外加电流阴极保护示例

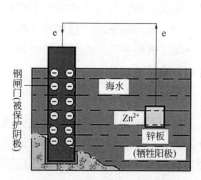

图 7-27　牺牲阳极阴极保护

排流保护是在有杂散电流的情况下，利用排除杂散电流对被保护体施加阴极保护。通常，排流保护分为直接排流、极性排流和强制排流三种方法。

下面主要介绍外加电流阴极保护。

1. 阴极保护的基本原理

从电化学腐蚀的热力学角度来看，阴极保护就是改变被腐蚀金属的电位，使它向负方向进行，即阴极极化。

图 7-28 所示为阴极保护原理的极化曲线。设电极表面阳极反应和阴极反应的平衡电极电位分别为 $E_{e,a}$ 和 $E_{e,c}$，在同一电极系统中，阳极和阴极互相极化交于点 S，S 点所对应的电位为 E_{corr} 及对应的腐蚀电流为 I_{corr}。

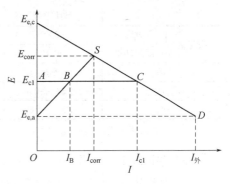

图 7-28　阴极保护原理的极化曲线

如果从外部把电流输入该电极系统，使金属进行阴极极化，此时电位将从 E_{corr} 向负的方向变化，阴极极化曲线 $E_{e,c}$ 从 S 点向 C 点方向延长。

当金属电位极化到 E_{c1} 时，这时所需的阴极极化电流为 I_{c1}，相当于 AC 线段。这个电流由两个方面提供，其中 BC 段这部分电流是外加的，而 AB 段这部分电流是阳极腐蚀所提供的电流，表明金属还未停止腐蚀，其腐蚀电流为 I_B。

如果电极继续阴极极化，使电位到达 $E_{e,a}$，即到达金属的平衡电极电位，由图 7-28 可看出，此时腐蚀电流为零，金属被完全保护。这时外加阴极电流 $I_{外}$，即为达到完全保护所需的电流。

这只是阴极保护的基本原理，实际情况要复杂得多。例如，要考虑时间因素的影响。以钢在海水中为例，原来海水中无铁离子，要使钢的混合电位降到阳极反应即铁溶解反应的平衡电位，就需要钢表面阳极附近的海水中有相应的铁离子浓度，譬如 10^{-6}mol/L，这在阴极保护初期是很难做到的。实际上，为了达到满意的效果，选用的保护电位总要低于腐蚀微电池阳极平衡电位。

2. 阴极保护的基本控制参数

在阴极保护过程中，要判断金属构件是否达到完全保护，凭借肉眼或其他表观观察很难得到准确的结论，因此不可行，通常采取测量被保护金属电位的方法。为了使金属达到必需的保护电位，则要通过改变保护电路电流密度的方法来进行；另外对于一些在保护电流范围内，电极电位改变不大的金属，通过控制保护电流密度也可以达到保护的目的。因此，阴极保护一般控制的基本参数是最小保护电位和最小保护电流密度。

（1）最小保护电位　从阴极保护的一般原理可知，要使金属的腐蚀溶解过程完全停止，则必须对金属进行阴极极化，使其极化后的电位达到其腐蚀微电池阳极的平衡电位。该极化电位即称为最小保护电位。最小保护电位是通过阴极极化使金属结构达到完全保护或有效保护所需的最正的电位，控制电位在负于最小保护电位的一个电位区间内可以达到阴极保护的目的（注意：被保护金属结构的电位也不能控制到太低，否则不仅造成电能浪费，还会使溶液碱性增加，使两性金属加速腐蚀，或由于金属表面析氢，造成金属表面破损或金属的氢脆，出现过保护的情况）。

由于最小保护电位与金属的热力学平衡电位相等，因此其与金属的种类、腐蚀介质条件（成分、浓度、温度等）等因素有关，可通过热力学上的能斯特方程式计算得出，在实际工程应用中，一般通过实验或根据经验数据来确定。表 7-8 列出了英国标准研究所制定的阴极保护规范中有关常温下常用结构金属在海水和土壤中进行阴极保护时采用的保护电位值，实际上，这些数值也是世界公认的阴极保护电位标准。

表 7-8 常温下一些常用结构金属在海水和土壤中进行阴极保护时的保护电位值

金属或合金		保护电位/V			
		Cu/饱和 $CuSO_4$ 参比电极	Ag/AgCl/洁净海水 参比电极	Ag/AgCl/饱和 KCl 参比电极	Zn/洁净海水 参比电极
铁与钢	含氧环境	−0.85	−0.80	−0.75	0.25
	缺氧环境	−0.95	−0.90	−0.85	0.15
铅		−0.6	−0.55	−0.5	0.5
铜合金		−0.65～−0.5	−0.6～−0.5	−0.55～−0.4	0.45～0.6
铝		−1.2～−0.95	−1.15～−0.9	−1.1～−0.85	−0.1～0.15

注：此处海水指充气、未稀释的海水。

在某些情况下，金属的最小保护电位预先未知，也可以根据所谓的阴极保护的电位移动原则来设定保护电位。如对于中性水溶液和土壤中的钢铁构件，一般取比其自然腐蚀电位负 0.3V；而对金属铝构件，则取比其自然腐蚀电位负 0.15V。这样设定，也可使金属得到有效保护。

（2）最小保护电流密度　最小保护电流密度系指金属电位处于最小保护电位时外加的电流密度值，此时金属腐蚀速率降至最低。它是阴极保护过程中有效保护电位区间内的外加电流密度的最大值。以其作为控制标准，如果外加电流密度过小，则起不到完全保护的作用；如果过大，则耗电量太大，而且当超过一定范围时，保护作用反而会降低，出现过保护的现象。因此，电流必须控制在低于最小保护电流密度的一段范围内。

最小保护电流密度的大小同样与金属种类、表面状态、介质条件等有密切关系。表 7-9 列出了一些金属或合金在不同介质中的最小保护电流密度值。一般金属在介质中的腐蚀越严重，所需的外加阴极保护电流密度也就越大。因此，凡是能增加腐蚀速率的因素，如温度、压力、流速增大，以及阴极保护系统的总电阻减小时，都会导致最小保护电流密度在从零点几毫安/平方米到几百安培/平方米的范围内发生变化。

表 7-9 某些金属或合金在不同介质中的最小保护电流密度值

金属或合金	介质条件	最小保护电流密度/（mA/m^2）
不锈钢化工设备	稀 H_2SO_4+有机酸，100℃	120～150
碳钢碱液蒸发锅	NaOH，从 23%浓缩至 42%和 50%，120～130℃	3000
铁	0.1mol/L HCl，吹空气，缓慢搅拌	920
	5mol/L KOH，100℃	3000
	5mol/L NaCl+饱和 $CuCl_2$，静止，18℃	1000～3000
锌	0.1mol/L HCl，吹空气，缓慢搅拌	32000
	0.005mol/L KCl	1500～3000
钢制海船船壳（有涂料）	海水	6～8
钢制海船船壳（漆膜不完整）	海水	150～250
青铜螺旋桨	海水	3000～400
钢制船闸（有涂料）	淡水	10～15
钢（有较好的沥青玻璃覆盖层）	土壤	1～3
钢（沥青覆盖层破坏）	土壤	17
钢	混凝土	55～270

由此可见，最小保护电流密度不是一成不变的。另外在阴极保护设计中，这虽然是重要的参数，但是在实际应用中要测定它是比较困难的。因此，通常在阴极保护中控制和测定的是最小保护电位。

3. 阴极保护的应用条件

对金属结构物实施阴极保护必须具备以下条件。

（1）材料　金属材料在所处介质中应易于进行阴极极化，即阴极极化率要大但在阴极极化过程中化学性质应稳定。一般金属，如碳钢、不锈钢、钢及铜合金均可采用阴极保护；对于耐碱性较差的两性金属如铝、铅等，在酸性条件下可以采用阴极保护，在海水中进行阴极保护时，由于阴极极化过程中介质的 pH 值增加，在大电流密度下会导致两性金属溶解，所以必须在较小的保护电流下进行；而对于在介质中处于钝态的金属，外加阴极极化可能使其活化，从而产生负保护效应，故不宜采用阴极保护。

（2）介质　腐蚀介质必须导电，并且有足以建立完整阴极保护电回路的体积。一般情况下，土壤、海泥、江河海水、酸碱盐溶液中都适宜进行阴极保护。气体介质、有机溶液中则不宜采用阴极保护。气液界面、干湿交替部位的阴极保护效果也不佳。在强酸的浓溶液中，因保护电流消耗太大，也不适宜进行阴极保护。目前，阴极保护方法主要应用于三类介质，一是淡水或海水等自然界的中性水或水溶液，主要防止船舶、码头和港口设备在其中的腐蚀；二是碱、盐溶液等化工介质，防止储槽、蒸发罐、熬碱锅等在其中的腐蚀；三是湿土壤和海泥等介质，防止管线、电缆等在其中的腐蚀。

（3）结构　被保护设备的形状、结构不宜太复杂。否则会由于遮蔽现象使得表面电流分布不均匀，有些部位电流过大，而有些部位电流过小，达不到保护的目的。

综上所述，表 7-10 归纳列出了阴极保护的一些具体的适用范围。

表 7-10　阴极保护技术适用范围

可防止的腐蚀类型	全面腐蚀、电偶腐蚀、选择性腐蚀、点蚀、应力腐蚀破裂、腐蚀疲劳、冲刷腐蚀等
可保护的金属	钢铁、铸铁、低合金钢、铬钢、铬镍（钼）不锈钢、镍及镍合金、铜及铜合金、锌、铝及铝合金、铅及铅合金等
可应用的介质环境	淡水、咸水、海水、污水、海底、土壤、混凝土、$NaCl$、KCl、NH_4Cl、$CaCl_2$、$NaOH$、H_3PO_4、HAc、NH_4HCO_3、$NH_3 \cdot H_2O$、脂肪酸、稀盐酸、油水混合液等
可保护的构筑物及设备	船舶、压载舱、钢桩、浮坞、栈桥、水下管线、海洋平台、水闸、水下钢丝绳、地下电缆、地下油气管线、油气进套管、油罐内壁、油罐基础及罐底（外表面）、桥梁基础、建筑物基础、混凝土基础、换热器（管程或壳程）、复水器、箱式冷却器、输水冷却器、输水管内壁、化工塔器、储槽、反应釜、泵、压缩机等

4. 阴极保护应用实例

阴极保护法应用于海水和土壤中金属结构物的防腐，已经有很长的历史了。随着新型阳极材料以及各种自动控制的恒电位仪的的研制和应用，阴极保护在工业用水和制冷系统以及石油、化工系统中，也得到了日益广泛的应用。表 7-11 是国内外阴极保护的一些应用实例。

表 7-11 国内外阴极保护的应用实例

应用环境	外加电流阴极保护法				牺牲阳极阴极保护法			
	设备名称	介质条件	保护措施	保护效果	设备名称	介质条件	保护措施	保护效果
工业用水、冷却系统及化工设备	碳钢碱液蒸发锅	NaOH,从23%浓缩至42%和50%,120～130℃	碳钢阳极,$i_p=3A/m^2$,$E_p=1.09V$(Hg/HgO电极)	未保护前40天内发生应力腐蚀开裂,保护后可用4～5年	铅管	$BaCl_2$和$ZnCl_2$溶液	锌基牺牲阳极	延长设备寿命两年
	合成氨水冷器	管外为水,管内为280～320atm的N_2、H_2、NH_3混合气	石墨阳极,$i_p=0.5A/m^2$	保护前水腐蚀严重,保护后腐蚀停止	衬镍的结晶器	100℃的卤化物	镁牺牲阳极	解决了因镍腐蚀影响产品质量问题
	不锈钢制化工设备	100℃稀硫酸和有机酸混合液	高硅铸铁阳极,$i_p=0.12～0.15A/m^2$	原来一年内有焊缝腐蚀和晶间腐蚀,保护后得以防止	不锈钢蒸汽冷凝水系统设备	蒸汽冷凝水	镁合金牺牲阳极	设备使用寿命延长10年以上
	铜和哈氏合金反应器	10% HCl	铅银合金阳极	保护前电偶腐蚀严重,保护后腐蚀减轻	铜制蛇管	110℃,54%～70%的$ZnCl_2$溶液	锌基牺牲阳极	使用寿命由原来的6个月延长至1年
地下设施	碳钢地下输油管道材料(有沥青绝缘防腐层)	氯化钠型盐渍,部分含碳酸盐,土壤电阻率1.5～10Ω·m	无缝钢管阳极,$i_p=0.16A/m^2$	未用阴极保护前,两年多发生腐蚀穿孔,采用阴极保护后,6年未发现腐蚀穿孔	埋地高压油气管线(碳钢材料,有涂层,美国)	土壤	用镁牺牲阳极管线进行热点保护	良好
	国内外大多数地下油气管道、地下通信电缆	土壤	—	良好	地下油气管道、地下通信电缆(日本)	土壤	镁牺牲阳极或Al-Zn-In-Sn-Mg牺牲阳极	良好
船舶	大型船舰,如大型油船、军舰	海水	—	良好	中小型舰船,如油轮	海水	锌基和铝基牺牲阳极	良好
港口及近海工程设施	大型原料码头和油码头	海水	—	—	钢板桩码头、栈桥、钢闸门、趸船、锚链、浮船坞	海水	铝基牺牲阳极	良好
	部分近海采油、钻井平台	海水	—	—	大部分近海采油、钻井平台,海地输油管线、滨海电厂拦污栅、循环水管道(日本)	海水	锌基和铝基牺牲阳极	良好

二、阳极保护

阳极保护是将被保护的金属构件与外加直流电源的正极相连,在电解质溶液中使金属构件阳极极化至一定电位,使其建立并维持稳定的钝态,从而阳极溶解受到抑制,腐蚀速率显著降低,使设备得到保护的一种电化学保护方法。

1. 阳极保护的基本原理

活性-钝性金属在一定介质（通常不含 Cl^-）中进行阳极极化时，当外加电流或外电位达到或超过一定值后，金属发生从活化状态到钝化状态的转变，金属的溶解速度降至很低的值，并且在一定电位范围内基本保持这样一个溶解速度很低的值，这种钝化叫作阳极钝化或电化学钝化。

利用可钝化体系的金属阳极钝化性能，向金属通以足够大的阳极电流，使其表面形成具有很高耐蚀性的钝化膜，并用一定的电流维持钝化，保持金属表面的钝化膜不消失，则金属的腐蚀速率会大大降低，即达到了对金属阳极保护的目的。这就是阳极保护的基本原理。

2. 阳极保护的主要控制参数

（1）致钝电流密度　致钝电流密度是指在金属在给定环境条件下发生钝化的最小电流密度，也称为临界电流密度，可用 $i_致$ 或 $i_临$ 表示。致钝电流密度越小表示金属不必有很大的阳极极化电流即可使金属钝化，这样所需的电量就小，可选用小容量的电源设备，减少设备投资和耗电量，同时也减少在致钝过程中被保护金属的阳极溶解。

影响致钝电流密度大小的因素有金属材质，介质性质（组成、浓度、温度、pH 值等）等。凡是有利于金属钝化的因素，如在金属中添加易钝化的合金元素、在溶液中添加氧化剂、降低介质温度等，均能使致钝电流密度减小。除上述因素外，致钝电流密度还与致钝时间有关。由于生成钝化膜所需的电量是一定的，时间越长，所需的电流就越小。因此，延长钝化时间，可以减小致钝电流密度。

（2）维钝电流密度　维钝电流密度是使金属在给定条件下维持钝态所需的电流密度，也表示阳极保护时金属的腐蚀速率，可用 $i_维$ 表示。维钝电流密度越小，表示金属在维持钝态下的溶解速度越小（也即钝化时的腐蚀速率越小），保护效果越好，同时也说明了维持金属钝化所需电量消耗越少，节省运行费用，因此，一般希望维钝电流密度越小越好。

影响维钝电流密度的因素包括金属材质，介质性质（组成、浓度、温度、pH 值等）及维钝时间。例如，添加 Cr、Ni 等合金元素，可使铁基合金的维钝电流密度减小；降低温度，可以减小维钝电流密度；延长维钝时间，可使维钝电流密度逐渐减小，直至趋于恒定。

（3）钝化区电位范围　钝化区电位范围是指钝化曲线上活化-钝化过渡区与过钝化区之间所夹的稳定钝化的电位范围。它直接代表了阳极保护的控制指标，体现了对被保护体系施行阳极保护的难易程度。对钝化区电位范围的要求是越宽越好。因为电位范围越宽，电位在钝化区可波动的范围就越大，在操作运行过程中，就不易因电位受外界因素影响而造成设备的活化或过钝化，可靠性就越好。这样，对控制电位的电器设备与参比电极的要求都可以放宽。实施阳极保护的钝化区电位范围一般不应小于 50mV。

影响稳定钝化区电位范围的主要因素有金属材质，介质性质（如组成、浓度、温度及 pH 值）等。

以上三个参数为阳极保护时的主要控制参数。表 7-12 列出了金属在某些介质中的阳极保护参数。

表 7-12　金属在某些介质中的阳极保护参数

钢材	介质	温度/℃	致钝电流密度 $i_致$/（A/m²）	维钝电流密度 $i_维$/（A/m²）	钝化区电位范围（SCE）/mV
碳钢	发烟 H_2SO_4	25	26.4	0.038	—
	105% H_2SO_4	27	62	0.31	+1000 以上
	97% H_2SO_4	49	1.55	0.155	+800 以上

续表

钢材	介质	温度/℃	致钝电流密度 $i_{致}$/(A/m²)	维钝电流密度 $i_{维}$/(A/m²)	钝化区电位范围 (SCE)/mV
碳钢	67% H_2SO_4	27	930	1.55	+1000~+1600
	75% H_3PO_4	27	232	23	+600~+1400
	50% HNO_3	30	1500	0.03	+900~+1200
	30% HNO_3	25	8000	0.2	+1000~+1400
	25% $NH_3 \cdot H_2O$	室温	2.65	<0.3	−800~+400
	60% NH_4NO_3	25	40	0.002	+100~+900
	44.2% NaOH	60	2.6	0.045	−800~−700
	20% NH_3+2% $CO(NH_2)_2$+2% CO_2, pH=10	室温	26~60	0.04~0.12	−300~+700
304 不锈钢	80% HNO_3	24	0.01	0.001	—
	20% NaOH	24	47	0.1	+50~+350
	LiOH, pH=9.5	24	0.2	0.0002	+20~+250
	NH_4NO_3	24	0.9	0.008	+100~+700
316 不锈钢	67% H_2SO_4	93	110	0.009	+100~+600
	115% H_3PO_4	93	1.9	0.0013	+20~+950
铬锰不锈钢	37% 甲酸	沸腾	15	0.1~0.2	+100~+500(Pt 电极)
Inconel X-750	0.5mol/L H_2SO_4	30	2	0.037	+30~+905
Hastelloy F（哈氏合金）	0.5mol/L H_2SO_4	50	14	0.40	+150~+875
	1mol/L HCl	室温	8.5	0.058	+170~+850
	5mol/L H_2SO_4	室温	0.30	0.052	+400~+1030
锆	0.5mol/L H_2SO_4	室温	0.16	0.012	+90~+800
	10% H_2SO_4	室温	18	1.4	+400~+1600
	5% H_2SO_4	室温	50	2.2	+500~+1600

注：除特别注明外，表中电位值均为相对于饱和甘汞电极。

3. 阳极保护的应用条件

在某种电解质溶液中，通过一定的阳极电流能够引起钝化的金属，原则上都可以采用阳极保护。

（1）材料　阳极保护只能应用于具有活性-钝性型的金属（如不锈钢、碳钢、钛、镍基合金等）；而且由于电解质成分影响钝态，因此，它只能用于一定的环境。

（2）介质　阳极保护不能保护气相部分，只能保护液相中的金属设备。对于液相，要求介质必须与被保护的构件连续接触，并要求液面尽量稳定。

介质中的卤素离子（特别是 Cl^-）浓度超过一定的临界值时不能使用，否则这些活性离子会影响金属钝态的建立。

（3）控制参数　$i_{致}$ 和 $i_{维}$ 这两个参数要求越小越好；钝化区电位范围不能过窄。

表 7-13 列出了阳极保护技术适用范围。

表 7-13　阳极保护技术适用范围

材料	介质
钢铁	硫酸，发烟硫酸，含氯硫酸，磺酸，铬酸，硝酸，磷酸，乙酸，甲酸，草酸，氢氧化钾，氢氧化钠，氢氧化铵，碳化氨水，碳酸氢铵，硝酸钾，氢氧化铵+硝酸铵+尿素，氮磷钾复合肥料
铬钢	除上述介质外，还有尿素熔融液

续表

材料	介质
铬镍（钼）钢	除对铬钢适用的介质外，还有乳酸，氢氧化锂，氨基甲酸铵，硫氧化铝，含 NH_4^+、K^+、Ca^{2+}、PO_4^{3-}、SO_4^{2-}、NO_3^-、Cl^-、尿素的复合肥料（可防孔蚀），硫酸铵，硫氰酸钠
铬锰氮钼钢	甲酸，草酸，尿素熔融物（氨基甲酸铵），硫酸，乙酸
钛及其合金	硫酸，盐酸，硝酸，乙酸，甲酸，尿素熔融物（氨基酸铵），$H_2SO_4+ZnS+Na_2SO_3$，磷酸，草酸，氨基磺酸，氯化物
镍及其合金	硫酸，盐酸，硫酸盐，熔融硫酸钠（对 Inconel 600）
锆	稀硫酸，盐酸
钼	盐酸

4. 阳极保护的应用实例

阳极保护发展较晚，且在不能钝化或氯离子含量超过一定量的介质中不能使用，因而其应用有限，一般用于酸碱介质中的化工设备保护。表 7-14 列出了阳极保护的部分具体应用实例。

表 7-14　阳极保护的应用实例

设备名称（材质）	介质条件	保护措施	保护效果
三氧化硫发生器（碳钢）	105% H_2SO_4，明火加热，常温约 300℃	保护电位 2200mV，阴极和参比电极均为 1Cr18Ni9Ti	保护后腐蚀速率由 30mm/a 降至 1.5mm/a，水线也得到保护
管壳式换热器（不锈钢）	70℃ 以下 93% H_2SO_4 或 120℃ 98%H_2SO_4	阴极为 1Cr18Ni9Ti，保护电位 150mV(93% H_2SO_4)，150mV(98%H_2SO_4)	保护后腐蚀速率小于 0.03mm/a，晶间腐蚀也得到控制，使用寿命为 15～20 年
碳化塔（碳钢）	18%氨水通 CO_2，直至生成 NH_4HCO_3 结晶，35～45℃	$i_{致}$ 为 280～480mA/m^2，$i_{维}$ 为 0.5～1mA/m^2，碳钢阴极，铂参比电极	保护后腐蚀速率由 7mm/a 降至 0.05mm/a
氨水储槽（碳钢）	25% 农用氨水，常温	1Cr18Ni9Ti 阴极 8 根，阴阳极面积比为 1∶167，铋参比电极，稀氨水逐步钝化后电位控制在 200～300mV	保护后腐蚀速率由 0.3mm/a 降至 0.001mm/a
磷酸储槽（304 不锈钢）	55℃，75%H_3PO_4，含 Cl^- 750mg/kg	保护电位 200mV(SCE)，$i_{维}$ 为 0.34～1mA/m^2	保护后腐蚀速率由 10.5mm/a 降至 0.16mm/a
加热器管（钛）	47～75℃ 时管内走黏胶纤维生产介质，管外走蒸汽	阴极为铅，固定槽压法阳极保护，槽压为 12V，$i_{维}$ 为 0.1mA/m^2	缝隙腐蚀消除

三、阴极保护和阳极保护的比较

阳极保护和阴极保护都属于电化学保护，适用于电解质溶液中液相部分的保护。不能保护气相部分，但阳极和阴极保护又具有各自的特点。

① 从原理上讲，一切金属在电解液中都可进行阴极保护，而阳极保护只适用于金属在该介质中能进行阳极钝化的条件下，否则会加速腐蚀，因而阳极保护的应用范围比阴极保护要窄得多。

② 阴极保护时，不会产生电解腐蚀，保护电流也不代表腐蚀速率。如果电位控制得当，可以停止腐蚀。而阳极保护开始要大电流建立钝化，这个临界电流要比日常保护电流大百倍，因此电源容量要比阴极保护大得多。而且阳极保护要经过较大的电解腐蚀阶段，钝化后仍有与维钝电流密度相近的腐蚀速率。

③ 阴极保护时电位偏离只是降低保护效率，不会加速腐蚀，而阳极保护电位如果偏离钝化

电位区则会加速腐蚀，为此阳极保护一般采用恒电位仪控制在最佳保护电位。

④ 对强氧化性介质（强腐蚀性介质），如硫酸、硝酸，采用阴极保护时需要的电流很大，工程上无使用价值。但强氧化性介质却有利于生成钝化膜，可实施阳极保护。

⑤ 阴极保护时，如果电位过负，则设备可能有产生氢脆的危险。而阳极保护时设备是阳极，氢脆只会发生在辅助阴极上，危险性要小得多。

⑥ 阴极保护的辅助电极是阳极，可以溶解，要找到强腐蚀性化工介质中在阳极电流作用下耐蚀的阳极材料不太容易，使得阴极保护在某些化工介质中的应用受到限制。而阳极保护的辅助电极是阴极，本身也得到一定程度的保护。

一般来讲，在强氧化性介质中可优先考虑采用阳极保护。在既可采用阳极保护，也可采用阴极保护，并且二者效果差不多的情况下，则应优先考虑采用阴极保护。如果氢脆不能忽略，则要采用阳极保护。

第五节　缓蚀剂保护

从防腐蚀机理来说，防腐方法之一就是对环境（或腐蚀）介质进行处理。介质处理主要是降低介质对金属的腐蚀作用或在介质中加入缓蚀剂抑制金属的腐蚀。在此，主要介绍缓蚀剂的应用。

一、缓蚀剂的定义

在腐蚀介质中加入微量或少量的一种或几种化学物质（无机物、有机物），使金属材料在该腐蚀介质中的腐蚀速率明显降低，同时还保持着金属材料原来的物理力学性能，这样的化学物质或复合物质称为缓蚀剂，也可以称为腐蚀抑制剂。这种保护金属的方法通称为缓蚀剂保护。

缓蚀剂

按此定义，那些仅能阻止金属的质量损失而不能保证金属原有特性的物质是不能称为缓蚀剂的。对有缓蚀作用的化学物质做出科学和严格的区分具有明显的工程经济意义；因为在这类物质中有相当数量的品种，只能减少金属的质量损失而不能保持金属的物理和化学性质。例如吡啶和 a-吡啶在用量极其微小时可降低碳钢在硫酸中的溶解速度，但它们都会促进钢的氢脆，降低钢的强度，因此不能作为钢在这样的介质中的缓蚀剂。

缓蚀剂保护作为一种防腐蚀技术，近年来得到了迅速的发展，被保护金属品种由钢铁扩大到有色金属及其合金，应用范围由最初的钢铁酸洗扩大到石油的开采、储运、炼制，化工装备，化学清洗，循环冷却水，城市用水，锅炉给水处理以及防锈油，切削液，防冻液，防锈包装，防锈涂料等。

二、缓蚀剂防腐的技术特点

采用缓蚀剂保护防止腐蚀，由于设备简单、使用方便、投资少、见效快、保护效果好，因此广泛地应用于石油、化工、钢铁、机械、动力、运输及军工等领域，并且逐渐发展成一种十分重要的防腐蚀手段，日益为人们所重视。

不过，缓蚀剂会随腐蚀介质流失，也会被从系统中取出的物质带走，因此，从保持缓蚀剂的有效使用时间和降低成本考虑，缓蚀剂以用于循环或半循环系统为宜。

选用缓蚀剂时要注意它们对环境的污染和对微生物的毒性作用，尤其应注意它们对工艺过程的影响（如是否会影响催化剂的活性）和对产品质量（如颜色、纯度和某些特定质量指标）的影响。

缓蚀剂的应用条件还有高度的选择性，针对不同介质应用不同的缓蚀剂，甚至同一介质但操作条件（如温度、浓度、流速等）改变时，所使用的缓蚀剂也可能完全改变。为了正确选用通用于特定系统的缓蚀剂，应按实际使用条件实行必要的缓蚀剂评价试验。

与其他防腐蚀手段相比，采用缓蚀剂保护具有以下明显的优点。

① 基本上不改变腐蚀环境，就可获得良好的防腐蚀效果；
② 基本不增加设备投资，就可达到防腐蚀目的；
③ 缓蚀剂的效果不受被保护设备形状的影响；
④ 对于腐蚀环境的改变，可以通过改变缓蚀剂的种类或浓度来保证防腐蚀效果。

缓蚀剂保护技术由于具有良好的防腐蚀效果和突出的经济效益，已成为防腐蚀技术中应用较为广泛的技术之一。尤其在石油产品的生产加工、化学清洗、大气环境、工业循环水及某些石油化工生产过程中，缓蚀剂已成为最主要的防腐蚀手段。但是缓蚀剂保护同其他防腐蚀技术一样，也只能在适应其技术特点的范围内才能发挥其功效。因此，充分了解缓蚀剂防腐技术的特点，对合理有效地发挥缓蚀剂作用是至关重要的。

三、缓蚀剂的分类

由于缓蚀剂种类繁多，缓蚀机理复杂，应用的领域广泛。至今还没有一个统一的分类方法，一般是从研究或使用方面进行分类，常见的分类方法有以下几种。

1. 按化学组成分类

一般按物质的化学组成可以将缓蚀剂分为无机缓蚀剂和有机缓蚀剂。这是从化学物质属性来分，这种分类方法在研究缓蚀剂作用机理和区分缓蚀物质品种时有优势，因为无机物和有机物的缓蚀作用机理明显不同。

（1）无机缓蚀剂　这类缓蚀剂绝大部分为各种无机盐类。常用的无机缓蚀剂有亚硝酸盐、硝酸盐、铬酸盐、重铬酸盐、硅酸盐、钼酸盐、聚磷酸盐、亚砷酸盐、硼酸盐、硫化物等。这类缓蚀剂的缓蚀作用一般是和金属发生反应，在金属表面生成钝化膜或生成结合牢固、致密的金属盐的保护膜，从而阻止金属的腐蚀过程。

（2）有机缓蚀剂　这类缓蚀剂基本上是含有 O、N、S、P 元素的各类有机物质，例如，胺类、季铵盐、醛类、杂环化合物、炔醇类、有机硫化合物、有机磷化合物、咪唑类化合物等。这类缓蚀剂的缓蚀作用是由于有机物质在金属表面发生的化学吸附或物理吸附作用，覆盖了金属表面或活性部位，从而阻止了金属的电化学腐蚀过程。

2. 按电化学作用机理分类

金属的电化学腐蚀过程包括阴极过程和阳极过程。根据缓蚀剂在介质中主要抑制阴极反应还是阳极反应，或者能够同时抑制阴极反应和阳极反应，可将缓蚀剂分为以下三类。

（1）阴极型缓蚀剂　阴极型缓蚀剂可以抑制阴极反应，增大阴极极化，从而使腐蚀电流下降，且使腐蚀电位负移，如图 7-29（a）所示。这类缓蚀剂一般是阳离子移向阴极表面，在电极表面生成沉淀型的保护膜或覆盖层，使阴极反应极化增大，阴极反应速度下降，相对应的腐蚀电流减小。这类缓蚀剂使得腐蚀电位负移，在缓蚀剂用量不足时，只会是缓蚀作用较差，而不会加速金属腐蚀。因此，阴极型缓蚀剂也称为安全缓蚀剂。这类缓蚀剂有酸式碳酸钙、硫酸锌、聚磷酸盐、$AsCl_3$、$SbCl_3$、$Bi_2(SO_4)_3$ 以及多数有机缓蚀剂等。

（2）阳极型缓蚀剂　阳极型缓蚀剂可以抑制阳极反应，增大阳极极化，从而使腐蚀电流下降，且使腐蚀电位正移，如图 7-29（b）所示。这类缓蚀剂通常是阴离子向阳极表面移动，使金属阳极表面钝化，从而使腐蚀速率下降。由于腐蚀电位的正移，增大了金属腐蚀的倾向。所以，在阳极型缓蚀剂用量不足时，生成的钝化层不能充分覆盖阳极表面时，这时未被保护的阳极面积远小于阴极表面，产生大阴极-小阳极的腐蚀电池，将加速金属的腐蚀（发生金属的点蚀）。因此阳极型缓蚀剂又称为危险型缓蚀剂。因此，使用时要保证缓蚀剂的用量充足。这类缓蚀剂有亚硝酸盐、硝酸盐、硅酸盐、铬酸盐、重铬酸盐、磷酸盐、苯甲酸钠等。

（3）混合型缓蚀剂　这类缓蚀剂可以同时抑制阳极过程和阴极过程，同时增大了阴极极化和阳极极化，使阴、阳极反应速率下降，最终结果会使腐蚀电流下降很多。由于阴、阳极极化同时增大，腐蚀电位变化不大如图 7-29（c）所示。这种缓蚀剂有含氮有机物，如胺类和有机胺的亚硝酸盐；含硫类有机物，如硫醇、硫醚等；含氮、硫的有机化合物，如硫脲及其衍生物等。

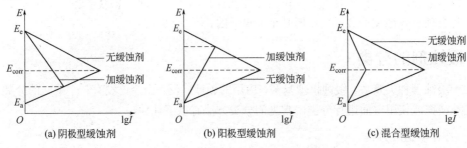

图 7-29　缓蚀剂对电极过程的影响

3. 按缓蚀剂成膜的种类分类

缓蚀剂加入介质后，按照对金属表面层结构的影响，可分为以下四种类型的缓蚀剂。

（1）氧化膜型缓蚀剂　这种缓蚀剂可以直接或间接氧化金属，在金属表面形成金属氧化物膜，或通过缓蚀剂物质的还原产物修补金属原有的不致密的氧化膜，达到缓蚀的作用。这种缓蚀剂一般对金属有钝化作用，也称为钝化剂。形成的氧化膜附着力强、致密，当达到一定的厚度（5~10nm）时，氧化反应速率减慢，氧化膜增长也停止。因此，缓蚀剂过量时，不会有不良影响，但用量不足会加速腐蚀。氧化膜型缓蚀剂又可分为阳极抑制型和阴极去极化型两类。这类缓蚀剂有 Na_2CrO_4、$NaNO_2$、Na_2MoO_4 等。

（2）吸附膜型缓蚀剂　吸附膜型缓蚀剂是通过吸附作用，吸附在金属表面，从而改变了金属表面性质，达到缓蚀的目的。根据吸附机理的不同，可以分为物理吸附型和化学吸附型两类。

吸附型缓蚀剂主要通过如下两种吸附方式达到缓蚀目的。

① 缓蚀剂在部分金属表面上发生吸附，覆盖了部分金属表面，减小了发生腐蚀作用的面积，减轻了腐蚀。

② 缓蚀剂在金属表面的反应活性点上发生吸附，降低了反应活性点的反应活性，使腐蚀速率下降，达到缓蚀的作用。

（3）沉淀膜型缓蚀剂　这种类型缓蚀剂，能与介质中的离子反应生成附着在金属表面的沉淀膜，生成的沉淀膜（几十至一百纳米）比钝化膜厚，但是致密性和附着力比钝化膜差，因此防腐效果不如钝化膜。另外，只要介质中存在缓蚀剂及能生成沉淀的相关离子，反应就会不断进行，沉淀膜厚度也就不断增加，会产生结垢等不良影响，所以在使用这种类型缓蚀剂时要同时使用去垢剂。这种缓蚀剂又可分为水中离子型和金属离子型两种。

① 水中离子型是指缓蚀剂和水溶液介质中的一些离子，如 Ca^{2+}、Fe^{3+} 等，发生沉淀反应，生成难溶的沉淀物膜（如硫酸锌、聚磷酸盐等）。这种膜较厚并且多孔，和金属表面的结合力也较差。

② 金属离子型是指缓蚀剂和金属表面腐蚀产物层的金属离子反应生成保护膜，这种膜致密性好，厚度也比较薄，和金属的结合也较牢固，这种缓蚀剂生成的保护膜的防腐性能比水中离子型好。这种缓蚀剂有苯并三氮唑、巯基苯并噻唑等。

（4）反应转化膜型缓蚀剂　反应转化膜型缓蚀剂是由缓蚀剂、腐蚀介质和金属表面通过界面反应或转化作用形成反应转化膜，如炔类衍生物（如炔丙酮）、缩聚物和聚合物等。

按表面膜分类的缓蚀剂及其特性见表 7-15。

表 7-15　按表面膜分类的缓蚀剂及其特性

膜的种类		典型缓蚀剂	膜的特性
氧化型膜		铬酸盐、亚硝酸盐、钼酸盐	致密、膜薄，与基体金属附着力强、防腐蚀性能优良
吸附型膜		含极性基团有机物，如胺类、醛类和杂环化合物、表面活性剂	在酸和非水溶液中形成良好的膜，膜极薄，但膜的稳定性差
沉淀型膜	水中离子型	聚合磷酸盐、锌盐、硅酸盐	膜多孔且较厚，与基体金属附着性差
	金属离子型	巯基苯并噻唑（MBT）、某些螯合剂	膜致密、较薄，与基体金属附着性好
反应转化膜型		炔类衍生物（如炔丙醇）、缩聚物和聚合物	膜多孔、较厚，防腐性能良好，膜的稳定性良好

4. 按应用的介质特点分类

按应用介质特点分类，有酸性溶液、碱性溶液、中性水溶液、非水溶液缓蚀剂等。

用于酸性介质溶液中的缓蚀剂：醛、炔醇、胺、季铵盐、硫脲、杂环化合物（吡啶、喹啉、页氮）咪唑啉、亚砜、松香胺、乌洛托品、酰胺、若丁等。

用于碱性介质溶液中的缓蚀剂：硅酸钠、8-羟基喹啉、间苯二酚、铬酸盐等。

用于中性水溶液中的缓蚀剂：多磷酸盐、铬酸盐、硅酸盐、碳酸盐、亚硝酸盐、苯并三氮唑、2-硫醇苯并噻唑、亚硫酸盐、氨水、肼、环己胺、烷基胺、苯甲酸钠。

用于盐水溶液中的缓蚀剂：磷酸盐+铬酸盐、多磷酸盐、铬酸盐+重碳酸盐、重铬酸钾。

用于气相腐蚀介质中的缓蚀剂：亚硝酸二环己胺、碳酸环己胺、亚硝酸二异丙胺等。

用于混凝土中的缓蚀剂：铬酸盐、硅酸盐、多磷酸盐等。

用于微生物环境中的缓蚀剂：烷基胺、氯化酚盐、苄基季铵盐、2-硫醇苯并噻唑等。

用于防冻剂中的缓蚀剂：铬胺盐、磷酸盐等。

采油、炼油及化学工厂：烷基胺、二胺、脂肪酸盐、松香胺、季铵盐、酰胺、氨水、氢氧化钠、咪唑啉、吗啉、酰胺的聚氧乙烯化合物、磺酸盐、多磷酸锌盐等。

油、气输送管线及油船：烷基胺、二胺、酰胺、亚硝酸盐、铬酸盐、有机重磷酸盐、氨水、碱等。

5. 按物理状态分类

按物理状态分类，可将缓蚀剂分成以下四类。

（1）油溶性缓蚀剂　一般作为防锈油添加剂，它只溶于油而不溶于水。一般认为是由于这类缓蚀剂分子存在着极性基团被吸附在金属表面上，从而在金属和油的界面上隔绝了腐蚀介质。这类缓蚀剂品种很多，主要有石油磺酸盐、羧酸和羧酸盐类、脂类及其衍生物、氮和硫的杂环化合物等。

（2）水溶性缓蚀剂　它只溶于水而不溶于矿物润滑油中。常用于冷却液中，要求它们能防止铸铁、钢、铜、铜合金、铝合金等表面处理和机械加工时的电偶腐蚀、点蚀、缝隙腐蚀等。无机类（如硝酸钠、亚硝酸钠、铬酸盐、重铬酸盐、硼砂等）和有机类（如苯甲酸盐、乌洛托品、亚硝酸二环己胺、三乙醇胺）物质均可用作水溶性缓蚀剂。

（3）水油溶性的缓蚀剂　它既溶于水又溶于油，是一种强乳化剂。在水中能使有机烃化合物发生乳化，甚至使其溶解。这类缓蚀剂有石油磺酸钡、羊毛脂酸钠、苯并三氮唑等。

（4）气相缓蚀剂　它是在常温下能挥发成气体的金属缓蚀剂。如果是固体，就必须有升华性；如果是液体，必须具有大于一定数值的蒸气分压，并能分离出具有缓蚀性基团，吸附在金属表面上，能阻止金属腐蚀过程的进行。典型的有无机酸或有机酸的胺盐（如亚硝酸二环己胺、苯甲酸三乙醇胺等），硝基化合物及其胺盐（如硝基甲烷、二硝基酚胺盐等），酯类（如邻苯二甲酸二丁酯、甲基肉桂酸酯等），混合型气相缓蚀剂（如亚硝酸钠和苯甲酸钠的混合物等），其他还有苯并三氮唑、六亚甲基四胺等。

6. 按缓蚀剂使用场合分类

按缓蚀剂的使用场合不同可分为酸洗、酸浸用缓蚀剂、锅炉水、冷却水用缓蚀剂，锅炉清洗缓蚀剂，防锈用缓蚀剂，石油化工缓蚀剂，蒸汽发生系统用缓蚀剂，油气井用缓蚀剂，炼油厂用缓蚀剂，汽车冷却系统用缓蚀剂，封存包装缓蚀剂等。

此外，按被保护金属种类不同可分为钢铁缓蚀剂、铜及铜合金缓蚀剂、铝及铝合金缓蚀剂等。按使用的 pH 值不同，可分为酸性介质中的缓蚀剂、中性介质中的缓蚀剂和碱性介质中的缓蚀剂。

四、缓蚀作用的影响因素

1. 金属材料

（1）金属材料的种类　不同种类的金属在腐蚀介质中的腐蚀速率不同，且不同缓蚀剂的选择性不同，从而选用的缓蚀剂也不相同。例如，用钢和铜组成的散热器，在与腐蚀介质接触时腐蚀情况是不同的。一般是钢比铜先发生腐蚀反应。如果向介质中加入低相对分子质量的有机胺，则可以抑制钢的腐蚀反应，但对铜的腐蚀无效；如果再向介质中加入硫基苯并噻唑缓蚀剂，则既可抑制钢材的腐蚀，也可抑制铜的腐蚀。

（2）金属材料的纯度　一般金属的纯度越高，缓蚀效果越差。例如，硫脲衍生物对纯铁在 $5\%H_2SO_4$ 溶液中的腐蚀的缓蚀作用轻微，而对碳钢的缓蚀作用明显。这是因为碳钢中有一定数量的杂质，如硫化物、碳化物等，杂质在硫酸溶液中形成活性阳极区。缓蚀剂有抑制活性阳极区的作用，缓蚀效果明显，而纯铁中没有这种活性阳极区，因此缓蚀效果不明显。

（3）金属材料的表面结构状态　金属材料在机械加工过程中，会使金属材料的表面状态、表面结构发生变化，或出现不均匀状态，这些变化也会影响缓蚀剂的缓蚀效果。例如，二苄基硫氧化物缓蚀剂对铁的缓蚀作用，是由于缓蚀剂发生吸附后发生还原反应生成硫化物。钢板在经过冷轧后，钢板表面会出现大量的位错。位错部位会降低氢的还原电位，可以加快二苄基硫氧化物还原成硫化物的反应速度，因此，在冷轧后的钢板上的缓蚀作用高于未冷轧钢板上的缓蚀作用。而对于热轧钢板，经过热加工后，表面发生了氧化，会增加钢板表面的粗糙程度，有时还会存在氧化皮，这些表面状态的变化都有可能降低缓蚀剂的缓蚀效果。

2. 介质

（1）介质的种类　不同种类的介质对金属材料的腐蚀程度差别很大。例如，铁在酸性介质中腐蚀速率最大，在中性介质中次之，在碱性介质中更次之。在强碱性环境中，铁表面会生成钝化膜，基本不发生腐蚀。因此，在不同的腐蚀介质中缓蚀剂效果也不同，要选择不同的缓蚀剂。

即使在同一类的介质中，例如在酸性腐蚀介质中，由于酸的种类不同，对金属的腐蚀速率也不相同，甚至差别很大。例如，硫脲及其衍生物在高浓度盐酸介质中，可抑制铝及铝合金、铁、锌腐蚀；硝酸溶液对铝及铝合金起缓蚀作用，低浓度硝酸可抑制铁、锌腐蚀。

（2）介质的浓度　腐蚀介质浓度的变化也会影响缓蚀剂的缓蚀效果。例如，在硝酸介质中加入 0.2g/L 吲哚和 0.8g/L Na_2S 混合物作为缓蚀剂，当介质中硝酸浓度为 1mol/L 时，铁的腐蚀速率为 $885g/(m^2 \cdot h)$；硝酸为 2mol/L 时，腐蚀速率为 $1990g/(m^2 \cdot h)$；硝酸为 3mol/L 时，腐蚀速率为 $3180g/(m^2 \cdot h)$。

（3）介质的流速　介质的流速对缓蚀效果的影响可分为以下几种情况。

① 在静止状态时，缓蚀剂扩散缓慢，不能均匀地分散在介质中，影响缓蚀剂效果。此时，增加介质流速可使缓蚀剂均匀地分散到金属表面，将提高缓蚀效率。

② 一般情况下，介质流速增加，缓蚀效率下降，甚至加速腐蚀。例如，三乙醇胺在盐酸溶液中作为碳钢的缓蚀剂时，如果介质流速大于 0.8m/s，碳钢的腐蚀速率反而大于未加三乙醇胺时的腐蚀速率。

③ 某些缓蚀剂的浓度不同时，介质流速的影响也不相同。例如六偏磷酸钠和氯化锌作循环冷却水的缓蚀剂，缓蚀剂浓度大于 8mg/kg 时，随着介质流速的增加，缓蚀效率也增加。当缓蚀剂浓度小于 8mg/kg 时，随介质流速的增加，缓蚀效率反而降低。

3. 温度

（1）缓蚀效率随温度的升高而降低　前面已讲到起缓蚀作用的原因是缓蚀剂在金属表面上的吸附。吸附过程一般都是放热过程，当温度升高时，缓蚀剂的吸附作用明显降低，甚至起不到缓蚀作用，金属的腐蚀加速。

（2）温度升高有一定限度　在一定温度范围内，缓蚀效率对温度变化的影响不大，但是当温度超过某一限度时，缓蚀效果显著下降。例如，苯甲酸钠在 20~80℃ 水溶液中对碳钢的缓蚀效果变化不大，而在 100℃ 溶液沸腾时失去缓蚀作用，一个可能的原因是沸水中的气泡破坏了缓蚀剂和铁生成的保护膜。不同缓蚀剂发生类似现象的另一个可能的原因是，当温度达到某一值时，缓蚀剂会发生水解而失去缓蚀作用。另外，随着温度的升高，水溶液中氧的溶解度下降，则不利于生成钝化膜型的缓蚀剂生成钝化膜，因而也可能使缓蚀作用下降。

（3）温度升高缓蚀效率增加　这种情况可能是由于温度的升高有利于生成钝化膜或反应产物膜，如二苄基硫醚、二苄基亚砜、碘化物等。

4. 缓蚀剂浓度

（1）缓蚀剂浓度增加，缓蚀效率增加　一般的无机、有机缓蚀剂在酸性溶液和低浓度的中性腐蚀介质中，都有这种规律性。

（2）缓蚀效率与缓蚀剂浓度之间有一极限值　这类型缓蚀剂，在某一浓度范围内都有很好的腐蚀效果，但是当缓蚀剂浓度低于或高于这一浓度范围时，缓蚀效率都会降低。例如，在盐酸洗液中，当 IIB-5 缓蚀剂浓度达到 2%以上时，缓蚀效率下降。又如，硫化二乙二醇缓蚀剂在 5mol/L 盐酸介质中对钢的缓蚀作用，在硫化二乙二醇浓度为 20mol/L 时缓蚀效果最好，高于或低于此浓度缓蚀效果都下降。

（3）缓蚀剂浓度不足时，加速腐蚀　这类型缓蚀剂在用量不足时，会加速腐蚀或引起局部腐蚀。被称为危险型缓蚀剂的都属于这种类型。例如，亚硝酸钠在 100μg/L NaCl 中作钢的缓蚀剂，加入量为 50μg/L 时缓蚀效率最高可达 97.3%，腐蚀速率为 $0.62mg/(dm^2 \cdot d)$；如果加入量为 25μg/L 时，腐蚀速率为 $4.71mg/(dm^2 \cdot d)$。如以亚硝酸铵为缓蚀剂，加入量为 120ug/L 时，缓蚀效果最好，腐蚀速率为 $0.38mg/(dm^2 \cdot d)$。如果加入量为 20μg/L 时，腐蚀速率为 $20.30mg/(dm^2 \cdot d)$。因此，在使用这种类型的缓蚀剂时，用量一定要充足，这样才能有效地保护金属。

五、缓蚀剂的选择条件

缓蚀剂的选择应符合下列条件。

① 抑制金属腐蚀的缓蚀能力强或缓蚀效果好。在腐蚀介质加入缓蚀剂后，不仅金属材料的平均腐蚀速率值要低，而且金属不发生局部腐蚀、晶间腐蚀、选择性腐蚀等。

② 使用剂量低，即缓蚀剂使用量要少。

③ 腐蚀介质工艺条件（介质浓度、温度、压力、流速、缓蚀剂添加量）适当波动时，缓蚀效率不应有明显降低。

④ 缓蚀剂的化学稳定性要强。缓蚀剂与溶脱下来的腐蚀产物共存时不发生沉淀、分解等反应，不明显影响缓蚀效果。当时间适当延长时，缓蚀剂的各种性能不应出现明显的变化，更不能丧失缓蚀能力。

⑤ 溶解性要好。缓蚀剂的水或油溶性要好，不仅使用方便，操作简单，而且也不会影响金属表面的钝化处理。

⑥ 缓蚀剂的毒性要小。选用缓蚀剂时要注意它们对环境的污染和对微生物的毒害作用，尽可能采用无毒缓蚀剂。这不仅有利于使用者的健康和安全，也有利于减少废液处理的难度和保护环境。

⑦ 缓蚀剂的原料来源要广泛。

⑧ 缓蚀剂的价格力求低廉。

六、缓蚀剂的应用

（一）缓蚀剂的选用原则

采用缓蚀剂防腐蚀，由于设备简单，使用方便，投资少，收益大，因而得到广泛应用。

缓蚀剂有明显的选择性，因此，应根据金属和介质选用合适的缓蚀剂。金属不同，适用的缓蚀剂不同，如 Fe 是过渡金属，有空位的 d 轨道易接受电子，对许多带孤对电子的基团产生吸附，而铜的 d 轨道已填满电子，因此对钢铁高效的缓蚀剂，对铜效果不好，甚至有害（如胺类）；对铜有特效的缓蚀剂 BTA，对钢铁的效果却很差。对于多种金属组成的系统，如汽车、火车发动机的冷却水系统，包含多种金属，因此要选用多缓蚀剂或用多种缓蚀剂配合使用。

介质不同也要选用不同的缓蚀剂。一般中性水介质中多用无机缓蚀剂，以氧化型的沉淀缓蚀剂为主。酸性介质中有机缓蚀剂较多，以吸附型为主。油类介质中要选用油溶性吸附型缓蚀剂。气相缓蚀剂必须有一定的蒸气压和密封的环境。

缓蚀剂不但要选择其品种，还必须确定其合适的用量，缓蚀剂用量过多，可能改变介质的性质（如 pH 值），成本增高，缓蚀效果也未必好；过少则达不到缓蚀作用，对于阳极型缓蚀剂，还会加速腐蚀或产生局部腐蚀。因此，通常存在着临界缓蚀剂浓度。临界浓度随蚀体系不同而异，在选用缓蚀剂时必须进行试验，以确定合适的用量。对于被膜型缓蚀剂，初始使用时往往要加大用量，有时比正常用量高出十几倍，以快速生成完好的保护膜，这就是所谓"预膜"处理。

单独使用一种缓蚀剂往往达不到良好的效果。多种缓蚀物质复配使用时常常比单独使用时的总效果好得多，这种现象叫协同效应。产生协同效应的机理随腐蚀体系不同而异，目前还不太清楚。一般考虑阴极型与阳极型复配，不同吸附基团的复配，缓蚀剂与增溶分散剂复配，照顾不同金属的复配以及高效多功能缓蚀剂的研制，这些都是目前缓蚀剂研究的重点。

缓蚀剂的选用，除了防腐蚀目的外，还应考虑到工业系统运行的总效果（如冷却水系统要考虑防蚀、防垢、杀菌、冷却效率及运行通畅等）和环境保护等问题。

缓蚀剂广泛用于酸洗、工序间防锈、油封包、冷却水处理、石油化工等方面。现将某些缓蚀剂的应用范围列于表 7-16。

表 7-16　某些缓蚀剂应用范围

应用范围	缓蚀剂	应用范围	缓蚀剂
酸性介质溶液中	醛，胺，季铵盐，硫脲，杂环化合物（吡啶，喹啉，咪唑啉，亚砜），松香胺，乌洛托品，酰胺，若丁	气相腐蚀介质	亚硝酸二环己胺，碳酸环己胺，亚硝酸二异丙胺
		混凝土中	铬酸盐，硅酸盐，多磷酸盐
碱性介质溶液中	硅酸钠，8-羟基喹啉，间苯二酚，铬酸盐	微生物环境中	烷基胺，氯化酚盐，苄基季铵盐，2-硫醇并噻唑
		防冻剂	铬胺盐，磷酸盐
中性水溶液中	多磷酸盐，铬酸盐，硅酸盐，碳酸盐，亚硝酸盐，苯并三唑，2-硫醇苯并噻唑，亚硫酸钠，氨水，肼，环己胺，烷基胺，苯甲酸钠	采油、炼油及化学工厂	烷基胺，二胺，脂肪酸盐，松香胺，季铵盐，酰胺，氨水，氢氧化钠，咪唑啉，吗啉，酰胺的聚氧乙烯化合物，磺酸盐，多磷酸锌盐
盐水溶液中	磷酸盐+铬酸盐，多磷酸盐，铬酸盐+重铬酸盐，重铬酸盐	油、气输送管线及油船	烷基胺，二胺，酰胺，亚硝酸盐，铬酸盐，有机重磷酸盐，氨水，碱

一些系统中常用的缓蚀剂见表 7-17。

表 7-17　一些系统中常用的缓蚀剂

系统	缓蚀剂	保护金属	浓度
饮用水	$Ca(HCO_3)_2$	钢、铸铁、其他	10×10^{-6}
	聚磷酸盐	Fe、Zn、Cu、Al	$(5 \sim 10) \times 10^{-6}$
	Na_2SiO_3	Fe、Zn、Cu	$(10 \sim 20) \times 10^{-6}$
	Na_2CrO_4	Fe、Zn、Cu	$(200 \sim 500) \times 10^{-6}$
	$NaNO_2$	Fe	$(10 \sim 15) \times 10^{-6}$
	聚磷酸盐	Fe	$(10 \sim 15) \times 10^{-6}$

续表

系统	缓蚀剂	保护金属	浓度
冷却水	铬酸盐+磷酸盐	Fe	$(30\sim70)\times10^{-6}+(5\sim10)\times10^{-6}$
	铬酸盐+锌	Fe、Al	$(15\sim30)\times10^{-6}+(1\sim5)\times10^{-6}$
	铬酸盐+锌+磷酸盐	Fe	$(15\sim25)\times10^{-6}+(2\sim5)\times10^{-6}+(2\sim5)\times10^{-6}$
	苯二氮唑	Cu	1×10^{-6}
	硅酸盐	Fe	$(3\sim50)\times10^{-6}$
	NaH_2PO_4	Fe、Zn、Cu	10×10^{-6}
	聚磷酸盐	Fe、Zn、Cu	10×10^{-6}
锅炉水	肼	Fe	$(0.1\sim0.3)\times10^{-6}$(<600psi)
		Fe	$(0.05\sim0.1)\times10^{-6}$(>600psi)
	Na_2CO_3	Fe	$(30\sim50)\times10^{-6}$
	氨	Fe	中和作用缓蚀剂
	十八烷基胺	Fe	$(1\sim3)\times10^{-6}$
	吗啉	Fe	中和作用缓蚀剂
	$Ca(HCO_3)_2$	Fe、Zn、Cu	10×10^{-6}
	Na_2CrO_4	Fe、Zn、Cu	0.1%
盐水、卤水	苯甲酸钠	Fe	0.5%
	Na_2SiO_3	Fe	0.01%
油田盐水	季铵盐	Fe	$(10\sim25)\times10^{-6}$
	咪唑啉	Fe	$(10\sim25)\times10^{-6}$
	松香胺醋酸酯	Fe	$(5\sim25)\times10^{-6}$
	可可胺醋酸酯	Fe	$(5\sim25)\times10^{-6}$
	甲醛	Fe	$(50\sim100)\times10^{-6}$
	Na_2CrO_4	Zn	10×10^{-6}
海水	$NaNO_2$	Fe	0.5%
	$Ca(HCO_3)_2$	各种	取决于pH
	Na_2CrO_4	Fe、Pb、Zn、Cu	0.1%~1%
引擎冷却液	$NaNO_2$	Fe	0.1%~1%
	硼砂	Fe	1%
乙二醇/水	硼砂+巯基苯并噻唑	各种	1%+0.1%
	NaI	Fe	200×10^{-6}
浓H_3PO_4及大多数的酸类	硫脲	Fe	1%
	磺化蓖麻油	Fe	0.5%~1%
	As_2O_3	Fe	0.5%
	Na_3AsO_4	Fe	0.5%
	吗啉	Fe	可变的
	氨	Fe	可变的
	乙二胺	Fe	可变的
	环己胺	Fe	可变的
	$Na_2Cr_2O_7$	Fe	0.2%~1%
合成氨脱除CO_2	$NaVO_3(V_2O_5)$	Fe	0.2%~1%
系统的热钾碱溶液	As_2O_3	Fe	140g/L(同时是催化剂)
	Na_2SiO_3	Fe	1g/L
	$NaNO_2$	Fe	>2%
	$NaVO_3$+酒石酸锑钾+酒石酸	Fe	0.1%+0.1%+0.001%
乙醇胺脱碳	$NaVO_3$+酒石酸锑钾+苯并三氮唑	碳钢	0.03%+0.005%+0.05%
	苯甲酸代胺	Fe	可变的
密封气氛	亚硝酸二异丙胺	Fe	可变的
	甲基环己胺碳酸盐	Fe	可变的
	$ZnCrO_4$(黄色)	Fe、Zn、Cu	可变的

续表

系统	缓蚀剂	保护金属	浓度
涂层缓蚀剂	$CaCrO_4$（白色） 铅丹（Pb_3O_4） 乙基苯胺 巯基苯并噻唑	Fe、Zn、Cu Fe Fe Fe	可变的 可变的 0.5% 0.1%
盐酸	吡啶+苯肼 松香胺+氧化烯 乌洛托品	Fe Fe Fe	0.5%+0.5% 0.2% 10%(HCl)+0.1%
硫酸	苯基吖啶	Fe	0.5%

注：psi 为每平方英寸磅（表压），1psi=6894.76Pa。

（二）缓蚀剂的应用举例

缓蚀剂的应用主要有 4 个方面：石油化工、化学清洗、冷却水处理和防止大气腐蚀。此外缓蚀剂还在工业生产中的工序间防锈、长期储存、运输过程中所涉及的防锈水、防锈油、油封包装、气相封存等得到广泛应用。

1. 在石油与化学工业中的应用

在石油工业中，缓蚀剂广泛被用于采油、采气、炼油、储存、输送以及产品等方面。

（1）在采油、采气工业中的应用　一般原油、气井内都含有 H_2S、CO_2 等腐蚀性介质，并与高矿化度的水溶液混合在一起，对设备带来严重腐蚀，其中尤以 H_2S 的腐蚀最为严重。目前抑制 H_2S 腐蚀的缓蚀剂主要是有机缓蚀剂，我国已经生产和使用的部分抗 H_2S 腐蚀的缓蚀剂见表 7-18。一般用量约 0.3%，缓蚀率可达 90% 左右。为了增产原油，在采油工艺中已采用高温高压酸化压裂技术。表 7-19 是我国研制和应用于部分油、气井酸化的缓蚀剂。一般使用温度为 80～110℃（有的可在 150℃ 以上使用，用量 2%～4%，缓蚀率可达 90% 左右）。

表 7-18　部分国产抗 H_2S 腐蚀的缓蚀剂

缓蚀剂	主要组分	缓蚀剂	主要组分
7019	蓖麻油酸、有机胺和冰醋酸的缩合物	1017	多氧烷基咪唑啉的油酸盐
兰 4-A	油酸、苯胺、乌洛托品缩聚物	7251(G-A)	氯化-4-甲吡啶季铵盐同系物的混合物
1011	聚氧乙烯、N-油酸乙二胺		

表 7-19　部分国产油、气井酸化的缓蚀剂

缓蚀剂	主要组分
7623	烷基吡啶盐酸盐
7701	氯化苄与吡啶类化合物形成的季铵盐
(7:3)土酸缓蚀剂	ABS、乌洛托品、硫脲、冰醋酸
天津若丁-甲醛	若丁、甲醛、EDTA、乙酸、十六烷基磺酸钠
407-甲醛、411-甲醛	4-甲基吡啶、甲醛、烷基磺酸、乙酸
若丁-A	硫脲衍生物、乌洛托品、Cu^{2+}、乙酸、烷基磺酸
工读-3 号配合剂	苯胺乌洛托品缩合物、甲醛、乙酸、烷基磺酸
7251(G-A)	氯化-4-甲基吡啶季铵盐同系物的混合物
其他缓蚀剂组分	页氮、页氮-甲醛、重质吡啶-甲醛、尿素-甲醛等

（2）在炼油工业中的应用　炼油的常压、减压装置设备及其附属设备（油罐、盒线等）的腐蚀，主要原因是原油中含有 HCl-H$_2$S 的联合腐蚀。我国用于炼油的缓蚀剂有 4052、1017、7019、兰 4-A、尼凡丁-18 等，表 7-20 列出了部分国产炼油厂使用的缓蚀剂。一般首次成膜剂量采用 20～40mg/L，持续补膜剂量为 5～15mg/L。

表 7-20　部分国产炼油厂使用的缓蚀剂

缓蚀剂	主要组分	备注
1012，1014	环氧丙烷与 N-油酰乙二胺加成物	油溶性好
1017	多氧烷基咪唑啉油酸盐	油溶性好，相变处缓蚀率较高
7019	蓖麻油酸、有机胺和冰醋酸缩合物	相变处缓蚀率高
兰 4-A	油酸、苯胺、乌洛托品缩聚物	抗氧化能力低
尼凡丁-18	聚氧乙烯十八烷胺、异丙醇	液相部位缓蚀效率较高

（3）在化学工业中的应用　烧碱生产中的铸铁熬碱锅腐蚀严重，并可能引起危险的碱脆。实践证明，加 0.03%左右的 NaNO$_3$ 后，铸铁锅的腐蚀深度从每年几毫米降低到每年 1mm 以下，缓蚀率达 80%～90%，延长了设备使用寿命。为避免 NH$_4$HCO$_3$ 生产中碳化塔体及冷却水箱的腐蚀，采用 3%Na$_2$S 进行缓蚀，效果良好。农用碳化氨水对储槽和运输容器的腐蚀采用过磷酸钙为缓蚀剂，用量为 3%～7%时，缓蚀率可达 51%～85%。在饱和 CO$_2$ 的 40%～50%K$_2$CO$_3$ 溶液中加入 0.2%K$_2$Cr$_2$O$_7$。可抑制碳钢及碳钢-不锈钢组合件的电偶腐蚀。

2. 在化学清洗中的应用

锅炉/管道在使用过程中会逐渐形成不同类型的水垢和锈层，造成阻力增大，严重时甚至会造成管道堵塞。同时，由于垢的热导率远低于钢铁，因此，不仅会造成能耗剧增，浪费燃料，而且会引起加热面过热和钢铁晶粒长大，结构的强度下降，以及在承压条件下发生爆炸。因此，必须适时进行化学清洗除垢。化学清洗主要借助于一些无机酸和有机酸清除掉金属表面的锈或积垢。为防止酸洗过程中金属材料的过腐蚀和氢脆现象，需要在酸洗液中加入酸洗缓蚀剂。化学清洗常用的无机酸主要有盐酸、硫酸、硝酸、磷酸、氢氟酸、次磷酸（H$_3$PO$_2$）、铬酸（H$_2$CrO$_4$）等。常用的有机酸有：氨基磺酸、乙酸、羟基乙酸、柠檬酸、草酸等。

高效酸洗缓蚀剂的添加，不但要尽量地降低金属的腐蚀速率，而且要大大降低酸的消耗（比没加缓蚀剂少用酸 4～5 倍）和减少车间酸雾的污染。采用酸洗除锈去垢要根据设备要求，采用合适的酸洗工艺和添加适当的酸洗缓蚀剂。常用的酸洗缓蚀剂中，其主要成分是乌洛托品、醛-胺缩聚物、硫脲、吡啶、喹啉及其衍生物以及由化工下脚料加工成的缓蚀剂等。表 7-21 列出了常用的部分国产酸洗缓蚀剂。

表 7-21　常用的部分国产酸洗缓蚀剂一览表

缓蚀剂	主要成分	适用酸洗液	适用范围
五四若丁	邻二甲苯硫脲、食盐、糊精皂角粉	盐酸、硫酸	碳钢
若丁型工读-P	邻二甲苯硫脲、食盐、平平加	盐酸、硫酸、磷酸、氢氟酸、柠檬酸	黑色金属、黄铜
工读-3 号	乌洛托品-苯胺缩合物	盐酸	—
沈 1-D	甲醛-苯胺缩合物	盐酸	
02	页氮、硫脲、平平加、食盐	盐酸	
1901	四甲基吡啶釜残液	盐酸、氢氟酸	锅炉酸洗

续表

缓蚀剂	主要成分	适用酸洗液	适用范围
页氮+碘化钾	页氮、碘化钾	盐酸	碳钢
粗吡啶+碘化钾	粗吡啶、碘化钾	硫酸	碳钢
α 或 β 萘胺	α 或 β 萘胺	硫酸	碳钢
胺与杂环化合物	α 或 β 萘喹啉二苄胺	硫酸	碳钢
胺与杂环化合物	萘二胺-(1,3) 二苯胺	硫酸	碳钢
1143	二丁基硫脲溶于 25%含氮碱液	硫酸	碳钢
抚顺页氮	粗吡啶、邻二甲基硫脲、平平加	盐酸	钢铁、不锈钢
Lan-5	乌洛托品、苯胺、硫氰化钾	硝酸	铜、铝
SH-415	氯苯、MAA 树脂	盐酸	碳钢
SH-501	十二烷基二甲基氯化铵、苯基三甲基氯化铵	酸洗	碳钢
氢氟酸缓蚀剂	2-疏基苯并噻唑、辛基酚聚氧乙烯醚	氢氟酸	碳钢、合金钢
仿 Rodine-31A	二乙基硫脲、叔辛基苯聚氧乙烯醚、烷基吡啶硫酸盐	柠檬酸	碳钢、合金钢
仿 Ibit-30A	1,3-二正丁基硫脲、咪唑季铵盐	柠檬酸	碳钢、合金钢
Lan-826	有机胺类	盐酸、硫酸、硝酸、氨基磺酸、氢氟酸、羟基乙酸、磷酸、草酸、柠檬酸	碳钢、低合金钢、不锈钢、铜、铝等

这里仅对机械设备和金属材料的酸洗缓蚀剂作一介绍。

(1) 机械设备酸洗缓蚀剂　根据各种机械设备（锅炉、热交换器等）的结构及其构成的材料的不同，有的可使用盐酸、硫酸、氢氟酸以及硝酸等无机酸。对于精密的机械设备可使用柠檬酸、羟基乙酸、乙二胺四乙酸和甲酸等有机酸作为酸洗剂。一般采用盐酸较多，它能清除锅炉污垢，但对设备基体也会侵蚀、对硅酸盐垢效果较差。对于那些清洗液难以从设备中完全排出，残留的 Cl^- 可能引起应力腐蚀的场合，宜采用柠檬酸等有机酸作清洗剂。它具有除垢速率快、不形成悬浮物和沉渣的优点，但也存在药品贵、除垢力比盐酸小及对 Cu、Ca、Mg 垢及硅酸盐溶解力差的缺点。氢氟酸作清洗剂主要清除硅化物，其反应为：

$$SiO_2 + 6HF \longrightarrow H_2SiF_6 + 2H_2O$$

其之所以能作为清洗剂更重要的是它对 α-Fe_2O_3 和 FeO 有良好溶解性。氢氟酸虽然是弱酸，但当低浓度时却比盐酸和柠檬酸等对氧化铁有更强的溶解能力，这主要是 F^- 配合作用的结果。针对不同金属酸洗中采用的酸来选择适当的缓蚀剂，常用的有若丁（邻二甲苯硫脲）、乌洛托品（六次甲基四胺）、粗吡啶、页氮（油页岩干馏副产物）等。这些缓蚀剂大多是炼焦厂和制药厂的副产品，其特点是价格便宜，缓蚀率高（可达 99%），可减少酸的用量和金属的损失，有利于环境保护和防止金属氢脆。由于机械设备酸洗用量大，酸洗废液一次排出量很大，必须降低缓蚀剂本身的 COD（化学耗氧量）、BOD（生化耗氧量）值及毒性。

(2) 钢材酸洗缓蚀剂　在带钢或线材冷轧或冷拉前，需要除去钢材表面在高温下生成的氧化皮。一般采用高温、较高浓度的硫酸、盐酸连续酸洗工艺处理。为防止钢材酸洗中产生的过腐蚀常加入适量的缓蚀剂。

对酸洗缓蚀剂有以下要求：①在高温、高浓度酸洗液中缓蚀剂是稳定的；②缓蚀剂的缓蚀效率高，不发生氢脆断裂；③缓蚀剂发泡低、没有干扰成分；④缓蚀剂的浓度容易控制，不影响酸洗去除氧化皮的速率，能满足连续、快速生产的要求。如高温盐酸连续酸洗，可使用页氮加 KI 缓蚀剂，其用量为纯酸的 0.3%，酸洗时间 1~3min。

不锈钢的酸洗，通常使用硝酸或硝酸-氢氟酸的混合酸。该场合如果采用吸附型有机缓蚀剂，会导致氧化皮不能除净，而且随时间延长，还会由于硝酸作用引起缓蚀剂分解，反而加速钢材腐蚀。所以，对于硝酸体系的酸洗液中，不锈钢酸洗缓蚀剂的研制，仍是今天的研究课题。但是我国在这方面研究已取得一定的成果。

3. 在冷却水系统中的应用

使用冷却水的方式有两种：直流式和循环式冷却水。所谓直流式冷却水系统是热交换水直接排放不再使用的形式。在大型工厂，除了使用海水冷却外，使用淡水直流式冷却水系统很少。直流式冷却系统用水量大、缓蚀剂的投加量有一定限制，一般添加几毫克每升的聚磷酸盐可防止钙的析出和 Fe^{3+} 的沉积。为了节约用水，提高水的利用率，在工业生产中大量使用循环式冷却水系统，它又可分为敞开式和密闭式两种。敞开式系统是指把经热交换的水引入冷却水塔冷却后再返回循环系统。这种水由于与空气充分接触，水中含氧量高，具有较强的腐蚀性。而且，由于冷却水经多次循环，水中的重碳酸钙和硫酸钙等无机盐逐渐浓缩，再加上微生物的生长，水质不断变坏。为控制由此而产生的局部腐蚀、水垢下腐蚀和细菌腐蚀，一般加入 300~500mg/L 的重铬酸钾和 30~50mg/L 的聚磷酸盐的混合物，这是敞开循环冷却系统中具有最佳效果的缓蚀剂，目前正在广泛使用。密闭循环式冷却水系统，以内燃机等的冷却系统为代表，它处于比敞开式系统更为苛刻的腐蚀环境下。采用的缓蚀剂有铬酸盐（投加量为 0.05%~0.3%）、亚硝酸钠（加 0.1%）、锌盐、铝盐、硅酸盐及含硫、氮的有机化合物等。

4. 在大气腐蚀中的应用

常用于防止大气腐蚀的缓蚀剂多半是挥发性的气相缓蚀剂。气相缓蚀剂是指本身具有一定蒸气压并在有限空间内能防止气体或蒸气对金属腐蚀的缓蚀剂。气相缓蚀剂（简称），又称挥发性缓蚀剂，是近几十年发展起来的新型防锈技术，现在广泛应用于军械器材、机车、飞机、船舶、汽车、仪表、轴承、量具、模具等工业部门。它的优点在于：借助气体达到防锈目的，适用于结构复杂、不易为其他涂层所保护的制件；使用方便，适用武器封存、适应战备要求；封存期较长，用它保护金属可达 10 年之久；用量少，比较经济便宜；包装外观精美、干净。其缺点是现在适用于多种金属和镀层的气相缓蚀剂还不多，许多气相缓蚀剂还不能用于多种金属的组合件。另外，气相缓蚀剂气味大，对手汗抑制能力差。因此，尽管气相缓蚀剂有了很大的发展，但不能完全代替其他防锈方法。特别在既要防锈，又要润滑的地方，还是必须用防锈油。

气相缓蚀剂种类很多，据不完全统计，有缓蚀作用的有二三百种，大致可分为以下几类。

（1）无机酸或有机酸的胺（铵）盐　如亚硝酸二环己胺、亚硝酸异丙胺、碳酸环己胺、磷酸二异丁胺、铬酸环己胺、碳酸苄胺、磷酸苄胺、苯甲酸单乙醇胺、苯甲酸三乙醇胺、苯甲酸胺、碳酸铵等。大多数对钢铁有缓蚀作用，但少数对铜、铝等有色金属会加速腐蚀。

（2）硝基化合物及其胺盐　如硝基甲烷、2-硝基氧氮茂、间硝基苯酚、3,5-二硝基苯甲酸环己胺、2-硝基-4-辛基苯酚、四乙烯五胺、2,4-二硝基酚二环己胺、邻硝基三乙醇胺。在这类化合物中，有些是适用于黑色、有色金属等多种金属的通用气相缓蚀剂。

（3）酯类　如邻苯二甲酸二丁酯、己二酸二丁酯、乙酸异戊酯、甲基肉桂酯、异苯基甲酸酯、丁基苯甲酸酯等。这类化合物中有些能对有色金属起缓蚀作用。

（4）混合型　它是由几种化合物混合后产生的具有缓蚀作用的挥发性物质，以阻滞金属的锈蚀。如亚硝酸钠、磷酸氢二铵和碳酸氢钠的混合物；亚硝酸钠和苯甲酸的混合物；亚硝酸钠和乌洛托品的混合物；亚硝酸钠和尿素的混合物；苯甲酸、三乙醇胺和碳酸钠的混合物等。这些混合型气相缓蚀剂都适用于黑色金属防锈，并对钢件磷化和氧化以及钢件镀镍、铬、锌、锡等也有良好的缓蚀作用。但对铜可生成易溶于水的铜氨配合物，故对铜及铜合金有腐蚀作用。

（5）其他类型的气相缓蚀剂 如六亚甲基四胺、苯并三氮唑等。其中苯并三氮唑对铜、铜合金、银有良好的缓蚀作用。

作为气相缓蚀剂必须具备两个条件：一是挥发性弱，具有较高的蒸气压，在常温下为 0.1～1Pa 较为合适；二是能分离出具有缓蚀性的基团。

气相缓蚀剂的使用方法有：粉末法、气相纸法、溶液法、气相油法、粉末喷射法、复合材料法等。例如亚硝酸二环己胺是国内外研究最多、应用最广的一种气相缓蚀剂，呈白色至淡黄色结晶，在 175℃会分解。能溶于水，水溶液的 pH 值约为 7。它的蒸气压很低，21℃时为 0.016Pa。随温度增加其蒸气压也增加。它对黑色金属钢、铸铁及钢件发蓝、磷化等具有优良的防锈能力。它对大多数非金属材料，如塑制品、油漆涂层、黏结剂、干燥剂、包装材料无影响。它可以粉末法、气相纸法或溶液法使用。

案例分析

【案例1】 一个地面贮水罐内部采用多层乙烯基涂料系统。最后一层施工后需要养护 7 天（平均温度 18℃），然后装水。一年后检查发现，底部和壳体大约 0.5m 高的部分已被破坏，该区域发生严重腐蚀，破坏区域以上部分涂层状况良好。

分析 这是由于乙烯基涂料是将固体乙烯基树脂溶解在适当的溶剂中制成的，施工后的养护过程中，溶剂挥发留下固体乙烯基树脂形成漆膜。因为挥发溶剂的蒸气比空气重，若通风不畅，则这些蒸气将集中在密闭空间的最低点，而乙烯基涂料耐溶剂性很差，重新暴露在溶剂中就会再溶解。在本案例中就是因为施工中通风不畅，涂层中残余浴剂挥发后聚集到贮罐底部，使这部分涂层重溶而损坏的。

所以通风系统应安装在施工场所的最低点，在施工结束后还应继续通风至少 24h。

【案例2】 某化工厂淋洗塔为碳钢壳体，内衬酚醛玻璃钢为隔离层，面上用环氧胶泥衬耐酸瓷板（底部为耐酸瓷砖）。CO_2、SO_2 和 HF 混合气体从塔下部进入，洗涤水通过填料由上而下与气体逆向接触，达到除尘、降温的目的。塔内温度 40～50℃。

投入使用不到一年，人孔右下角穿孔泄漏，可见整个内衬层瓷板（砖）均已腐蚀变薄。一年多以后筒体多处穿孔，瓷板很薄，许多部位已看不到瓷板。

分析 这是一个在含氢氟酸的环境中使用硅酸盐材料的案例。混合气体中含有 HF，在塔中溶于水形成氢氟酸，而硅酸盐材料（这里是瓷板）是不耐氢氟酸腐蚀的，所以淋洗塔衬里层的砖板材料选择是错误的。如果一定要选择砖板衬里，可以选用不透性石墨作为砖板材料。

【案例3】 一个钢结构塔建在海洋环境中，原来的涂层系统选材、设计和施工没有问题，使用一直良好。若干年后由于工艺改变，需要对设备和结构进行修改，修改后的设备部分重新涂了漆，而未修改部分保持原状。后来进行检查，未修改区域的涂层仍然完好（已使用 25 年），而修改过的区域却发生严重的腐蚀。

分析 这是因为在修改过的区域，新的螺栓和焊缝在涂漆前未进行喷砂和打底漆，即腐蚀是由于涂层施工不良造成的；因为修改的区域被建在结构里面，根本不可能进行喷砂除锈，也难以维护，所以很多结合部位会形成水凝聚。

因此，对于使用覆盖层保护（油漆、喷涂、衬里）的设备和结构，施工前的表面处理对保护效果影响很大,在考虑设备结构和相对位置时就应当为进行表面处理(特别是在生产现场进行表面处理)提供必不可少的施工条件。

【案例4】 某钛白粉分厂有一个酸性污水处理池,长6m,宽3m,高5m,为混凝土结构。为了解决污水处理池的腐蚀问题,原设计在混凝土基体表面衬贴环氧煤焦油玻璃钢作隔离层,再在玻璃钢表面用沥青胶泥砌筑耐酸瓷砖。完工后发现防腐蚀层的隔离效果不好,池底部四周多处往池内渗地下水。如果投入使用,池内酸性污水可能渗入地下,危及6m远处的氯化尾气大烟囱的地基。为了防止渗漏,决定在池内瓷砖表面再衬硬聚氯乙烯(PVC)板。在池底铺了100~150mm厚的石英砂,起找平和缓冲作用。PVC板与池内壁的瓷砖之间的空隙用水玻璃砂浆填实。在池两面的PVC板之间设置了ϕ160mm的PVC管作主加强管。

使用一段时间后,发现底部PVC板凸起,凸起最高处达到150mm,使中间的加强管断裂。

分析 这里的问题是设计不良。池底的石英砂含有空气,而四周的PVC板与池壁之间被密封。当50~60℃的废酸水进入处理池时,石英砂被加热,空气膨胀,因无处可以逸出,便向上顶PVC板。PVC属于热塑性塑料,其马丁耐热温度为65℃。在50~60℃温度长期作用下会产生蠕变,导致底部PVC板衬里结构凸起程度越来越大。由于PVC板衬里结构严重变形,ϕ160mm的PVC主加强管也被拉裂了。

所以,解决这个问题的方法就是给膨胀的空气提供出路。

【案例5】 某化工厂乙酸蒸发器用0Cr17Ni14Mo3不锈钢制造。操作压力0.08MPa,操作温度135~140℃。乙酸蒸气进混合器与乙炔混合,由于乙酸温度高,以及压力、冲刷等因素联合作用,0Cr17Ni14Mo3不锈钢也只能用几个月。后来改进工艺流程,将乙炔气直接通入蒸发器,使乙酸蒸发温度下降到80~85℃,蒸发器的腐蚀大大减轻,见图7-30。

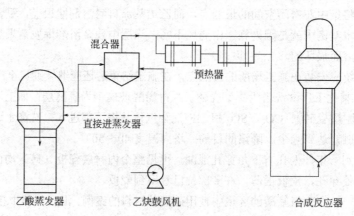

图7-30 聚乙烯醇生产流程改进

分析 这是通过工艺改造成功解决设备腐蚀问题的一个典型事例,很有借鉴意义。

温度对金属腐蚀的影响是很大的,虽然具体变化可能各不相同,但可以肯定的是,在大多数情况下,温度升高都使金属腐蚀速率增大。许多时候温度升高几摄氏度,可能使金属的腐蚀速率增大几倍,由耐蚀等级降为不耐蚀。所以在选择材料时需要对材料将应用于什么样的环境温度给予足够重视。同样,在制定工艺参数控制指标时应将温度限制在材料的耐蚀温度范围内。在设备运行中特别要防止超过规定温度,否则可能造成设备严重腐蚀破坏。

在某些时候,设备腐蚀问题难以从选材上解决,如有可能调整工艺参数,适当降低温度,往往可以取得事半功倍的效果。当然,降低温度可能对生产带来不利影响,但如果设备腐蚀问题得不到解决，对生产的影响会更大。本案例的解决方案是很理想的，修改了工艺路线，将乙炔气直接通入蒸发器，使蒸发器内乙酸蒸气的分压减小，乙酸的蒸发温度也降低了。这样，既解决了蒸发器的腐蚀，又不影响生产。退一步，即使达不到这样的效果，对生产造成一些不利，如果综合经济效益是好的，那这样做也是值得的。

【案例6】 某化工厂输送发烟硝酸的管线上有一个钛截止阀，使用不到一年发生爆炸。爆炸是在操作人员拧动阀门的一瞬间发生的。据操作日志记载，硝酸浓度为98.4%~99.4%，温度为70~85℃。正常状态下硝酸含水0.6%~1.3%，而爆炸前操作条件极不稳定。

分析 钛是一种耐蚀性能优良的金属材料，钛对一切浓度及温度高出正常沸点的硝酸有突出的耐蚀性，在177℃的65%硝酸中钛的腐蚀速率小于0.05mm/a。因此，钛广泛用于制造加热硝酸的设备。铁对发烟硝酸的耐蚀性非常好，发烟硝酸用作火箭和其他宇宙飞船燃料系统中的氧化剂。不过，钛在发烟硝酸中有自燃倾向，还可能发生应力腐蚀破裂。钛在发烟硝酸中的自燃与硝酸中的含水量和NO_2含量有关，也与使用情况和材料加工条件有关。一般认为，发烟硝酸含水量小于2%（有的资料为1.5%），NO_2含量大于6%（有的资料为2.5%），钛有自燃危险。如果钛的冷变形量大于65%，在发烟硝酸中使用不安全。如果钛部件受到冲击、摩擦、受热或出现电火花，会诱发钛着火。所以，用钛制设备处理发烟硝酸时，应控制发烟硝酸的含水量，含水量必须大于2%，同时应注意避免冲击、摩擦产生电火花。就本案例而言，正常操作时发烟硝酸的含水量符合要求，但当操作条件不稳定时，可能使含水量达不到2%的最低极限，拧动阀门的摩擦和振动诱发了钛截止阀的自燃爆炸。

尽管这里涉及的是钛在发烟硝酸中自燃这个特殊腐蚀现象，但案例中因操作不稳、工艺参数波动而造成设备腐蚀，却具有普遍意义。

【案例7】 某化肥厂两台$3500m^3$甲醇贮罐用防腐涂料进行外防腐，涂层要求防止紫外线、防老化，而且又有美观装饰作用；另外，表面有强的反射阳光作用，可以降低罐体温度，避免罐内有机液体因温度升高而发生危险。

防腐方案 选用环氧红丹防锈涂料作底漆，环氧银粉涂料作面漆，构成长效重防腐涂料配套体系。环氧银粉涂料是国内大型有机化工原料贮罐理想的表面覆盖涂料，其优点为：具有强反光性，可以大大降低罐体的温度；银粉可以起牺牲阳极保护作用，保护钢质贮罐不受腐蚀。

$3500m^3$甲醇贮罐外表喷砂除锈后，涂刷环氧红丹防锈底漆2~3道，每道间隔12~24h，每道漆膜厚度为40~50μm；涂刷环氧银粉涂料2道，每道间隔12~16h为宜，每道漆膜厚度为30~40μm，要求涂刷均匀。这样的涂层可保证贮罐正常运行4~6年。

【案例8】 某石化总厂轻质油罐150多座，没有防腐措施，使用几年后油罐的罐顶、罐壁、罐底相继出现了腐蚀穿孔，使油罐使用寿命大为缩短；腐蚀穿孔严重影响安全生产；由于罐体腐蚀严重，产生了大量的锈蚀产物，污染了油品。

防腐方案 该厂对4座$300m^3$以上的汽油罐内壁采用无机富锌涂料进行防腐，施工程序为：

① 表面喷砂除锈，达到Sa2级标准，表面有一定粗糙度。

② 将无机富锌涂料（双组分）的基料与锌粉按比例混合，搅拌均匀，常温熟化30min后即可施工；施工温度5℃以上，通风良好。

③ 空气喷涂，压缩空气压力为0.15~0.3MPa，也可用刷涂。

通过4年多的使用，涂层完好没有脱落，附着力好，漆膜寿命可达10年以上。

【案例9】 目前世界上最长的跨海大桥——港珠澳大桥，设计要求使用寿命高达120年。

分析 众所周知，桥梁的建设会受到海水的侵蚀，都有具体的使用年限，容易更换的年,普通结构的 50 年,100 年以上的很少,因环境气候、地质、材料等各不相同,但同样经过海水腐蚀及海水不断冲刷混凝土的耗资 1300 亿的港珠澳大桥为什么使用寿命高达 120 年呢?究其原因,不外乎有这几点:其一,特制易损耗的构件有专人定期更换,这就大大增强了安全性能;其二,港珠澳大桥采用了高强度的混凝土建设,最高达 60~80MPa 混凝土,大大提升了港珠澳大桥耐海水的冲刷性;其三,那就是加强的钢筋保护层,并用 FRP 防腐蚀钢筋,而且还用了经过 20 年研发的重防腐涂装技术,从而确保港珠澳大桥的寿命高达 120 年;其四,作为世界最长的跨海大桥,港珠澳大桥用了最严苛的建筑标准,可抵 16 级飓风、8 级地震、30 万巨轮的撞击。

复习思考题

1. 正确选材的原则有哪些?
2. 合理防腐蚀设计的原则有哪些?
3. 表面清理方法主要有哪些?在喷砂清理中为避免硅尘常采用哪些方法?
4. 涂料覆盖层为什么能起保护金属的作用?
5. 选择涂料覆盖层应考虑哪些因素?
6. 玻璃钢衬里结构分哪几层?各有什么作用?
7. 橡胶常用的硫化方法有哪些?
8. 砖板衬里的衬里结构一般有哪几种形式?胶泥缝的形式有哪几种?
9. 阴极保护可分为哪几种方法?
10. 阴极保护和阳极保护主要有哪些区别?
11. 什么叫缓蚀剂?其主要分类有哪些?
12. 简单归纳化工生产过程中常用的防腐蚀措施。

第八章 金属材料的腐蚀监测

> **学习目标**
>
> 1. 了解腐蚀监测的概念、要求、分类及腐蚀监测的发展趋势。
> 2. 了解腐蚀监测的经典方法。
> 3. 了解新型腐蚀监测技术。

第一节 腐蚀监测

腐蚀监测被认为是实现现代工业文明生产的重要手段。腐蚀监测技术是由实验室腐蚀试验方法和设备的无损检测技术发展而来的,其目的在于揭示腐蚀过程以及了解腐蚀控制的应用情况和控制效果。

一、腐蚀监测的概念

由于意外的和过量的腐蚀常使工厂设备发生各种事故,造成停车停产、设备效率降低、产品污染甚至发生火灾爆炸,危害人身安全,并导致严重的经济损失。为有效地防止这类事故的发生,就要求能对工厂设备进行腐蚀监测。所谓腐蚀监测(也称为腐蚀检测),是通过对设备的腐蚀速率和某些与腐蚀速率密切相关的参数进行连续或非连续测量,同时根据这种测量结果对生产过程的有关条件进行控制的一种技术。腐蚀监测的高级形式就是腐蚀监控。

腐蚀监测是腐蚀控制过程中的一种手段,目的是发现设备和装置上的腐蚀现象,揭示腐蚀过程,了解腐蚀控制效果,迅速、准确地判断设备的腐蚀情况和存在隐患,以便研究制定出恰当的防腐蚀措施和提高设备、系统运行的可靠性。

掌握腐蚀监控技术不仅可以改善设备运行状态、提高设备可靠性、延长运转周期和缩短检修时间从而获得巨大经济效益,还可以使设备系统在接近于设计最佳的条件下工作,充分保证设备的安全运行、保证操作人员的安全、减少环境污染、节约资源和能源等。

腐蚀监测可作为判断腐蚀破坏,提供相应解决措施的工具;监测解决措施可以提供生产工艺或管理方面的数据资料,可以构成自动控制系统的一部分,也可直接成为管理系统的一个组成部分。

腐蚀监测技术是工业腐蚀控制中的重要手段之一,它可以提供腐蚀发生、发展各个阶段的信息,为后续防腐方案的制定提供大量宝贵而关键的数据支持。腐蚀监测技术进入中国并大面积推广经历了十几年的时间。

目前,常用的腐蚀监测技术有:挂片法、电阻探针法、电化学法、电位监测法、电感法、化学分析法、超声波法、涡流法、红外成像(热像显示)法、耦合多电极技术、氢通量法等。

从腐蚀监测技术的原理上划分，通常有化学分析法、物理法、电化学法等腐蚀监测技术类型。

二、腐蚀监测的要求

由于腐蚀监测的目的是实现腐蚀检测，并进而实现对腐蚀的控制，故腐蚀监测应满足以下的要求。

① 必须使用可靠，可以长期进行测量，有适当的精度和测量重现性，以便能确切地判定腐蚀速率。
② 应当是无损检测，测量不需要停车。
③ 操作维护简单。
④ 有足够高的灵敏度和反应速率，测量过程要求尽可能短。

三、腐蚀监测的分类

腐蚀监测包括直接监测法和间接监测法，表 8-1 给出两类方法的特点和具体情况。

表 8-1 腐蚀监测技术与方法

类别	监测方法或内容			备注
	方法及测量内容	得到的信息	适用条件	
直接监测法	现场调查：用肉眼和使用各种设备进行观察、监测	腐蚀的最终结果	装置停车检修	获取腐蚀信息
	物理方法：现场挂片法：测量腐蚀试样的失重及裂纹	腐蚀的最终结果	可用于任何环境	目的不同，挂片不同
	超声波法：测量金属厚度，探测裂纹和蚀孔的存在	设备的剩余壁厚，存在的裂纹和蚀孔	用于金属厚度的测量和裂纹的探测	超声波测厚仪或探伤仪
	声发射法：检测应力腐蚀破裂、腐蚀疲劳和腐蚀泄漏等	检测裂纹的扩展以及泄漏	可用于容器、设备和管线的检测	在液体中检测，可以减小干扰
	电阻法：测量试样电阻的变化	腐蚀的积分值	可用于测量任何环境中金属材料和合金的均匀腐蚀	电阻探针法
	涡流法：测量构件磁场的变化	列管的厚度、表面裂纹和蚀孔等	检测列管的厚度、表面裂纹和蚀孔等	涡流检测仪
	热图像法：测量构件的表面温度分布情况	测量因温度变化引起的腐蚀分布	用于高温或低于室温设备如加热炉管	使用红外热像仪
	射线照相法：测量射线穿透构件的强度变化	裂纹和蚀孔	焊接部位裂纹、缺陷和蚀孔的检测	使用 X 射线仪或 γ 射线仪
	机械方法：监测孔（监漏孔）	工艺介质是否通过监测孔泄漏	衬里类压力容器特别是衬里焊缝区	监测孔堵塞
	测量工艺介质腐蚀引起的试样力学性质变化	监测试样的腐蚀	关键设备、容器的监测试样	监测试样
	测定腐蚀产物：测量溶解的金属离子	溶解的金属离子	采油、炼油装置中的 Fe^{2+}、Fe^{3+}，尿素装置的 Ni	—
	电化学方法：线性极化法：用两电极或三电极探针测量极化阻力	腐蚀速率	用于电解质	—
	电偶法：测量在电解质溶液中的电偶电流	腐蚀状态和电偶腐蚀指示	用于电解质	使用探针

续表

类别	监测方法或内容			备注
	方法及测量内容	得到的信息	适用条件	
间接监测法	介质条件的监测	介质中腐蚀性离子分析	—	—	—
		测量溶液的 pH 值	—	—	—
		测量溶液氧化还原电位	—	—	—
	渗氢监测	—	使用氢探针监测氢气的渗透率	临氢设备	使用氢探针

四、腐蚀监测的发展趋势

腐蚀监测技术作为腐蚀与防护领域的重要组成部分，正在从以下几个方面不断创新。

1. 智能传感器管理

智能技术正在改变工业。它不仅正在生产的各个阶段得到应用，而且也为过程分析带来革新。目前，有国外厂商已经研发出了新的在线分析技术，称为智能传感器管理（ISM）。

ISM 是一种将智能算法集成到传感器的在线过程分析数字化技术。每一个 ISM 传感器均内置一个微处理器。正是这一点，让 ISM 具有模拟设备无法比拟的优点和性能。

2. 智能仪器"私人订制"

20 世纪 90 年代，智能仪器的创新突出表现在以下几个方面：微电子技术的进步更深刻地影响仪器仪表的设计；能够识别数字信号处理技术的芯片的问世，使仪器仪表数字信号处理功能大大加强；微型机的发展，使仪器仪表具有更强的数据处理能力；图像处理功能的增加十分普遍；VXI 总线得到广泛的应用。

进入 20 世纪初，伴随着电子技术日新月异的发展，腐蚀监测仪器的设计和制造朝着微型化、多功能化、网络化的方向发展。

3. 网络化

伴随着网络技术的飞速发展，Internet 技术正在逐渐向工业控制和智能仪器仪表系统设计领域渗透，实现智能仪器仪表系统基于 Internet 的通信能力以及对设计好的智能仪器仪表系统进行远程升级、功能重置和系统维护。

对于腐蚀监测方面而言，在企业生产现场，为装置、罐区、设备和厂区周界等部署各类传感器、摄像头、射频识别等数据采集感知设备和无线传输网络，实时采集和传输设备、装置、罐区及人员等各项现场数据和信息，提升企业数据自动采集水平，建设统一的物联网数据平台，为上层信息系统提供可靠的现场数据支撑。

五、腐蚀监测的机遇与挑战

腐蚀监测技术进入中国并大面积推广经历了十几年的时间，还存在不完善的地方。虽然技术原理基本掌握，但是主要配件和芯片还依赖进口。一方面，这些进口的配件和芯片在一定程度上满足了科研和应用的需要；另一方面，设备的升级和功能完善还依赖于国外。在软硬件方面并没有核心技术和主动权。例如，使用的离子电极（pH、Cl^-、S^{2-} 等）、耐高温电化学参比电极、电化学工作站等。

第二节　腐蚀监测的经典方法

现代的腐蚀监测实践经验大部分来自化工、石油化工、炼油、动力等工业，在这些工业中，腐蚀行为可以通过各种方法监测，如超声波法、声发射法、电位法、电阻法、线性极化法、电偶法、电位监测法、射线技术及各种探针技术。下面重点介绍几种经典的腐蚀监测方法。

一、表观检测

1. 表观检测的概述

表观检测是进行腐蚀监测的主要方法，仔细地对腐蚀表面进行观察和评价是腐蚀检测过程的重要部分，它也是最简单和最常用的一种无损检测方法。表观检测是指用肉眼或借助于简单的工具，如低倍放大镜、管道镜等，来详细观察被检测的设备或试样的表面状态、环境介质和腐蚀产物，从而确定腐蚀的程度和性质，推断设备或试样的腐蚀状况。它是最基本的腐蚀检查方法，这种方法比较直观，可获取第一手资料，不过它只是一种定性的方法，常常作为腐蚀检测的一种辅助手段，判断是否有腐蚀、磨损和裂纹等损伤，是进行其他检查前的第一步。显然，表观检测只能检测表面异常，但是一些内部腐蚀过程确实能在表面有所显示，例如隆起或剥落。

从表观检测可以得到如下有用信息：

① 金属表面的外部形态，包括光泽、颜色、斑点、蚀坑、孔隙、裂缝等；
② 环境介质发生的变化，包括是否透明、颜色是否变化、有无沉淀物、有无悬浮物等；
③ 腐蚀产物的状态，包括腐蚀产物的颜色、是否结垢或沉淀成膜、分布均匀与否以及附着性等。

2. 表观检测方法及程序

可以用多种方式进行表观检测，既可以是直接的，也可以利用管道镜、纤维镜或摄像机远距离地进行，必要时需先清除待检查的工件表面上的附着物及杂质。当能够适当接近检测区域时，可以用视力检查表面的腐蚀性质和类型，还可以借助简单的仪器，如放大镜、管道镜等鉴别可疑的裂纹或腐蚀。管道镜可分为两类，即刚性管道镜和柔性管道镜。刚性管道镜仅能用于中空物体内部的观察，是一个细长的筒状光学装置，管道镜的工作是利用物镜形成所观察区域的图像，管道镜典型的直径大小为 6～13mm，长度可长达 2m。由于它可以将图像从仪器的一端传到另一端，因而可以使检测人员看到无法接近的部位，并可以选择前视、后视、前斜视、后斜视及环视的物镜。在设备和某些结构上，为了检测其关键部位腐蚀状况，在设计时就做了特殊考虑，以便于插入管道镜。

检查中空物体的弯曲内腔应使用柔性管道镜，也叫纤维镜，是将光从一端传输到另一端的光纤电缆束，具有柔韧性，容易引入用于对相关区域照明的光源，可以以卷曲的方式放入不容易靠近的部位。但玻璃纤维束传输图像的质量比由刚性管道镜得到的图像质量略差。

管道镜、纤维镜可以连接到视频成像系统上。视频成像系统由获取图像的摄像机、处理器和观察图像的监测器组成。为便于缺陷检查，可以对视频图像进行处理，放大和分析视频图像，然后对感兴趣的缺陷或物体进行鉴别、测量和分类。

3. 表观检测的优缺点

表观检测是一种快速而经济的检测各种缺陷的方法，对腐蚀状况进行初步的判断，可以帮助决定下一步应该采取的措施,并且可以利用摄影术或数字成像及储存技术得到腐蚀情况的记录。

表观检测的缺点为:被检测的表面必须比较干净而且肉眼或者管道镜等简单光学仪器应该能够靠近;表观检测缺乏灵敏度;表观检测方法是定性的,而且对材料损失或剩余强度不能提供定量评价;它也是一种带有主观性的检测方法,对实行检测的人的能力和经验具有一定的依赖性。

二、挂片法

对于均匀腐蚀,可用单位时间、单位面积上的腐蚀量或单位时间的侵蚀深度来表示腐蚀速率。根据均匀腐蚀速率,可以评定金属和合金的耐蚀性。表 8-2 列出了中国、美国和俄罗斯的金属和合金耐蚀性评定标准,通常认为腐蚀速率在 0.1mm/a 以下时耐蚀性良好。但要注意,这里指的腐蚀速率和耐蚀性都是针对均匀腐蚀的,耐均匀腐蚀好的金属或合金在一定条件下仍有可能发生严重的局部腐蚀,如点蚀、应力腐蚀破裂等。

表 8-2 不同国家的金属和合金耐蚀性评定标准

腐蚀速率/(mm/a)	耐蚀性	国家
<0.1	耐蚀	中国
0.1~1	尚耐蚀	
>1.0	不耐蚀	
<0.05	耐蚀	美国(NACE 标准)
<0.5	尚耐蚀	
0.5~1.27	特殊情况下可用	
>1.27	不耐蚀	
<0.001	耐蚀性极好	俄罗斯
0.001~0.01	耐蚀性良好	
>0.01~0.1	耐蚀	
>0.1~1.0	尚耐蚀	
>1.0~10.0	耐蚀性较差	
>10.0	不耐蚀	

挂片法又称为腐蚀试片法,它是最简单的腐蚀监控方式,一般是指将与设备材料相同的试片固定在试片支架上,然后将装有试片的支架固定在设备内,暴露在生产过程中的腐蚀介质中,经受一定时间的腐蚀后,取出支架和试片,进行较详细的表观检查和质量法测量,以确定挂片腐蚀量和计算腐蚀速率。该方法简单,成本低,通过对腐蚀试片进行详细分析,可以监控多种腐蚀形态。

重量法是根据试样腐蚀前后的质量变化来计算腐蚀速率,是测量腐蚀速率的最基本的方法。重量法可分为失重法和增重法两种,一般情况下采用失重法,此时必须保证腐蚀产物溶解于介质中或能够完全除尽,失重法适用于从实验室到工厂现场各种类型试验的所有环境,根据试样的失重,腐蚀速率为:

$$V = \frac{W_0 - W_1}{St} \tag{8-1}$$

式中,W_0 和 W_1 分别为试样腐蚀前、后不含腐蚀产物的质量,g;S 为试样暴露面积,cm^2;t 是试验周期,h。

从式(8-1)看,失重法是测量试验周期内试样均匀腐蚀的平均腐蚀速率,不适用于测量瞬时腐蚀速率，也不能对腐蚀出现的时间有任何指示。

1. 试样

试样的化学成分必须明确。要从板材上沿轧制面下料，以减少暴露的端晶。若气割下料，则应除去热影响区，保证其与设备材料的状态相同。试样不应多次重复使用。试样的形状要尽量简单，并要求表面积与质量之比要大，以便可以得到较大的腐蚀失重，其厚度宜薄，但又应有足够的厚度使之在试验中不致被腐蚀穿；边缘面积与总面积之比要小，以消除边界效应的影响；大小要便于安装，通常采用 50mm×25mm×(2~3)mm 长方片或 ϕ(40~50)mm×(2~3)mm 的圆片试样，试样质量不应大于 200g，以便使用普通的分析天平称量。为了消除金属原始状态的差异，以获得均一的表面状态，试样表面都需要打磨，要求达到一定的表面质量。在试验中要对每一块试样做好标记并测量暴露面积。试样经清洗、脱脂、干燥后，要在分析天平上称重，精确到 0.1mg。

2. 试验装置与试验条件

实验室的腐蚀试验装置通常采用广口瓶或大口三角烧瓶，根据需要可配回流冷凝器、搅拌器等。试验条件的选择取决于试验目的，为了得到重现性好的结果，在整个试验期间要严格控制试验条件。

对于次要组分也不要忽视，因为它们往往会影响腐蚀速率。在整个试验过程中应注意试验溶液发生的变化。试验温度一般应根据需要控制，控制精度为±1℃，如果进行室温试验，则应记录室温的变化范围。试验溶液有时要求充氧，有时则要求除去溶解氧，均须根据具体情况严格控制。假如试验要求通气，则应避免气流直接冲击试样。通常每平方厘米的试样暴露面积需 20~200mL 的溶液。下限适用于腐蚀速率低、试验周期短的情况，上限适用于腐蚀速率高、试验周期长的场合。试样吊挂时，必须保证试样间以及试样与挂具或容器间的绝缘，同时还应保证试样表面与介质充分接触。常用的试验周期是 2~8 天。根据经验判断，对于属于腐蚀严重的体系，可进行短期试验；对于逐渐生成保护膜的材料，则要进行长期试验。

3. 腐蚀产物的清除

浸泡结束后，应首先检查和记录试样的外观，然后清除腐蚀产物。清除腐蚀产物的方法通常有机械法、化学清洗法和电解法三种，这项工作是失重试验的关键步骤。具体方法的选择与金属的类型和腐蚀产物的性质有关，一般要求把腐蚀产物除尽而不损害基体，在采用化学清洗法或电解法时，一定要做空白试验，以确保该方法对基体金属的侵蚀为零或可以忽略不计。

腐蚀产物清除后，试样要经过自来水漂洗后干燥并称重；为了保证腐蚀产物已完全除尽，一般要清除 2~3 次，直到试样的质量不再减小为止。

想要得到有意义和可测的失重数据可能需要较长的暴露周期。为了进行分析和确定腐蚀速率，试样必须从工厂或设备中取出（注：如果试片以后还要再次暴露，则试片取出和清洗会影响腐蚀速率）。这些装置仅能提供积累的追忆信息，例如，经过 12 个月的暴露以后，在一个试片上发现了应力腐蚀裂纹，但无法说明裂纹是何时开始的以及是什么特殊条件造成这种裂纹的发生和发展的。重要的是裂纹扩展速率无法准确估计，这是因为不知道裂纹的起始时间。试片的清洗、称重和显微检查一般需要花费大量的劳动。使用试片不易模拟磨损腐蚀和传热作用对腐蚀的影响。

挂片试验的试验周期只能由生产条件和维修计划所限定，而且挂片只能反映两次停车之间的总腐蚀量，反映不出具有重要意义的介质变化及相应的腐蚀变化，也检测不出短期内的腐蚀量或偶发的局部严重腐蚀状态。尽管如此，作为一种经典的腐蚀监测方法，挂片试验仍是工厂设备腐蚀监测中用得最多的一种方法。

三、电阻法

电阻法是利用金属试样在腐蚀过程中截面减小，从而导致电阻增大的原理，因此测出金属试样腐蚀过程中的电阻变化即可求出腐蚀速率。金属试样的电阻变化与其腐蚀量的关系式为

$$\frac{R_t - R_0}{R_t} = \frac{S_0 - S_t}{S_0} = \frac{W_0 - W_t}{W_0} \tag{8-2}$$

式中，R_0、S_0、W_0 分别为金属试样原始的电阻值、截面积和质量；R_t、S_t、W_t 分别为金属试样在腐蚀过程中某一测定时间 t 的电阻值、截面积和质量。

金属腐蚀试样的电阻一般很小，约为 0.2Ω，经腐蚀后电阻变化的绝对值更小。因此采用常规测量电阻的仪器（如万用表、伏安计）是不行的，必须采用更加精确的电阻测量方法，如电桥法。图 8-1 是电桥法基本原理示意。当电桥平衡时，$R_x/R_补 = R_1/R_2$。

由于补偿试样和被测试样材料相同，又同放一处，因此温度对 R_x 和 $R_补$ 的影响是相同的，这样 $R_x/R_补$ 比值的变化纯粹是因腐蚀引起的电阻值的变化，所以电阻探针通常测定的受腐蚀敏感元件电阻是相对于一个完全相同但有防腐蚀屏蔽的元件电阻。图 8-2 为常用的电阻探针外形示意。

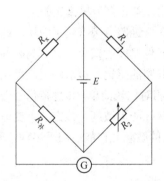
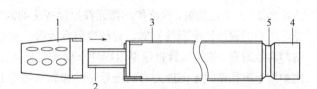

图 8-1 交流电桥法基本原理示意
R_x—测量试样的电阻；R_1、R_2—精密电阻；
$R_补$—温度补偿试样的电阻，与 R_x 的材料、尺寸都相同，用涂料将其全部表面涂覆，使其不与介质接触

图 8-2 常用的电阻探针外形示意
1—保护帽；2—测量元件；3—探头杆；4—信号接口；5—卡槽

电阻探针的探头是安装测量试样的部件，探头的制作须十分精心。腐蚀探针敏感元件有板状、管状或丝状的。减小敏感元件的厚度可以增加这些传感器的灵敏度，但是灵敏度的提高却会缩短传感器的使用寿命，应予考虑折中平衡。只要选择了足够灵敏的传感器元件，就有可能进行连续的腐蚀监控并获得操作参数的相关性信息。电阻探针比试片更方便，不需要回收试片和进行失重测量便可以得到结果，可以测定由于腐蚀和磨损腐蚀共同引起的厚度损失。电阻探针实质上只适用于监控均匀腐蚀破坏，但局部腐蚀是工业中更常见的腐蚀形态。一般情况下，电阻探针的灵敏度不能胜任实时腐蚀测量，无法检测出短时间瞬变。当存在导电腐蚀产物或沉积物时，这种探针就不适用了。探针的传感器的元素组成和待监测的材料是一致的，敏感元件本身可以做成多种几何形状，如图 8-3 所示。

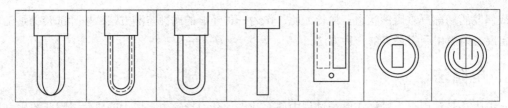

图 8-3　电阻探针使用的传感器类型

电阻法是利用试样在腐蚀过程中的电阻变化来测定腐蚀速率的,它不受腐蚀介质限制,在气相、液相、导电或不导电的介质中均可应用。测量时不必把试样取出,也不必清除腐蚀产物,因此可在生产过程中直接、连续地监测设备某一部位的瞬时腐蚀速率,具有简单、快速、灵敏、方便、适用性强以及可在设备运转条件下定量监测腐蚀速率等优点,已在许多工业部门获得了广泛的应用。

电阻法主要存在如下几个方面的缺点或局限性。
① 测量试样加工要求严格,因为灵敏度与试样的微截面有关,试样越细越薄,则灵敏度越高。
② 如果腐蚀产物是导电体(如硫化物),则会造成错误的测试结果。
③ 当介质的电阻率极低时也会带来一定的误差。
④ 对于低腐蚀速率体系的测量,所需时间较长,不能测定局部腐蚀特征。
⑤ 若用于非均匀腐蚀场合,则有较大误差,所测腐蚀速率随不均匀腐蚀程度的加重而偏离,如果在敏感元件的表面上形成了导电的腐蚀产物或表面沉积物,都将会得出错误的结果。

除了利用电阻探针,现在也在开发感抗探针,并且已经在腐蚀监测中得到了应用。感抗探针是通过埋置在传感器中的一个线圈的感抗变化来测定敏感元件厚度的减少,具有高磁导率强度的敏感元件强化了线圈周围的磁场,因此厚度的变化影响线圈的感抗。该法的灵敏度比电阻探针高 2～3 个数量级。检测传感器元件厚度变化的测量原理相对比较简单,传感器信号受温度变化影响的程度比电阻信号低,灵敏度得到改善,超过电阻探针的灵敏度。该方法主要适用于均匀腐蚀测量。感抗探针也像电阻探针一样需要温度补偿,它的敏感元件能适用于多种环境中,比如用于电化学技术无能为力的低导电性和非水环境中。

四、腐蚀电位监测

腐蚀电位的测量是一个相对比较简单的方法,是基于设备金属或合金的腐蚀电位与它们的腐蚀状态间存在着某种特定的相互关系。例如,根据金属材料在某介质中的极化曲线,则可由其腐蚀电位鉴别该材料在该介质中的腐蚀状态。具有活化-钝化转变的金属可以由电位确定它们的腐蚀状态,点蚀、缝隙腐蚀、应力腐蚀破裂以及某些选择性腐蚀都存在各自的临界电位,可以用来作为是否产生这些类型腐蚀的判据。该监测方法在工业上已经广泛应用于监控混凝土中的钢筋和一些结构(如阴极保护下的埋地管线)的腐蚀。这种方法也只适用于电解质体系。

通过对金属腐蚀电位的测量,我们有可能了解导致设备腐蚀的工艺方面的原因。此外阳极保护和阴极保护是电位监测方法控制腐蚀的特殊应用形式。最近的研究表明腐蚀电位波动的标准偏差或均方根值可能与腐蚀速率成正比。此外,当根据电位-pH 图进行分析时,腐蚀电位可以给出热力学腐蚀危险性的重要指示。

腐蚀电位是相对一个参比电极进行测量的,参比电极的特征是具有稳定的半电池电位。为了进行这些测量,需要将参比电极放入腐蚀介质中或者将结构件与外参比电极连接。使用最广的参比电极是 Ag/AgCl 电极、铜/硫酸铜电极、铅/硫酸铅电极、不锈钢电极，高温高压下可使用 Ag/AgCl 电极、钯-氢化钯-氢电极，在碱性溶液中可使用氧化汞电极。这种电位测量要求的精确度不高，输入阻抗过低将引起参比电极极化，使用的电位测量仪表的输入阻抗为 10MΩ 就可以了。

能否采用金属腐蚀电位监测的一个重要条件是这些特征电位之间的间隔要足够大，例如 100mV 或更大，以便于正确地判断由于腐蚀状态发生变化产生的电位波动。这是因为生产条件下，温度、流动状态、充气条件、浓度等的变化会引起电位产生几十毫伏的变化。电位监测法的优点之一是可以直接利用设备本身，而无需使用其测量元件的材料与设备材料有差异的探头。在某些体系中，由于有氧化还原反应影响，不能采用极化电阻法进行腐蚀监测，但是可以采用腐蚀电位监测的方法来进行。

监控混凝土、建筑结构中的加固钢筋以及埋入地下的管线阴极保护、阳极保护等都广泛采用腐蚀电位的监测方法，不锈钢中活化/钝化行为也能够从腐蚀电位的变化给出指示。测量技术和所需的仪器相对比较简单，虽然这些技术可能指出腐蚀行为随时间的变化，但不能对腐蚀速率提供任何指示。进行腐蚀电位监测所用测量装置简单，操作简便，只需要用一个高阻抗伏特计，测量设备金属材料相对于某参比电极的电位即可。价格低廉、维护也很容易，且数据一目了然，不需分析，不需对测试对象进行扰动，是非破坏性的，可长期连续监测。但是，这种方法只能给出定性的结果指示，而不能得到定量的腐蚀速率，无法确定腐蚀的严重程度，没有足够定量化的判断条件来确定是否发生腐蚀。

五、渗透法

1. 渗透法的原理

液体渗透监测法是被广泛应用的无损检测方法之一，这是由于它相对容易使用和操作简单灵活。它几乎能够被用来检测所有材料，使用范围不受材料的限制，除了可用于所有的钢铁和非铁金属外，还可用于检验塑料、陶瓷、玻璃和其他材料，其前提是材料不被检验介质侵蚀和着色，材料本身在表面上没有多孔隙的结构。渗透法用于检查被检物件表面的裂纹和孔隙，或直接与表面相关联的裂纹和孔隙。腐蚀金属表面的腐蚀裂纹一般较细，用肉眼或简单的工具，如放大镜等，常常不易辨认，或很容易漏检。这些渗透剂由于分子结构小，显示剂具有较高的抽吸能力，所以用这种方法，可以显示出很细小的裂纹和孔隙。渗透材料可以以喷涂或滴加的方式在表面来显示表面缺陷，它用来显示可以通到表面的裂纹，如疲劳裂纹、冲击断裂、涂层的针孔等。

渗透法试验步骤为：将待检查的工件或试样的待检查部位净化，包括去除氧化皮、锈迹等，特别要注意去除油脂的残留物。然后将工件或试样浸入渗透液中，或将渗透液涂抹或喷洒于工件上，表面张力较小的液体渗入工件表面缺陷中，再擦净表面上多余的渗透液，在工件表面上散布颜色与渗入液颜色不同的多孔性的粉末，将渗入的液体部分吸出，经过足够长的显示时间后，在具有吸收能力的显示剂层中，可以看出渗透剂的痕迹，这个时间长短根据缺陷的大小而定，最后对腐蚀表面进行观察检测。

2. 渗透法的优缺点

（1）优点　对表面上很小的不连续的缝隙或裂纹很敏感；基本没有材料限制，金属材料和非金属材料、磁性或非磁性、导电或不导电材料都可以，可以以很低的造价检测大面积或大体积的部件或材料；可应用于有复杂几何形状的金属；结构直接在表面显示，对裂纹有很强的可视性；渗透剂材料容易携带；渗透剂和相应的仪器相对便宜。液体渗透剂方法被用于检测在试验物体表面有毛细开口的缺陷。液体渗透剂检测以很低的投资费用就可进行，而且每次使用的材料成本费用也很低。这种方法使用简单，但要得到肯定无疑的结果，则必须谨慎小心地操作，并要掌握方法的要领。这种技术可以用于复杂形状，而且被广泛地用于一般的产品质量保证。如果使用得当，这项技术易于操作，是便携式的，而且准确度高。这项技术可以很容易地用于已遭受轻微腐蚀破坏并可以被清洗的、外部可接近的表面。它可以很容易地检测任何开口到表面的裂纹、表面缺陷和点蚀。渗透液和显影剂采用静电喷涂可节省用量、减少污染，并且喷涂均匀、效率高、检测灵敏度高。

（2）缺点　只能检测表面的缺陷；只有材料相对表面无孔才能使用；清洗条件严格，因为黏污可能显示为表面缺陷；机械加工的金属黏污物必须清除；操作者必须直接检测表面；表面的抛光和粗糙能影响灵敏度；需要化学处置和正确的处理，这项技术只能用于清洗过的表面，不清洁的表面给出的结果是不能令人满意的。

六、超声检查

超声检测是一种应用十分广泛的无损检测技术，可以用来测定材料的厚度和内部缺陷。超声检查适用于声波在材料中能很好传播的材料，包括非金属材料。在具有良好传声性质的材料中，超声波传的范围可达 10m 的数量级。超声检测利用由压电换能器构成的超声装置进行，该装置利用压电晶体产生频率为 0.1～25MHz 的声波进入材料，为了得到准确的信息，只需将超声探头与清洁的表面直接接触，测量回声返回探头的时间或记录产生共鸣时声波的振幅作为讯号，从而检测缺陷或测量厚度。超声波探测材料中缺陷的原理为：材料中声波传播速度是一种材料常数，在不同的材料中声波的传播速度不同。在传声速度不同的两种材料界面，超声波就会发生反射和折射。超声波在材料中传播遇到缺陷，如裂纹、气泡或其他不均匀相时，就像遇到工件的边界一样而发生反射，因而超声波可以显示缺陷。脉冲回波法的回波振幅的高度反映出反射回来的声能量，将之与后壁反射回来的波幅高度相比较，便可得出缺陷部位超声反射量的量度。利用这种关系，可以估计缺陷的大小。

为将探头中产生的压力波传送至工件，必须在探头和工件之间放置所谓的"耦合介质"（如油、水、糨糊）。超声检测必须保证被检测物体中声波能够传送，而且其几何形状应能输入和检测到反射、透射或散射的声能。超声检查使用短波长和高频的声波探测材料厚度检测缺陷。

超声检查有脉冲回波法和声穿透法两种方法。脉冲回波法利用反射的部分声波（回声）评定材料中的缺陷。压电振荡器在很短的时间内不仅作为发生器，而且作为回声接收器进行工作。声穿透法依据穿透被测件的超声分量来进行材料的评定。声穿透法要求待测件两侧均可被超声探头所触及，这样可在其一边连接发声探头，另一边连接声波接收探头。如有缺陷存在时，声波由于部分或完全反射，接收探头收到的声强度下降为零，检查时脉冲声波或持续声波都可采用，但要求发声探头和接收探头处于准确的几何位置，可以将材料中缺陷的大小测出。对脉冲回波法而言，只要可触及待测物的一面就能进行检查。由于这一优点，在大多数场合都可应用脉冲回波法。

超声检查可用来测定厚度、长度，或检测缝隙和蚀坑等。探测内部有液体的部件，自动化的超声探测系统已经成功研制出来，可以检测表面下腐蚀和管路、罐的裂纹以及飞机的部件，图 8-4 为国产的 CTS-22、CTS-22A 型超声波探伤仪。将一个压缩波（纵波）的超声脉冲，沿垂直方向发送到被检测的金属中去，信号从被分析的产品后壁反射回来，脉冲经历的时间与它所经过的路程成正比，其行程时间可用来确定厚度，主要用于遭受腐蚀或磨损构件的定期壁厚检测。超声波在均匀的固体中直线传播而衰减，通过超声波测厚仪检测设备或管道的壁厚，从而计算腐蚀速率。这种方法的优点是不损坏设备，可以在生产装置运行状态下随时测量，以了解腐蚀速率的变化情况，并能进行逐点测量。

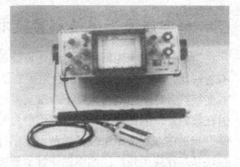

图8-4　CTS-22、CTS-22A型超声波探伤仪

根据超声波进入材料的角度的不同，如使用法向探头的垂直入射波和用斜探头的倾斜入射波可以有多种不同的应用技术，当波束以接近90°的角度进入表面时出现压缩波（纵波）。这种波易于产生和检测，而且在大多数材料中传播速度高。纵波被用于缺陷的检测和定位，这些缺陷的正面有足够大的面积平行于检测表面，例如腐蚀损失和分层。但是对于检测垂直于表面的裂纹，它们不是非常有效。垂直入射的超声检查主要应用于检查薄板的分层及内部的缺陷，如裂纹和夹杂物。

在超声检测中也广泛使用倾斜入射波。探头以35°～80°的入射角放置。波束以中等角度进入表面，产生横波，它的传播速度仅为纵波的一半，与纵波不同，剪切波在液体中传播不远。在同样的材料中横波的速度大约只相当于纵波的50%，波长也比纵波短，这使得它们对小的夹杂物更为敏感。同时使它们更容易发生散射，从而减少了穿透力，斜探头的倾斜入射法，主要适用于焊缝和管件检查。

目前出现了基于激光的超声波技术，这项新技术是利用激光的能量在固体中产生声波，无需在传感器与被检测材料之间使用耦合剂。这项新技术可以用于厚度测量、焊缝和接头的检测、各种材料表面和内部的缺陷检查。

第三节　新型腐蚀监测技术

近年来出现的新的监测技术有场图像技术、恒电量及半电位测量技术、光电化学方法技术和超声相控阵技术等。

一、场图像技术

场图像技术（FSM）也可译成"电指纹法"。通过在给定范围内进行相应次数的电位测量，可对局部现象进行监测和定位。FSM的独特之处在于将所有测量的电位同监测的初始值相比较，这些初始值代表了部件最初的几何形状，可以将它看成部件的"指纹"，电指纹法即得名于此。

与传统的腐蚀监测方法（探针法）相比，FSM在操作上没有元件暴露在腐蚀、磨蚀、高温和高压环境中，没有将杂物引入管道的危险，不存在监测部件损耗问题，在进行装配或发生误操作时没有泄漏的危险。运用该方法对腐蚀速率的测量是在管道、罐或容器壁上进行，而不用小探针或试片测试，其敏感性和灵活性要比大多数非破坏性试验（NDT）好。

此外该技术还可以对不能触及部位进行腐蚀监测，例如对具有辐射危害的核能发电厂设备危险区域裂纹的监测等。

二、恒电量及半电位测量技术

恒电量技术作为一种研究和评价钢筋腐蚀的方法，在某些方面比传统的方法具有优势，它有着快速、扰动小、无损检测和结果定量等优点。恒电量技术通过拉普拉斯或傅立叶变换等时-频变换技术，从恒电量激励下衰减信号的暂态响应曲线得到电极系统的阻抗频谱，可以实现实时在线测量，因此是一种极具应用潜力的腐蚀监测方法。

钢筋在混凝土中锈蚀是一种电化学过程。此时，在钢筋表面形成阳极区和阴极区。自然电位法是现在应用最广泛的钢筋锈蚀检测方法。该方法把钢筋混凝土作为电极，通过测量钢筋电极和参考电极的相对电势来判断钢筋的锈蚀情况。在这些具有不同电位的区域之间，混凝土的内部将产生电流。钢筋和混凝土可以看作半个弱电池组，钢筋的作用是一个电极，而混凝土是电解质，这就是半电池电位检测法的名称由来。

半电池电位法是利用"$Cu + CuSO_4$ 饱和溶液"形成的半电池与"钢筋+混凝土"形成的半电池构成一个全电池系统。由于"$Cu + CuSO_4$ 饱和溶液"的电位值相对恒定，而混凝土中因钢筋锈蚀产生的化学反应将引起全电池的变化。半电池电位法的原理要求混凝土成为电解质，因此必须对钢筋混凝土结构的表面进行预先润湿。采用 95mL 家用液体清洁剂加上 19L 饮用水充分混合构成的液体润湿海绵和混凝土结构表面。检测时，保持混凝土湿润，但表面不存有自由水。

依据 GB/T 50344—2019《建筑结构检测技术标准》中的电化学测定方法（自然电位法），采用极化电极原理，通过铜/硫酸铜参考电极来测量混凝土表面电位，利用通用的自然电位法判定钢筋锈蚀程度。混凝土中钢筋锈蚀状态判据如下所示。

① 电位＞-150mV 时，钢筋状态完好，无锈蚀活动性或锈蚀活动性不确定。
② -400mV≤电位≤-150mV 时，有锈蚀活动性，但锈蚀状态不确定，可能坑蚀。
③ 电位＜-400mV 时，锈蚀活动性较强，发生锈蚀概率大于 90%。

自然电位法的优点是设备简单、操作方便。缺点是只能定性地判定钢筋锈蚀的可能程度，不能定量测量钢筋锈蚀比例；在混凝土表面有绝缘体覆盖或不能用水浸润的情况下，不能使用该种方法进行测试。该方法操作简单，测试速率快、便于连续测量和长时间跟踪，在各国应用都比较广泛，也是目前国内使用最多的测试方法。

三、光电化学方法技术

在光的照射下，光被金属或半导体电极材料吸收，或被电极附近溶液中的反应剂吸收，造成能量积累或促使电极反应发生；光电化学过程体现为光能与电能和化学能的转换，例如光电子发射、光电化学电池的光电转化、电化学发光等。

将光电化学方法应用到腐蚀体系的研究，本质上是一种原位研究方法，对于表征钝化膜的光学和电子性质、分析金属相合金表面层的组成和结构以及研究金属腐蚀过程均有很好的效果。图 8-5 给出

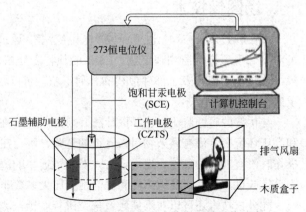

图 8-5 薄膜材料的光电化学测试系统示意

了薄膜材料的光电化学测试系统示意。

作为一种在微米及纳米尺度范围内研究光电活性材料及光诱导局部光电化学的新技术,激光扫描光电化学显微技术的研究不仅丰富了人们从较微观的角度对金属氧化膜电极、半导体电极表面修饰及腐蚀过程等的认识,而且也促进了光电化学理论的发展与完善,今后该技术将在金属钝化膜的孔蚀及其破坏过程研究中有广阔的应用前景。

四、超声相控阵技术

1. 超声相控阵技术的概念

超声相控阵技术是新型的监测金属内部缺陷的技术。该技术通过控制换能器阵列中各阵元激励(或接收)脉冲的时间延迟,改变由各阵元发射(或接收)声波到达(或来自)物体内某点时的相位关系,实现聚焦点和声束方位的变化,完成声成像的技术。

由于相控阵阵元的延迟时间可动态改变,所以使用超声相控阵探头探伤主要是利用它的声束角度可控和可动态聚焦两大特点。

超声相控阵通过 32 组晶片发射超声波,频率范围 2.5～7.5MHz 可以生成高清、高效的三维图像,不仅是传统的二维波形了。

2. 超声相控阵的特点

超声相控阵检测技术具有以下特点。

① 生成可控的声束角度和聚焦深度,实现了复杂结构件和盲区位置缺陷的检测。

② 通过局部晶片单元组合实现声场控制,可实现高速电子扫描;配置机械夹具,可对试件进行高速、全方位和多角度检测。

③ 采用同样的脉冲电压驱动每个阵列单元,聚焦区域的实际声场强度远大于常规的超声波检测技术,从而对于相同声衰减特性的材料可以使用较高的检测频率。

超声相控阵中的每个阵元被相同脉冲采用不同延迟时间激发,通过控制延迟时间控制偏转角度和焦点。实际上,焦点的快速偏转使得对试件实施二维成像成为可能。

3. 超声相控阵的工作原理

相控阵超声成像系统中的数字控制技术主要是指波束的时空控制,采用先进的计算机技术,对发射/接收状态的相控波束进行精确的相位控制,以获得最佳的波束特性。这些关键数字技术有相控延时、动态聚焦、动态孔径、动态变迹、编码发射、声束形成等。

(1)相控延时 相控阵超声成像系统使用阵列换能器,并通过调整各阵元发射/接收信号的相位延迟(Phase Delay),可以控制合成波阵面的曲率、指向、孔径等,达到波束聚焦、偏转、波束形成等多种相控效果,形成清晰的成像。可以说,相位延时(又称相控延时)是相控阵技术的核心,是多种相控效果的基础。

(2)动态聚焦 相控聚焦原理设阵元中心距为 d,阵列换能器孔径为 D,聚焦点为 P,焦距为 f,媒质声速为 c。根据几何声程差,可以计算出各阵元发射波在 P 点聚焦。

4. 超声相控阵检测设备

超声相控阵的检测设备包括硬件和软件两部分。

(1)硬件 硬件有超声信号发射和接收装置,通过相控阵探头发射阵列式脉冲形成聚焦束,穿过物体后的超声波被接收并进行信号的放大、滤波、检波，然后进行 A/D 转换做进一步的信号处理。

（2）软件　软件部分主要是将接收到的信号进行计算机数据处理获取所需要的生成图像的数据。

5. 超声相控阵的优势

超声相控阵技术除了传统的检测范围，如金属内部缺陷的查找，还可以有效地检测某些非金属材料的缺陷。

例如在电网系统或者船舰系统，由于环境的苛刻性导致绝缘电缆的使用情况不良，这时可以采用该技术提前发现电缆的断裂、水树等问题，另外，也可以及时发现绝缘子的断裂前兆。

五、高温氢腐蚀的超声波检测

1. 碳钢、低合金钢的氢腐蚀机理

碳钢、低合金钢在高温高压氢作用下（温度大于 220℃、氢分压大于 1.4MPa），其组织发生脱碳，渗碳体分解，并不断生成甲烷气（$Fe_3C+2H_2 \longrightarrow 3Fe+CH_4$），随着甲烷量不断增多，沿晶界开始出现大量微裂纹，微裂纹的扩展又为氢相碳的扩散提供了有利的条件。

如此往复，最终会使钢完全脱碳，裂纹连成网络，钢的强度、韧性也丧失殆尽。但是奥氏体不锈钢在所有温度下都具有高的抗氢腐蚀能力。

2. 基体母材氢腐蚀超声检测

母材氢腐蚀超声检测通常有三种方法：速度比率法、衰减法和反向散射法。氢腐蚀通常会使超声声速降低，散射与衰减增加。特别是高温氢腐蚀还会使横波与纵波声速之比增加。

（1）速度比率法　速度比率法可测出远离焊缝母材上发展阶段的显微高温氢腐蚀，并可将其与钢板夹层区分开。但速度比率法不能检测早期的氢腐蚀，一般仅能检测＞20%板厚的损伤。如有复合层还会产生假象。

（2）衰减法　频谱分析法属于衰减法，根据波幅-频率关系分析第一底波信号，高温氢腐蚀衰减高频反射多于低频反射。

频谱分析法对高温氢腐蚀内部微裂纹非常灵敏，也可将其与钢板夹层区分开。

（3）反向散射法　反向散射法首次应用于 20 世纪 80 年代，要注意的是此夹层与高温氢腐蚀的缺陷信号识别，尤其在夹层夹杂物与内壁靠得很近的时候。

近几年超声相控阵系统在工业上已有一些应用，超声相控阵技术基本能鉴别出缺陷信号是夹层还是高温氢腐蚀。因为高温氢腐蚀总是与内壁表面连在一起而且分布很均匀，而材料的其他不连续性则往往比较分散孤立。

3. 焊缝热影响区氢腐蚀的超声检测

除了母材可能发生氢腐蚀外，焊接后的焊缝两侧热影响区晶粒长大，并存在焊接应力，如果焊后未经热处理或热处理不当，那么焊缝热影响区的抗氢能力甚至会低于母材，焊缝两侧也会出现平行于焊缝的、非常狭窄的高温氢腐蚀带和裂纹。

焊缝热影响区氢腐蚀超声检测采用斜射波技术。常用的方法有超声横波法、衍射时间法（TOFD）和爬波法。

（1）超声横波法　由于焊缝热影响区氢腐蚀裂纹初期尤其细小，横波检测需要有非常高的灵敏度，以便能从背景噪声中识别出缺陷信号来，这时探头灵敏度可通过某特定的小直径（如<0.4～0.5mm）侧面钻孔来测试。

(2) 衍射时间法　衍射时间法（TOFD）是以测出缺陷端头的位置为基础的，与普通的超声法不同。它的主要优点是缺陷的检出和定量与探测方向、缺陷取向无关，它的缺点之一是虽然能够检出微裂纹，也能够检出气孔、夹渣等体积性缺陷，但不能把它们区分开。

因此为了区分缺陷是微裂纹还是体积性缺陷，通常还要以斜射横波技术来进行补充检测。

(3) 爬波法　也有一些检测人员运用爬波法来检测焊缝热影响区氢腐蚀。不管用哪一种方法，应该指出的是如果母材有高温氢腐蚀，那么散射往往会减少斜射声波传播到热影响区的氢腐蚀裂纹上。

4. 高温氢腐蚀的检测案例

2004年，法国一家炼油厂的一台反应器进行超声检测。材料为C-0.5Mo钢，A204B钢，壁厚65mm，无包覆层，1972年投入运行，在碳钢曲线上方（非安全使用区）运行。反向散射法检测表明三处有明显的高温氢腐蚀迹象存在，深度尺寸大约为壁厚的40%，经复查及内壁磁粉检测，确认有严重的高温氢腐蚀。然而也正是这台反应器，2003年另外一家无损检测公司对其进行反向散射法检测时却并没有发现高温氢腐蚀存在。

超声检测作为易受氢腐蚀设备的一种定期检验手段，能够发现有严重缺陷及可疑部位，可以结合不同的检测方法进行复验（如荧光磁粉检测）。

复习思考题

1. 什么叫腐蚀监测？应满足哪些要求？
2. 腐蚀监测技术方法有哪些主要分类？
3. 经典的腐蚀监测方法主要有哪几种？
4. 电阻探针法腐蚀监测有哪些优点？
5. 新型的腐蚀监测技术有哪些？

第九章　腐蚀与防护实验

实验一　甘汞电极的熟悉与使用

一、实验目的

1. 了解甘汞电极的结构和使用注意事项。
2. 了解甘汞电极电位与温度的定量关系。

二、实验原理

求腐蚀电池中待测电极的电极电位时，须用电极电位比较恒定的电极作腐蚀电池的参比电极。理论上标准氢电极作为参比电极最简便，但在实践中由于氢气纯度难以达到100%，氢气压力难以一直保持在一个标准大气压，电解质溶液中氢离子浓度难以时刻保持在1mol/L，因此很少使用标准氢电极作参比电极。

化工防腐实验中使用较多的参比电极是甘汞电极和银/氯化银电极。甘汞电极由汞和氯化亚汞与不同浓度的氯化钾溶液组成。

电极反应式可如下表示。

$$Hg_2Cl_2 + 2e \Longleftrightarrow 2Hg + 2Cl^-$$

甘汞电极的电极电位与Cl^-的浓度有关，Cl^-浓度有饱和、1mol/L、0.1mol/L三种情况，Cl^-由KCl水溶液提供。KCl达到饱和浓度时的甘汞电极为饱和甘汞电极。

各种甘汞电极与温度具有以下关系。

$E(饱和) = 0.2412 - 6.61 \times 10^{-4} \times (t-25) - 1.75 \times 10^{-6} \times (t-25)^2 - 9 \times 10^{-10} \times (t-25)^3$

$E(1mol/L) = 0.2828 - 2.4 \times 10^{-4} \times (t-25)$

$E(0.1mol/L) = 0.3365 - 0.5 \times 10^{-4} \times (t-25)$

三、实验器具与原辅材料

1. 实验器具

甘汞电极的信息见表9-1，饱和甘汞电极外观见图9-1，甘汞电极组成见图9-2。

表9-1　甘汞电极的信息与使用实验器具

器具名称	规格	数量	单位	材质	备注
饱和甘汞电极	电极外径：粗9mm，细5mm左右，电极全长120～140mm	1	只	—	双盐桥 饱和氯化钾溶液

注：饱和甘汞电极由天津艾达恒晟科技发展有限公司生产。

2. 原辅材料

实验原辅材料见表9-2。

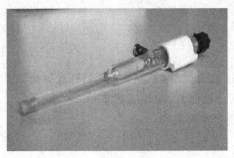
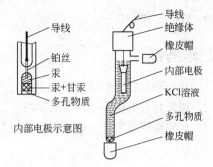

图 9-1 饱和甘汞电极外观　　　　图 9-2 甘汞电极组成

表 9-2　甘汞电极的信息与使用实验原辅材料

序号	材料名称	规格	数量	单位	备注
1	KCl	优级纯	100	g	
2	蒸馏水	—	1	L	

四、实验操作与记录

1．对照甘汞电极结构图熟悉甘汞电极。
2．根据图 9-3 完成表 9-3 甘汞电极结构名称的填写。

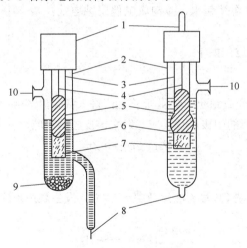

图 9-3　甘汞电极结构

表 9-3　甘汞电极结构名称

序号	1	2	3	4	5	6	7	8	9	10
名称										

五、注意事项

1．电极应竖式放置，甘汞芯应在饱和 KCl 液面下。
2．电极不用时将电极保存在氯化钾溶液中。
3．甘汞电极在 70℃ 以上时电位值不稳定，在 100℃ 以上时电极只有 9h 寿命，因此甘汞电极应在70℃以下使用。

六、思考题

1. 如何确定甘汞电极和银/氯化银电极各自电极反应式中的氧化态物质和还原态物质?
2. 如果甘汞电极损坏,有水银洒落在实验台或地面上,如何处理?
3. 如何判断饱和甘汞电极内的 KCl 溶液是否是饱和溶液?

实验二 腐蚀电池的制备与观察

一、实验目的

1. 制备腐蚀电池。
2. 了解腐蚀电池的工作过程。
3. 了解构成腐蚀电池的必要条件。

二、实验原理

将金属锌片和铜片浸入同一容器的稀硫酸溶液中,用导线通过毫安表、电键将二者连接起来,即构成电偶腐蚀电池,如图 9-4 所示。

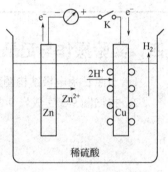

图 9-4 铜-锌腐蚀电池

该电偶腐蚀电池工作过程如下:

1. 阳极过程

金属 Zn 发生溶解,变成相应的金属离子 Zn^{2+} 进入稀硫酸溶液中,并把相应的电子留在金属 Zn 上,该反应称为金属的阳极溶解反应。发生该反应的区域,称为腐蚀的阳极区。

$$Zn - 2e \longrightarrow Zn^{2+}$$

2. 阴极过程

从阳极流过来的电子被 Cu 片表面溶液中 H^+ 接受,发生还原反应。发生该反应的区域,称为腐蚀的阴极区。

$$2H^+ + 2e \longrightarrow H_2$$

3. 电流的流动

电流的流动在金属中依靠电子从阳极流向阴极,在电解质溶液中依靠离子的迁移实现,这样使腐蚀电池的电路构成通路。

构成腐蚀电池的必要条件是:要有阴、阳极且两个电极间存在电位差;要有电解质溶液存在且电解质溶液中存在去极剂;阴、阳极之间有连续传递电子的回路。

三、实验器具与原辅材料

1. 实验器具

实验器具见表 9-4。

表 9-4 腐蚀电池的制备与观察实验器具

序号	器具名称	规格	数量	单位	材质	备注
1	烧杯	1000mL	1	只	石英玻璃	
2	毫安表	85C1-A, 0~500mA	1	只		
3	电键	单刀单掷开关	1	只		即电路开关
4	导线		1	m		
5	金属夹		2	只		

2. 原辅材料

原辅材料见表 9-5。

表 9-5 腐蚀电池的制备与观察实验原辅材料

序号	材料名称	规格	数量	单位	备注
1	锌片	100mm×30mm×2mm	1	片	长×宽×厚
2	铜片	100mm×30mm×2mm	1	片	长×宽×厚
3	稀硫酸	1mol/L	500	mL	

四、实验操作与记录

实验操作与记录见表 9-6。

表 9-6 腐蚀电池的制备与观察实验操作与记录

序号	操作内容	实验现象	备注
1	将 500mL 1mol/L 的稀硫酸倒入 1000mL 中。往稀硫酸中放入锌片和铜片，锌片和铜片互不接触。观察实验现象		
2	在锌片和铜片上部用金属夹夹住，连接导线、毫安表和电键。电键安装前保持断开状态，毫安表的正极接在铜片一端，负极接在锌片一端。观察实验现象		
3	合上电键，保持 10min，观察实验现象		
4	将锌片和铜片取出，清洗干净，烘干。稀硫酸用纯碱中和处理，呈中性后排放掉。洗净玻璃仪器，烘干，试验器具归位		

结论：

五、注意事项

电键安装前保持断开状态，毫安表正负极不能接反。

六、思考题

1. 怎么用 98%浓硫酸和去离子水配制 500mL 浓度为 1mol/L 的稀硫酸？操作注意事项有哪些？

2. 本实验中毫安表的正负极怎么接？

实验三 金属腐蚀速率的测量及金属耐蚀性评定

一、实验目的

1. 了解金属腐蚀速率的测量方法。
2. 了解我国金属耐蚀性的三级标准。

二、实验原理

金属腐蚀速率的测量方法有质量法、深度法和电流密度法等。

1. 质量法

该法是用试样在单位时间、单位面积的质量变化来表示金属的腐蚀速率,单位一般采用 g/($m^2 \cdot h$)。计算公式:

$$V_m = \Delta m/(S \times t)$$

该方法适用于求均匀腐蚀的平均腐蚀速率,不适用于局部腐蚀情况。该法也没有考虑金属的密度,不便用于相同介质中不同金属材料腐蚀速率的比较。

金属样品腐蚀后与腐蚀前相比,若腐蚀产物完全脱离金属试样表面或很容易从试样表面被清除掉,则质量减轻;若腐蚀产物牢固地附着在试样表面,则质量增加。

2. 深度法

该法是以腐蚀后金属厚度的减少来表示腐蚀速率,单位是 mm/a。金属发生全面腐蚀时,腐蚀深度可通过质量的变化进行换算,计算公式:

$$V_L = 8.76 \times V_m/\rho$$

金属耐蚀性的三级标准见表 9-7。

表 9-7 金属耐蚀性的三级标准

级别	腐蚀速率/(mm/a)	耐蚀性评定
1	<0.1	耐蚀
2	0.1~1.0	可用
3	>1.0	不可用

3. 电流密度法

金属电化学腐蚀的阳极溶解反应为:

$$M - ne \longrightarrow M^{n+}$$

该式明确表达了金属的溶解与电流的密切关系。根据法拉第定律,金属的电化学腐蚀速率可用电化学方法测定的电流密度来表示。电流密度是指通过单位面积上的电流强度。

$$\bar{v} = \frac{A}{nF} i_a \times 10^4$$

式中 $\bar{v}$——金属的腐蚀速率,g/($m^2 \cdot h$);

i_a——阳极溶解电流密度,A/cm^2;

A——金属的摩尔质量，g/mol；

n——金属的价数；

F——法拉第常数，96500C/mol。

通过测定电流强度计算出电流密度，可以快速计算出金属的瞬时电化学腐蚀速率，因此用腐蚀电流密度表示金属的腐蚀速率较为方便。

三、实验器具与原辅材料

1. 实验器具

实验器具见表9-8。

表9-8 金属腐蚀速率的测量及金属耐蚀性评定实验器具

序号	器具名称	规格	数量	单位	材质	备注
1	烧杯	500mL	3	只	石英玻璃	
2	量筒	100mL	2	只	石英玻璃	
3	天平	精确度0.1g	1	台		
4	烘箱	≤260℃，精度±1℃	1	台	不锈钢	型号 DKL410C
5	游标卡尺	150mm	1	支	不锈钢	型号 HF-8631115

2. 原辅材料

原辅材料见表9-9。

表9-9 金属腐蚀速率的测量及金属耐蚀性评定实验原辅材料

序号	材料名称	规格	数量	单位	备注
1	铁片	ϕ60mm×3mm	3	片	碳钢材质
2	稀盐酸	3mol/L	600	mL	
3	去离子水		1000	mL	
4	定性滤纸	ϕ15cm	1	盒	100张/盒

四、实验操作与记录

实验操作与记录见表9-10。

表9-10 金属腐蚀速率的测量及金属耐蚀性评定实验操作与记录

序号	操作内容	实验现象与数据记录	备注
1	用砂布打磨ϕ60mm×3mm的铁片至显露金属光泽，测量铁片质量m_0和厚度δ_0		
2	往烧杯中放入打磨后的铁片，再倒入3mol/L的稀盐酸200mL，静置30min，观察实验现象		
3	将铁片取出，用去离子水100mL冲洗，用滤纸将铁片表面水分吸干，放入烘箱中在105℃±1℃干燥15min后取出，冷却至常温		
4	再次测量铁片质量m_1和厚度δ_1		

续表

序号	操作内容	实验现象与数据记录	备注
5	计算铁片腐蚀前后Δm和$\Delta \delta$， $V_m=\Delta m/(S\times t)$ $V_L=8.76\times V_m/\rho$ 按以上公式分别计算腐蚀速率		
6	稀盐酸用纯碱中和处理，呈中性后排放掉。洗净玻璃仪器，烘干，实验器具归位		

结论：

五、注意事项

分别用质量法和深度法测量金属的腐蚀速率，然后用质量法表示的腐蚀速率推导出深度法表示的腐蚀速率，再将推测结果与测量结果对照比较。

六、思考题

1. $V_L=8.76\times V_m/\rho$ 是如何推导出来的？V_L、V_m各表示什么含义？
2. 金属耐蚀是绝对的还是相对的？请举例说明。

实验四 恒电位法测阴极极化曲线

一、实验目的

1. 通过实验初步掌握极化曲线的测试技术。
2. 加深对析氢腐蚀和吸氧腐蚀的理解，并学会确定阴极保护参数。

二、实验内容

用恒电位法测碳钢在3%NaCl溶液中的阴极极化曲线，并确定该系统的阴极保护参数。

三、实验装置

1. 实验仪器与材料

恒电位仪、饱和甘汞电极（参比电极）、铂电极（辅助电极）、碳钢电极（研究电极）、盐桥、烧杯、饱和KCl溶液、3%NaCl溶液。

2. 实验装置示意图

实验装置如图9-5所示。

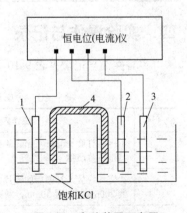

图9-5 实验装置示意图
1—参比电极；2—研究电极；
3—辅助电极；4—盐桥

四、实验步骤

1. 开机准备。

2. 电极处理：用细砂布打磨碳钢电极表面，除去锈层并研磨光亮，用浸无水乙醇的棉球除去油污，再用干棉球拭干备用。

3. 按示意图接好装置线路：电极电缆线一端接电极输入，另一端的三股电极输入线接不同的测量电极（双线电极输入导线接工作电极，红色电极输入导线接辅助电极，蓝色电极输入导线接参比电极）。

4. 测出碳钢电极的参比电位并记录。

5. 按恒电位法进行阴极极化，每变化一次电位值，待一定时间（2min）后读出电位、电流值并记录。

6. 测试完毕，取出碳钢电极清洗并拭干后，用游标卡尺测出其工作面尺寸并记录。

五、实验数据及其处理

实验数据填至表 9-11。

表 9-11　恒电位法测阴极极化曲线实验数据

序号	电位/V	电流/mA	序号	电位/V	电流/mA	序号	电位/V	电流/mA

六、实验结果与讨论

实验结果填至表 9-12。

表 9-12　恒电位法测阴极极化曲线实验结果

序号	电位/V	电流密度/(mA/cm^2)	序号	电位/V	电流密度/(mA/cm^2)	序号	电位/V	电流密度/(mA/cm^2)

在坐标纸上绘制阴极极化曲线图，可参考图 9-6。

阴极保护参数：

E_P=＿＿＿；i_P=＿＿＿；
腐蚀速率估算：
v=＿＿＿。

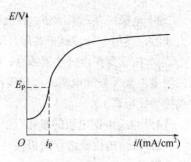

图9-6　阴极极化曲线示意图

七、思考题

1．什么是电流密度？电流密度与电流强度有何定量关系？

2．如何绘制阴极极化曲线？

实验五　法拉第钝化实验

一、实验目的

1．了解金属表面钝化膜的形成及其作用。
2．了解钝化膜局部损坏后金属的耐蚀性能。
3．掌握浓硝酸稀释的工艺计算与配制操作。

二、实验原理

浓硝酸即市售硝酸，质量浓度70%，是一种化学钝化剂，能使金属表面生成钝化膜。钝化膜的实质是一层致密的氧化物膜，能使金属不受浓硝酸和稀硝酸的腐蚀。

当金属表面的钝化膜局部被破坏后，破坏掉的地方露出的是金属，如果处在浓硝酸中，则钝化膜可以修复。如果处在稀硝酸中，则会形成腐蚀电池，其中金属表面钝化膜被破坏的区域是腐蚀电池的阳极，钝化膜被破坏后会发生电化学腐蚀，而钝化膜没被破坏掉的区域是腐蚀电池的阴极，阴极表面会有气泡产生。电极反应式及电化学反应式如下（以铁为例）：

阳极：$Fe - 3e \longrightarrow Fe^{3+}$

阴极：$4H^+ + NO_3^- + 3e \longrightarrow NO\uparrow + 2H_2O$

电化学反应：$Fe + 4HNO_3 =\!=\!= Fe(NO_3)_3 + NO\uparrow + 2H_2O$

由于该腐蚀电池具有小阳极、大阴极的结构特点，因此钝化膜被局部破坏的金属在稀硝酸中腐蚀速率很快。

从稀硝酸中逸出的一氧化氮在常温下很容易跟空气中的氧气结合，生成红棕色并带有刺激性气味的二氧化氮，这是次生化学反应。

$$2NO + O_2 =\!=\!= 2NO_2\uparrow$$

三、工艺计算

1．①室温条件下用100mL 70%浓硝酸配制35%稀硝酸，计算要用去离子水多少毫升？②室温条件下用100mL 70%浓硝酸和去离子水100mL，配制出的硝酸质量浓度是多少？（注：室温条件下水的密度近似取1.0g/mL，70%浓硝酸密度取1.4g/mL，35%稀硝酸密度取1.2g/mL）

解：① 设用去离子水为V。

根据质量守恒定律，有：

$1.4×100×70\% = (1.4×100+1.0×V)×35\%$

$V=140(\text{mL})$

② 设配制出的硝酸质量浓度是 X。

根据质量守恒定律，有：

$1.4×100×70\% = (1.4×100+1.0×100)·X$

$X≈41\%$

配酸提示：室温下用 70%浓硝酸和去离子水配制 35%稀硝酸，70%浓硝酸和水的体积比是 1∶1.4；若体积比是 1∶1，配制出的是 41%硝酸。

2. 100mL70%浓硝酸及由 100mL70%浓硝酸配制的 35%稀硝酸，忽略铁片表面钝化膜形成过程中浓硝酸的消耗及电化学腐蚀过程中稀硝酸的消耗，实验结束后废酸处理需消耗多少毫升 48.5%液碱？（注：48.5%液碱密度取 1.51g/mL）

解：设需消耗 48.5%液碱为 V。

$$\text{NaOH} + \text{HNO}_3 = \text{NaNO}_3 + \text{H}_2\text{O}$$

理论配比：　　　40　　　　　　63

实际配比：1.51×V×48.5%　　1.4×200×70%

$63×1.51×V×48.5\% = 40×1.4×200×70\%$

$V≈170(\text{mL})$

四、实验器具与原辅材料

1. 实验器具

实验器具见表 9-13。

表 9-13　法拉第钝化实验器具

序号	器具名称	规格	数量	单位	材质	备注
1	量筒	200mL	2	只	石英玻璃	
2	烧杯	250mL	4	只	石英玻璃	
3	玻璃棒	ϕ8mm×300mm	1	根	石英玻璃	实心
4	乳胶手套	M	1	双	聚乙烯	医用
5	老虎钳	6寸	1	把	不锈钢	
6	金相砂纸	W5(1200#)	1	张	—	

注：乳胶手套防止实验过程中手被酸腐蚀；老虎钳用于夹断圆形玻璃棒，使玻璃棒一端形成尖锐段；砂纸用于铁片除锈。

2. 原辅材料

实验原辅材料见表 9-14。

表 9-14　法拉第钝化实验原辅材料

序号	材料名称	规格	数量	单位	备注
1	浓硝酸	70%	100	mL	即市售硝酸
2	去离子水		140	mL	
3	铁片	ϕ60mm×3mm	2	片	碳钢材质
4	烧碱	48.5%	170	mL	用于废酸的中和处理

五、实验操作与记录

实验操作与记录见表 9-15。

表 9-15 法拉第钝化实验操作与记录

序号	操作内容	实验现象	备注
1	戴聚乙烯乳胶手套用 1#量筒量取 100mL70%浓硝酸，加入 1#烧杯中		
2	将铁片置于 1#烧杯的浓硝酸中，静置 20min		
3	静置期间用 2#量筒量取 140mL 去离子水倒入 2#烧杯中，再用 1#量筒量取 100mL70%浓硝酸缓慢倒入 2#烧杯中，边倒边搅拌，配制成 35%稀硝酸		
4	20min 后，将静置于 1#烧杯浓硝酸中的铁片取出，放置在干净的实验台上，自然风干		
5	将风干后的铁片与备用铁片进行对照比较		
6	将风干后的铁片放入 2#烧杯 35%稀硝酸中 10min，观察实验现象		
7	将静置于 2#烧杯 35%稀硝酸中的铁片取出，放置在干净的实验台上，自然风干，再用玻璃棒尖锐一端在铁片表面用力划出 4~5 道划痕		
8	将表面带有划痕的铁片重新置于 2#烧杯 35%稀硝酸中 5min，观察实验现象		
9	将静置于 2#烧杯 35%稀硝酸中的铁片取出，放置在干净的实验台上，自然风干，观察实验现象		
10	将 1#烧杯中的浓硝酸、2#烧杯中的稀硝酸倒入 3#烧杯中，将 3#烧杯中废酸缓缓倒入 4#烧杯 170mL 液碱中，边倒边搅拌，对废酸进行中和处理，中和后的产物倒入水池，用水冲洗		
11	洗净玻璃仪器，烘干，实验器具归位		

结论：

六、注意事项

1. 硝酸是挥发性酸，70%浓硝酸在空气中会有硝酸酸雾逸出，实验过程中有少许 NO 和 NO_2 有毒气体产生，因此该实验要求在通风橱中进行，戴聚乙烯医用乳胶手套操作。

2. 35%稀硝酸配制过程中，因浓硝酸溶于水会释放出大量热，因此要求将浓硝酸缓慢往水中加，边加边搅拌。

3. 实验中应采用未生锈的铁片，如已生锈，需用砂纸打磨，直至铁片露出金属光泽，并将铁片表面的杂质清理干净方可。

七、思考题

1. 常见的化学钝化剂有哪些？钝化膜的实质是什么？

2．如何确定该实验第三步中腐蚀电池的阳极、阴极？阳极为什么腐蚀很快？

3．实验过程中为什么采用玻璃棒划伤铁片表面的钝化膜，而没有采用金属刀具？为什么没采用不锈钢镊子将铁片从浓硝酸中取出？

4．用市售硝酸和去离子水配制质量浓度 10%的稀硝酸 200mL，市售硝酸和去离子水各需多少毫升？如何操作？

实验六　活性离子对钝化膜的破坏实验

一、实验目的

1．了解常见的能形成钝化膜的金属有哪些，常见的活性离子有哪些。
2．观察室温下电解质溶液中不同浓度的 Cl^- 对不锈钢钝化膜的破坏效果。
3．观察不同温度条件下相同浓度的 Cl^- 对不锈钢钝化膜的破坏效果。
4．掌握活性离子对钝化膜的破坏机理。

二、实验原理

常见的能形成钝化膜的有不锈钢、铝、镁等金属或合金，另外铬、镍、钼、钛、锆等金属或其合金在一定条件下也能形成钝化膜。

电解质溶液中的某些阴离子，如 Cl^-、Br^-、I^- 等卤素离子，易使钝化膜发生破坏，尤其是 Cl^- 最易使钝化膜发生破坏，另外 ClO_4^-（高氯酸根离子）、OH^-、SO_4^{2-} 等阴离子也能破坏钝化膜，这些离子统称为活性离子。其活化能力顺序为：

$$Cl^- > Br^- > I^- > ClO_4^- > OH^- > SO_4^{2-}$$

活性离子对钝化膜的破坏，不是使钝化膜全面溶解，而是使钝化膜局部破坏，从而引发严重的局部腐蚀。以电解质溶液中的 Cl^- 为例，它对钝化膜的破坏发生在整个金属表面的几个点上，带有局部点状腐蚀的性质，并且 Cl^- 浓度越高，金属越容易发生点蚀。

活性离子对钝化膜的破坏机理：处于钝态的金属仍有一定的反应能力，即钝化膜的溶解和修复处于动态平衡状态，当介质含有活性阴离子（常见的如 Cl^-）时，平衡便受到破坏，溶解占优势。其原因是氯离子能优先有选择地吸附在钝化膜上，把氧原子排挤掉，然后和钝化膜中的阳离子结合成可溶性氯化物，结果在新露出的基底金属特定点上生成小蚀坑（孔径多在 20～30μm），这些小蚀坑成为孔蚀核，亦可理解为蚀孔生成的活性中心。氯离子的存在对不锈钢的钝态起到直接破坏的作用。

三、工艺计算

1．市售浓盐酸质量浓度为 37%，密度为 1.179g/mL，求其摩尔浓度。
解：取市售浓盐酸 1L，其摩尔浓度为：
$$C=(1.179×1000×37\%÷36.5)÷1=12.0(mol/L)$$

2．用 12.0mol/L 的浓盐酸分别配制 3.0mol/L、1.5mol/L、0.5mol/L 的稀盐酸各 200mL，计算浓盐酸和去离子水各需多少毫升？计算结果列表表示。
解：以配制 3.0mol/L 为例，设需浓盐酸 X 毫升、去离子水 Y 毫升。假定配制前后体积不变。

$$\begin{cases} 12.0 \times X \times 10^{-3} = 3.0 \times (X+Y) \times 10^{-3} \\ X+Y = 200 \end{cases}$$

解方程组，得 $X=50$，$Y=150$。

计算结果见表9-16。

表9-16 活性离子对钝化膜的破坏实验计算结果

序号	12.0mol/L 浓盐酸用量/mL	去离子水用量/mL	配制所得稀盐酸的浓度/(mol/L)	配制所得稀盐酸的体积/mL	备注
1	50	150	3.0	200	
2	25	175	1.5	200	
3	8.3	191.7	0.5	200	

四、实验器具与原辅材料

1. 实验器具

实验器具见表9-17。

表9-17 活性离子对钝化膜的破坏实验器具

序号	器具名称	规格	数量	单位	材质	备注
1	量筒	200mL	1	只	石英玻璃	
		50mL	1	只	石英玻璃	
2	烧杯	1000mL	3	只	石英玻璃	
3	胶头滴管	10cm	2	个	石英玻璃	
4	玻璃棒	ϕ8mm×300mm	1	根	石英玻璃	实心
5	乳胶手套	M	1	双	聚乙烯	医用
6	放大镜	30倍	1	个		双层光学玻璃镜片带LED灯

2. 原辅材料

原辅材料见表9-18。

表9-18 活性离子对钝化膜的破坏实验原辅材料

序号	材料名称	规格	数量	单位	备注
1	浓盐酸	12.0mol/L	85	mL	
2	去离子水		420	mL	
3	不锈钢片	ϕ100mm×1mm	3	片	304不锈钢
4	烧碱	48.5%	55	mL	用于废酸的中和处理

五、实验操作与记录

稀盐酸配制记录见表9-19。

表 9-19 稀盐酸的配制记录

序号	12.0mol/L 浓盐酸用量/mL	去离子水用量/mL	配制所得稀盐酸的浓度/(mol/L)	配制所得稀盐酸的体积/mL	备注
1	50	150	3.0	200	在1#烧杯中配制
2	25	175	1.5	200	在2#烧杯中配制
3	8.3	191.7	0.5	200	在3#烧杯中配制

室温下电解质溶液中不同浓度的 Cl^- 对不锈钢钝化膜的破坏效果记录见表 9-20。

表 9-20 室温下不同浓度的 Cl^-（HCl）对不锈钢钝化膜的破坏效果记录

HCl 浓度 /(mol/L)	室温不同实验时间下不锈钢表面蚀坑个数						备注
	0.5h	1h	1.5h	2h	2.5h	3h	
0.5							
1.5							
3.0							

结论：

不同温度条件下相同浓度的 Cl^- 对不锈钢钝化膜的破坏效果记录见表 9-21。

表 9-21 不同温度条件下相同浓度的 Cl^- 对不锈钢钝化膜的破坏效果记录

温度/℃	1.5mol/L HCl 中不同实验时间下不锈钢表面蚀坑个数						备注
	0.5h	1h	1.5h	2h	2.5h	3h	
室温							
40							水浴
50							水浴

结论：

注：1. 表 9-19：配制 0.5mol/L 稀盐酸时，0.3mL 浓盐酸和 1.7mL 去离子水分别用两个胶头滴管补加，浓盐酸和去离子水均按 0.02mL/滴计。

2. 表 9-20 和表 9-21：在放大镜下仔细观察，观察不锈钢正/反面情况（侧面忽略），观察内容：有无蚀坑，蚀坑个数、大小和深浅，可以手机拍照以便于对照比较，照片作为实验原始资料。表中只要求记录蚀坑个数。

3. 表 9-20 和表 9-21 的实验由两个小组各自完成，以减少实验时间。

六、注意事项

盐酸是挥发性酸，具有腐蚀性，配酸时要求戴乳胶手套并在通风橱内进行操作。

七、思考题

1. 浓盐酸的摩尔浓度是多少？如何配制 3mol/L、1.5mol/L、0.5mol/L、0.1mol/L 的盐酸溶液？
2. 如何理解电解质溶液中氯离子易引发不锈钢发生点蚀？
3. 该实验为何要采用 1000mL 的烧杯？胶头滴管的作用是什么？

4. 处理该实验产生的废酸，需 48.5%的液碱多少毫升？

实验七　金属临界孔蚀电位的测定

一、实验目的

1. 初步掌握有钝化性能的金属在腐蚀体系中的临界孔蚀电位的测定方法。
2. 通过绘制有钝化性能的金属阳极极化曲线，了解击穿电位和保护电位的意义，并应用其定性地评价金属耐孔蚀性能的原理。
3. 进一步了解恒电位技术在腐蚀研究中的重要作用。

二、实验原理

一定电位条件下，钝态受到破坏，孔蚀产生。从腐蚀电位开始阳极极化，电位增至孔蚀电位（击穿电位）E_b 时，阳极溶解电流密度显著增加，钝化膜被击穿，开始形成小孔蚀点，i 随 E 增高而增大，至某一预定值 i_d 时，回扫，i 随之减小，电流密度恢复到钝态电流密度时，对应的电位称为再钝化电位或保护电位。如图 9-7 所示。

E_p，击穿的钝化膜已恢复，原有的小孔腐蚀停止发生，金属恢复了钝态，故：

$E<E_p$ 时：金属不产生新的蚀点，原有小孔腐蚀停止。
$E_p<E<E_b$ 时：金属不产生新的蚀点，原有小孔腐蚀继续。
$E>E_b$ 时：金属不产生新的蚀点。

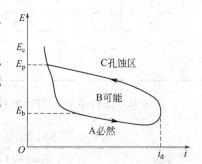

图 9-7　可钝化金属孔蚀电位与电流密度关系示意图

E_b 反映了钝化膜破坏的难易程度，评价保护膜的保护性和稳定性，E_b 越正，越不易发生小孔腐蚀，膜的保护性能越好。

E_p 反映了孔蚀又重新钝化的难易程度，评价膜修复能力的强弱，E_p 越接近 E_b，则膜修复能力越强，再钝化能力强。

三、实验仪器及用品

1. PS-1 型恒电位/恒电流仪；
2. 饱和甘汞电极，铂电极；
3. 盐桥；
4. 试剂瓶（一个放 3%NaCl 溶液，一个放饱和 KCl 溶液）；
5. 30%HNO_3；
6. 电极夹；
7. 1200#金相砂纸，无水乙醇棉球；
8. 不锈钢试件。

实验装置如图 9-8 所示。

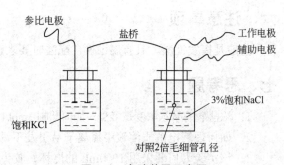

图 9-8　实验装置示意图

四、实验步骤

1. 试样用 1200#金相砂纸打磨，无水乙醇清洗，测面积。
2. 试样放入 30%HNO$_3$ 中钝化 1~2h。
3. 接线。
4. 测不锈钢试件在 3%NaCl 中的自腐蚀电位："预热 15min""断""恒电位""参比""电流"。此时电位显示为自腐蚀电位，但符号相反。
5. 极化测量

自腐蚀电位开始，进行阳极极化："恒电位""给定""断"。开始时给定电位间隔幅度 10~30mV 或 50mV（E_b 前），接近 E_b 时 10mV，过 E_b 后 50mV，回扫时 10mV（i=500mA/cm^2）。

五、实验数据记录

实验数据填入表 9-22。

试件性质：不锈钢　　　暴露面积：1cm^2
介质成分：3%NaCl　　　介质温度：常温
参比电极：饱和甘汞电极　参比电极电位：0.2438V
辅助电极：铂电极　　　自腐蚀电位：

表 9-22　金属临界孔蚀电位的测定实验数据记录

序号	电极电位 Φ/mV	电流强度 I/mA	现象	序号	电极电位 Φ/mV	电流强度 I/mA	现象
1				26			
2				27			
3				28			
4				29			
5				30			
6				31			
7				32			
8				33			
9				34			
10				35			
11				36			
12				37			
13				38			
14				39			
15				40			
16				41			
17				42			
18				43			
19				44			
20				45			
21				46			
22				47			
23				48			
24				49			
25				50			

六、实验要求

1. 绘制恒电位法测定金属临界孔蚀电位的曲线。
2. 对本实验的曲线进行讨论。

七、思考题

1. 什么是孔蚀？孔蚀的产生机理是怎样的？
2. PS-1 型恒电位/恒电流仪的操作步骤有哪些？

实验八　金属材料的析氢腐蚀

一、实验目的

1. 了解析氢腐蚀的腐蚀机理。
2. 验证汽车轮毂加工中产生的铝合金或镁合金粉末能否发生析氢腐蚀。

二、实验原理

析氢腐蚀是指在金属腐蚀过程中有氢气产生的腐蚀。析氢腐蚀常见的是因为在电解质溶液（如酸、碱、盐的水溶液）中发生电化学反应导致的，属于电化学腐蚀。

一般来说，电位较负的金属，如 Al、Mg 及其合金（均为粉末状态）在水中都能发生析氢腐蚀。通常情况下，水能导电，为电解质溶液，该析氢腐蚀属于电化学腐蚀。

铝粉或铝合金粉末在水中的析氢腐蚀反应如下：

阳极反应　　$2Al-6e \longrightarrow 2Al^{3+}$

阴极反应　　$6H_2O+6e \longrightarrow 6OH^-+3H_2$

电化学反应　　$2Al+6H_2O \longrightarrow 2Al(OH)_3\downarrow+3H_2\uparrow$

镁粉或镁合金粉末在水中的析氢腐蚀反应如下：

阳极反应　　$Mg-2e \longrightarrow Mg^{2+}$

阴极反应　　$2H_2O+2e \longrightarrow 2OH^-+H_2$

电化学反应　　$Mg+2H_2O \longrightarrow Mg(OH)_2\downarrow+H_2\uparrow$

三、实验器具与原辅材料

1. 实验器具

实验器具见表 9-23。

表 9-23　金属材料的析氢腐蚀实验器具

序号	器具名称	规格	数量	单位	材质	备注
1	量筒	200mL	2	只	石英玻璃	
2	烧杯	250mL	4	只	石英玻璃	
3	玻璃棒	ϕ8mm×300mm	2	根	石英玻璃	实心

续表

序号	器具名称	规格	数量	单位	材质	备注
4	三角锥形漏斗	口径75mm	2	只	石英玻璃	
5	数显恒温水浴锅	4孔	1	台	不锈钢	

2. 原辅材料

原辅材料见表9-24。

表9-24 金属材料的析氢腐蚀实验原辅材料

序号	材料名称	规格	数量	单位	备注
1	铝合金粉		30	g	轮毂加工过程中产生
2	镁合金粉末		30	g	轮毂加工过程中产生
3	草酸	化学纯	4	g	
4	圆形定量滤纸	ϕ12.5cm	1	盒	快速或中速

四、实验操作与记录

实验操作与记录见表9-25。

表9-25 金属材料的析氢腐蚀实验操作与记录

序号	操作内容	实验现象	备注
1	①1#、2#烧杯中各装200mL蒸馏水,分别加入铝合金粉末、镁合金粉末各10g,用玻璃棒搅动,观察实验现象		
	②将1#、2#烧杯置于水浴锅中,温度控制在50℃,用玻璃棒搅动,观察实验现象		
2	①1#、2#烧杯中各装200mL自来水,分别加入铝合金粉末、镁合金粉末各10g,用玻璃棒搅动,观察实验现象		
	②将1#、2#烧杯置于水浴锅中,温度控制在50℃,用玻璃棒搅动,观察实验现象		
3	①1#、2#烧杯中各装200mL蒸馏水,分别加入铝合金粉末、镁合金粉末各10g,再各加入草酸1g,用玻璃棒搅动15min,观察室温条件下的实验现象		
	②将1#、2#烧杯中物质分别过滤,得到的金属粉末各自用200mL蒸馏水清洗,再放入烘箱内进行干燥		
	③将从烘箱内取出的铝合金粉末、镁合金粉末分别倒入3#、4#烧杯中,每个烧杯中各加入200mL自来水,用玻璃棒搅动,观察实验现象		
	④将3#、4#烧杯置于水浴锅中,温度控制在50℃,用玻璃棒搅动,观察实验现象		

结论:

五、注意事项

铝合金或镁合金粉末放置一段时间，粉末表面会有氧化物膜生成，氧化物膜可用草酸水溶液去除。草酸有毒，使用时注意安全。

六、思考题

1. 铝合金或镁合金粉末放置一段时间，粉末表面会有氧化物膜生成，除去氧化物膜可采用什么化学试剂？为什么？
2. 铝合金或镁合金粉末能否发生析氢腐蚀？发生条件是什么？
3. 汽车轮毂加工过程中会有铝合金或镁合金粉末产生，如何避免加工场所发生粉尘爆炸？粉尘爆炸的实质是什么？

实验九　手糊法制备玻璃钢

一、实验目的

1. 了解手糊法制备玻璃钢的操作。
2. 了解玻璃钢的组成及作用。

二、实验原理

玻璃钢学名纤维增强塑料，俗称 FRP（Fiber Reinforced Plastics）。根据采用的纤维不同分为玻璃纤维增强复合塑料（GFRP），碳纤维增强复合塑料（CFRP），硼纤维增强复合塑料等。它是以玻璃纤维及其制品（玻璃布、带、毡、纱等）作为增强材料，以合成树脂作基体材料的一种复合材料。纤维增强复合材料是由增强纤维和基体组成的。纤维（或晶须）的直径很小，一般在 10μm 以下，缺陷较少又较小，断裂应变约为千分之三十以内，是脆性材料，易损伤、断裂和受到腐蚀。基体相对于纤维来说，强度、模量都要低很多，但可以经受住大的应变，往往具有黏弹性和弹塑性，是韧性材料。

玻璃钢的成型工艺方法，有很多种方法，其中最简单易学的是手工糊制方法。手糊成型工艺是以加有固化剂的树脂混合液为基体，以玻璃纤维及其织物为增强材料，在涂有脱模剂的模具上以手工铺放结合，使二者黏接在一起，制造玻璃钢制品的一种工艺方法。基体树脂通常采用不饱和聚酯树脂或环氧树脂，增强材料通常采用无碱或中碱玻璃纤维及其织物。在手糊成型工艺中，机械设备使用较少，它适于多品种、小批量制品的生产，而且不受制品种类和形状的限制。

三、实验器具与原辅材料

1. 实验器具

实验器具见表 9-26。

表 9-26 手糊法制备玻璃钢实验器具

序号	器具名称	规格	数量	单位	材质	备注
1	普通天平		1	台		
2	拌料盆		1	只	不锈钢	
3	毛刷		1	只		
4	玻璃板	500mm×500mm×5mm	1	块		
5	烘箱	≤260℃，精度±1℃	1	台	不锈钢	型号 DKL410C

2．原辅材料

原辅材料见表 9-27。

表 9-27 手糊法制备玻璃钢实验原辅材料

序号	材料名称	规格	数量	单位	备注
1	甲基硅油	化学纯	100	g	
2	环氧树脂		100	g	6101
3	邻苯二甲酸二丁酯	化学纯	15	g	增塑剂
4	石英粉	化学纯	25	g	填料
5	固化剂	化学纯	25	g	T31
6	中碱无捻玻璃布	宽 900mm，厚 0.2mm	10	张	

四、操作步骤

1．按要求选取玻璃纤维制品，裁成 300mm×400mm。

2．准确称取树脂、增塑剂、填料，混合并搅拌均匀，使用前加入固化剂制成胶料。

3．在玻璃板上均匀涂刷一层胶料，平铺一层玻璃布，用毛刷蘸取胶料在玻璃布上均匀涂刷，重复此过程直至胶料厚度达到 3mm 左右。

4．手糊后进行固化。采用 T31 固化剂，胶料现配，30min 内用完。

五、注意事项

涂糊每一层都须赶走气泡，每层胶料要连续均匀涂刷。

六、思考题

1．什么是玻璃钢？
2．手糊法制备玻璃钢要用到哪些材料？各起什么作用？

实验十　缓蚀剂的制备

一、实验目的

1．了解缓蚀剂在化工防腐中的作用。
2．制备缓蚀剂。

3. 制备气相防锈纸。

二、实验原理

缓蚀剂是指以一种适当的浓度和形式存在于环境（或介质）中时，可以防止或减缓腐蚀的化学物质或几种化学物质的混合物，添加量一般在万分之几到百分之几之间，其应用主要有4个方面，即石油化工、化学清洗、冷却水处理和防止大气腐蚀。

三、实验器具与原辅材料

1. 实验器具

实验器具见表9-28。

表9-28　缓蚀剂的制备实验器具

序号	器具名称	规格	数量	单位	材质	备注
1	量筒	200mL	1	只	石英玻璃	
		50mL	1	只	石英玻璃	
2	烧杯	250mL	3	只	石英玻璃	
3	玻璃棒	ϕ8mm×300mm	1	根	石英玻璃	实心

2. 原辅材料

原辅材料见表9-29。

表9-29　缓蚀剂的制备实验原辅材料

序号	材料名称	规格	数量	单位	备注
1	$NaNO_3$	优级纯	3	g	
2	$K_2Cr_2O_7$	优级纯	0.5	g	
3	$NaNO_2$	优级纯	30	g	
4	$CO(NH_2)_2$	优级纯	30	g	
5	C_6H_5COONa	优级纯	20	g	
6	去离子水		1000	mL	
7	玻璃纸	36cm×26cm	1	张	

四、工艺计算与实验操作

1. 1#缓蚀剂的制备

烧碱溶液在铸铁材质的熬碱锅中蒸发浓缩，会造成熬碱锅严重的电化学腐蚀和碱脆。以0.03%的硝酸钠水溶液为缓蚀剂，熬碱锅的腐蚀深度从每年几毫米降至每年1mm以下，缓蚀效率达到80%~90%，延长了设备使用寿命，也减少了碱中铁离子的含量，提高了碱的产品质量。

设配制100mL 0.03%的$NaNO_3$水溶液，需X(g)无水$NaNO_3$。将0.03%的$NaNO_3$水溶液密度近似为1.0g/mL，配制前后体积不变。则：

$$X=1.0\times100\times0.03\%=3.0(g)$$

实验操作见表9-30。

表 9-30 1#缓蚀剂的制备实验操作

序号	操作内容	实验现象	备注
1	用天平称取无水 $NaNO_3$ 3.0g,量筒取去离子水 100mL		
2	将无水 $NaNO_3$ 和去离子水置于烧杯中,搅拌至 $NaNO_3$ 完全溶解		

结论:

注:观察是否存在溶解热效应。

2. 2#缓蚀剂的制备

重铬酸钾(分子量 294.2)是冷却水系统中常用的缓蚀剂,浓度一般控制在 300~500mg/L。重铬酸钾分子式为 $K_2Cr_2O_7$,室温下为橙红色三斜晶体或针状晶体,溶于水。

设配制 400mg/L 的 $K_2Cr_2O_7$ 水溶液 100mL,需 X(g)含量 99%的 $K_2Cr_2O_7$。将 400mg/L 的 $K_2Cr_2O_7$ 水溶液密度近似为 1.0g/mL,配制前后体积不变。则:

$$X=400×10^{-3}×100×10^{-3}×99\%=0.04(g)$$

去离子水:100mL

实验操作见表 9-31。

表 9-31 2#缓蚀剂的制备实验操作

序号	操作内容	实验现象	备注
1	用分析天平减量法称取 0.04g $K_2Cr_2O_7$,量筒取去离子水 100mL		
2	将 $K_2Cr_2O_7$ 和去离子水置于烧杯中,搅拌至 $K_2Cr_2O_7$ 完全溶解		

结论:

注:观察重铬酸钾晶体外观、水溶液配制中是否存在溶解热效应及水溶液颜色。重铬酸钾是一种有毒且有致癌性的强氧化剂,操作时注意安全。

3. 气相防锈纸的制备

气相防锈纸是使用最广泛的气相防锈材料。将气相缓蚀剂溶于水或有机溶剂,将溶液滚涂、刷涂或浸涂在原纸表面,干燥后即可制成气相防锈纸。纸上含气相缓蚀剂一般在 5~10g/m²。

配方:亚硝酸钠 30g,尿素 30g,苯甲酸钠 20g,去离子水 20g。涂布量 10~15g/m²。所用纸张为塑料纸。

五、注意事项

重铬酸钾是一种有毒且有致癌性的强氧化剂,操作时注意安全。

六、思考题

1. 为什么可将 300~500mg/L 的 $K_2Cr_2O_7$ 水溶液密度近似为 1.0g/mL?
2. 用分析天平减量法称取样品,如何操作?
3. 化工生产中何种场合会分别用到 1#缓蚀剂和 2#缓蚀剂?

参考文献

[1] 徐晓刚，史立军. 化工腐蚀与防护[M]. 北京：化学工业出版社，2020.
[2] 张仁坤. 石油化工设备腐蚀与防护[M]. 北京：海洋出版社，2017.
[3] 张志宇，邱小云. 化工腐蚀与防护[M]. 2版. 北京：化学工业出版社，2013.
[4] 魏宝明. 金属腐蚀理论及应用[M]. 北京：化学工业出版社，2004.
[5] 马彩梅，薛斌. 化工腐蚀与防护[M]. 天津：天津大学出版社，2017.
[6] 王凤平，敬和民，辛春梅. 腐蚀电化学[M]. 北京：化学工业出版社，2017.
[7] 李宇春. 现代工业腐蚀与防护[M]. 北京：化学工业出版社，2018.
[8] 杨启明，李琴，李又绿. 石油化工设备腐蚀与防护[M]. 北京：石油工业出版社，2010.
[9] 张宝宏，丛文博，杨萍. 金属电化学腐蚀与防护[M]. 北京：化学工业出版社，2005.
[10] 天华化工机械及自动化研究设计院. 腐蚀与防护手册——耐蚀金属材料及防蚀技术：第2卷[M]. 2版. 北京：化学工业出版社，2008.
[11] 天化化工机械及自动化研究设计院. 腐蚀与防护手册——耐蚀非金属材料及防腐施工：第3卷[M]. 2版. 北京：化学工业出版社，2008.
[12] 徐增华. 金属耐蚀材料[J]. 腐蚀与防护，2001，21(4).
[13] 刘秀晨，安成强. 金属腐蚀学[M]. 北京：国防工业出版社，2002.
[14] 林玉珍，杨德钧. 腐蚀和腐蚀控制原理[M]. 北京：中国石化出版社，2007.
[15] 闫康平，陈匡民. 过程装备腐蚀与防护[M]. 2版. 北京：化学工业出版社，2009.
[16] 初世宪，王洪仁. 工程防腐蚀指南[M]. 北京：化学工业出版社，2006.
[17] 张清学，吕今强. 防腐蚀施工管理及施工技术[M]. 北京：化学工业出版社，2005.
[18] 秦国治，田志明. 防腐蚀技术及应用实例[M]. 2版. 北京：化学工业出版社，2007.
[19] 张远声. 腐蚀破坏事例100例[M]. 北京：化学工业出版社，2001.
[20] 涂湘缃. 实用防腐蚀工程施工手册[M]. 北京：化学工业出版社，2002.
[21] 肖纪美，曹楚南. 材料腐蚀学原理[M]. 北京：化学工业出版社，2002.
[22] 虞兆年. 防腐蚀涂料和涂装[M]. 北京：化学工业出版社，2002.
[23] 吴荫顺，曹备. 阴极保护和阳极保护[M]. 北京：中国石化出版社，2007.
[24] 胡茂圃. 腐蚀电化学[M]. 北京：冶金工业出版社，1991.
[25] 石仁委，刘璐. 油气管道腐蚀与防护技术问答[M]. 北京：中国石化出版社，2011.
[26] 王巍，薛富津，潘小洁. 石油化工设备防腐蚀技术[M]. 北京：化学工业出版社，2011.
[27] 王凤平. 金属腐蚀与防护实验[M]. 北京：化学工业出版社，2014.
[28] 王凤平，康万利，敬和民. 腐蚀电化学原理、方法及应用[M]. 北京：化学工业出版社，2008.
[29] 徐晓刚. 化工腐蚀与防护[M]. 北京：中国石化出版社，2009.
[30] 张志宇，邱小云. 化工腐蚀与防护[M]. 北京：化学工业出版社，2014.
[31] 张艳禹，李雨，倪慧. 阴极保护原理及应用[J]. 全面腐蚀控制，2015，29(3).
[32] 天华化工机械及自动化研究设计院. 硫酸工业中阳极保护技术的发展及应用[C]. 全国硫酸工业技术交流会论文集. 2010.
[33] 林玉珍. 金属腐蚀与防护简明读本[M]. 北京：化学工业出版社，2019.
[34] 吉静. 耐蚀非金属材料及应用[J]. 设备管理与维修，1998(01).